制造业高端技术系列

弹性导波及其计算方法

ELASTIC GUIDED WAVE THEORY AND COMPUTATIONAL METHODS

李春雷　姚小虎　韩　强　著

机 械 工 业 出 版 社

弹性导波问题的研究不仅是超声导波检测技术的基础，也是无损检测领域的研究热点，尤其值得注意的是，近年来波导结构呈现出复杂化、多物理场耦合的发展趋势。本书是一本关于弹性导波理论与计算方法的专著，系统阐述了各种波导问题的建模理论与计算方法。主要内容包括：绪论、曲形结构中的弹性导波、预应力结构中的弹性导波、旋转结构中的弹性导波、复合材料中的弹性导波、智能材料中的弹性导波、热弹性圆管中的弹性导波、周期结构中的弹性导波。本书汇聚了作者近年来在该领域取得的研究成果，编排上坚持由浅入深，由简单到复杂的原则，内容层层递进，便于读者阅读。

本书可供无损检测与评估、结构健康监测、超构材料等相关领域的科研人员阅读和参考，也可作为高等院校的力学、航空航天、机械、土木等专业高年级本科生和研究生系统学习弹性导波相关知识的参考书。

图书在版编目（CIP）数据

弹性导波及其计算方法/李春雷，姚小虎，韩强著. —北京：机械工业出版社，2023.3（2023.12 重印）
（制造业高端技术系列）
ISBN 978-7-111-72598-5

Ⅰ.①弹… Ⅱ.①李… ②姚… ③韩… Ⅲ.①超导波导-无损检验 Ⅳ.①TG115.28

中国国家版本馆 CIP 数据核字（2023）第 024510 号

机械工业出版社（北京市百万庄大街 22 号 邮政编码 100037）
策划编辑：陈保华　　　责任编辑：陈保华　李含杨
责任校对：潘　蕊　王　延　　　封面设计：马精明
责任印制：郜　敏
北京富资园科技发展有限公司印刷
2023 年 12 月第 1 版第 2 次印刷
169mm×239mm · 14 印张 · 285 千字
标准书号：ISBN 978-7-111-72598-5
定价：89.00 元

电话服务　　　　　　　　网络服务
客服电话：010-88361066　机　工　官　网：www.cmpbook.com
　　　　　010-88379833　机　工　官　博：weibo.com/cmp1952
　　　　　010-68326294　金　书　网：www.golden-book.com
封底无防伪标均为盗版 机工教育服务网：www.cmpedu.com

随着工业科技的进步，新型材料与结构的应用与发展越来越快，工程结构极端环境作用和全寿命服役安全对无损检测技术提出了越来越高的要求。导波检测技术因具有检测距离长、精度高、范围大等优点已经成为无损检测领域的研究热点，被广泛应用于航空航天、土木、机械等工业领域，在特种装备缺陷检测、结构健康监测、材料性能评估、医学诊断等方面表现出独特的优势。近年来，工程波导结构呈现出几何构型复杂化、多物理场耦合的发展趋势，对超声导波检测技术提出了更高的要求，迫切需要进一步加强弹性导波在结构中传播特性的研究。

弹性导波的传播具有频散、多模态等特征，对导波检测激发模态和频率的选取、传感器的开发具有重要的指导意义。尽管关于导波问题的基础性研究已经很多，但实际工程波导结构并不规则，所处环境、边界条件、所受荷载也比较复杂，如长距离输送油气管道、超高压输电线、大跨度悬索桥上的复杂钢索，以及对传感、驱动、控制性能等有特殊需求的智能器件等，这些工程结构的导波问题难以获得解析解，故需要寻求和建立新型数值计算方法。

本书系统阐述了曲形结构、预应力结构、旋转结构、复合材料、智能材料、热弹性圆管、周期结构等各种波导问题的建模理论与计算方法，是一本关于弹性导波理论与计算方法的专著。本书可供从事无损检测与评估、结构健康监测、超构材料等相关领域的科技人员阅读和参考，也可作为高等院校的力学、航空航天、机械、土木等专业高年级本科生和研究生系统学习弹性导波相关知识的参考书。

感谢国家自然科学基金、广东省自然科学基金对本书出版的资助。

由于作者水平有限，书中不妥之处，恳请读者批评指正。

作 者
于广州华南理工大学

目录

第1章

绪　论

1.1　弹性导波检测技术

无损检测，自诞生以来就表现出跨学科的性质，并被广泛用于航空、土木、电子、材料、机械、核能、石油工程等领域。随着工业科技的深入发展，材料与结构的应用、更新与发展越来越快，这些材料与结构的安全使用或服役关系到国民经济的健康发展，特别是近年来产品安全性、在线诊断、质量控制、健康监测、安全评估等多方面的因素对无损检测的需求急剧增长。通过无损检测，预测材料行为、确定工程结构的内部异常（关键部件的应力、疲劳损伤、裂纹等），并根据检测结果对其进行必要的维护和修正，可避免不必要的损失，防患于未然。因此，无损检测逐渐深入人心并受到了很大的关注。

导波检测作为一种新型的无损检测技术，不同于电磁检测、X射线检测等传统方法，具有检测范围广、传播距离长、效率高、成本低、精度高等优点，且只需对传感器的安装位置进行必要的表面处理，对传统检测方法无法达到的位置、设备，如海底管道、岩土中的锚杆、预应力混凝土中的绞线等的检测，具有突出的优势，长期以来受到人们的青睐，并且已成为无损检测领域的研究热点。导波检测技术还可应用于：建筑中的支撑构件和桁架结构、航母上用于拦截舰载机的复杂钢索、机械中起连接作用的结构等承载构件，以及对传感、驱动、控制性能等有特殊需求的宏—微观智能器件的缺陷检测和损伤识别。通过检测可以及时识别梁、板、壳等结构内部的缺陷位置、应力水平，以保障结构的安全运行。

固体中弹性波是固体介质运动的重要表现形式，由于结构几何特征、内部材料参数的不同，弹性波在传播过程中包含的信息也不相同。弹性波具有传播距离远、穿透能力强、物理特性明显等优点。众所周知，在无限大介质中传播的波称为体波，而导波是由于边界的存在，弹性波传播时发生反射、透射和叠加所形成的。能够传播导波的有限介质称之为波导，其结构种类繁多，有板、梁、管等形状，如图1.1所示。弹性导波的传播具有频散、多模态特征，前者表示导波模态传播速度随频率的变化，后者表明导波传播过程中受结构边界的制导作用发生模态的转换和干涉。弹性导波已被广泛用于弹性导波无损检测、智能结构装置优化、地震勘测等众多领域。

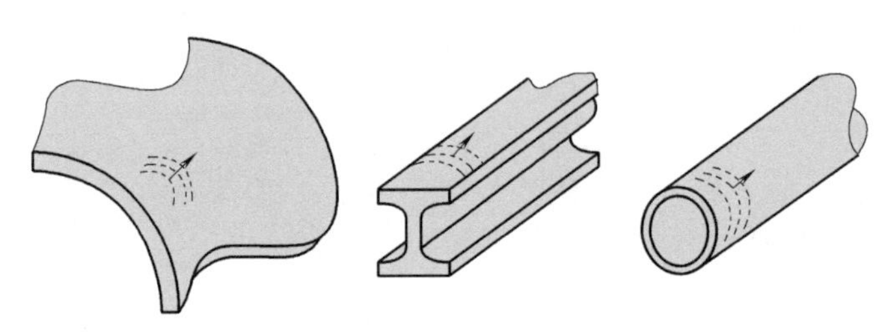

图1.1　板、梁、管波导

如图1.2所示，频散现象的出现和多模态特征使波的传播具有多样性和复杂性，造成了导波检测信号的复杂性与缺陷识别的困难，大大降低了监/检测的灵敏度和准确性，从而造成关键结构或构件中缺陷、损伤、应力水平的漏检和误检。为实现对缺陷、损伤的准确定位和应力水平的精准评估，需要明确被测物体的波动响应。因此，导波检测技术研究的核心是弹性波在波导中传播特性的研究，通过分析环境、受载、几何边界、物理场等不同因素作用下导波传播的频散、多模态等特性，指导构件在监/检测时导波激发模态、中心频率的选取，以及监/检测设备的研发。

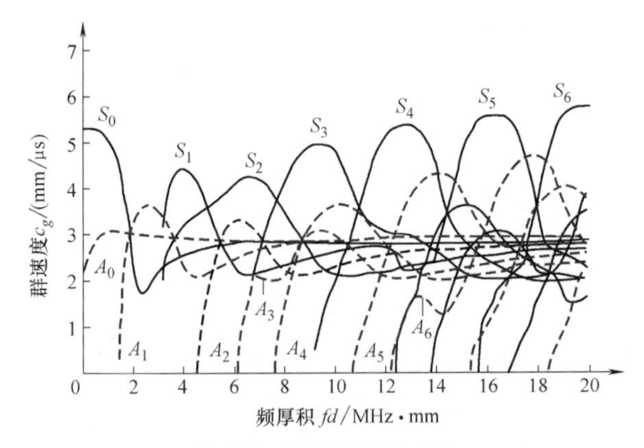

图1.2　导波的频散曲线

导波检测已经成为无损检测领域中一个重要的角色，其技术的应用和改进需要大量的理论研究作指导。尽管对弹性导波及其数值方法的研究已经很多，但仍然需要更深入的探究。本书基于数值计算方法，对不同应用环境因素控制下的波导问题展开了系统性的研究。

1.2 弹性导波理论的发展

导波的研究历史可以追溯到19世纪对圆杆波导的研究。Pochhammer和Chree于1876年根据圆柱的对称性考虑了纵波的传播特性，并推导出纵波的频散方程，由于方程的复杂性及当时条件的限制，直到20世纪中叶才被精确的计算出来。1887年，Rayleigh首次推导了无限弹性半空间的表面波传播方程。1917年，Lamb在Rayleigh的基础上添加了另一条边界，考虑了有限厚度的平板，并推导了板的波动方程，即Rayleigh-lamb方程，所研究的弹性波被称为Lamb波，同时研究了对称和反对称形式的模态特性。之后，Stoneley考虑了单层界面上弹性波的衰减问题。Mindlin采用剪切变形理论讨论了圆杆中弯曲波的传播问题。Wolten对弹性波在含有缺陷板中的传播特性进行了研究，首次讨论了利用Lamb波对板进行缺陷检测的可能性。Gazis考虑了薄壁圆管中轴向对称波的传播问题。之后，Meitzler考虑了板和圆杆中的后退波。Armenàkas考虑了复合圆管中的扭转波特性并绘制了相关的频散曲线，探讨了几何参数和材料参数对结果的影响。Zemanek采用数值方法和实验研究了圆杆中的频散问题。Rose发现了导波的多模态特征，并分析其灵敏度和穿透力。Auld、Achenbach、Graff和Rose等人系统性地整理了弹性波的基础理论并撰写了相关的著作。当然，还有很多关于缺陷和弹性波相互作用的研究，这些都为导波在无损检测中的应用奠定了坚实的基础。

1.2.1 预应力结构中的弹性导波研究

预应力结构，即结构在使用或服役过程中，由于受到外力载荷的作用，结构内部产生了预应力状态，在这些结构中弹性导波的传播问题研究称为预应力波导问题。预应力结构在工程实际中随处可见，如起支撑作用的桁架结构、运输油气的海底管道、输送电能的高压线、悬索桥上的钢索（见图1.3）、汽轮机、飞速旋转的齿轮中等。由于应力的存在，结构一旦遭遇环境的腐蚀、人为的损伤、材料的失效等情况，可能会出现灾难性的事故，造成巨大的经济损失。因此，为了实时监测、检测并准确掌握内部的缺陷、损伤等状况，需要研究预应力结构中的弹性波动问题，而预应力场（外载荷、旋转等）对波动特性的影响不可忽略。

图1.3 悬索桥

预应力结构（见图1.4）波动问题的研究已经持续了近一个世纪。著名的学者Biot于1940年首次考虑了预应力波导中弹性波的传播问题，并给出了严格的数学推导，分析了静水压力对扭转波和纵波的影响和体力对瑞利波传播的影响。1963 年，Hayes 考虑了施加位移边界的预应力弹性体中的波动特性。Atabek 在 1965 年研究了充满黏性的非压缩流体管中的波动问题，揭示了预应力的变化对低阶导波模态频散的影响规律。Chen 推导了受拉伸圆杆的频散方程，发现其和圆管的方程不能简单地类比。Williams 等人在 1969 年基于不同的应变率本构，研究了预应力杆、板等介质中弹性波的频散问题。Cook 等研究了浸没在液体中的梁、板的波动问题及其在受到轴向拉力作用下的频散问题。Bhaskar 考虑了弯曲、扭转的相互耦合对传播波和耗散波的影响。Dey 在预先拉伸的圆杆上施加压力或者拉力，当应力与拉力比例小于 1 时扭转波波速随着比率的增加而增加，当比例大于 1 时结果却相反。Cavigia 等理论推导了预应力各向异性体中的能量流动和衰减。Wilcox 等采用三维有限元方法研究了预应力下任意截面波导的频散特征问题，并和理论解进行了对比验证。进入 21 世纪以来，对预应力波导的研究逐渐深入到对新型材料的探索中，如 Degtyar、Akbarov、Wijeyewickrema、Shearer 分别研究了复合、叠层结构及聚合物、多相材料、超弹性材料结构中弹性波的预应力效应。

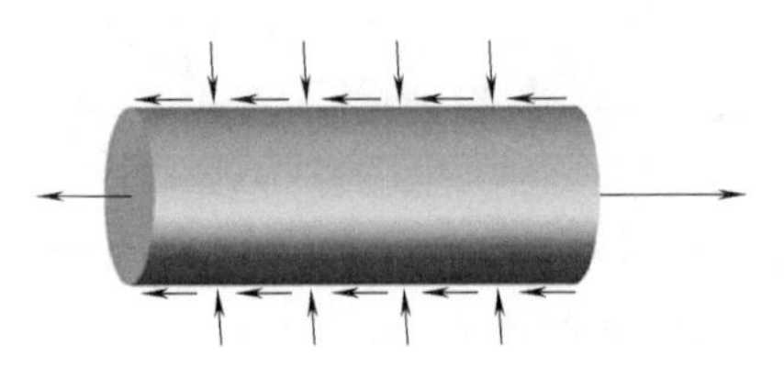
图 1.4　预应力结构

工程中诸如预应力钢绞线、钢轨、充液管道、旋转轴等特种装备常常处于预应力或预应变状态，对结构内弹性波的传播分析及声弹性分析也受到了广泛的关注，但由于几何结构、环境、荷载等因素的存在，理论计算已经很难行得通，故需要探索和发展新的计算方法。

1.2.2　复合材料中的弹性导波研究

随着材料的智能化和设备结构、功能的多样化发展，复合材料结构在服役过程中的安全性和可靠性越来越受到工业界、学术界的关注。结构因外部荷载作用、疲劳腐蚀、材料老化及复杂工作环境的影响，不可避免地产生损伤，损伤的存在会影响结构的正常使用。如果对损伤没有引起重视和及时维护，可能会造成灾难性的后果。

压电、压磁等材料常常被用于智能结构或器件的设计与制备，服役过程中这些材料的应用多与弹性导波的传播规律相关，因此，探索波在智能材料中的传播特性是更好应用该材料的前提。作为一种新型智能材料，压电压磁复合材料兼具压电和压磁材料的特性，压电相与压磁相的相互作用使压电压磁复合材料具有复杂的磁、电、力耦合多场耦合特性及材料各向异性，进而造成波动问题的求解变得尤为困难。此外，边界条件的不同使导波在压电/压磁材料中的导波模态特征更加复杂，也可能会伴随新的物理现象出现。攻克这些难题是一项非常有意义的工作，不仅可以促进压电压磁复合材料的综合性能研究，也可以为基于压电压磁材料的器件研发提供理论依据。

在压电压磁复合材料的制造过程中，由于界面位置夹杂、空穴等缺陷的存在，极易导致复合材料的非均匀性，造成应力集中问题，进而引起界面脱黏或裂纹产生。功能梯度概念的引入保证了复合材料性能的连续变化，有效减小了应力集中，并提高了材料的失效强度，使压电压磁复合材料显现出广阔的应用前景。Han 等人使用数值方法研究了功能梯度压电圆柱体中波的群速度频散行为和特征曲面。Yu 等人采用 Legendre 正交多项式级数展开法分析了功能梯度压电球面弯曲板、圆柱形曲面板和空心圆柱体的导波特性。Qian 等人讨论了含有功能梯度层的压电半空间中的波传播行为。Pan 等人研究了圆柱体在含有功能梯度压电涂层上波的传播特性。Amor 等人采用 Peano-Series 方法研究了 Lamb 波在功能梯度压电板中的传播行为。基于三维线性电弹性理论，Zhang 等人利用改进的正交多项式方法研究了具有扇形截面的功能梯度压电圆柱结构中的导波，但没有讨论频散曲线中的模式转换、截止频率和模式分离等物理现象。Pan 等人通过 Pseudo-Stroh 形式推导出由各向异性压电和压磁材料制成的功能梯度板的精确解。Bhangale 等人采过半解析有限元法静态分析了简支功能梯度压电压磁板，并评估了功能梯度指数对电磁弹行为的影响，并未涉及对其频散特性的研究。Wu 等人采用勒让德正交多项式系列方法研究了功能梯度压电压磁板的波传播特性，但没有讨论功能梯度体积分数指数对频散行为和波结构的影响效应。

多层介质中的 Lamb 波是超声导波检测中常见的导波形式，掌握其频散特性和模态分布是检测技术的关键。陈江义等人用状态空间方法求解了磁电复合材料双层板 Lamb 波的频散曲线及模态分布。在后续的研究中，陈江义等人采用状态向量法，对磁电弹性多层板中的波传播问题进行了分析并得到其频散关系，给出了正交各向异性弹性、横观各向同性及压电压磁材料层状板的频散曲线、振型和固有频率。Yu 等人采用 Legendre 正交多项式系列方法研究叠层板的频散行为。Nie 等人分析了压电/压磁双层板中 SH 波的传播规律，讨论了压电材料的性能及压电层厚度与压磁层厚度之比对其传播行为的影响。Liu 等人研究了压电半空间上的压磁覆盖层中 Love 波传播的频散特性，并给出了不同材料组合时相速度和群速度随波数变化的数值算例。在讨论压电材料磁导率的影响时，得出了磁导率对频散曲线影响很小的结论。波在压电覆层/压磁半空间材料中传播时，压电材料磁导率的影响是可以忽略的。Du 等人基于线性电磁弹基本理论，研究了半无限大压磁/压电层状结构中 Love 波的传播规律，考虑了压磁系数对 Love 波传播的影响。之后，Du 等人考虑了初始应力半无限大压磁/压电层状结构中的 Love 波。对于电磁开路和短路边界条件情况下，分别对 Love 波的相速度进行数值计算，详细讨论了初始应力对相速度和磁机电耦合因子的影响。陈江义等人基于传递矩阵法推导了 Love 波在电磁弹多层结构中的传播特性，讨论了 $CoFe_2O_4/BaTiO_3$ 不同的铺层形式及同种铺层形式不同铺层厚度对频散特性的影响。

依据线性压磁压电弹性理论，程孝玉等人研究了磁电层状结构中 Rayleigh 表面波的传播特性，并详细讨论了材料性能对波传播性能的影响。Pang 等人研究了 Rayleigh 型表面波在压电压磁层状半空间中传播的频散特性和模态分布，讨论了不同的电磁边界条件对位移、电势和磁势的相速度和振型的影响，并对数值算例进行了分析和讨论。杨耒等人基于线性电磁弹基本理论，研究了 Rayleigh 波在压磁覆盖层压电半空间构型中的传播特性，讨论了材料性能和边界条件表面波传播的相速度的影响。

此外，增强型复合材料因具有优异的性能被广泛应用于航空航天、民用、汽车等工程领域。这些复合材料通常由增强相和基体组成，前者具有不连续、刚性强等特点，后者具有连续的、刚性弱、质量小等特点。碳基纳米增强材料由于其独特的物理特性，常被用作复合材料的增强材料，将碳基纳米材料分散到聚合物基体中可以形成具有高性能的复合材料。作为一种新型的增强材料，石墨烯（GPLs）具有较高的比表面积，可以有效提高与基体的结合强度，具备较高的载荷传递能力。研究表明，GPLs 要优于其他碳基纳米填料，在基体材料中仅掺入少量石墨烯片，便可以显著提高复合材料的力学性能。因此，石墨烯/聚合物复合材料在各个领域都具有广阔的应用前景。到目前为止，石墨烯增强复合材料在振动、屈曲和冲击行为研究方面已经引起了相当多的学术关注。

由于压电材料的应用需求，智能材料和结构的设计和性能评价已成为人们关注的焦点。叉指换能器可在复合材料结构中产生波形信号，可用于无损检测和结构健康监测。为了实现信号传输和损伤的监测，必须深入了解压电材料和结构的波动特性。目前已有一些关于压电板/壳波动问题的研究。Wang 等人分别利用膜理论、Love 理论和 Cooper-Naghdi 理论研究了压电耦合金属圆柱壳中的波传播。Dai 等人研究了热冲击和电激励下层合压电球壳中的应力波传播。Dong 等人考虑了大变形和转动惯量对压电圆柱壳波动特性的影响，然后研究了正交各向异性层合压电圆柱壳在横向剪切、转动惯量和热载荷作用下的波动分析。Yu 等人研究了功能梯度压电空心圆柱体的频散行为。在压电材料基体中，引入纳米填充材料会影响压电材料的物理性能，从而影响结构在健康监测中的监测能力。Wu 等人基于 Mori-Tanaka 微力学模型和剪切变形壳理论，分析了碳纳米管增强压电圆柱复合材料壳内的波传播特性，并采用解析方法考虑了纳米管团聚对波动特性的影响。作为一种很有前途的纳米填充材料，GPLs 的引入可以显著地改善和提高聚偏二氟乙烯（PVDF）的压电、介电及力学性能。由此可见，关于石墨烯增强压电复合材料导波特性的研究，为新型复合材料结构中弹性波的传播与调制提供了新的思路。

1.2.3 热弹性结构中的弹性导波研究

在导波检测技术中，一般只有使传感器与被检测物体接触，才能激发出导波信号并用于检测，但当传感器不能与物体接触或者难以与之耦合时，一种新的激发弹性导波的技术应运而生，即激光导波技术，它不需要直接接触物体表面且能够激发出较宽的频带。此外，航空器、反应器、油气管道等的运作，往往会产生高温环境，可能出现的温度应力、腐蚀、裂纹等对设备的功能和寿命影响非常大，其内部弹性波的传播必须要考虑热弹性效应。因此，对结构中热弹性导波传播特性的研究甚为必要。自 1963 年 White 首次采用表面瞬态加热在半无限体和细长杆中产生热弹性波以来，关于热弹性波的研究从未停歇。之后，Damaruya 等人考虑了各向同性和各向异性板内热弹性导波的频散特性及能量衰减问题。Verma 等考虑了不同对称性材料的叠层板内部的热弹性导波问题，发现水平剪切波不受热弹性效应影响。Kumar 基于三种不同的热弹性理论，考虑了横向各向同性材料热弹性板的频散问题。AL-Qahtani 等采用高阶变形理论研究了板内的热弹性波。Erbay 等人在恒温下对热弹性圆管中纵波的频散进行了研究。Chandrasekharaiah 考虑了无能量耗散的热弹性介质内的弹性波波速和温度波波速之间的关系。Venkatesan 基于 Suhubis 广义热弹性理论，考虑了任意截面杆中的热弹性波特性。Yu 采用改进的 Legendre 级数展开式，考虑了各向异性圆柱曲板中热弹性波的频散特性及波结构，发现热弹性波模态的位移和应力远小于弹性波模态，并讨论了径厚比对导波模态的影响。AL-Qahtani 等基于 LS 热弹性理论，采用半解析有限元法研究了材料各向异性、松弛时间对频散结果的影响，材料各向异性对波的传播影响很明显，松弛时间的增加会使温度波波速减小。由此可知，基于热弹性理论的弹性导波问题研究可为激光超声检测技术的发展提供重要的理论基础。

1.3 导波特性计算方法

如上所述，关于导波传播问题的基础性研究已经很多，固体中弹性导波问题可以理解为：在边界条件和初值条件下，求解由偏微分方程表示的控制方程。但实际工程中的波导结构常常受到环境、荷载、几何边界、物理场等复杂条件的影响，使导波问题很难获得解析解。于是，人们开始寻求从数值方法的角度分析求解波动问题。自 20 世纪末随着计算机技术的进步，计算力学得到了迅猛的发展，用于求解弹性导波问题的数值方法层出不穷，主要有半解析有限元（Semi-analytical Finite Element，SAFE）法、波有限元（Wave Finite Element，WFE）法、谱元（Spectral Element）法、正交多项式（Orthogonal Polynomials）法及等几何分析（Isogeometric Analysis）法等。

1.3.1 半解析有限元法

半解析有限元法，顾名思义，是将解析法和有限元的优势相互结合后发展的一种数值方法，也称作波导有限元法。半解析有限元主要适用于在某一方向上截面的几何结构和物理属性都不发生变化（平移不变性）的波导，且在该方向上波的传播可以表示为简谐波的形式，对坐标进行傅里叶变换即可将三维波动问题转换为一个只需关注波导截面的二维问题。二维截面的网格划分可以采用拉格朗日网格，基于正交多项式（Legendre 或者 Chebyshev 多项式）变换的高阶谱单元或者引入相似中心、比例因子离散求解域边界的比例边界元。

SAFE 法由 Gavric 于 1994 年首次应用到波导的研究中，考虑了任意截面的直波导内部的弹性波问题，并以钢轨为例分析其内部的频散特性，强调了 SAFE 法可以求解较低频率的波模态。Taweel 研究了任意截面内弹性波的反射问题，并分析了反射波的能量传播特性。Hayashi 等考虑了杆、钢轨中的频散问题，并采用实验进行了对照。Mukdadi 采用 SAFE 法详细分析了有限和无限厚度板内导波的瞬态问题，指出导波频散的复杂性是由波与边界之间的相互作用造成的，并给出了板的宽厚比对模态响应的影响规律。Bartoli 等人以黏弹性板、叠层板、钢轨为例，分别采用不同的阻尼模型对导波的频散特征及衰减问题进行了比较、分析。

2009 年，Loveday 从能量的角度初步探究了轴向预拉力对导波模态的影响，并和 Euler-Bernoulli 梁模型计算得到的弯曲波相速度进行了对比，结果吻合很好。之后，Mazzotti 考虑了弹性波传播时预应力引起的非线性效应，并基于拉格朗日增量公式，推导了导波的频散方程并将其线性化，结合 Poynting 定理及能量的传递，推导了能量速度的表达式，分析了圆管受到内外压力下频散特征的变化。同时，他还将 SAFE 法和边界元法结合，考虑了嵌入在地基、混凝土或者浸入液体中的波导问题，分析了不同介质之间的相互作用。

SAFE 法在工程实际中应用最成熟的当属 Treyssède 对螺旋曲杆及钢绞线的研究，螺旋曲线因具有特殊的螺旋几何结构，刚好满足 SAFE 法对波导结构几何不变性的要求。Treyssède 分别考虑了自由状态下的螺旋曲杆、钢绞线及含有预应力的钢绞线中弹性波的频散特征，并揭示了钢绞线内部出现的陷波频率现象及其与接触宽度、预应力之间的关系。结果表明，传统意义上将螺旋曲杆及钢绞线等效为圆直杆的做法是不合理的，对其内部导波传播问题的深入研究对无损检测具有重要的参考意义。之后，他将 SAFE 法与完美匹配层（Perfectly Matched Layer，PML）法结合，考虑了埋入混凝土或者地基的钢绞线中的导波传播问题。

此外，Song 等人提出的半解析有限元法，即比例边界有限元法，在求解弹性导波问题时充分利用了谱单元的优越性，单元节点及积分节点的重合，使结构的质量矩阵简化为对角矩阵，刚度矩阵的稀疏度大大降低，计算效率和计算精度都得到了提高。

1.3.2 波有限元法

波有限元法是起源于比较常见的解析法——波传播法，并结合传统有限元法发展而来的一种适合求解周期性结构动力特性的数值方法。波传播法只能求解结构比较简单的振动、波动问题，而波有限元法结合了波传播法和有限元法的优点，可以求解结构比较复杂的导波问题；同时，波有限元法可以根据现有的商业有限元软件建立需要的模型子结构，导出其质量矩阵和刚度矩阵，之后根据简谐波传播的周期性条件对子结构进行相应的后处理；也可以根据需要修改相关的有限元程序或者直接编写程序来求解动力学问题。

如图 1.5 所示，周期波导的子结构左右截面的边界条件为

$$q_R = \lambda q_L \quad f_R = -\lambda f_L \tag{1.1}$$

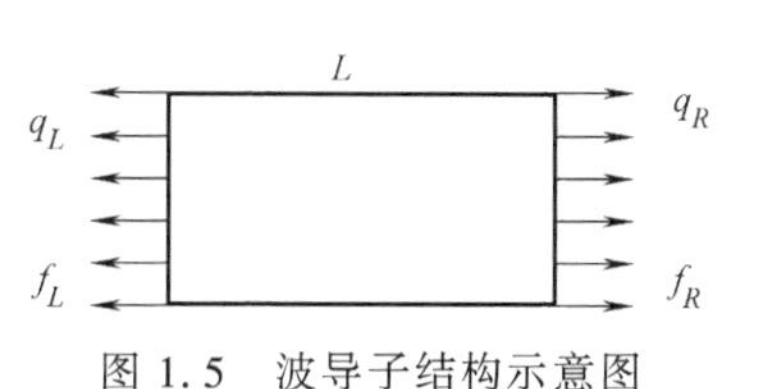

图 1.5 波导子结构示意图

式中，q、f 分别为左右截面对应的节点位移及节点应力，下标 L、R 分别为左右截面；λ（$=\mathrm{e}^{ikL}$，i 是虚数单位，L 是子结构的长度，k 是波传播方向上的波数）是根据 Floquet 原理定义波在周期结构中传播的比例系数，表示子结构左右节点位移的比值。

不考虑阻尼，子结构的动力刚度矩阵为

$$\boldsymbol{D} = \boldsymbol{K} - \omega^2 \boldsymbol{M} \tag{1.2}$$

式中，$\boldsymbol{M}$ 和 $\boldsymbol{K}$ 分别为子结构模型的质量和刚度矩阵；ω 为圆频率。通过分区，以反映该区域左、右节点的影响。波导子结构的平衡方程可表示为

$$\begin{pmatrix} D_{LL} & D_{LR} \\ D_{RL} & D_{RR} \end{pmatrix} \begin{Bmatrix} q_L \\ q_R \end{Bmatrix} = \begin{Bmatrix} f_L \\ f_R \end{Bmatrix} \tag{1.3}$$

将（1.1）式代入（1.3）式，简化可得

$$\lambda \begin{Bmatrix} q_L \\ f_L \end{Bmatrix} = \boldsymbol{T} \begin{Bmatrix} q_L \\ f_L \end{Bmatrix} \tag{1.4}$$

其中

$$\boldsymbol{T} = \begin{pmatrix} -D_{LR}^{-1} D_{LL} & -D_{LR}^{-1} \\ -D_{RL} + D_{RR} D_{LR}^{-1} D_{LL} & -D_{RR} D_{LR}^{-1} \end{pmatrix} \tag{1.5}$$

$\boldsymbol{T}$ 称为传递矩阵。当给定频率值，（1.4）式就变成一个关于特征值的问题。其中，子结构长度的取值决定了计算结果的精度和收敛性。就考虑精度而言越小越好，但会造成计算资源的浪费，太大又可能导致结果不收敛。通常的原则是：离散后的单元尺寸以最小波长计算，保证每个波长不少于 8 个节点。

波有限元法最初的理论可追溯到 Orris 等人对周期结构中的谐波问题研究，他们基于 Floquet 理论，提出了用于描述周期结构内部振动行为的传播常数。之后，Abdel-Rahman 考虑了周期系统内的波动问题。Gry 等人研究了钢轨内部弹性波的频散问题，并分析了不同频率下导波模态的波结构。Mead 总结了 20 世纪 70 年代到 20 世纪末关于周期结构的振动、频率响应问题，并给出了周期结构内部的传播常数。Zhong 对周期结构内弹性波模态的特征值求解公式进行了修正，使计算误差大

大降低。而后，随着研究的深入，波有限元法所研究的对象从一维到二维直至三维结构，所考虑的问题越来越复杂，涉及波导的频散现象、多模态特征、自由振动、受迫振动、散射、结构损伤识别等方面。

在求解波导问题时，首先要分析其频散行为，WFE 法在这方面也不例外。Mace 等人于 2004 年根据前人的研究最先建立并命名为 WFE 法，首次系统性地阐述了 WFE 法的连续性条件及转换矩阵，研究了板、梁等结构内的频散特性，并与理论解进行了对比。Maess 等人考虑了声—固耦合效应，并研究了充满液体的管道内的波动问题，分析了周期子结构在传播方向上网格尺寸的选取准则。Ichchou 等人根据 Langley 关于能量流动矩阵的定义和讨论，提出了波导内部能量流动速度的公式，并举例进行了验证；之后他又采用 WFE 法求解了加肋板中的频散问题，并和实验进行了对比。Manconi 考虑了圆管和曲板内部的二维导波频散特性，并分析了螺旋波的频散轮廓曲线。

对含缺陷、损伤等特征的波导的检测识别需要考虑导波的散射行为，WFE 法在求解散射问题时发挥着重要的作用。Mencik 最早考虑了相互耦合的细长波导内与相互之间的波动问题及散射现象。Zhou 考虑了带有局部不均匀特征圆管中的波动问题，并根据 Poynting 定理推导了波导内部的能量流动速度，分析了缺陷存在时波模态的反射和透射系数变化。之后，他又研究了弯管中弹性波的传播、反射系数问题及有缺陷铝板的时域响应。

在结构的振动及受迫振动方面，Mace 等人做了相关工作。他们分别考虑了板、管等内部导波在传播过程中所引起的振动，并推导了受迫振动下的响应公式，分析了弹性波在结构内的传递与反射问题；采用 WFE 法数值预测轮胎内部的振动响应，并通过实验验证了结果的准确性。另外，WFE 法也被扩展到新型材料的研究当中，如压电材料的振动控制，孔隙材料的波动分析，周期结构的多尺度分析，随机分布介质的能量流动等，其理论和研究领域得到了进一步的完善和拓展。

1.3.3 谱元法

谱元法结合了有限元的几何灵活性及谱方法高精度的优点，是一种典型的高阶有限元方法。该方法是由麻省理工学院的 Patera 于 1984 年引入的。谱元法求解波动问题的基本思想：①将物理空间域分成许多子域；②在每个单元中使用基函数（正交多项式）逼近控制变量；③通过 Hamilton 变分原理推导波动方程，形成特征值矩阵问题；④求解特征值矩阵。平面上有限元的单元有两种：三角形单元和四边形单元。在三角形单元上生成谱单元的前提是必须在三角形区域上建立正交多项式，这一方面的研究可参考相关文献。利用三角形单元来生成谱单元是很不便利的，形式也极为复杂。相比之下，在四边形单元上生成谱单元应用更为广泛。在基函数的选取和单元数值积分计算上，谱元法有别于有限元方法。谱元法的基函数定义在每个单元上，它们是变换到单元上的 Gauss-Lobatto 点上的 Lagrange 插值多项式，多项式形式主要包括 Legendrc 多项式和 Chebyshev 多项式。

（1）Legendre 多项式　$L_n(x)$ 定义在 $x \in [-1, 1]$ 范围内，表示 n 阶 Legendre 多项式，满足

递推公式

$$L_0(x) = 1,\ L_1(x) = x$$
$$(n+1)L_{n+1}(x) = (2n+1)xL_n(x) - nL_{n-1}(x) \quad n \geqslant 1 \tag{1.6}$$

正交关系为

$$\int_{-1}^{1} L_n(x)L_m(x)\,\mathrm{d}x = \gamma_n \delta_{mn},\ \gamma_n = \frac{2}{2n+1} \tag{1.7}$$

式中，δ_{mn} 为单位矩阵第 m 行、n 列元素。

令 $\{x_i, \omega_i\}_{i=0}^{n}$ 为 Legendre-Gauss-Lobatto 节点和权重。$x_0=-1$、$x_n=1$、$\{x_i\}_{i=1}^{n-1}$ 是方程 $(1-x^2)L'_n(x)=0$ 的零点，权重定义为

$$\omega_i = \frac{2}{n(n+1)} \frac{1}{[L_n(x_i)]^2}, \quad 0 \leqslant i \leqslant n \tag{1.8}$$

以 x_i 为节点的 Lagrange 插值函数为

$$\phi_k(x) = L_k(x) = \prod_{i=1,k \neq i}^{n} \frac{x - x_i}{x_k - x_i},\ k = 0,1,\cdots,n \tag{1.9}$$

$\phi_k(x)$ 满足下列性质

$$\phi_k(x_i) = \begin{cases} 0, k \neq i \\ 1, k = i \end{cases} \tag{1.10}$$

形函数 $\phi_k(x)$ 在 $x=x_i$ 处的一阶偏导写为

$$\mathrm{d}_{ik} = \left[\frac{\partial}{\partial x}\phi_k(x)\right]_{x=x_i} \tag{1.11}$$

d_{ij} 是一个 $(n+1)\times(n+1)$ 大小的一阶微分矩阵，根据 Legendre 多项式的性质 $L_n(x)$ 的性质可得

$$\mathrm{d}_{ik} = \phi'_k(x_i) = \begin{cases} \dfrac{L_n(x_i)}{(x_i - x_k)L_n(x_k)}, i \neq k \\ -\dfrac{n(n+1)}{4}, i = k = 0 \\ \dfrac{n(n+1)}{4}, i = k = n \\ 0, \text{其他} \end{cases} \tag{1.12}$$

前六阶 Legendre 多项式及一阶导数如图 1.6 所示。

（2）Chebyshev 多项式　$T_n(x)$ 表示 n 阶 Chebyshev 多项式，满足以下关系式：

递推公式

$$T_0(x) = 1 \quad T_1(x) = x$$

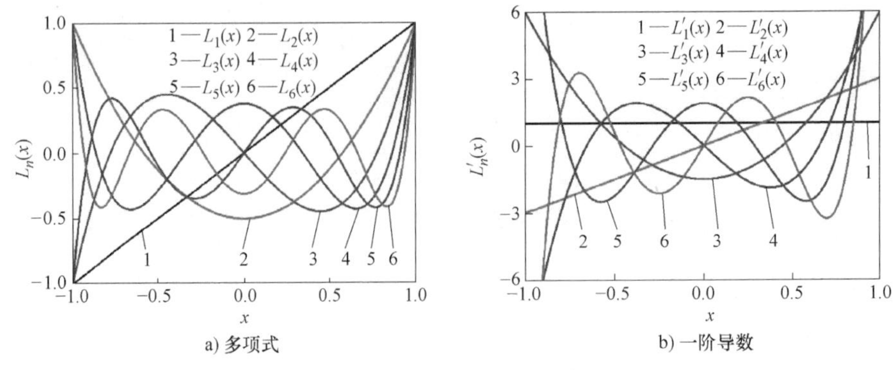

图 1.6　前六阶 Legendre 多项式及一阶导数

$$T_{n+1}(x) = 2xT_n(x) - T_{n-1}(x), n \geqslant 1 \tag{1.13}$$

正交关系为

$$\int_{-1}^{1} T_k(x) T_j(x) (1 - x^2)^{-\frac{1}{2}} \mathrm{d}x = \frac{c_k \pi}{2} \delta_{kj} \tag{1.14}$$

式中，$c_0=2$；$c_k=1$（$k\geqslant1$）；δ_{kj} 为单位矩阵第 k 行、第 j 列元素。

Chebyshev-Gauss-Lobatto 点 ξ_i 及权重 ω_i 定义为

$$\xi_i = \cos\frac{i\pi}{n} \tag{1.15}$$

$$\omega_i = \begin{cases} \dfrac{\pi}{2n}, & i = 0, n \\ \dfrac{\pi}{n}, 1 \leqslant i \leqslant n-1 \end{cases} \tag{1.16}$$

其中，基函数 $\phi_i(\xi)$ 为

$$\phi_i(\xi) = \frac{2}{n}\sum_{p=0}^{n} \frac{1}{\bar{c}_i \bar{c}_p} T_p(\xi_i) T_p(\xi) \tag{1.17}$$

其中，

$$\bar{c}_i, \bar{c}_p = \begin{cases} 1, i, p \neq 0, n \\ 2, i, p = 0, n \end{cases} \tag{1.18}$$

前六阶 Chebyshev 多项式及一阶导数如图 1.7 所示。

一般来说，谱元法包括基于傅里叶变换的频域有谱元法和基于正交多项式的时域谱元法，本书中提到的谱元法是将谱单元应用到半解析方法中的典型方法，该方法结合了频域谱元法和时域谱元法各自的优点。采用该方法研究导波频散曲线时，波导只在横截面离散化，在波传播方向上采用解析解，从而降低了求解的空间维数和自由度，减少了计算机计算资源，同时谱元法中高谱单元积分点和节点重合，可以生成对角的质量矩阵和稀疏的刚度矩阵，因此特征值计算效率和精度得到了极大

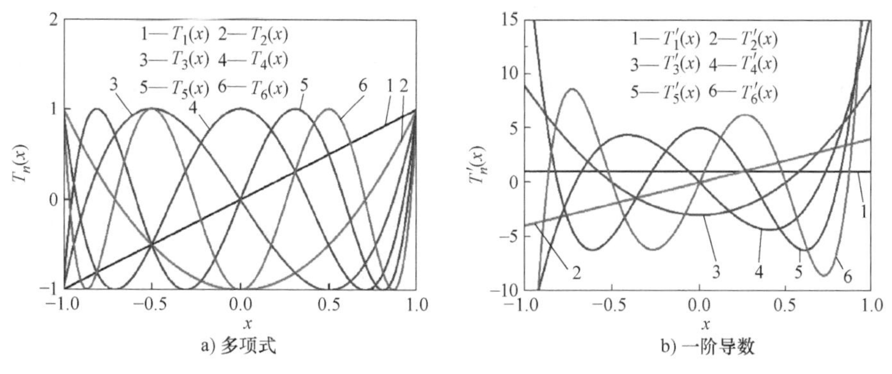

a) 多项式　　b) 一阶导数

图 1.7　前六阶 Chebyshev 多项式及一阶导数

的提高。谱元法可以解决具有复杂横截面的波导中波传播的问题。Hayashi 等人应用半解析法求解了关于杆和钢轨的频散特性，并通过实验对其进行了验证。Bartoli 等人将半解析方法扩展到线性黏弹性材料，考虑了各向同性板、铁轨及管道的频散特性。Treyssede 等人成功地将半解析法应用到螺旋杆、钢绞线和预应力中弹性波频散曲线的求解，通过与直杆对比分析发现两者的频散曲线差异较大，得出螺旋杆和钢绞线等效为直杆是不合理的结论。Gravenkamp 采用 Fourier-Legendre 谱单元，求解了板和任意截面直杆的弹性导波频散方程。

1.3.4　正交多项式法

正交多项式方法的基本思想：采用正交多项式逼近物理场变量建立波动方程，利用分离变量法把偏微分方程转化为常微分方程，之后，将该微分方程的解构造成求待定系数多项式级数形式，应用多项式的正交性把该问题转化成特征值问题，进而求解导波的特征值和特征向量，得到该波导结构的频散行为及相应模态的波结构。1972 年，学者 Maradudin 提出 laguerre 正交多项式方法求解了关于有限大晶体振动问题。1999 年，法国学者 Lefebvre 等提出了一种基于 legendre 正交多项式的方法，分析了多层板中的弹性波传播问题。Elmainouni 和 Lefebvre 等通过正交多项式方法解决了有关于正交异性圆柱、功能梯度圆柱中弹性波传播特性问题。禹建功等应用 Legendre 多项式级数展开法研究了球形曲面板、压电和压电压磁结构。

该方法的优势是把复杂的波动方程转化成简单的特征值求解问题，计算速度快，精度高。然而多项式方法只适用于截面较为简单的波导结构，得到的频散方程中系数矩阵是非对称矩阵，在波散射、能量传播及高阶模态分析方面存在一定的困难。

1.3.5　等几何分析法

等几何分析是一种新型的数值方法（由 Hughes 提出），该方法摒弃了传统的计算力学观念，将计算机辅助设计（CAD）模型设计与计算机辅助工程（CAE）计算分析集成统一到一个平台上，使设计、分析与优化相结合。它避免了几何模型和计算模型在网格划分、转换过程中的数据交换误差，在几何结构的构造和物理场的参数化过程中采用的样条基函数是相同的，类似于有限元中的等参元思想。

等几何分析法通过将分析计算置于精确的几何之上，来避免几何模型和计算模型不一致的情况，保证计算的高精度及高效率。等几何分析法采用精确的 NURBS 基函数描述几何结构，并直接用于计算分析，而有限元法是基于 Lagrange 插值函数离散和不断逼近得到的计算模型，二者的比较如图 1.8 所示。为了避免有限元的弊端，这里将二者结合，建立新的求解周期性结构波导问题的波等几何分析法。

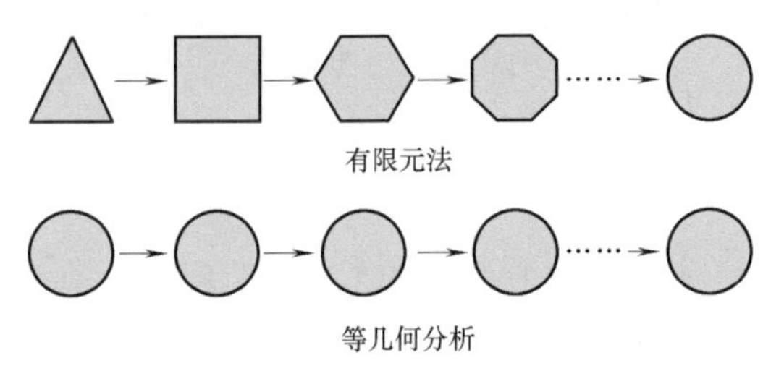

图 1.8　有限元逼近过程及等几何分析精确描述

在传统有限元中建立模型时，拉格朗日基函数描述的几何形体离散后的单元之间往往只有 C^0 连续性，同时对于区间内参数划分节点较多时，B 样条基函数的构造阶次比较低，而拉格朗日基函数却很高，即 B 样条基函数具有很高的连续性和光滑性。

NURBS 为 B 样条的线性加权组合，当权系数全等于 1 时，NURBS 基函数就退化为 B 样条，所以这里先简单介绍 B 样条的基本知识。定义节点矢量为 $\Xi=(\xi_1, \xi_2, \cdots, \xi_{n+p+1})$，其中，$\xi_i \leqslant \xi_{i+1}$，$i=1, 2, \cdots, n+p+1$，$p$ 为基函数的阶数，n 为基函数的数目。当 p 为 0 时，B 样条为

$$N_{i,0}(\xi)=\begin{cases}1, \xi_i \leqslant \xi < \xi_{i=1} \\ 0, 其他\end{cases} \tag{1.19}$$

根据 de-Boor-Cox 递推公式，p 次 B 样条可以定义为

$$N_{i,p}(\xi)=\frac{\xi-\xi_i}{\xi_{i+p}-\xi_i}N_{i,p-1}(\xi)+\frac{\xi_{i+p+1}-\xi}{\xi_{i+p+1}-\xi_{i+1}}N_{i+1,p-1}(\xi) \tag{1.20}$$

节点向量［0, 0, 0, 1/6, 1/3, 1/2, 2/3, 5/6, 1, 1, 1］的 B 样条基函数如图 1.9 所示。

B 样条基函数的各阶导数为

$$\begin{aligned}N_{i,p}^{(1)}(\xi)&=p\left(\frac{N_{i,p-1}(\xi)}{\xi_{i+p}-\xi_i}+\frac{N_{i+1,p-1}(\xi)}{\xi_{i+p+1}-\xi_{i+1}}\right)\\ N_{i,p}^{(k)}(\xi)&=\frac{p}{p-k}\left(\frac{\xi-\xi_i}{\xi_{i+p}-\xi_i}+\frac{\xi_{i+p+1}-\xi}{\xi_{i+p+1}-\xi_{i+1}}N_{i+1,p-1}^{(k)}(\xi)\right)\end{aligned} \tag{1.21}$$

一维 NURBS 基函数可以定义为

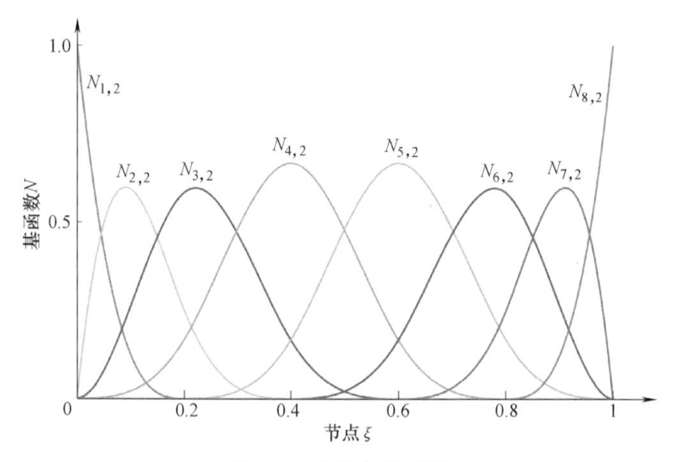

图 1.9　B 样条基函数

$$\boldsymbol{C}(\xi)=\sum_{i=1}^{n}R_i\boldsymbol{B}_i \tag{1.22}$$

式中，R_i 为有理基函数。

$$R_i(\xi)=\frac{w_iN_{i,p}(\xi)}{\sum w_jN_{j,p}(\xi)} \tag{1.23}$$

$\boldsymbol{\Gamma}$、$\boldsymbol{B}$、$\boldsymbol{W}$ 用于描述图 1.10a 圆曲线几何形体的 B 样条节点向量、控制点坐标和对应的权系数。

$\boldsymbol{\Gamma}=(0,0,0,0,0.2,0.4,0.6,0.8,1,1,1,1)$

$\boldsymbol{B}=((0,1),(1,1.8),(2,2.8),(3,3),(4,2.9),(5,1.8),(6,1.5),(7,1.3))$

$\boldsymbol{W}=(1,1.2,1,1,1,1.1,1.1,1.3)$

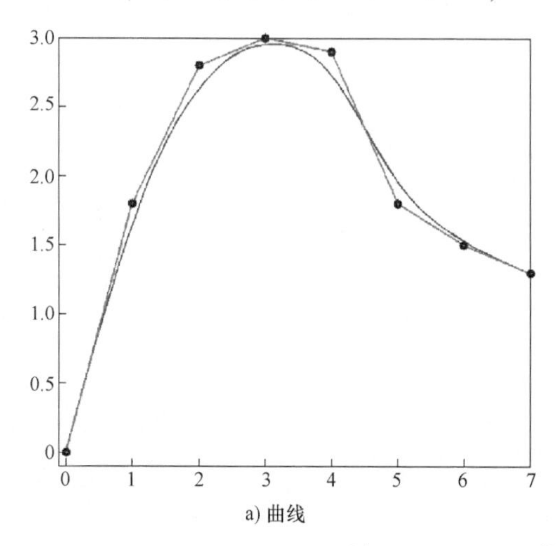

a) 曲线

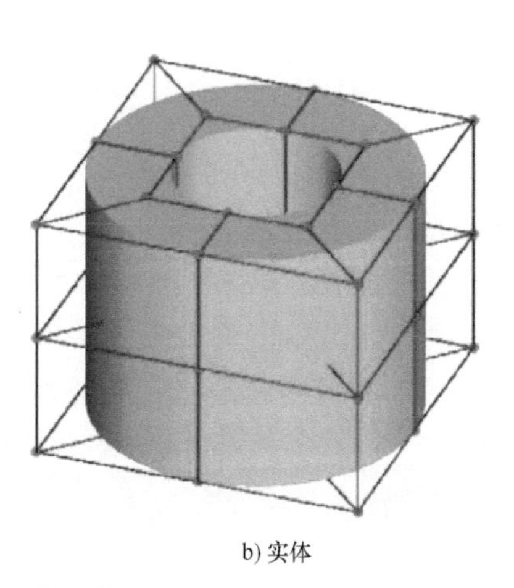

b) 实体

图 1.10　NURBS 构建的几何形体

NURBS 曲面可由 ξ，η 两个方向的控制点和基函数的乘积来定义，其公式为

$$\boldsymbol{S}(\xi,\eta)=\sum_{i=1}^{n}\sum_{j=1}^{m}R_{ij}(\xi,\eta)\boldsymbol{P}_{ij} \tag{1.24}$$

式中

$$R_{ij}(\xi,\eta)=\frac{w_{ij}R_{i,p}(\xi)R_{j,q}(\eta)}{\boldsymbol{W}} \tag{1.25}$$

$$\boldsymbol{W}=\sum_{i=1}^{n}\sum_{j=1}^{m}w_{ij}R_{i,p}(\xi)R_{j,q}(\eta) \tag{1.26}$$

式中，q 和 m 分别为 η 方向基函数的阶数和数目。

三维的 NURBS 实体由三个方向 ξ，η，ζ 上的节点矢量，($n\times m\times l$) 个控制点及阶数为 p，q，r 的基函数构造，其可定义为

$$\boldsymbol{V}(\xi,\eta,\zeta)=\sum_{i=1}^{n}\sum_{j=1}^{m}\sum_{k=1}^{l}R_{ijk}(\xi,\eta,\zeta)\boldsymbol{B}_{ijk} \tag{1.27}$$

式中，

$$R_{ijk}(\xi,\eta,\zeta)=\frac{w_{ijk}N_{i,p}(\xi)M_{j,q}(\eta)L_{k,r}(\zeta)}{\sum w_{ijk}N_{i,p}(\xi)M_{j,q}(\eta)L_{k,r}(\zeta)} \tag{1.28}$$

三维 NURBS 实体如图 1.10b 所示。

传统拉格朗日基函数用于描述几何结构离散后的单元，在等参元中，单元多为多边形，单元与单元之间往往只有 C^0 连续性。而 NURBS 基函数是基于“片”几何形体，在整个“片”内，基函数具有高阶光滑性和连续性，也能精确表示结构的几何形体；并且 NURBS 曲面有良好的细化算法，能有效地避免奇异单元，提高等几何数值计算的稳定性。

等几何分析的研究及其应用非常广泛，Bazilevs 等人采用 IGA 考虑了流-固耦合问题，并给出了相关的理论、算法及计算案例。Cottrell 求解了杆、梁、板、三维实体等结构的振动问题，介绍了相关的细化策略，可以得到比传统有限元更精确的计算结果。Kiendl 等人和 Benson 等人结合经典的板壳理论模型，分析了壳体的变形问题。Lorenzis 等人采用 IGA 研究了大变形摩擦接触问题。在结构优化设计方面，IGA 也发挥着重要的作用。Hughes 等和 Cohen 等发展了相关的几何造型技术，以改善复杂几何实体的建模。在等几何分析中，非均匀有理 B 样条（NURBS）基函数被广泛采用，并已成为 CAD 几何形状技术领域的标准。同时，也有学者发展了具有局部细化优势的 T 样条来描述复杂的几何模型，使模型更加精确。目前，大量的研究成果表明，等几何分析凭借独特的优势，已成功被应用于弹性导波的传播问题研究。

第2章

曲形结构中的弹性导波

2.1 引言

工程中经常会遇到轴线为曲线的波导结构，沿着中心轴线呈现出周期性的几何特征，如悬索桥上用于悬吊桥面结构的螺旋钢绞线、用于远程输电或信息传输的金属绞线、建筑结构中用于承载作用的螺纹钢、工业或城市建设中用于输送液体或燃气等介质的曲形管道及弯头等，足见曲形波导在交通、建筑、能源等民用及工业领域中发挥着显著的作用。这些工程结构由于加工造成的微损伤及服役环境的复杂性，容易出现腐蚀、裂纹和空洞等缺陷，经常导致桥梁断裂、能源泄露、结构倒塌等严重的事故，给社会民生及经济发展带来极大的损失。因此，关于曲形结构的检测一直是无损检测及结构健康检测领域的研究热点。

在曲形波导结构的监/检测过程中，基于超声导波技术激发出的导波信号在传播过程中受到波导结构边界的多次反射、折射叠加呈现出独特的频散特性。研究这类波导问题的难点在于如何有效地在曲线坐标系下构建描述曲形波导的参数方程、波动方程和几何方程，其关系到曲形波导结构中弹性波传播、衰减等特性的准确理解及在实际工程中检测设备的有效开发及应用。

本章针对具有特殊几何结构的曲形波导问题，首先介绍了用于描述空间曲线的曲线坐标系，将单位正交基作为非完整系的协变基矢量，基于 Frenet-Serret 准则探讨了螺旋坐标系的建立及曲线波导几何结构的参数方程。结合半解析有限元方法，建立螺螺纹钢、螺旋曲杆及弯管的波动方程及频散方程，分别探讨了螺纹钢、螺旋曲杆及弯管内弹性波的传播、频散、衰减等特性，并深入探讨和揭示了一些特殊现象的产生机理，构建了曲形波导问题的一般数值模型及导波频散特性的控制理论。

2.2 曲线坐标系

2.2.1 曲线坐标系

为便于求解曲形波导问题，这里首先介绍曲线坐标系，在三维空间中假设笛卡儿坐标系（X-Y-Z）的正交标准化基矢量为 e_X、e_Y、e_Z，任意一点 Q 的位置可以根据笛卡儿坐标原点 O 到该点之间的矢径 r 表示，矢径 r 满足以下关系式

$$\boldsymbol{r} = Xe_X + Ye_Y + Ze_Z \tag{2.1}$$

定义空间曲线局部坐标，矢径 r 可表示为

$$\boldsymbol{r} = \boldsymbol{r}(x, y, z) \tag{2.2}$$

同时，曲线局部坐标和空间点满足一一对应关系，曲线局部坐标和笛卡儿坐标之间的关系可表示为

$$\boldsymbol{X}_i = \boldsymbol{X}_i(\boldsymbol{x}_j) \quad i, j = 1, 2, 3 \tag{2.3}$$

其中，i，j=1，2，3 表示坐标系的三个方向。当空间曲线任一点 Q 处有微小的增量时，Q 移动至临近的 Q_1 点处，在笛卡儿坐标系中 Q 点和 Q_1 点的矢径变化 dr 也是一个矢量，即

$$\mathrm{d}r = \frac{\partial r}{\partial x_i}\mathrm{d}x_i = \boldsymbol{g}_i \mathrm{d}x_i \tag{2.4}$$

由此可知，g_i（i=1，2，3）称为曲线局部坐标（x，y，z）点处沿着三个坐标线切线方向的协变基或自然局部基矢量，它不是常矢量，其大小与方向随着曲线空间点的位置变化而改变。

在同一坐标系中，将协变基矢量对逆协变基矢量进行分解可有

$$\boldsymbol{g}_i = \boldsymbol{g}_{ij}\boldsymbol{g}^j \quad i, j = 1, 2, 3 \tag{2.5}$$

和

$$g_i g_j = g_{ij} \quad i, j = 1, 2, 3 \tag{2.6}$$

式中，g_{ij} 为度量张量的协变分量。

在同一空间中，同一物理量在不同的局部坐标系下可描述为不同的分量，两者的协变基矢量之间满足以下关系

$$g_{(i)} = \beta_{ij} g_j \text{ 或 } g_i = \beta'_{ij} g_{(j)} \quad i, j = 1, 2, 3 \tag{2.7}$$

式（2.7）中，$g_{(i)}$ 和 g_i（i，j=1，2，3）分别表示不同坐标系的协变基矢量，β_{ij} 和 β'_{ij} 分别表示两组坐标系协变基矢量之间的转换系数。

2.2.2 曲形结构的参数方程

根据曲形波导结构的几何特征，引入 Frenet 标架，结合曲线控制参数曲率、扭率、弧长和 Frenet-Serret 公式，在空间曲线上任意一点处建立局部曲线坐标系，通

过曲率、扭率、弧长的取值可有效控制曲形波导的几何结构。在螺旋曲线坐标系（见图 2.1）下，曲形波导结构中心线的几何参数方程为

$$R(s)=R_0\cos\left(\frac{2\pi}{l}s\right)e_X+R_0\sin\left(\frac{2\pi}{l}s\right)e_Y+\frac{L}{l}se_Z \tag{2.8}$$

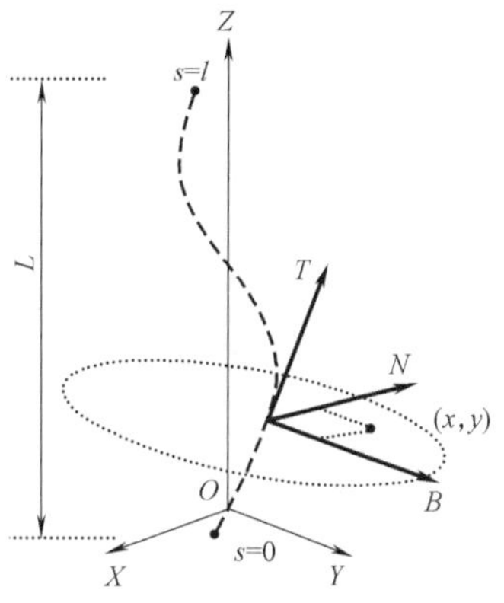

图 2.1　螺旋曲线坐标系

式中，e_X、e_Y、e_Z 为笛卡儿坐标的基矢量，R_0 为中心线在 X-Y 平面中的半径，s 为中心线由某一起始点起计算的弧长；当曲率和扭率为常数时，曲形波导结构具有周期性特征，中心曲线的节距和弧长分别为 L 和 l，两者之间的关系为 $l=\sqrt{L^2+4\pi^2R_0^2}$，曲率 κ 和扭率 τ 分别为 $4\pi^2R_0^2/l^2$ 和 $2\pi L/l$。中心线上任一点处的切线 $\boldsymbol{T}(s)$、正法线 $\boldsymbol{N}(s)$ 和副法线 $\boldsymbol{B}(s)$ 的单位矢量两两正交 $\boldsymbol{T}(s)=\boldsymbol{R}(s)/\mathrm{d}s$，$\boldsymbol{B}(s)=\boldsymbol{T}(s)\times\boldsymbol{N}(s)$。遵循 Frenet-Serret 准则，即 $\mathrm{d}\boldsymbol{T}/\mathrm{d}s=\kappa\boldsymbol{N}$，$\mathrm{d}\boldsymbol{N}/\mathrm{d}s=\tau\boldsymbol{B}-\kappa\boldsymbol{T}$，$\mathrm{d}\boldsymbol{B}/\mathrm{d}s=-\tau\boldsymbol{N}$。

$\boldsymbol{N}(s)$、$\boldsymbol{B}(s)$ 和 $\boldsymbol{T}(s)$ 在笛卡儿坐标系中可以表示为

$$N(s)=\frac{1}{\kappa}\frac{\mathrm{d}\boldsymbol{T}(s)}{\mathrm{d}s}=-\cos\left(\frac{2\pi}{l}s\right)\boldsymbol{e}_x-\sin\left(\frac{2\pi}{l}s\right)\boldsymbol{e}_y \tag{2.9}$$

$$\begin{aligned}B(s)&=\frac{1}{\tau}\left(\frac{\mathrm{d}\boldsymbol{N}(s)}{\mathrm{d}s}+\kappa\boldsymbol{T}(s)\right)\\&=\frac{L}{l}\sin\left(\frac{2\pi}{l}s\right)\boldsymbol{e}_y-\frac{L}{l}\cos\left(\frac{2\pi}{l}s\right)\boldsymbol{e}_y+\frac{2\pi R_0}{l}\boldsymbol{e}_z\end{aligned} \tag{2.10}$$

$$T(s)=\frac{\mathrm{d}\boldsymbol{R}(s)}{\mathrm{d}s}=-\frac{2\pi R_0}{l}\sin\left(\frac{2\pi}{l}s\right)\boldsymbol{e}_x+\frac{2\pi R_0}{l}\cos\left(\frac{2\pi}{l}s\right)\boldsymbol{e}_y+\frac{L}{l}\boldsymbol{e}_z \tag{2.11}$$

在 $\boldsymbol{N}$-$\boldsymbol{B}$ 平面建立 x-y 局部坐标系，空间任意一点 P 的坐标矢量可以表示为

$$\boldsymbol{\Phi}(x,y,z)=\boldsymbol{R}(s)+x\boldsymbol{N}(s)+y\boldsymbol{B}(s) \tag{2.12}$$

正交曲线坐标系的自然协变基矢量，$g_i=\partial\boldsymbol{\Phi}/\partial x_i(i=1,2,3)$ 得

$$\begin{aligned}\boldsymbol{g}_1&=\boldsymbol{N}(s)\\\boldsymbol{g}_2&=\boldsymbol{B}(s)\\\boldsymbol{g}_3&=-\tau y\boldsymbol{N}(s)+\tau x\boldsymbol{B}(s)+(1+\kappa y)\boldsymbol{T}(s)\end{aligned} \tag{2.13}$$

式中，$\boldsymbol{g}_1$、$\boldsymbol{g}_2$、$\boldsymbol{g}_3$ 构成的系统为非完整系。具有一定物理意义的张量，在非完整系中的分量并不具有原来物理量的量纲，因而给直接的物理解释带来不便。为了使张量的物理量纲更加明确，这里引入一组单位正交基 $\boldsymbol{g}_i$ 作为坐标系 $\boldsymbol{\Phi}$ 的协变基矢量，即

$$\boldsymbol{g}_{(1)}=\boldsymbol{N}(s),\boldsymbol{g}_{(2)}=\boldsymbol{B}(s),\boldsymbol{g}_{(3)}=\boldsymbol{T}(s) \tag{2.14}$$

$\boldsymbol{g}_i$ 与 $\boldsymbol{g}_{(i)}$ 的转换关系为

$$\boldsymbol{g}_{(i)}=\beta_{ij}\boldsymbol{g}_j \quad \text{或} \quad \boldsymbol{g}_i=\beta'_{ij}\boldsymbol{g}_{(j)} \quad (i,j=1,2,3) \tag{2.15}$$

其中，转换系数为

$$\beta=\frac{1}{1+\kappa x}\begin{pmatrix} 1+\kappa x & 0 & \tau y \\ 0 & 1+\kappa x & -\tau x \\ 0 & 0 & 1 \end{pmatrix} \tag{2.16}$$

$$\beta'=\begin{pmatrix} 1 & 0 & 0 \\ 0 & 1 & 0 \\ -\tau y & \tau x & 1+\kappa x \end{pmatrix} \tag{2.17}$$

度量张量 $\boldsymbol{G}$ 为自然协变基矢量之间的点乘，得

$$\boldsymbol{G}=\begin{pmatrix} 1 & 0 & -\tau y \\ 1 & 0 & \tau x \\ -\tau y & \tau x & \tau^2(x^2+y^2)+(1+\kappa x)^2 \end{pmatrix} \tag{2.18}$$

逆自然协变基矢量与自然协变基矢量满足 $\boldsymbol{g}_i\boldsymbol{g}^i=\delta_i^j$，即

$$\boldsymbol{g}^1=\boldsymbol{N}(s)+\frac{\tau y}{(1+\kappa x)}\boldsymbol{T}(s),\boldsymbol{g}^2=\boldsymbol{B}(s)-\frac{\tau x}{(1+\kappa x)}\boldsymbol{T}(s),\boldsymbol{g}^3=\frac{1}{(1+\kappa x)}\boldsymbol{T}(s) \tag{2.19}$$

逆自然协变基矢量与协变基矢量之间的转换关系为

$$\boldsymbol{g}_{(i)}=\beta'_{ij}\boldsymbol{g}^j \quad \text{或} \quad \boldsymbol{g}^i=\beta_{ij}\boldsymbol{g}_{(j)} \quad (i,j=1,2,3) \tag{2.20}$$

2.3 曲形结构的波动方程

2.3.1 曲形结构的几何方程

弹性导波的传播所引起的结构变形遵循小变形理论，位移与应变之间的关系可以表示为

$$\boldsymbol{E}=\frac{1}{2}(\nabla\boldsymbol{U}+(\nabla\boldsymbol{U})^{\mathrm{T}}) \tag{2.21}$$

$$\boldsymbol{E}=\varepsilon_{ij}\boldsymbol{g}_{(i)}\boldsymbol{g}_{(j)} \tag{2.22}$$

式中，ε_{ij} 为二阶张量；$\boldsymbol{U}$ 为位移场。

位移场在正交曲线坐标系可以表示为

$$\boldsymbol{U}=u_i\boldsymbol{g}_{(i)}=u_n\boldsymbol{g}_{(1)}+u_b\boldsymbol{g}_{(2)}+u_t\boldsymbol{g}_{(3)} \tag{2.23}$$

式中，u_i 为位移分量（$i=1$、2、3）；u_n、u_b、u_t 为曲线坐标系三个协变基矢方向上的位移分量。

位移场左梯度和右梯度分别为

$$\nabla \boldsymbol{U} = \boldsymbol{g}^i \frac{\partial \boldsymbol{U}}{\partial x_i} = \beta_{ij}\boldsymbol{g}_{(i)} \frac{\partial \boldsymbol{U}}{\partial x_i} \tag{2.24}$$

$$\boldsymbol{U}\nabla = \frac{\partial \boldsymbol{U}}{\partial x_i}\boldsymbol{g}^i = \frac{\partial \boldsymbol{U}}{\partial x_i}\beta_{ij}\boldsymbol{g}_{(i)} \tag{2.25}$$

式中，∇为梯度算子。

联立式（2.21）与式（2.23），得$\varepsilon_{nb}=\varepsilon_{bn}$，$\varepsilon_{nt}=\varepsilon_{tn}$，$\varepsilon_{tb}=\varepsilon_{bt}$，并求解出应变场，即

$$\boldsymbol{\varepsilon} = (\varepsilon_{nn} \quad \varepsilon_{bb} \quad \varepsilon_{tt} \quad 2\varepsilon_{nb} \quad 2\varepsilon_{nt} \quad 2\varepsilon_{bt})^{\mathrm{T}} = \boldsymbol{L}_x u_{,x} + \boldsymbol{L}_y u_{,y} + \boldsymbol{L}_s u_{,s} + \boldsymbol{L}_0 u \tag{2.26}$$

式中，$u_{,x}$、$u_{,y}$、$u_{,s}$为位移对三方向坐标求导的简写形式；矩阵微分算子$\boldsymbol{L}_x$、$\boldsymbol{L}_y$、$\boldsymbol{L}_s$、$\boldsymbol{L}_0$分别表示为

$$\boldsymbol{L}_x = \begin{pmatrix} 1 & 0 & 0 \\ 0 & 0 & 0 \\ 0 & 0 & \tau y/(1+\kappa x) \\ 0 & 1 & 0 \\ \tau y/(1+\kappa x) & 0 & 1 \\ 0 & \tau y/(1+\kappa x) & 0 \end{pmatrix} \tag{2.27}$$

$$\boldsymbol{L}_y = \begin{pmatrix} 0 & 0 & 0 \\ 0 & 1 & 0 \\ 0 & 0 & -\tau x/(1+\kappa x) \\ 1 & 0 & 0 \\ -\tau x/(1+\kappa x) & 0 & 0 \\ 0 & -\tau x/(1+\kappa x) & 1 \end{pmatrix} \tag{2.28}$$

$$\boldsymbol{L}_s = \frac{1}{1+\kappa x}\begin{pmatrix} 0 & 0 & 0 \\ 0 & 0 & 0 \\ 0 & 0 & 1 \\ 0 & 0 & 0 \\ 1 & 0 & 0 \\ 0 & 1 & 0 \end{pmatrix}, \boldsymbol{L}_0 = \frac{1}{1+\kappa x}\begin{pmatrix} 0 & 0 & 0 \\ 0 & 0 & 0 \\ \kappa & 0 & 1 \\ 0 & 0 & 0 \\ 0 & -\tau & -\kappa \\ \tau & 0 & 0 \end{pmatrix} \tag{2.29}$$

2.3.2　曲形结构的频散方程

在等几何分析中，采用NURBS基函数对波导横截面进行参数化，即

$$\begin{aligned} x &= \boldsymbol{R}(\xi,\eta)\boldsymbol{P}_x(s) \\ y &= \boldsymbol{R}(\xi,\eta)\boldsymbol{P}_y(s) \end{aligned} \tag{2.30}$$

式中，$\boldsymbol{R}(\xi,\eta)$与$(\boldsymbol{P}_x(s), \boldsymbol{P}_y(s))$分别为NURBS基函数和控制点坐标。基函数对物理参数ξ，η的偏导数可用坐标x、y表示为

$$\begin{pmatrix} \partial_\xi \\ \partial_\eta \end{pmatrix} = \boldsymbol{J} \begin{pmatrix} \partial_x \\ \partial_y \end{pmatrix} \tag{2.31}$$

式中，雅克比矩阵为

$$\boldsymbol{J} = \begin{pmatrix} x_{,\xi} & x_{,\eta} \\ y_{,\xi} & y_{,\eta} \end{pmatrix} \tag{2.32}$$

对雅克比矩阵 $\boldsymbol{J}$ 求逆，x，y 的偏微分可用参数 ξ，η 表示为

$$\begin{pmatrix} \partial_x \\ \partial_y \end{pmatrix} = \frac{1}{|\boldsymbol{J}|} \begin{pmatrix} y_{,\eta} & -y_{,\xi} \\ -x_{,\eta} & x_{,\xi} \end{pmatrix} \begin{pmatrix} \partial_\xi \\ \partial_\eta \end{pmatrix} \tag{2.33}$$

同时，采用相同的基函数对位移场进行参数离散化，位移场函数可表示成节点位移的函数，即

$$\boldsymbol{u}(x,y,s,t) = \boldsymbol{R}(\xi,\eta)\boldsymbol{U}(s,t) \tag{2.34}$$

式中，s、t 分别为曲线坐标系统中曲线上的坐标和时间；为控制点的位移列矩阵。将式（2.34）代入式（2.26），应变张量可重新表示为

$$\varepsilon = \boldsymbol{B}_1\boldsymbol{U} + \boldsymbol{B}_s\boldsymbol{U}_{,s} \tag{2.35}$$

式中，$U_{,s}$ 为位移对曲线坐标的导数。

$$\boldsymbol{B}_s = \boldsymbol{L}_s\boldsymbol{R}(\xi,\eta)$$

$$\boldsymbol{B}_1 = \frac{1}{|\boldsymbol{J}|}(y_{,\eta}\boldsymbol{L}_x - x_{,\eta}\boldsymbol{L}_y)\boldsymbol{R}_{,\eta} + \frac{1}{|\boldsymbol{J}|}(-y_{,\xi}\boldsymbol{L}_x + x_{,\xi}\boldsymbol{L}_y)\boldsymbol{R}_{,\xi} + \boldsymbol{L}_0\boldsymbol{R} \tag{2.36}$$

式中，$y_{,\eta}$、$x_{,\eta}$、$y_{,\xi}$、$x_{,\xi}$ 为坐标 x、y 对物理参数 η、ξ 的导数；$\boldsymbol{R}_{,\eta}$、$\boldsymbol{R}_{,\xi}$ 为基函数对物理参数 η、ξ 的导数。

在不计体力、面力时，弹性动力学控制方程的变分形式为

$$\int_V \delta\varepsilon^{\mathrm{T}}\sigma \mathrm{d}V + \int_V \rho\delta\boldsymbol{u}^{\mathrm{T}}\ddot{\boldsymbol{u}}\sigma \mathrm{d}V = \int_V \delta\boldsymbol{u}^{\mathrm{T}}\boldsymbol{f}\mathrm{d}V \tag{2.37}$$

式中，σ 为应力向量；ρ 为材料密度；δ 为变分符号；$\boldsymbol{u}$ 为位移量；$\boldsymbol{f}$ 为横截面荷载量。将式（2.35）代入式（2.37），结合材料线弹性本构关系分部积分后可得到

$$\int_t\int_z \delta\boldsymbol{U}^{\mathrm{T}}[\boldsymbol{E}_1\boldsymbol{U} - (\boldsymbol{E}_2 - \boldsymbol{E}_2^{\mathrm{T}})\boldsymbol{U} - \boldsymbol{E}_3\boldsymbol{U}_{,ss} + \boldsymbol{M}\boldsymbol{U}_{,tt} - \boldsymbol{F}]\mathrm{d}s\mathrm{d}t = 0 \tag{2.38}$$

式中，$U_{,tt}$、$U_{,ss}$ 为位移对坐标曲线、时间的二阶导；刚度和质量矩阵为

$$\boldsymbol{M} = \int_\Gamma \rho\boldsymbol{R}^{\mathrm{T}}\boldsymbol{R}|\boldsymbol{J}|\sqrt{|\boldsymbol{G}|}\mathrm{d}\xi\mathrm{d}\eta, \quad \boldsymbol{E}_1 = \int_\Gamma \boldsymbol{B}_1^{\mathrm{T}}\boldsymbol{C}\boldsymbol{B}_1|\boldsymbol{J}|\sqrt{|\boldsymbol{G}|}\mathrm{d}\xi\mathrm{d}\eta$$
$$\boldsymbol{E}_2 = \int_\Gamma \boldsymbol{B}_1^{\mathrm{T}}\boldsymbol{C}\boldsymbol{B}_s|\boldsymbol{J}|\sqrt{|\boldsymbol{G}|}\mathrm{d}\xi\mathrm{d}\eta, \quad \boldsymbol{E}_3 = \int_\Gamma \boldsymbol{B}_s^{\mathrm{T}}\boldsymbol{C}\boldsymbol{B}_s|\boldsymbol{J}|\sqrt{|\boldsymbol{G}|}\mathrm{d}\xi\mathrm{d}\eta \tag{2.39}$$

式中，$\boldsymbol{B}_s$ 为 s 方向上的应变位移矩阵；$\boldsymbol{C}$ 为材料的弹性矩阵。
荷载矩阵为

$$\boldsymbol{F}(s,t) = \int_\Gamma \boldsymbol{R}^{\mathrm{T}}\boldsymbol{f}|\boldsymbol{J}|\sqrt{|\boldsymbol{G}|}\mathrm{d}\xi\mathrm{d}\eta \tag{2.40}$$

对式（2.38）进行时间与空间谱分解，可得到 S-IGA 格式的频散方程

$$[\boldsymbol{E}_1 + \mathcal{I}k(\boldsymbol{E}_2 - \boldsymbol{E}_2^{\mathrm{T}}) - k^2\boldsymbol{E}_3 + \omega^2\boldsymbol{M}]\hat{\boldsymbol{U}} = \hat{\boldsymbol{F}} \tag{2.41}$$

式中，$\mathcal{I}$ 为虚数单位；k 为轴向波数；ω 为圆频率；$\hat{\boldsymbol{U}}$ 与 $\hat{\boldsymbol{F}}$ 分别为

$$\hat{\boldsymbol{U}}_{(k,\omega)} = \int_{-\infty}^{+\infty}\int_{-\infty}^{+\infty}\boldsymbol{U}(z,t)\mathrm{e}^{-\mathcal{I}(\omega t - kz)}\mathrm{d}\omega\mathrm{d}t$$

$$\hat{\boldsymbol{F}}_{(k,\omega)} = \int_{-\infty}^{+\infty}\int_{-\infty}^{+\infty}\boldsymbol{F}(z,t)\mathrm{e}^{-\mathcal{I}(\omega t - kz)}\mathrm{d}\omega\mathrm{d}t \tag{2.42}$$

式（2.41）为一个二次两个参数的特征问题。可使式（2.41）的二次广义特征值求解演变为线性特征值的问题

$$\boldsymbol{Z}\widetilde{\boldsymbol{U}} = \lambda\widetilde{\boldsymbol{U}} \tag{2.43}$$

式中

$$\boldsymbol{Z} = -\begin{pmatrix} \boldsymbol{E}_3^{-1}\boldsymbol{E}_2^{\mathrm{T}} & -\boldsymbol{E}_3^{-1} \\ \omega^2\boldsymbol{M} - \boldsymbol{E}_1 + \boldsymbol{E}_2\boldsymbol{E}_3^{-1}\boldsymbol{E}_2^{\mathrm{T}} & -\boldsymbol{E}_2\boldsymbol{E}_3^{-1} \end{pmatrix}, \boldsymbol{U} = (\hat{\boldsymbol{U}}, \hat{\boldsymbol{Q}})^{\mathrm{T}}, \lambda = \mathcal{I}k \tag{2.44}$$

横截面上分布的应力为

$$\hat{\boldsymbol{Q}} = \lambda\boldsymbol{E}_3\hat{\boldsymbol{U}} + \boldsymbol{E}_2^{\mathrm{T}}\hat{\boldsymbol{U}} \tag{2.45}$$

2.3.3　扭转坐标系下的偏转波数

当曲率为零，中心点移至笛卡儿坐标系原点时，螺旋坐标就演变为扭转坐标系，如图 2.2 所示。截面的基矢量为

$$e_x = \cos(\tau Z)e_X + \sin(\tau Z)e_Y$$
$$e_y = -\sin(\tau Z)e_X + \cos(\tau Z)e_Y \tag{2.46}$$

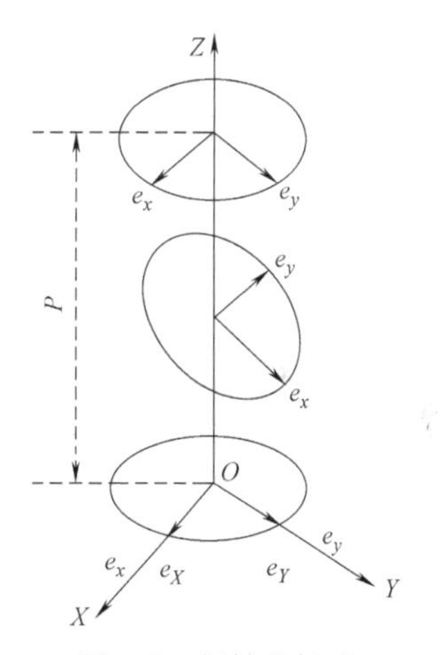

图 2.2　扭转坐标系

虽然扭转坐标系和笛卡儿坐标系中波的传播方向是一致的，但是二者在轴向的傅里叶变换不同，扭转坐标空间与笛卡儿空间之间存在偏转波数。由于没有相关的理论解做参考，采用各向同性材料的圆杆来验证计算结果的精确性。两方面讨论了圆杆中的轴向偏转波数。笛卡儿坐标系的位移场为

$$\boldsymbol{u}(X,Y,Z) = u_X e_X + u_Y e_Y + u_Z e_Z \tag{2.47}$$

上述坐标系内的位移场之间有如下关系

$$\begin{pmatrix} u_x \\ u_y \\ u_z \end{pmatrix} = \boldsymbol{T}\begin{pmatrix} u_X \\ u_Y \\ u_Z \end{pmatrix}, \boldsymbol{T} = \begin{pmatrix} \cos(\tau Z) & \sin(\tau Z) & 0 \\ -\sin(\tau Z) & \cos(\tau Z) & 0 \\ 0 & 0 & 1 \end{pmatrix} \tag{2.48}$$

上述两者的位移轴向傅里叶变换可表述为

$$\mathcal{F}(u_X, u_Y, u_Z)(Z) = (\hat{u}_X, \hat{u}_Y, \hat{u}_Z)(\mathcal{K}) \rightarrow e^{\mathcal{I}\mathcal{K}Z}$$
$$\mathcal{F}(u_x, u_y, u_z)(z) = (\hat{u}_x, \hat{u}_y, \hat{u}_z)(k) \rightarrow e^{\mathcal{I}kz} \tag{2.49}$$

式中，$\mathcal{F}$ 为傅里叶变换的符号；k、$\mathcal{K}$ 为波数。将式（2.48）代入式（2.49），可得

$$\mathcal{F}(u_x, u_y, u_z)(z) = \mathcal{F}(\boldsymbol{T}(u_X, u_Y, u_Z))(z) \neq \mathcal{F}(u_X, u_Y, u_Z)(Z) \tag{2.50}$$

显然，上述转换矩阵 $\boldsymbol{T}$ 和 $\boldsymbol{Z}(z)$ 相关。因此，两个坐标系统内的波数是有差异的。

这里考虑圆杆中的偏转波数，通过建立局部平面内的极坐标可得到扭转坐标系（r，θ 和 z）下的任意位置的坐标矢量

$$\boldsymbol{X}(r,\theta,z) = r\cos(\theta)\boldsymbol{e}_x(z) + r\sin(\theta)\boldsymbol{e}_y(z) + z\boldsymbol{e}_z \tag{2.51}$$

结合式（2.46），式（2.51）可写为

$$\boldsymbol{X}(r,\theta,z) = r\cos(\theta + \tau z)\boldsymbol{e}_X + r\sin(\theta + \tau z)\boldsymbol{e}_Y + z\boldsymbol{e}_Z \tag{2.52}$$

另外，在圆柱坐标系统（R、Θ 和 Z）内，位置矢量可表示为

$$\boldsymbol{X}(R,\Theta,Z) = R\cos(\Theta)\boldsymbol{e}_X + R\sin(\Theta)\boldsymbol{e}_Y + Z\boldsymbol{e}_Z \tag{2.53}$$

结合式（2.52）和式（2.53），得到两坐标系统之间的参数关系，即

$$R = r, \Theta = \theta + \tau z, Z = z \tag{2.54}$$

扭转坐标系的基矢量为

$$\boldsymbol{e}_z = \frac{\partial \boldsymbol{X}}{\partial z} = \boldsymbol{e}_Z \tag{2.55}$$

$$\begin{aligned}\boldsymbol{e}_r &= \frac{\partial \boldsymbol{X}}{\partial r} = \cos(\theta)\boldsymbol{e}_x + \sin(\theta)\boldsymbol{e}_y \\ &= \cos(\theta)(\cos(\tau Z)\boldsymbol{e}_X + \sin(\tau Z)\boldsymbol{e}_Y) + \sin(\theta)(-\sin(\tau Z)\boldsymbol{e}_X + \cos(\tau Z)\boldsymbol{e}_Y) \\ &= \cos(\theta + \tau Z)\boldsymbol{e}_X + \sin(\theta + \tau Z)\boldsymbol{e}_Y = \cos(\Theta)\boldsymbol{e}_X + \sin(\Theta)\boldsymbol{e}_Y\end{aligned} \tag{2.56}$$

$$\boldsymbol{e}_\theta = \frac{\partial \boldsymbol{X}}{r\partial \theta} = -\sin(\theta)\boldsymbol{e}_x + \cos(\theta)\boldsymbol{e}_y = -\sin(\Theta)\boldsymbol{e}_X + \cos(\Theta)\boldsymbol{e}_Y \tag{2.57}$$

显而易见，三者之间相互正交。同时，柱坐标下坐标基矢量可求解得

$$\begin{aligned}\boldsymbol{e}_R &= \cos(\Theta)\boldsymbol{e}_X + \sin(\Theta)\boldsymbol{e}_Y = \boldsymbol{e}_r \\ \boldsymbol{e}_\Theta &= -\sin(\Theta)\boldsymbol{e}_X + \cos(\Theta)\boldsymbol{e}_Y = \boldsymbol{e}_\theta\end{aligned} \tag{2.58}$$

两坐标系统的位移场可表示为

$$\begin{aligned}\boldsymbol{u}(r,\theta,z) &= u_r\boldsymbol{e}_r + u_\theta\boldsymbol{e}_\theta + u_z\boldsymbol{e}_z \\ \boldsymbol{u}(R,\Theta,Z) &= u_R\boldsymbol{e}_R + u_\Theta\boldsymbol{e}_\Theta + u_Z\boldsymbol{e}_Z\end{aligned} \tag{2.59}$$

同时求解上述方程，可得两者位移的关系，即

$$u_R = u_r, u_\theta = u_\Theta, u_z = u_Z \tag{2.60}$$

假设弹性波沿着圆柱波导轴向传播，分别在极坐标系和直角坐标系下求解的波数是一致的。式（2.59）的位移场可写成一般形式，即

$$u_R(R,\Theta,Z) = \sum_{q=-\infty}^{q=+\infty} U_n(R)\mathrm{e}^{\mathcal{I}(\mathcal{K}Z - \omega t + q\Theta)} \tag{2.61}$$

式中，q 为周向阶数即模态阶数；ω 为圆频率；t 为时间；$\mathcal{I}$ 为虚数单位；$\mathcal{K}$ 为波数。扭转坐标系统中的位移场可重新表示为周向傅里叶级数形式

$$u_r = \sum_{q'=-\infty}^{q'=+\infty} u_{q'}(r) e^{\mathcal{I}(kz-\omega t+q'\theta)} = \sum_{q'=-\infty}^{q'=+\infty} u_{q'}(R) e^{\mathcal{I}[(k-q'\tau)Z-\omega t+q'\Theta]} \tag{2.62}$$

式中，q'为扭转坐标系下的模态周向阶数。

特定模态的波结构只与模态阶数有关。换句话说，不同阶数的模态位移是相互独立的，不存在耦合。联立式（2.61）与式（2.62），可得

$$\mathcal{K} = k - n\tau \quad 或 \quad K_{off} = n\tau r \tag{2.63}$$

该公式表示对于第 n 阶模态，圆柱坐标和扭转坐标系下的波数之间的关系。如图 2.3 所示，扭转坐标系 S-IGA 求解得到实心圆杆的频谱结果，经过设置偏转波数后与笛卡儿坐标系下的计算结果一致。同时，图 2.4 为由 S-IGA 计算得到无量纲偏转波数的关系曲线，与式（2.63）的理论结果相吻合，成功解释了两套坐标系下的 S-IGA 计算得到的频谱差异。

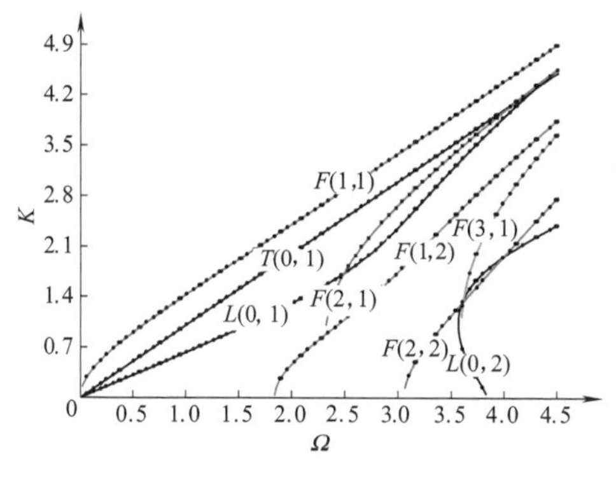

图 2.3　圆杆频散曲线

实线—笛卡儿空间　虚线—扭转空间

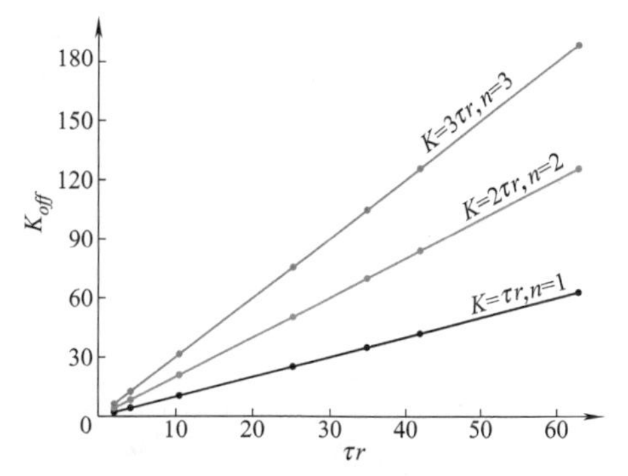

图 2.4　曲率与偏转波数之间的关系

2.4　几种常见曲形结构的波动特性

2.4.1　螺纹钢

选用 ISO 68、ISO 261、ISO 262 和 ISO 724 作为螺纹钢的结构模型，如图 2.5 所示。显然，沿着螺旋曲轴的截面形状不变，图 2.5b 可看出截面的轮廓可分为三部分，即 M-N、N-O 和 O-Q 几何形状可以用式（2.64）表示为

$$r' = \begin{cases} \dfrac{d}{2} & (\theta_2 \leqslant \theta \leqslant \pi) \\ \dfrac{d}{2} + \dfrac{H}{\pi}\theta - \dfrac{7}{8}H & (\theta_1 \leqslant \theta \leqslant \theta_2) \\ \dfrac{d}{2} - \dfrac{7}{8}H - 2\rho - \sqrt{\rho^2 - \dfrac{L^2}{4\pi^2}\theta^2} & (0 \leqslant \theta \leqslant \theta_1) \end{cases} \tag{2.64}$$

$$\theta_1 = \frac{\sqrt{3}\pi}{P}\rho \quad \theta_2 = \frac{7}{8}\pi \quad \rho \leqslant \frac{\sqrt{3}}{12}L \quad H = \frac{\sqrt{3}}{2}L \tag{2.65}$$

式中，d 为公称直径；H 为螺纹钢咬合高度；θ 为扭转坐标系的角度坐标；L 为螺距；ρ 为外螺纹的齿根半径。相似地，内螺纹的截面轮廓可以表示为

$$r' = \begin{cases} \dfrac{d_1}{2} & (0 \leqslant \theta \leqslant \theta_1) \\ \dfrac{d}{2} + \dfrac{H}{\pi}\theta - \dfrac{7}{8}H & (\theta_1 \leqslant \theta \leqslant \theta_2) \\ \dfrac{d}{2} + \dfrac{1}{8}H - 2\rho_n + \sqrt{\rho_n^2 - \dfrac{L^2}{4\pi^2}(\pi - \theta)^2} & (\theta_2 \leqslant \theta \leqslant \pi) \end{cases} \tag{2.66}$$

$$\theta_1 = \frac{1}{4} \quad \theta_2 = \pi\left(1 - \frac{\sqrt{3}\pi}{L}\rho_n\right) \quad \rho \leqslant \frac{\sqrt{3}}{24}L \tag{2.67}$$

式中，d_1 为螺纹钢小径；ρ_n 为内螺纹钢根径。

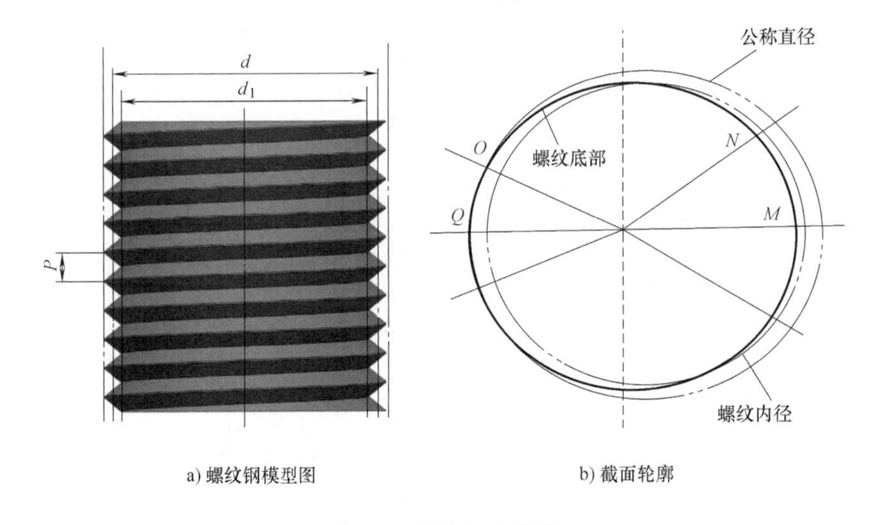

a) 螺纹钢模型图　　b) 截面轮廓

图 2.5　螺纹钢示意图

这里以 M20（d=20mm）模型为例，不同节距的螺纹钢轴向偏转波数的求解结果见表 2-1，$K_{e,off}$ 为 S-IGA 计算结果相对于式（2.63）解析解的相对误差，结果表明，二者相差低于 0.01%。根据文献，不同阶数 n 的波模态之间存在耦合效应，也就是说，模态和 n 之间不再存在一一对应的关系。随着非对称程度的减少，耦合效应变得越来越强烈。尽管从截面上看螺纹结构不能看作圆杆，但二者截面的差异却很小，即翘曲对偏转波数的影响甚微。然而，随着螺纹节距的增加，螺纹钢和圆杆的结构差异会愈来愈大，K_{off} 的误差也会增加。

表 2.1　螺纹钢的偏转波数和相应的误差

P	无量纲偏转波数 K_{off}				偏转波数误差 $K_{e,off}$			
	$F(1,:)$	$F(2,:)$	$F(3,:)$	$F(4,:)$	$F(1,:)$	$F(2,:)$	$F(3,:)$	$F(4,:)$
1	62.83	125.66	188.49	251.32	$1.41(10^{-8})$	$1.36(10^{-5})$	$1.36(10^{-7})$	$3.67(10^{-6})$
1.5	41.88	83.77	125.66	167.55	$1.22(10^{-6})$	$6.05(10^{-6})$	$1.65(10^{-5})$	$5.52(10^{-6})$
2	31.41	62.84	94.32	125.67	$5.65(10^{-5})$	$7.02(10^{-5})$	$8.56(10^{-4})$	$4.97(10^{-5})$
2.5	25.14	50.26	75.41	100.54	$4.48(10^{-4})$	$2.28(10^{-5})$	$1.71(10^{-4})$	$1.20(10^{-4})$

当扭转角不依赖于 k 和 ω 为定值时，偏转波数在式（2.63）微分表达式中会消失。因而，偏转波数的存在对群速度的变化几乎没有影响，且只与轴向波数有关。类比于圆杆的频散特性，螺纹钢中存在三种导波模态：①纵波模态 L；②扭转波模态 T；③弯曲波模态 F。图 2-6 所示为不同扭转角螺纹钢的群速度曲线，观察可知，扭转角对波动有很明显的影响。从图 2.6a 可以观察不同螺距的螺纹钢中纵波模态的群速度曲线变化，在低频区，相比于圆杆，螺纹钢节距对群速度的影响有所减小；然而，在高频区，螺纹节距的影响非常明显。与纵波模态相比，扭转角对扭转波模态的影响更加明显，如图 2.6c 所示。同时，根据圆杆和螺纹钢的群速度频散现象，纵波模态和扭转波模态之间的耦合对扭转波模态 T（0，1）的影响更大。T（0，1）曲线的弯曲度随着螺纹节距的增加变得越来越明显，且群速度曲线不断减小。从图 2.6c 可以看出，在低频率范围内，弯曲波模态的群速度受扭转角的影响非常微小。与扭转波模态 T（0，1）类似，弯曲波模态 F（1，1）和 F（1，2）在高频区域，特定频率下随着节距的增大群速度明显减少。

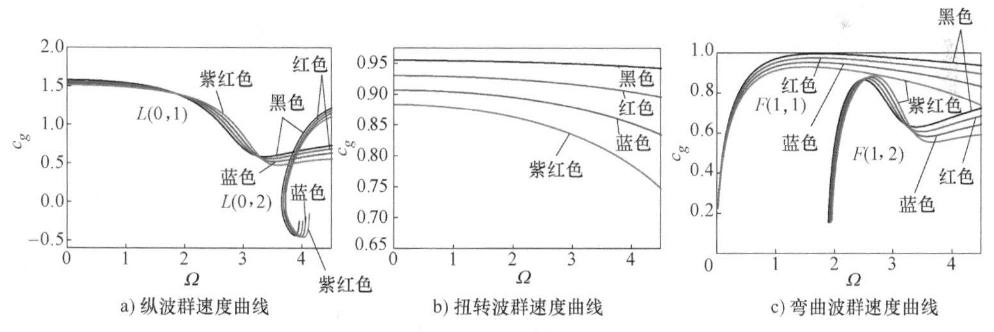

a) 纵波群速度曲线　　b) 扭转波群速度曲线　　c) 弯曲波群速度曲线

图 2.6　不同扭转角螺纹钢的群速度曲线

扭转角黑色 = 1°　红色 = 1.5°　蓝色 = 2°　紫红色 = 2.5°

图 2.7 所示为不同内径的空心螺纹钢的群速度曲线。空心螺纹钢的厚度 h 等于 $(r-r_0)$，当在低频范围内 h 减小，三条基本模态 T（0，1）、L（0，1）和 F（1，1）的群速度也会变小。观察图 2.7，在中频区，T（0，1）和 L（0，1）存在凹陷频率现象，且在该处曲线非常光滑并有跳跃现象，随着内径的增加，区域变大而中心频率却减小。由于这种频散行为很明显，不利于超声导波检测，因此工程上检测螺纹结构时应该避免截止频率区域。另外，随着内径的增加，厚度对 F（1，1）的

频散特性的影响很大。当 $r_0=80\mathrm{mm}$，4 种波导 F（1，1）的群速度曲线下降趋势明显（见图 2.7）。在高频区，F（1，1）的群速度除了有衰减的趋势外同 T（0，1）差异明显。然而，T（0，1）和 L（0，2）的频散行为的变化对厚度的变化不敏感，其曲线形式近似为直线，换句话说，两者的频散现象不明显。由此可知，上述两种波模态的信号有利于 NDT/SHM 在该频率域的检测。

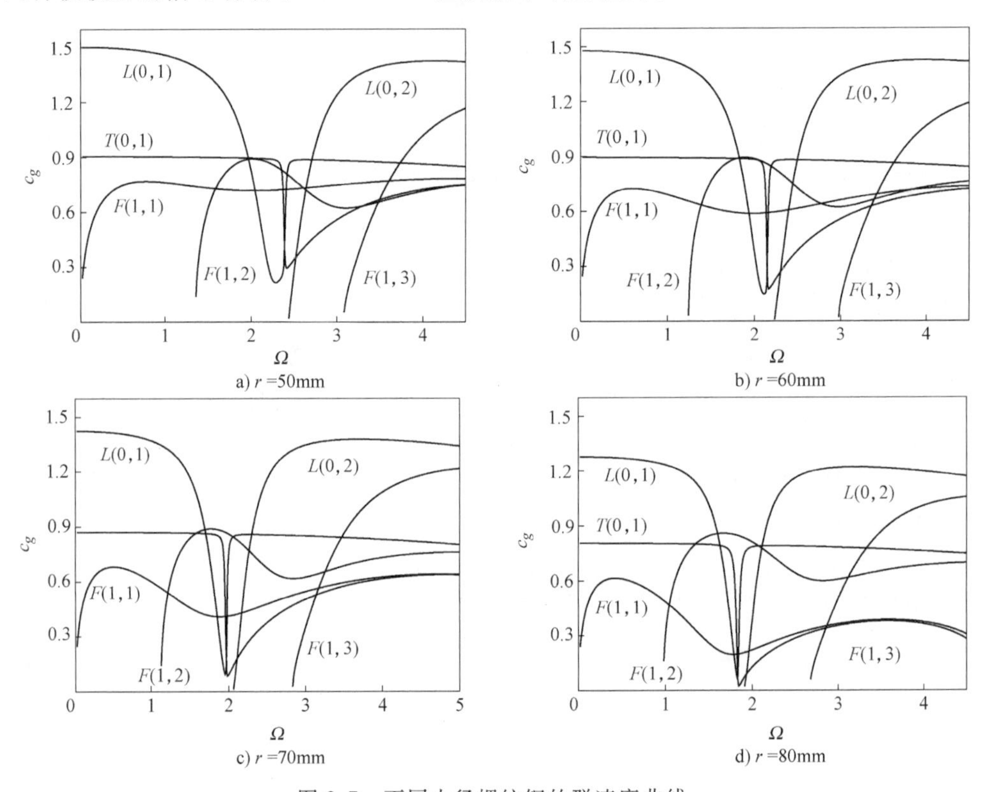

图 2.7　不同内径螺纹钢的群速度曲线

2.4.2　螺旋曲杆

对于（k_n，$\hat{\boldsymbol{U}}_n$）模态，相速度 $c_{p,n}$ 为 $\omega/\Re(k_n)$，衰减系数为$\wp$（k_n），其中 $\Re$ 和$\wp$分别表示复数的实部和虚部。根据能量准则定义能量传递速度

$$v_{e,n}=\frac{\Re\left(\int_{\Gamma}\hat{\boldsymbol{P}}\boldsymbol{g}_{(3)}\,\mathrm{d}S\right)}{\Re\left(\int_{\Gamma}\boldsymbol{W}\mathrm{d}S\right)} \tag{2.68}$$

式中，Γ 为积分区域，即横截面面积；$\boldsymbol{g}_{(3)}$ 为沿着螺旋曲线切线方向的基矢量；$\boldsymbol{W}$ 为螺旋曲杆截面总能量。在无耗散系统中，群速度 $c_{g,n}=\partial\omega/\partial k_n$ 和能量传递速度 $v_{e,n}$ 等价；若系统存在耗散，则只有能量传递速度能够客观反映波能量的传播

特性。在式（2.68）中，分子为横截面单位时间内沿曲杆轴线 s 方向的动能，分母为横截面单位时间内的总能量；$\hat{\boldsymbol{P}}$ 为 n 阶模态的 Poynting 矢量，$\hat{\boldsymbol{P}}=0.5\sigma_{ij}\boldsymbol{g}_{(i)}\boldsymbol{g}_{(j)}\cdot\dot{u}_j\boldsymbol{g}_{(j)}$（其中，$\sigma_{ij}$ 为应力分量；$\boldsymbol{g}_{(i)}$、$\boldsymbol{g}_{(j)}$ 为协变基矢量；$\dot{u}_j$ 为位移分量。），得

$$\begin{aligned}\int_{\Gamma}\hat{\boldsymbol{P}}\boldsymbol{g}_{(3)}\mathrm{d}S&=\int(0.5\omega\sigma_{ij}\boldsymbol{g}_{(j)}\bar{u}_j\boldsymbol{g}_{(j)}\boldsymbol{g}_{(3)})\mathrm{d}S\\&=\frac{\omega}{2}\hat{\boldsymbol{U}}_n^{\mathrm{T}}(\boldsymbol{E}_4^{\mathrm{T}}+ik\boldsymbol{E}_5)\hat{\boldsymbol{U}}_n\end{aligned}\tag{2.69}$$

式中，$\hat{\boldsymbol{U}}$ 为位移列阵。

$$\int_{\Gamma}\boldsymbol{W}\mathrm{d}S=\frac{\omega^2}{4}\hat{\boldsymbol{U}}_n^{\mathrm{T}}\boldsymbol{M}\hat{\boldsymbol{U}}_n+\frac{1}{4}\hat{\boldsymbol{U}}_n^{\mathrm{T}}[\boldsymbol{E}_1+ik(\boldsymbol{E}_2-\boldsymbol{E}_2^{\mathrm{T}})+k^2\boldsymbol{E}_3]\hat{\boldsymbol{U}}_n\tag{2.70}$$

其中

$$\begin{aligned}\boldsymbol{E}_4&=\int_{\Gamma}(\boldsymbol{B}_1)^{\mathrm{T}}\boldsymbol{C}\boldsymbol{B}_s(1+\kappa x)\,|\boldsymbol{J}|\sqrt{|\boldsymbol{G}|}\,\mathrm{d}\xi\mathrm{d}\eta\\\boldsymbol{E}_5&=\int_{\Gamma}(\boldsymbol{B}_s)^{\mathrm{T}}\boldsymbol{C}\boldsymbol{B}_s(1+\kappa y)\,|\boldsymbol{J}|\sqrt{|\boldsymbol{G}|}\,\mathrm{d}\xi\mathrm{d}\eta\end{aligned}\tag{2.71}$$

假定螺旋曲杆的材料是各向同性的，其弹性模量 $E=210\mathrm{GPa}$、泊松比 $\nu=0.3$、密度 $\rho=7800\mathrm{kg/m^3}$。螺旋杆截面半径 $R_0=5\mathrm{mm}$，螺旋半径 $a=2.5\mathrm{mm}$。材料本构方程两个复数为

$$\hat{\mu}=\rho c_s^2\left(1+i\frac{\kappa_s}{2\pi}\right)^{-2},\hat{\lambda}=\rho\left[c_l^2\left(1+i\frac{\kappa_l}{2\pi}\right)^{-2}-2c_s^2\left(1+i\frac{\kappa_s}{2\pi}\right)^{-2}\right]\tag{2.72}$$

式中，$\kappa_s=0.003\mathrm{Np/mm}$ 和 $\kappa_l=0.008\mathrm{Np/mm}$ 分别为纵波波速 c_l 和剪切波波速 c_s 的衰减系数。当然，若上述两个系数等于零，则上述本构方程就退化为相应地无阻尼本构方程。采用螺旋半径 a、圆频率 ω 和剪切速度 c_s 对波数、衰减系数、能量速度和频率进行无量纲化得到无量纲波数 ka、衰减系数 βa、能量速度 v_e/c_s 和无量纲频率。

图 2.8a 和图 2.8b 分别给出了实心圆杆和 7.5°螺旋曲杆的能量速度曲线，在中间频段范围内，几何螺旋性对波的传播影响较小，螺旋杆的能量传播速度曲线与圆杆对应区段基本相似，L（0，1）和 T（0，1）模态曲线较为平坦，频散特性不明显。图 2.8c 表明，当弯曲模态在圆杆中传播时，Z 矩阵的特征值是重根，使弯曲模态分支曲线完全重合。由螺旋角曲杆频谱曲线图 2.8d 可以发现，F（1，1）模态存在两条分支，分别用 F（1，1）$^+$和 F（1，1）$^-$表示，即模态分离，这是由于在计算螺旋角 7.5°曲杆频散曲线时特征值矩阵的 Z 非对称性所导致的。

图 2.9a 给出了 $0<\Omega<0.02$ 低频范围内 7.5°螺旋角曲杆频散曲线，L（0，1）模态在 $\Omega=0.014$ 处出现截止，T（0，1）模态在 $\Omega=0.012$ 处出现截止；F（1，1）$^+$在 $0<\Omega<0.005$ 范围内出现了后退波，在这频率范围内能量速度与相速度的符号

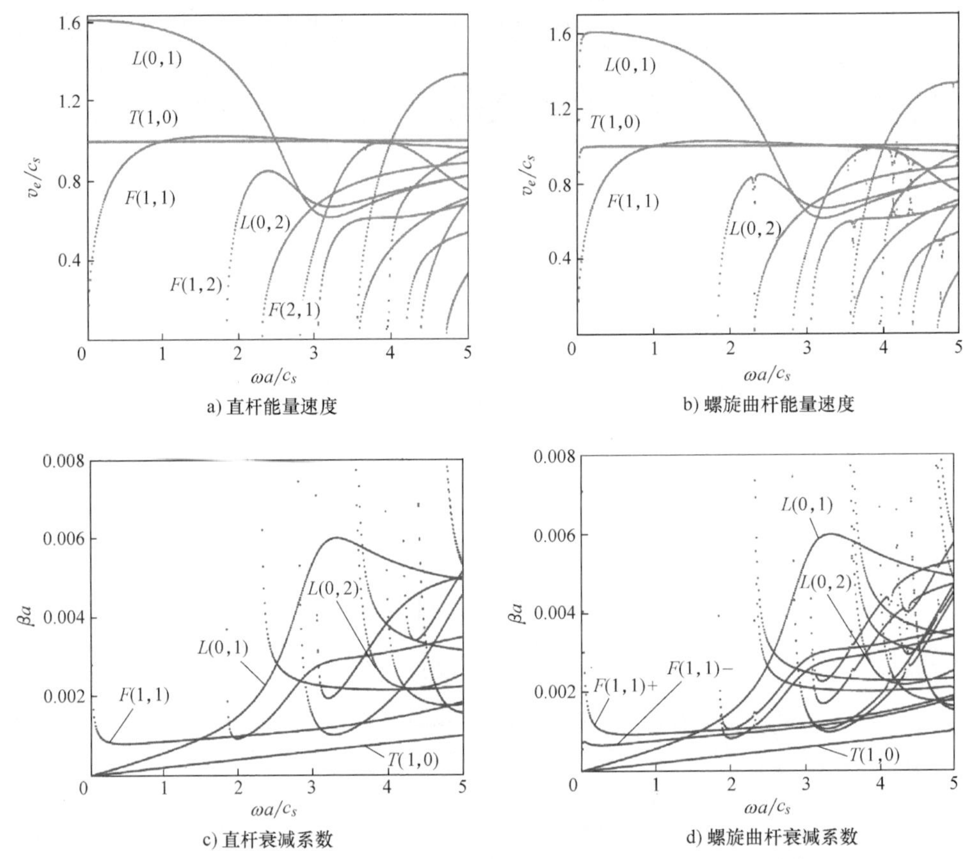

图 2.8　$\theta=0°$直杆与$\theta=7.5°$螺旋曲杆能量速度曲线和能量衰减曲线

相反，波峰和波谷的运动方向与能量流动的方向相反。

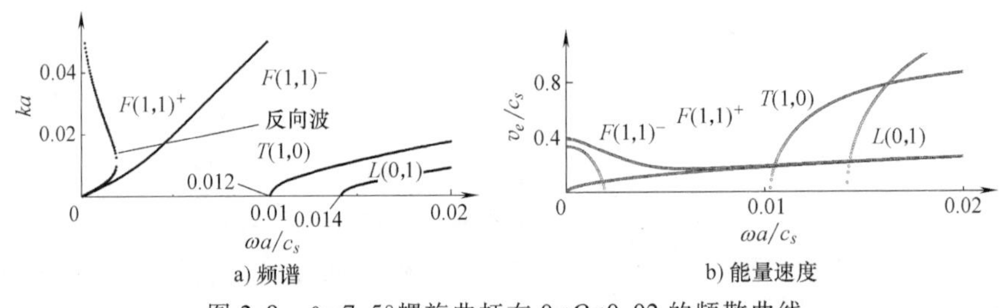

图 2.9　$\theta=7.5°$螺旋曲杆在$0<\Omega<0.02$的频散曲线

如图 2.10a 所示，a［$F(1,2)^+$模态］曲线和b［$F(2,1)^+$模态］曲线在$\Omega=2.318$附近即将相交时，突然偏转方向，分别朝着另一条曲线预定方向继续前行，称为特征曲线轨迹偏离现象。对于螺旋杆而言，$\boldsymbol{Z}$矩阵是非对称矩阵，其特征值对于Ω频率变化的敏感度非常低，在λ相近区域，ω的微小变动就会导致特征值发生很大的变化。由于圆杆$\boldsymbol{Z}$矩阵的对称性，特征值λ的敏感度非常高，很难在圆杆的弹性导波中发现特征曲线轨迹偏离现象。在钢绞线弹性导波检测实验中，模态转换现象说明了特征曲线轨迹偏离现象是一种物理现象，并不是由于特征值的计算误差所引起的。图 2. 11b 给出了图 2. 11a 对应的能量速度曲线，频谱特征曲线轨迹偏离现象往往会导致相应能量传递速度曲线出现一个跳跃式区段，即陷波频率区段。

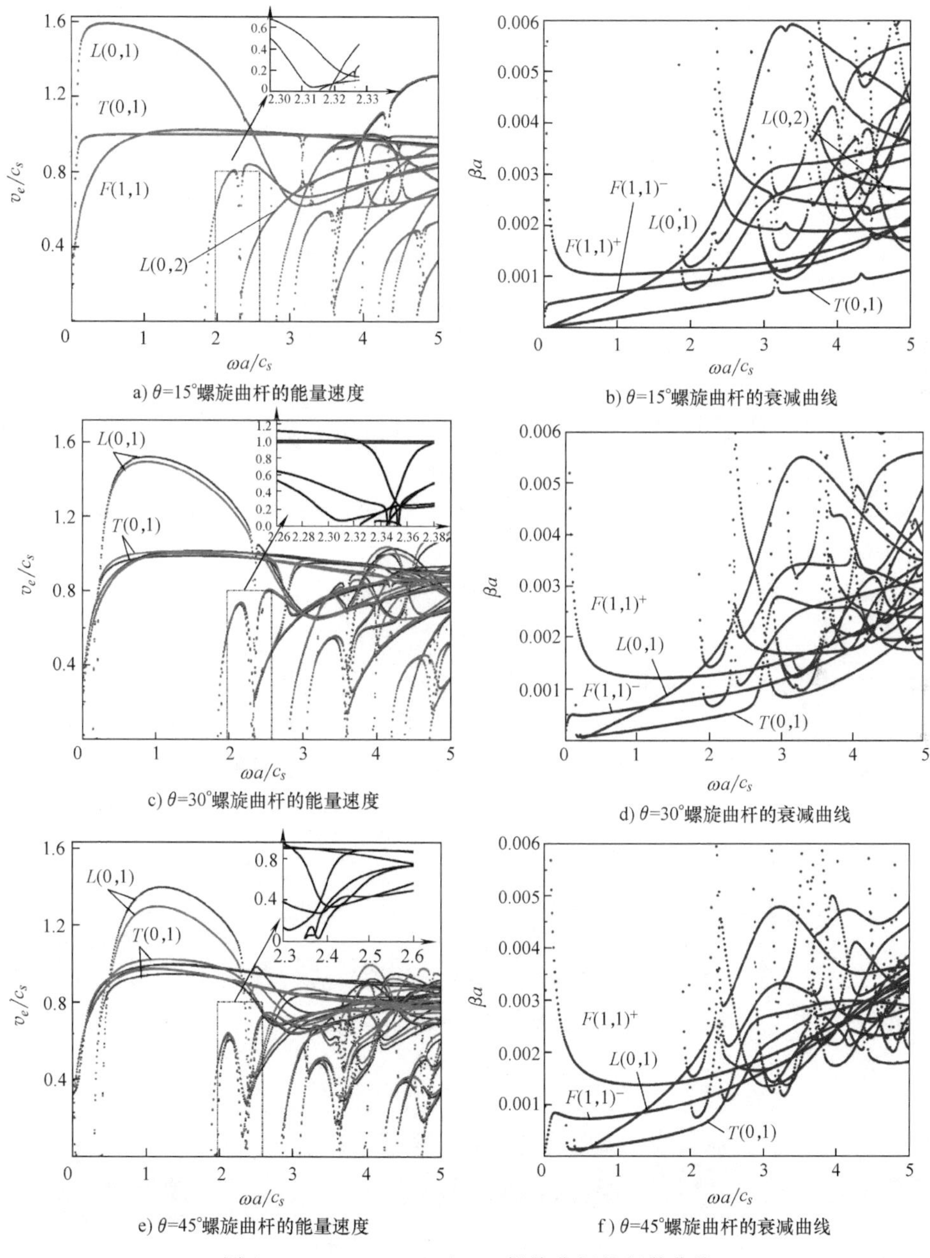

图 2. 10　$\theta=15°$、30°和 45°螺旋曲杆的频散曲线

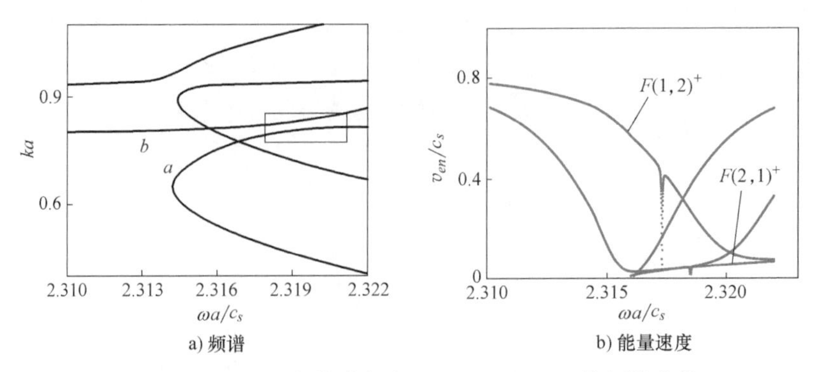

图 2.11 $\theta=7.5°$螺旋曲杆在 $2.310<\Omega<2.324$ 的频散曲线

图 2.10 给出了 15°、30°和 45°螺旋角曲杆能量速度曲线，可以发现：①在 $0.6<\Omega<1.2$ 中间频段，L（0，1）和 T（0，1）模态曲线都较为平坦，频散特性不明显，其能量速度随着螺旋角的增加而减少，而且相应地能量衰减系数比较小；②在 $0<\Omega<0.02$ 低频范围内，螺旋角越大，L（0，1）和 T（0，1）模态截止频率就越高；③在高频区域中，几何螺旋性对波的传播影响较大，螺旋曲杆中弹性导波频散特性比较明显，与圆杆的频散曲线差别较大，不能等效为直杆；④在 30°和 45°螺旋角曲杆能量速度曲线中，L（0，1）和 T（0，1）模态都出现了陷波频率区域。

频散曲线计算结果表明了在中间频段，螺旋杆的能量速度曲线与实心圆杆的对应频段十分相似，L（0，1）模态曲线平坦，频散特性不明显，其能量速度远高于其他波模式，能量系数也小于其他模态，在工程检测中易于辨识，可以作为螺旋杆探伤的首选模态；而在低频和高频区域，螺旋曲杆的频散曲线普遍存在截止频率和模态转换现象，且螺旋角越大，截止频率越高，模态转换现象越明显；在工程中用导波对螺旋构件进行检测时，频率的选择应注意避开出现陷波频率的高频区和出现频率截止的低频区。

2.4.3 螺旋压电杆

对于智能器件，结构尺寸远小于器件工作频率对应的电磁波波长时，可以认为器件结构内弹性波相耦合的电磁场是静态的。将电场强度表示成一个势函数的梯度

$$\boldsymbol{E}=E_i\boldsymbol{g}_{(i)}=-\nabla\phi=-\frac{\partial\phi}{\partial x_i}\boldsymbol{g}^i \tag{2.73}$$

式中，E_i、∇、ϕ 分别为电场强度分量、哈密顿算子和电势。

在螺旋曲线坐标系统中，联立式（2.26）和式（2.73）可得几何关系

$$\begin{aligned}\bar{\varepsilon}&=(\varepsilon_{11},\varepsilon_{22},\varepsilon_{33},2\varepsilon_{12},2\varepsilon_{13},2\varepsilon_{23},-E_1,-E_2,-E_3)^{\mathrm{T}}\\&=\bar{\boldsymbol{L}}_x\bar{\boldsymbol{u}}_{,x}+\bar{\boldsymbol{L}}_y\bar{\boldsymbol{u}}_{,y}+\bar{\boldsymbol{L}}_s\bar{\boldsymbol{u}}_{,s}+\bar{\boldsymbol{L}}_0\bar{\boldsymbol{u}}\end{aligned} \tag{2.74}$$

式中，$\bar{\varepsilon}$ 为广义应变，广义位移为 $\bar{u}==(u_1 \quad u_2 \quad u_3 \quad \phi)^{\mathrm{T}}$，令 $A=(1+\kappa x)$，矩阵微分算子为

$$\bar{\boldsymbol{L}}_s=\begin{pmatrix}0&0&0&0&A&0&0&0&0\\0&0&0&0&0&A&0&0&0\\0&0&A&0&0&0&0&0&0\\0&0&0&0&0&0&0&0&A\end{pmatrix}^{\mathrm{T}} \quad \bar{\boldsymbol{L}}_0=\begin{pmatrix}0&0&A\kappa&0&0&A\kappa&0&0&0\\0&0&0&0&-A\kappa&0&0&0&0\\0&0&0&0&-A\kappa&0&0&0&0\\0&0&0&0&0&0&0&0&0\end{pmatrix}^{\mathrm{T}} \tag{2.75}$$

$$\bar{\boldsymbol{L}}_x=\begin{pmatrix}1&0&0&0&A\tau y&0&0&0&0\\0&0&0&1&0&A\tau y&0&0&0\\0&0&A\tau y&0&1&0&0&0&0\\0&0&0&0&0&0&1&0&Ar y\end{pmatrix}^{\mathrm{T}}$$
$$\bar{\boldsymbol{L}}_y=\begin{pmatrix}0&0&0&1&-A\tau x&0&0&0&0\\0&1&0&0&0&-A\tau x&0&0&0\\0&0&-A\tau x&0&0&1&0&0&0\\0&0&0&0&0&0&0&1&-A\tau x\end{pmatrix}^{\mathrm{T}} \tag{2.76}$$

压电材料的本构方程，即广义应力 $\bar{\boldsymbol{\sigma}}$ 与广义应变 $\bar{\varepsilon}$ 之间的关系为

$$\bar{\boldsymbol{\sigma}}=(\sigma_{11},\sigma_{22},\sigma_{33},\sigma_{12},\sigma_{13},\sigma_{23},D_1,D_2,D_3)^{\mathrm{T}}=\bar{\mathcal{H}}^{*}\bar{\varepsilon} \tag{2.77}$$

其中，

$$\bar{\mathcal{H}}^{*}=\begin{pmatrix}\boldsymbol{C}&-\boldsymbol{e}^{\mathrm{T}}\\\boldsymbol{e}&\boldsymbol{v}\end{pmatrix}\bar{\mathcal{H}}=\begin{pmatrix}\boldsymbol{C}&-\boldsymbol{e}^{\mathrm{T}}\\\boldsymbol{e}&\boldsymbol{v}\end{pmatrix} \tag{2.78}$$

式中，$\boldsymbol{C}$、$\boldsymbol{e}$ 和 $\boldsymbol{v}$ 分别为压电介质的弹性、压电和介电常数矩阵。广义位移场参数化后的微分算子为

$$\bar{\boldsymbol{B}}_s=\bar{\boldsymbol{L}}_s\boldsymbol{R}(\xi,\eta)$$
$$\bar{\boldsymbol{B}}_{xy}=\frac{1}{|\boldsymbol{J}|}(y_{,\eta}\bar{\boldsymbol{L}}_x-x_{,\eta}\bar{\boldsymbol{L}}_y)\boldsymbol{R}_{,\eta}+\frac{1}{|\boldsymbol{J}|}(-x_{,\xi}\bar{\boldsymbol{L}}_x+x_{,\xi}\bar{\boldsymbol{L}}_y)\boldsymbol{R}_{,\xi}+\bar{\boldsymbol{L}}_0\boldsymbol{R} \tag{2.79}$$

式中，$\boldsymbol{R}$ 为形函数。

开路条件下，螺旋压电曲杆的二维频散方程为

$$[\boldsymbol{E}_1+\mathcal{I}k(\boldsymbol{E}_2-\boldsymbol{E}_2^{\mathrm{T}})-k^2\boldsymbol{E}_3+\omega^2\boldsymbol{M}]\hat{\boldsymbol{U}}=\hat{\boldsymbol{F}} \tag{2.80}$$

式中，$\hat{\boldsymbol{F}}$ 为载荷列阵。

$$\boldsymbol{M}=\int_{\Gamma}\boldsymbol{R}^{\mathrm{T}}\rho\boldsymbol{R}|\boldsymbol{J}|\sqrt{|\boldsymbol{G}|}\mathrm{d}\xi\mathrm{d}\eta,\quad \boldsymbol{E}_1=\int_{\Gamma}\bar{\boldsymbol{B}}_1^{\mathrm{T}}\bar{\mathcal{H}}\bar{\boldsymbol{B}}_1|\boldsymbol{J}|\sqrt{|\boldsymbol{G}|}\mathrm{d}\xi\mathrm{d}\eta$$
$$\boldsymbol{E}_2=\int_{\Gamma}\bar{\boldsymbol{B}}_1^{\mathrm{T}}\bar{\mathcal{H}}\bar{\boldsymbol{B}}_5|\boldsymbol{J}|\sqrt{|\boldsymbol{G}|}\mathrm{d}\xi\mathrm{d}\eta,\boldsymbol{E}_3=\int_{\Gamma}\bar{\boldsymbol{B}}_5^{\mathrm{T}}\bar{\mathcal{H}}\bar{\boldsymbol{B}}_5|\boldsymbol{J}|\sqrt{|\boldsymbol{G}|}\mathrm{d}\xi\mathrm{d}\eta \tag{2.81}$$

求解 PZT-5A 和 $Ba_2NaNb_5O_{15}$ 螺旋压电曲杆的频散曲线，螺旋杆截面半径为 2.5mm，螺旋半径为 5mm，材料常数见表 2-2。如图 2.12a 和 2.12b 所示，任意模

态压电实心圆杆的频谱曲线均在非压电圆杆的右侧，压电相应模态相速度均大于对非压电的情况，而且压电对频谱曲线的影响随着波数的增加而增大。压电频谱效应与压电常数和弹性常数的比值成正比，与介电常数和弹性常数的比值成反比。由两种材料群速度曲线图 2.12c 和图 2.12d 可以发现，PZT-5A 材料实心圆杆的压电频谱效应更为明显，PZT-5A 压电常数与弹性常数平均比值约为 $Ba_2NaNb_5O_{15}$ 的 8 倍，介电常数与弹性常数平均比值只有 $Ba_2NaNb_5O_{15}$ 的 5 倍左右。

表 2.2　PZT-5A 和 $Ba_2NaNb_5O_{15}$ 的材料常数

材料属性	c_{11}	c_{12}	c_{13}	c_{22}	c_{23}	c_{33}	c_{44}	c_{55}	c_{66}
$Ba_2NaNb_5O_{15}$	24.7	5.2	10.4	13.5	5	23.9	6.5	7.6	6.6
PZT-5A	12	7.51	7.51	11.1	7.51	12	2.1	2.1	2.1
材料属性	μ_{11}	μ_{22}	μ_{33}	e_{14}	e_{36}	e_{21}	e_{22}	e_{23}	ρ
$Ba_2NaNb_5O_{15}$	201	28	196	3.4	2.8	-0.3	4.3	-0.4	5.3
PZT-5A	916	830	916	8.4	8.4	-2.8	16.4	-2.8	7.75

注：表中 c 为弹性常数；μ 为介电常数；e 为电压常数；ρ 为密度。

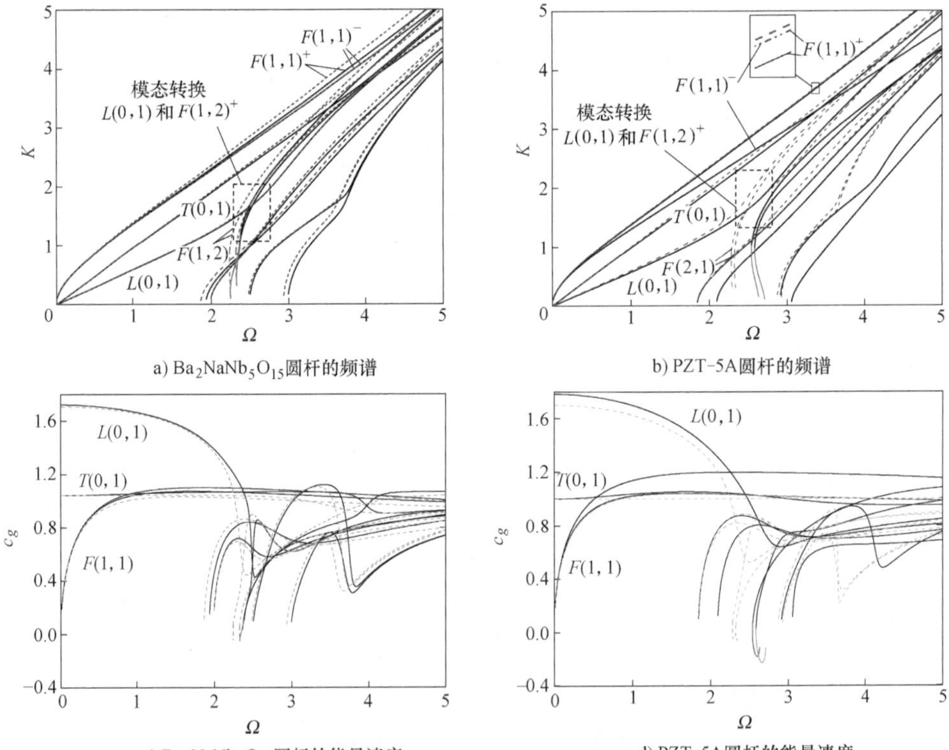

a) $Ba_2NaNb_5O_{15}$圆杆的频谱

b) PZT-5A圆杆的频谱

c) $Ba_2NaNb_5O_{15}$圆杆的能量速度

d) PZT-5A圆杆的能量速度

图 2.12　$Ba_2NaNb_5O_{15}$ 与 PZT-5A 圆杆的频谱和群速度曲线

实线—压电　点线—非压电

由图 2.12a 可知，$Ba_2NaNb_5O_{15}$ 非压电频谱曲线会出现模态 F（1，1）模态分离现象，其主要原因为材料的各向异性。在中低频范围内，压电材料的 L（0，1）

模态群速度均大于非压电的。与弯曲模态 F（1，1）和 L（0，1）纵波模态相比，扭转模态 T（0，1）受压电效应的影响较小。

图 2.13a 和 2.13b 给出了两种材料不同螺旋角压电曲杆 F（1，1）群速度曲线，可以发现螺旋压电曲杆频散曲线与压电圆杆有较大的差距，螺旋几何特征对压电导波结构弹性波传播的影响较大；在低频范围内，F（1，1）$^+$与 F（1，1）$^-$群速

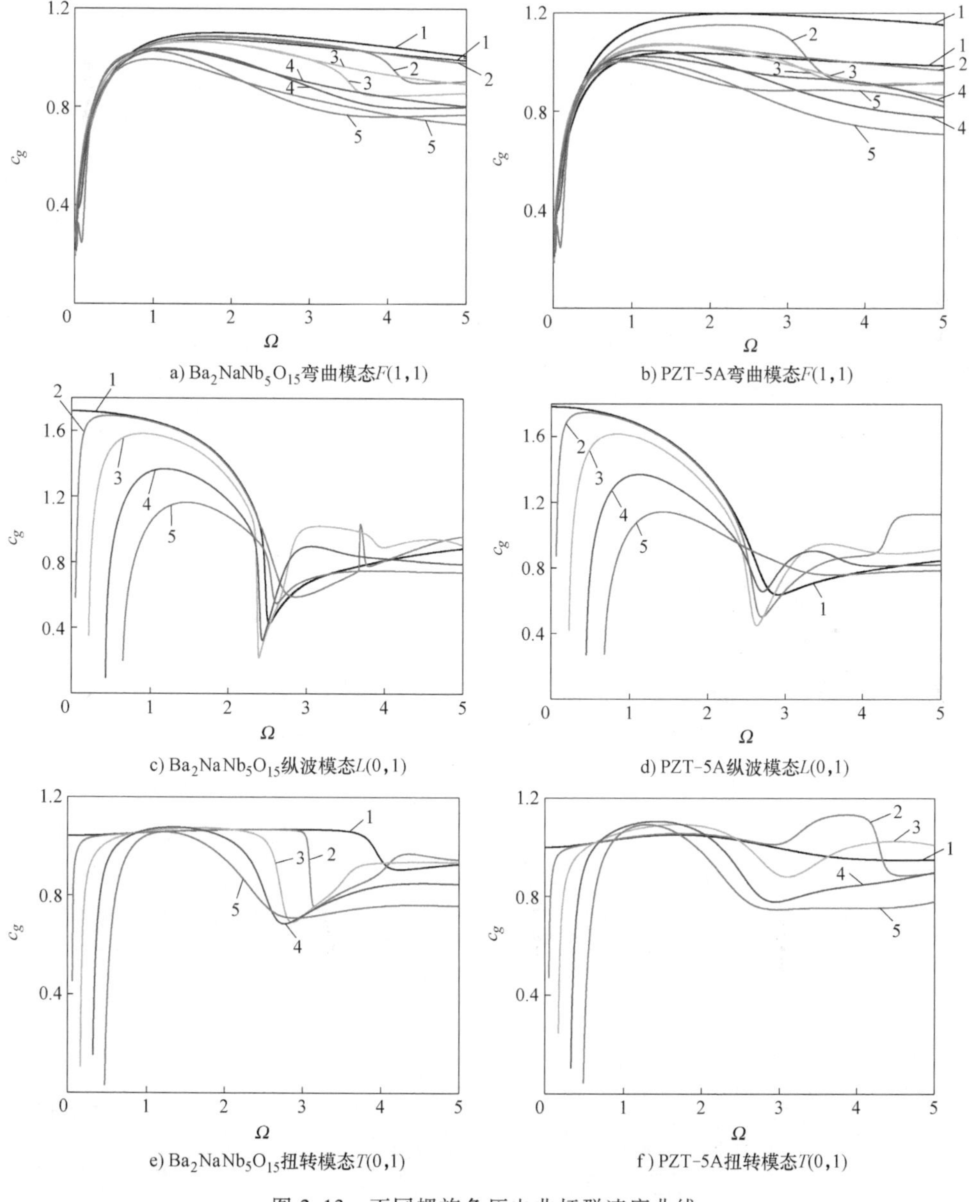

a) $Ba_2NaNb_5O_{15}$弯曲模态$F(1,1)$　　b) PZT-5A弯曲模态$F(1,1)$

c) $Ba_2NaNb_5O_{15}$纵波模态$L(0,1)$　　d) PZT-5A纵波模态$L(0,1)$

e) $Ba_2NaNb_5O_{15}$扭转模态$T(0,1)$　　f) PZT-5A扭转模态$T(0,1)$

图 2.13　不同螺旋角压电曲杆群速度曲线

1—黑色 0°　2—红色 15°　3—绿色 30°　4—蓝色 45°　5—粉红色 60°

度曲线几乎重合，模态分离现象不明显；在中高频范围内，螺旋角越大，F（1，1）$^+$与 F（1，1）$^-$两模态模态分离现象越明显。如图 2.13 所示，在 $0<\Omega<1$ 低频范围内，螺旋角越大，$Ba_2NaNb_5O_{15}$ 和 PZT-5A 纵波模态和扭转模态群速度越小。结合图 2.12a、c 和图 2.13c 所示，可以从能量速度曲线的变化判断出对于不同螺旋角，$Ba_2NaNb_5O_{15}$ 螺旋压电曲杆模态 L（0，1）与模态 F（1，2）$^+$之间发生了模态转换现象，频散特性比较明显。但由于压电效应的影响，PZT-5A 材料 60°螺旋角压电曲杆 F（1，2）$^+$相对直杆往频率轴正向移动，从而避免了发生 L（0，1）之间的模态转换现象。在中频范围内，螺旋角越大，T（0，1）近似直线区域（频散特性不明显）越小。在高频区域，两种材料的群速度传播曲线相对比较紊乱，频散特性比较明显，陷波频率现象发生较为频繁。

如图 2.14 所示，低频范围内两种材料 F（1，1）$^+$螺旋压曲杆模态频谱曲线均存在后退波，且后退波的频率区域随着螺旋角的增大而增大。螺旋角越大，F（1，1）$^+$与 F（1，1）$^-$相速度值越小。相比压电圆杆，螺旋压电曲杆纵波模态 L（0，1）和扭转模态 T（0，1）都出现了截止频率，且对应模态截止频率随着螺旋角的增大而增大。在特定螺旋角下，PZT-5A 材料压电曲杆 L（0，1）和扭转模态 T（0，1）

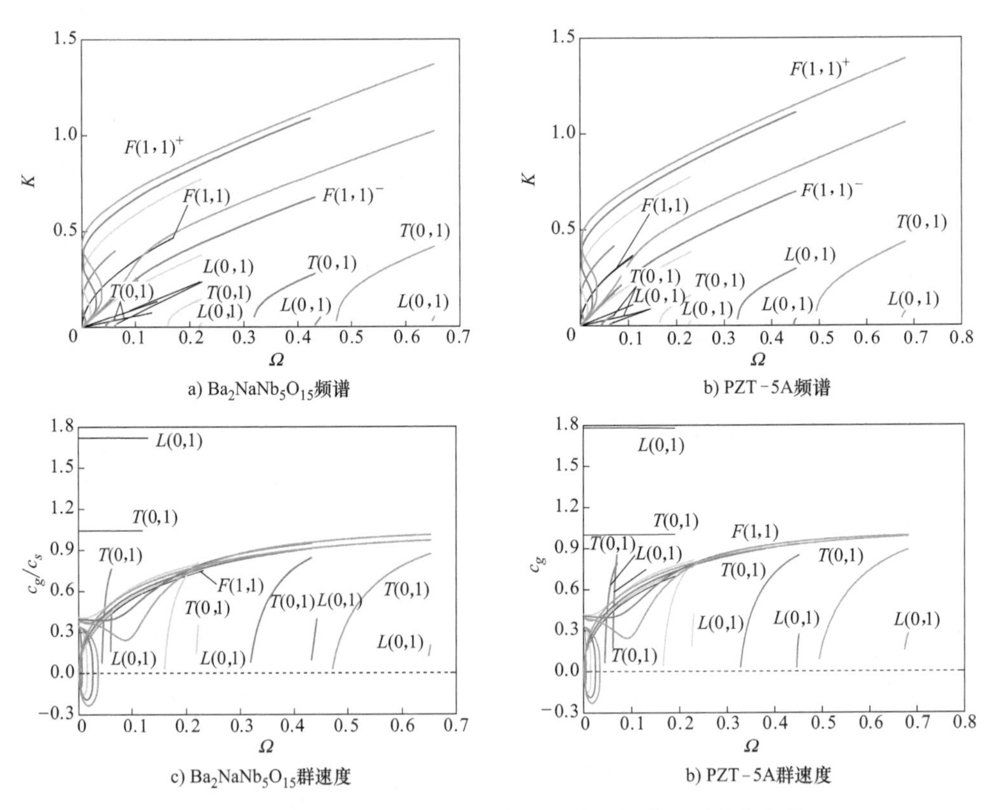

a) $Ba_2NaNb_5O_{15}$频谱　b) PZT-5A频谱

c) $Ba_2NaNb_5O_{15}$群速度　b) PZT-5A群速度

图 2.14　低频范围内不同螺旋角压电曲杆频谱和群速度曲线

截止频率比 $Ba_2NaNb_5O_{15}$ 相应的模态大，这也进一步证实：压电常数与弹性常数的比值越大或介电常数与弹性常数比值成越小，压电效应对结构频散特性的影响越明显。

2.4.4　弯管

当挠率为零，截面为圆环时，2.1 节中坐标系描述的结构变为圆管，其材料与 2.4.2 节中的相同。图 2.15 给出了不同曲率弯管的频散曲线。如图 2.15a 和 2.15b 所示，1/5 曲率弯管 T（0，1）模态频散行为与其他曲率相应模态的有明显的不同，在 Ω=0.59 处存在陷波频率区域。相对于直杆，弯管的扭转波 T（0，1）存在截止频率，且随着曲率的增加而增加。

在 $0<\Omega<1$ 频率范围内，与扭转波 T（0，1）和弯曲波 F（1，1）相比，纵波 L（0，1）的整体趋势受曲率的影响较小。中间频率区域的能量传播曲线近似为直线段，频散行为不明显，对应的能量传播速度远大于其他模态，且能量衰减系数比较小，可以作为导波探伤的首选模态。纵波 L（0，1）在多处频率区域存在凹陷频率现象，曲率越大，该现象表现得越明显。如图 2.15e 和 2.15f 所示，与螺旋曲杆类似，弯管的弯曲模态 F（1，1）存在模态分离现象，与其他曲率弯管相比，1/5 曲率弯管的模态分离现象在高频率区域比较明显。在低频区域，曲率越大，曲模态 F（1，1）截止频率越大。图 2.16 为图 2.15 中第二虚线框的放大图，给出了 1/5 曲率弯管在 $0.50<\Omega<0.56$ 的频散曲线，可以发现 F（1，2）$^+$模态与 L（0，1）模态之间存在凹深频率现象。

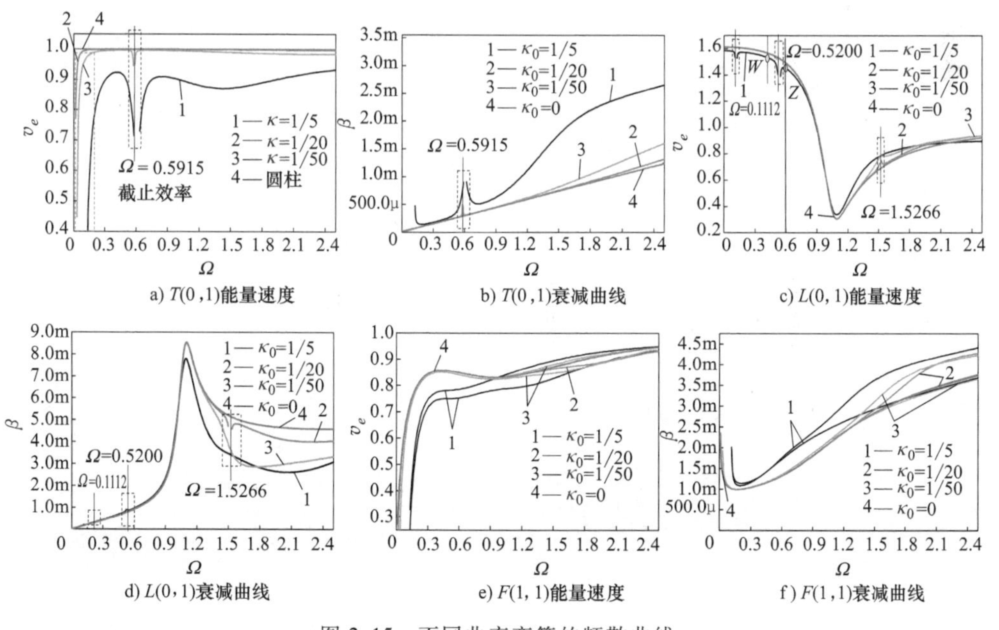

图 2.15　不同曲率弯管的频散曲线

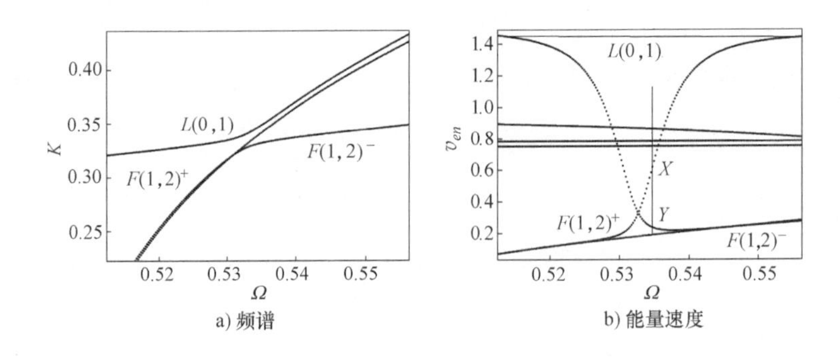

a) 频谱　　b) 能量速度

图 2.16　$\kappa=1/5$ 弯管在 $0.50<\Omega<0.56$ 频域内的频散曲线

图 2.17 所示为四个点（W、X、Y 和 Z）的波结构，X 和 Y 的位置如图 2.16 所示，位于 $F(1,2)^+$ 模态与 $L(0,1)$ 模态之间凹陷频率区域。W 和 Z 为 $L(0,1)$ 模态 $\Omega=0.4$ 和 $\Omega=0.6$ 的两个频率点，很明显，可以发现两者在平面内的位移以径向位移为主，与圆杆类似。如图 2.17a 和 2.17g 所示，W 和 Z 的轴向位移云图关于中性平面对称，没有沿周向均匀分布，近点周围轴向位移的分布要小于远点区域的，且近点周围位移变化比较明显。因此，W 和 Z 的波结构具有相同的特点，应属于同一个模态。

如图 2.17e 和 2.17f 所示，X 和 Y 平面内位移呈现径向和周向位移耦合，y 方向受压，x 方向受拉，与 W 和 Z 有明显的不同。因此，在凹陷频率区域，$L(0,1)$ 的位移模态变得非常复杂，不具有原有模态的模态特性，频散行为比较明显。

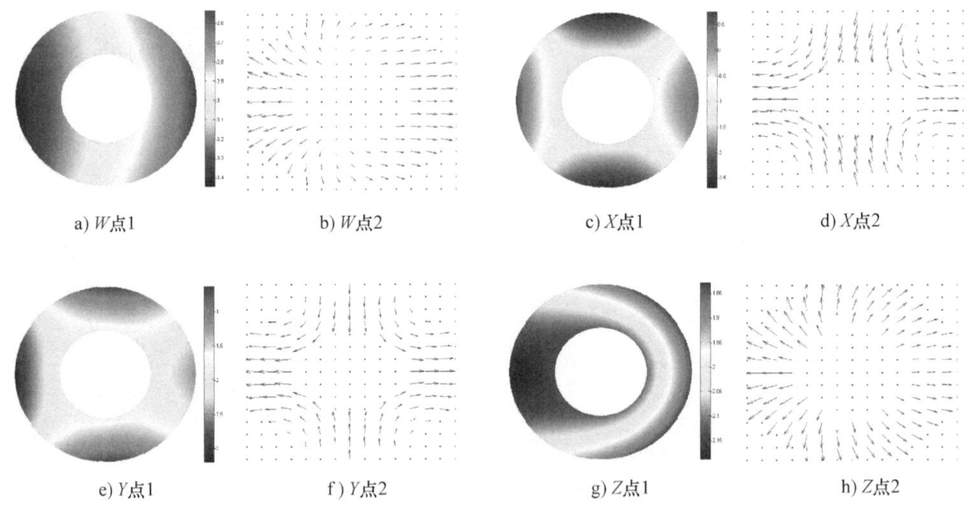

a) W点1　b) W点2　c) X点1　d) X点2

e) Y点1　f) Y点2　g) Z点1　h) Z点2

图 2.17　W、X、Y 和 Z 四个点的波结构

预应力结构中的弹性导波

3.1 引言

预应力结构常见于土木建筑、机械设备，例如起支撑作用的桁架结构、飞速旋转的齿轮、运输油气的管道、输送电能的高压线、悬索桥上的钢索等，这些结构在服役过程中常处于一定的应力水平，具有抗疲劳强度高、承载能力强，危险性低等优点，当这些结构在环境恶劣、受载不确定等复杂因素的作用下，应力的存在可能会加速结构出现损伤、破坏等潜在的威胁，造成巨大的经济损失，为保证其能健康安全的运行，必须定期地对预应力结构或构件开展实时健康监测。为了精确掌握这些工程结构或构件的实时状况，确保缺陷产生时能够及时监测、定位，首先要明确弹性导波在工程结构中传播时的预应力效应。工程上对预应力波导的研究非常重视，如预应力钢绞线、钢轨、充液管道等结构的弹性波动分析非常有意义，但由于几何结构、环境、荷载等多种因素的存在，解析求解很难行得通，只得探索和发展新的数值计算方法。

本章研究了预应力杆束结构中弹性波的传播问题，基于赫兹接触理论及平面应变假设，推导了杆束结构内的应力分布，建立了含预应力效应的更新的拉格朗日增量方程和波动方程；揭示了杆束结构中陷波频率处模态的转换机理，发现在低频区域扭转模态对预应力的变化非常敏感，但在中高频区域预应力的变化对各模态的传播特性影响却很小；通过模态振型和位移矢量场的分析，对预应力杆束结构中出现的不同类型的模态进行了识别。

3.2 预应力结构的波动方程

3.2.1 含预应力效应的更新的拉格朗日增量公式

在非连续介质力学中，求解物体运动的有限元增量公式有完全的和更新的拉格朗日增量公式，二者在求解非线性问题时应用都非常广泛。但究其计算过程的高效性和简便性，后者相比于前者在计算过程中，初始位移 u_0 以隐式存在于方程中，不存在高阶项，从而可以有效避免复杂的求解计算。根据更新的拉格朗日增量公式，可将预应力结构的波动变形状态分为初始构型 C_0、参考构型 C_σ 及当前构型 C_v 三种状态，如图 3.1 所示。由图 3.1 中可知，初始状态不受任何荷载作用，也不含应力，因载荷引起的结构内部的应力场分布可作为波动分析的预应力场，即静力平衡状态，也就是参考状态。

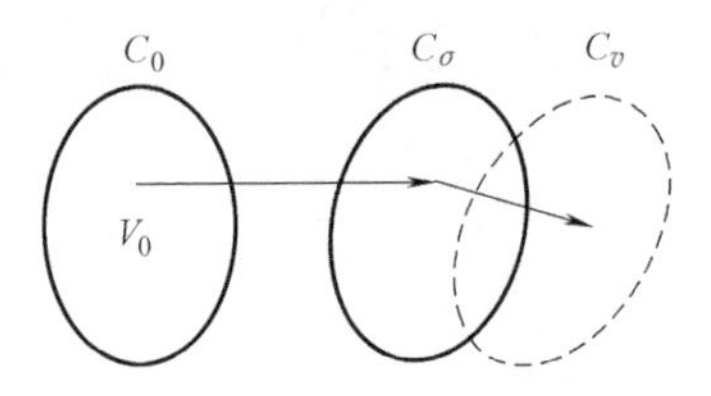

图 3.1　含预应力结构的不同状态

1. **平衡状态**

由最小势能原理，预应力波导结构的控制方程如下

$$\int_{V_0} \delta \boldsymbol{\epsilon}^{\mathrm{T}} \boldsymbol{\sigma}_0 \mathrm{d}V = \int_{V_0} \delta \boldsymbol{u}^{\mathrm{T}} \boldsymbol{f}^{B} \mathrm{d}V + \boldsymbol{W} \tag{3.1}$$

式中，$\boldsymbol{\epsilon}$、$\boldsymbol{\sigma}_0$、$\boldsymbol{u}$、$\boldsymbol{f}^B$ 和 $\boldsymbol{W}$ 分别为静力作用下的应变张量、应力张量（即为动力状态中的预应力）、位移矢量、体力和外载荷作用下的虚功；V_0 为结构的体积；$\boldsymbol{W}$ 为外力所做的虚功；δ 为变分符号。

令

$$\begin{aligned} &\int_{V_0} \delta \boldsymbol{u}^{\mathrm{T}} \boldsymbol{f}^{B} \mathrm{d}V + \boldsymbol{W} = \boldsymbol{R} \\ &\int_{V_0} \delta \boldsymbol{\epsilon}^{\mathrm{T}} \boldsymbol{\sigma}_0 \mathrm{d}V = \boldsymbol{R} \end{aligned} \tag{3.2}$$

2. **动力状态**

由更新的拉格朗日方程及式（3.2）可得结构动力方程

$$\int_{V_0} \delta \boldsymbol{e}^{\mathrm{T}} \tilde{\boldsymbol{\sigma}} \mathrm{d}V + \int_{V_0} \delta \boldsymbol{u}^{\mathrm{T}} \rho \ddot{\boldsymbol{u}} \mathrm{d}V = \boldsymbol{R} \tag{3.3}$$

式中，$\boldsymbol{e}$、$\tilde{\boldsymbol{\sigma}}$ 和 ρ 分别为格林—拉格朗日应变张量、当前状态下的应力张量和材料密度。

$$\delta \boldsymbol{e} = \delta \boldsymbol{\varepsilon} + \delta \boldsymbol{\eta} (\delta \boldsymbol{e}^{\mathrm{T}} = \delta \boldsymbol{\varepsilon}^{\mathrm{T}} + \delta \boldsymbol{\eta}^{\mathrm{T}}) \tag{3.4}$$

式中，$\boldsymbol{\varepsilon}$ 为应变；$\boldsymbol{\eta}$ 为应变非线性项。

即

$$\begin{aligned} &\delta e_{ij} = \delta \varepsilon_{ij} + \delta \eta_{ij} = \frac{1}{2}(u_{i,j} + u_{j,i}) + \frac{1}{2} u_{k,i} u_{k,j} \\ &\boldsymbol{e} = \frac{1}{2}[\nabla \boldsymbol{u} + (\nabla \boldsymbol{u})^{\mathrm{T}} + (\nabla \boldsymbol{u})^{\mathrm{T}} \nabla \boldsymbol{u}] \end{aligned} \tag{3.5}$$

式中，e_{ij} 为格林拉格朗日应变分量；ε_{ij} 为应变线性部分的分量；η_{ij} 为应变非线性部分分量；∇为梯度算子；$\nabla \boldsymbol{u}$为位移u的梯度；$u_{i,j}$为$\frac{\partial u_i}{\partial u_j}$，余同。

另外，设

$$\widetilde{\sigma} = \boldsymbol{\sigma}_0 + \boldsymbol{\sigma} \tag{3.6}$$

式中，$\boldsymbol{\sigma}$为结构内波动引起的应力。

将式（3.6）代入式（3.3）中，可得

$$\int_{V_0} \delta \boldsymbol{e}^{\mathrm{T}}(\boldsymbol{\sigma}_0 + \boldsymbol{\sigma})\mathrm{d}V + \int_{V_0} \delta \boldsymbol{u}^{\mathrm{T}} \rho \ddot{\boldsymbol{u}} \mathrm{d}V = \boldsymbol{R} \tag{3.7}$$

即

$$\int_{V_0} \delta \boldsymbol{e}^{\mathrm{T}} \boldsymbol{\sigma} \mathrm{d}V + \int_{V_0} \delta \boldsymbol{E}^{\mathrm{T}} \boldsymbol{\sigma}_0 \mathrm{d}V + \int_{V_0} \delta \boldsymbol{u}^{\mathrm{T}} \rho \ddot{\boldsymbol{u}} \mathrm{d}V = \boldsymbol{R} \tag{3.8}$$

进而得

$$\int_{V_0} \delta \boldsymbol{e}^{\mathrm{T}} \boldsymbol{\sigma} \mathrm{d}V + \int_{V_0} \delta \boldsymbol{\epsilon}^{\mathrm{T}} \boldsymbol{\sigma}_0 \mathrm{d}V + \int_{V_0} \delta \boldsymbol{\eta}^{\mathrm{T}} \boldsymbol{\sigma}_0 \mathrm{d}V + \int_{V_0} \delta \boldsymbol{u}^{\mathrm{T}} \rho \ddot{\boldsymbol{u}} \mathrm{d}V = \boldsymbol{R} \tag{3.9}$$

将式（3.2）代入上式化简得

$$\int_{V_0} \delta \boldsymbol{e}^{\mathrm{T}} \boldsymbol{\sigma} \mathrm{d}V + \int_{V_0} \delta \boldsymbol{E}^{\mathrm{T}} \boldsymbol{\sigma}_0 \mathrm{d}V + \int_{V_0} \delta \boldsymbol{u}^{\mathrm{T}} \rho \ddot{\boldsymbol{u}} \mathrm{d}V = \boldsymbol{R} \tag{3.10}$$

由

$$\boldsymbol{\sigma} = \boldsymbol{C\varepsilon} \tag{3.11}$$

式中，$\boldsymbol{C}$为本构矩阵。

根据泰勒级数展开，并忽略预应力引起的非线性效应，则

$$\begin{cases} \delta \boldsymbol{e}^{\mathrm{T}} = \delta \varepsilon^{\mathrm{T}} \\ \delta \boldsymbol{\eta}^{\mathrm{T}} = \left(\dfrac{1}{2} u_{k,i} u_{k,j}\right)^{\mathrm{T}} = \nabla \delta \boldsymbol{u}^{\mathrm{T}} \nabla \boldsymbol{u} \end{cases} \tag{3.12}$$

式（3.10）可以变换为

$$\int_{V_0} \delta \boldsymbol{\epsilon}^{\mathrm{T}} \boldsymbol{C\epsilon} \mathrm{d}V + \int_{V_0} (\nabla \delta \boldsymbol{u})^{\mathrm{T}} \nabla \boldsymbol{u} \boldsymbol{\sigma}_0 \mathrm{d}V + \int_{V_0} \delta \boldsymbol{u}^{\mathrm{T}} \rho \ddot{\boldsymbol{u}} \mathrm{d}V = 0 \tag{3.13}$$

3.2.2　预应力波导的频散方程

弹性波沿轴向传播时截面的位移模式可以设为$\boldsymbol{u} = \mathrm{e}^{-i\omega t}$，代入式（3.13）可得

$$\int_{V_0} \delta \boldsymbol{\epsilon}^{\mathrm{T}} \boldsymbol{C\epsilon} \mathrm{d}V + \int_{V_0} (\nabla \delta \boldsymbol{u})^{\mathrm{T}} \nabla \boldsymbol{u} \sigma_0 \mathrm{d}V - \rho w^2 \int_{V_0} \delta \boldsymbol{u}^{\mathrm{T}} \boldsymbol{u} \mathrm{d}V = 0 \tag{3.14}$$

式中，i、ω和t分别为虚数单位、圆频率和时间。

根据有限元内部单元节点位移的定义$\boldsymbol{u} = \boldsymbol{N}^e \boldsymbol{U}^e$（$\boldsymbol{N}^e$为单元上形函数，$\boldsymbol{U}^e$是单元上所有的节点位移，每个节点有3个自由度），将式（3.14）进行有限元离散后得

$$\delta\boldsymbol{U}^{\mathrm{T}}(\boldsymbol{K}+\boldsymbol{K}_{\sigma}-\omega^{2}\boldsymbol{M})\boldsymbol{U}=0 \tag{3.15}$$

式中，$\boldsymbol{U}$、$\boldsymbol{M}$ 和 $\boldsymbol{K}$ 分别为位移列阵、质量矩阵和刚度矩阵；$\boldsymbol{U}^{\mathrm{T}}$ 为位移列阵的转置；$\boldsymbol{K}_{\sigma}$ 为初始应力引起的刚度矩阵变化量。
其中，单元矩阵为

$$\begin{aligned}
\boldsymbol{K}^{e}&=\int_{V_e}(\boldsymbol{B}^{e})^{\mathrm{T}}\boldsymbol{C}\boldsymbol{B}^{e}\mathrm{d}V\\
\boldsymbol{K}_{\sigma}^{e}&=\int_{V_e}(\boldsymbol{B}_{\sigma}^{e})^{\mathrm{T}}\boldsymbol{\tau}\boldsymbol{B}_{\sigma}^{e}\mathrm{d}V\\
\boldsymbol{M}^{e}&=\int_{V_e}(\boldsymbol{N}^{e})^{\mathrm{T}}\rho\boldsymbol{N}^{e}\mathrm{d}V
\end{aligned} \tag{3.16}$$

式中，$\boldsymbol{K}^{e}$ 为单元刚度矩阵；$\boldsymbol{B}^{e}$ 为有限单元的应变—位移矩阵；$\boldsymbol{K}_{\sigma}^{e}$ 为初始应力引起的单元刚度矩阵变化量；$\boldsymbol{M}^{e}$ 为单元质量矩阵。
节点预应力矩阵 $\boldsymbol{\tau}$ 为

$$\boldsymbol{\tau}=\begin{pmatrix}\boldsymbol{\sigma}_0 & \mathbf{0} & \mathbf{0}\\ \mathbf{0} & \boldsymbol{\sigma}_0 & \mathbf{0}\\ \mathbf{0} & \mathbf{0} & \boldsymbol{\sigma}_0\end{pmatrix},\quad \boldsymbol{\sigma}_0=\begin{pmatrix}\sigma_{11} & \sigma_{12} & \sigma_{13}\\ \sigma_{21} & \sigma_{22} & \sigma_{23}\\ \sigma_{31} & \sigma_{32} & \sigma_{33}\end{pmatrix} \tag{3.17}$$

考虑预应力的单元应变—位移转换矩阵是

$$\begin{aligned}
\boldsymbol{B}_{\sigma}^{e}&=\begin{pmatrix}\overline{\boldsymbol{B}}_{\sigma}^{e} & 0 & 0\\ 0 & \overline{\boldsymbol{B}}_{\sigma}^{e} & 0\\ 0 & 0 & \overline{\boldsymbol{B}}_{\sigma}^{e}\end{pmatrix}\\
\overline{\boldsymbol{B}}_{\sigma}^{e}&=\begin{pmatrix}N_{1,1} & 0 & 0 & N_{2,1} & 0 & \cdots & N_{i,1} & \cdots\\ N_{1,2} & 0 & 0 & N_{2,2} & 0 & \cdots & N_{i,2} & \cdots\\ N_{1,3} & 0 & 0 & N_{2,3} & 0 & \cdots & N_{i,3} & \cdots\end{pmatrix}
\end{aligned} \tag{3.18}$$

根据波导结构的特点，沿着波的传播方向取一子结构作为研究对象，根据 Floque 理论，谐波传播常数为 $\lambda=\mathrm{e}^{-ikL}$（$k$ 为波数，L 为子结构长度）。模型子结构左右截面上节点位移和力应满足下述连续性条件为

$$\begin{aligned}
\boldsymbol{u}_{R}^{n}&=\lambda\boldsymbol{u}_{L}^{n}\\
\boldsymbol{f}_{R}^{n}&=-\lambda\boldsymbol{f}_{L}^{n}
\end{aligned} \tag{3.19}$$

式中，$\boldsymbol{u}_{L}$、$\boldsymbol{u}_{R}$ 为左右截面上对应节点位移，$\boldsymbol{f}_{L}$、$\boldsymbol{f}_{R}$ 为左右截面上对应节点的节点力。不考虑阻尼时，可得到子结构的动力刚度矩阵

$$\boldsymbol{D}=\boldsymbol{K}+\boldsymbol{K}_{\sigma}-\omega^{2}\boldsymbol{M} \tag{3.20}$$

对于编号为 n 的单元，左右边界上节点位移和节点力满足

$$\begin{pmatrix} \boldsymbol{D}_{LL} & \boldsymbol{D}_{LR} \\ \boldsymbol{D}_{RL} & \boldsymbol{D}_{RR} \end{pmatrix} \begin{pmatrix} \boldsymbol{u}_L \\ \boldsymbol{u}_R \end{pmatrix} = \begin{pmatrix} \boldsymbol{f}_L \\ \boldsymbol{f}_R \end{pmatrix} \tag{3.21}$$

联合式（3.19）及式（3.21）可得

$$\begin{aligned} (\boldsymbol{D}_{LL} + \lambda \boldsymbol{D}_{LR})\boldsymbol{u}_L &= \boldsymbol{f}_L \\ (\boldsymbol{D}_{RL} + \lambda \boldsymbol{D}_{RR})\boldsymbol{u}_L &= \boldsymbol{f}_R \end{aligned} \tag{3.22}$$

对于编号为 n 和 $n+1$ 的单元，左截面上节点位移和节点力定义为

$$\begin{pmatrix} \boldsymbol{u}_L^{n+1} \\ \boldsymbol{f}_L^{n+1} \end{pmatrix} = \boldsymbol{S} \begin{pmatrix} \boldsymbol{u}_L^{n} \\ \boldsymbol{f}_L^{n} \end{pmatrix} \tag{3.23}$$

其中，$\boldsymbol{S}$ 为转换矩阵

$$\boldsymbol{S} = \begin{pmatrix} -\boldsymbol{D}_{LR}^{-1}\boldsymbol{D}_{LL} & \boldsymbol{D}_{LR}^{-1} \\ -\boldsymbol{D}_{RL} + \boldsymbol{D}_{RR}\boldsymbol{D}_{LR}^{-1}\boldsymbol{D}_{LL} & -\boldsymbol{D}_{RR}\boldsymbol{D}_{LR}^{-1} \end{pmatrix} \tag{3.24}$$

波的传播问题可以用特征值问题描述，即

$$\boldsymbol{S} \begin{pmatrix} \boldsymbol{u}_L^{n} \\ \boldsymbol{f}_L^{n} \end{pmatrix} = \lambda \begin{pmatrix} \boldsymbol{u}_L^{n} \\ \boldsymbol{f}_L^{n} \end{pmatrix} \tag{3.25}$$

联合式（3.14）~（3.20）可得预应力结构内弹性波传播的群速度为

$$c_g = \left(\frac{-iL\lambda}{2\omega}\right) \frac{\boldsymbol{u}_L^{\mathrm{H}}[2\lambda \boldsymbol{D}_{LR} + (\boldsymbol{D}_{LL} + \boldsymbol{D}_{RR})]\boldsymbol{u}_L}{\boldsymbol{u}_L^{\mathrm{H}}[\lambda^2 \boldsymbol{M}_{LR} + \lambda(\boldsymbol{M}_{LL} + \boldsymbol{M}_{RR}) + \boldsymbol{M}_{RL}]\boldsymbol{u}_L} \tag{3.26}$$

式中，上标 H 表示复数的共轭转置。

为了验证上述预应力结构频散方程的正确性，以轴向受拉力载荷作用的铝杆作为算例，研究其内部的波动特性。在文献中，直径为 2mm 的铝杆内弹性波传播时产生的低阶弯曲波模态的相速度可根据欧拉—伯努力（Euler-Bernoulli）梁理论得到

$$c_{ph} = \omega \sqrt{\frac{2EI}{\sqrt{T^2 + 4mEI\omega^2} - T}} \tag{3.27}$$

式中，ω 为角频率；m 为梁单位长度的质量；T 为轴向拉力；E 为材料杨氏模量；I 为截面的面积矩。

将同样参数的铝杆用波有限元法求解，分别考虑没有轴向荷载（轴向应变）和有轴向荷载（轴向应变）两种情况下的波动情况。波有限元法和 Euler-Bernoulli 梁理论求解得到的低阶弯曲波模态的相速度曲线如图 3.2 所示，可以明显发现二者结果几乎是重合的，足以证明本章提出的预应力波导频散计算方法是正确的和可靠的。

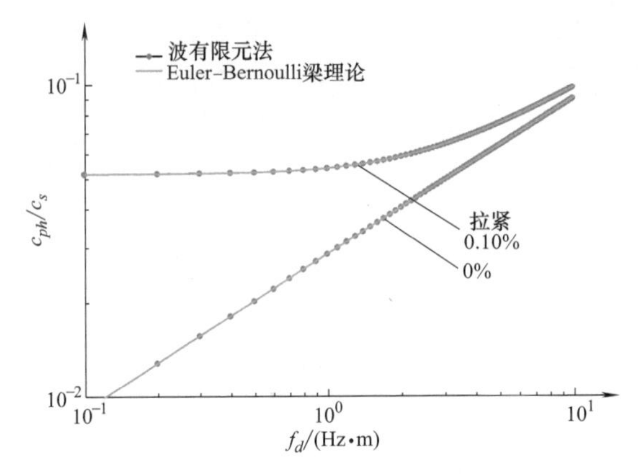

图 3.2　波有限元法和 Euler-Bernoulli 梁理论计算得到的铝杆中弹性波的轴向载荷效应

3.3　双圆杆束的波动特性

3.3.1　受均布围束压力作用下双圆杆束的应力分析

根据赫兹（Hertz）接触理论，相互接触的每个固体都可看作一个弹性半空间体，接触压力作用在接触表面一个小的椭圆区域内。双圆杆的中心线方向平行于 z 轴，沿着母线受到单位长度内均布力 P 的压紧而互相接触。假设两圆柱杆之间的接触为 Hertz 接触，如图 3.3 所示。根据平面应变理论，可以将其简化为二维问题。在 z 轴方向上可以将双圆杆接触看作 Hertz 接触的极限情况（接触区域是狭窄的长条形）。

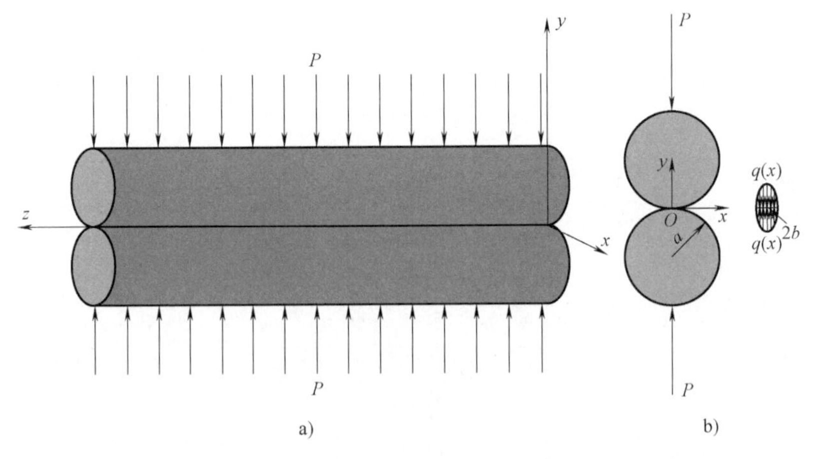

图 3.3　受均匀分布的载荷作用下的双圆杆及其截面

由此可知，均布力 P 和半接触宽度 b 之间的关系为

$$P = \frac{\pi b^2 E}{4a(1-\nu^2)} \tag{3.28}$$

接触区域接触压力可表示为

$$q(x) = \frac{2P}{\pi b^2}(b^2 - x^2)^{\frac{1}{2}} \tag{3.29}$$

式中，a 为杆的半径；b 为接触半径；E 为弹性模量；ν 为泊松比。

由弹性半空间线载荷理论知，接触区内接触压力引起的应力可求解得到

$$\boldsymbol{\sigma}_c = \begin{Bmatrix} \sigma_{cx} \\ \sigma_{cy} \\ \sigma_{cz} \\ \tau_{cxy} \\ \tau_{cyz} \\ \tau_{cxz} \end{Bmatrix} = \begin{Bmatrix} -\dfrac{2y}{\pi}\displaystyle\int_{-b}^{b} \dfrac{2q(l)}{\pi b^2} \dfrac{(b^2 - l^2)^{\frac{1}{2}}(x-l)^2}{[(x-l)^2 + y^2]} \mathrm{d}l \\ -\dfrac{2y^3}{\pi}\displaystyle\int_{-b}^{b} \dfrac{2q(l)}{\pi b^2} \dfrac{(b^2 - l^2)^{\frac{1}{2}}}{[(x-l)^2 + y^2]} \mathrm{d}l \\ v(\sigma_x + \sigma_y) \\ -\dfrac{2y^3}{\pi}\displaystyle\int_{-b}^{b} \dfrac{2q(l)}{\pi b^2} \dfrac{(b^2 - l^2)^{\frac{1}{2}}(x-l)}{[(x-l)^2 + y^2]} \mathrm{d}l \\ 0 \\ 0 \end{Bmatrix} \tag{3.30}$$

式中，l 为接触区域内 x 轴上点的坐标。

在截面内，集中力 P 引起的应力为

$$\boldsymbol{\sigma}_f = \begin{Bmatrix} \sigma_{fx} \\ \sigma_{fy} \\ \sigma_{fz} \\ \tau_{fxy} \\ \tau_{fyz} \\ \tau_{fxz} \end{Bmatrix} = \begin{Bmatrix} -\dfrac{2P}{\pi} \dfrac{x^2 y}{(x^2 + y^2)^2} \\ -\dfrac{2P}{\pi} \dfrac{y^3}{(x^2 + y^2)^2} \\ v(\sigma_x + \sigma_y) \\ -\dfrac{2P}{\pi} \dfrac{xy^2}{(x^2 + y^2)^2} \\ 0 \\ 0 \end{Bmatrix} \tag{3.31}$$

为了满足自由边界上各点应力为 0 的边界条件，需要施加一组大小为 $P/(\pi a)$ 的径向分布压力，它所引起的内部应力为

$$
\boldsymbol{\sigma}_d = \begin{Bmatrix} \sigma_{dx} \\ \sigma_{dy} \\ \sigma_{dz} \\ \tau_{dxy} \\ \tau_{dyz} \\ \tau_{dxz} \end{Bmatrix} = \begin{Bmatrix} -\dfrac{P}{\pi a} \\ -\dfrac{P}{\pi a} \\ v(\sigma_x + \sigma_y) \\ 0 \\ 0 \\ 0 \end{Bmatrix} \tag{3.32}
$$

双圆杆波导内部应力的分布是以上三种类型的力叠加的结果，即

$$
\boldsymbol{\sigma}_0 = \boldsymbol{\sigma}_c + \boldsymbol{\sigma}_f - \boldsymbol{\sigma}_d \tag{3.33}
$$

此外，特别要注意的是在双圆杆的接触区域（$y=0$）内各点的应力应满足 $\sigma_x = \sigma_y = -q(x)$，$\tau_{xy} = 0$

3.3.2 波动建模及模式识别

从双圆杆中取出一子结构进行研究，最大频率设定为 500kHz，假定材料是各向同性材料，密度 $\rho=7800\text{kg/m}^3$，弹性模量 $E=210\text{GPa}$，泊松比 $\nu=0.3$，厚（沿 z 轴方向）$L=3.218\times10^{-4}\text{m}$，圆杆的半径 $a=2.5\times10^{-3}\text{m}$。双圆杆中的波动问题即转化为对该子结构进行有限元建模、离散和计算的问题。纵波波速和剪切波波速为

$$
c_l = \left[\frac{E(1-v)}{\rho(1+v)(1-2v)}\right]^{1/2}, c_s = \left[\frac{E}{2\rho(1+v)}\right]^{1/2} \tag{3.34}
$$

式中，ρ 为材料密度。

采用三棱柱单元对该子结构进行离散，如图 3.4 所示，左右截面上含有相同数量且相对应的节点，上下两部分的节点相互对称。子结构的厚度直接关系到计算结果的精确度，原则上是越小越好，然而考虑到计算成本和精度要求，离散后的单元尺寸根据最小波长计算，且一个良好的空间分辨率要求每个波长最少 8 个节点，这里取最小波长的 1/20 作为子结构厚度。

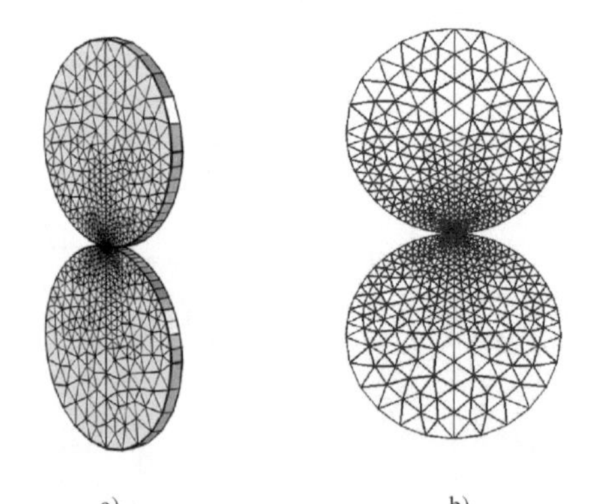

a)　　b)

图 3.4　子结构及其截面网格

双杆模型中涉及接触的区域是一个很长很窄的长方形，可以将其视为一条线，即三维波导接触简化为二维点—点接触问题。不失其一般性，采用无量纲变量，选用 a 和 a/c_s 分别作为长度和时间参量，可得无量纲圆频率 $\omega a/c_s$ 及无量纲波数 ka，同时外载荷无量纲化后有 $P_0 = 10^5 P/(\rho c_s^2 a)$，其中，$c_s$ 为剪切波速度。为了更好地分析导波的频谱特征，采用模态识别准则 MAC 和 Páde 扩展法对导波各模态进行模态追踪，

即可得到结构中各传播波模态的频谱和群速度曲线。

首先考虑单圆杆和无预应力双圆杆中的频散问题，根据上面的材料参数和网格信息计算，采用无量纲表示，得到频率范围［0，2.5］频谱图和群速度频散曲线，如图3.5所示。可以看出双圆杆和单圆杆的频谱图和群速度频散曲线变化趋势大体相同，但由于接触条件和结构的不同使频散现象变得更为复杂，出现了新的模态。

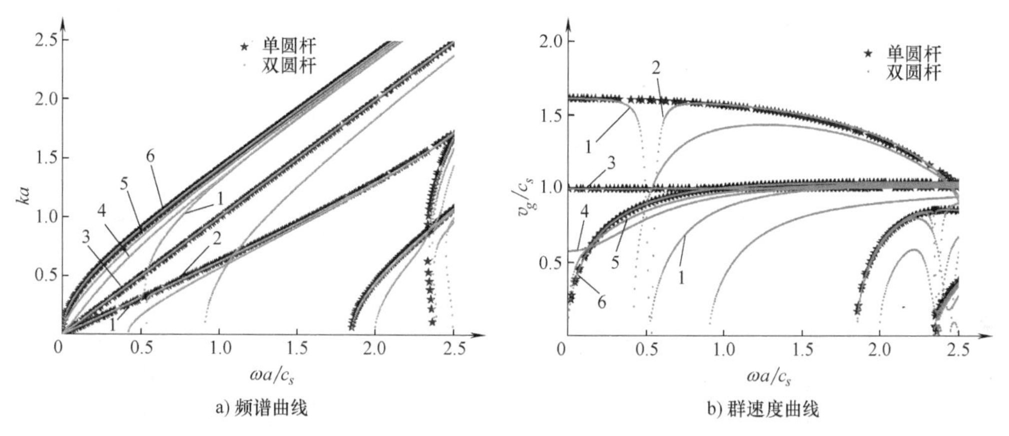

图3.5 单圆杆和无预应力双圆杆中的频散曲线

图3.5a中可以观察到在无量纲频率 $\omega a/c_s=0.525$ 附近两条曲线渐渐相互靠近后突然偏离。在图3.6中可以清晰观察到，此时出现了频散特性的转换，将图中两条模态标注为1和2。模态1有两条分支，前半段是低频范围内传播速度最快的模态，类似于单圆杆中的模态，但其群速度在0.525附近急剧下降，模态1后半段从0.525附近出现并随着频率升高渐渐趋向于单圆杆中的弯曲波模态。而模态2的截止频率恰恰发生在该频率附近，并急剧上升到单圆杆中的模态位置，并继续按照其曲线轨迹继续延伸。上述这种不同模态在某一特定频率附近发生的现象称之为模态转换。发生模态转换的频率段称为陷波频率。同时，在数学上这种现象是一种特征值问题，被称为特征值曲线的轨迹偏离。这是因为转换矩阵（式3.24）是非对称矩阵，它与圆频率的变化有关，在弱耦合系统中，非对称矩阵的特征值 λ 在小范围内对 ω 的微小变化很敏感，也就使特征值轨迹发生偏转，使原本出现重根的特征值问题转化为多根问题。

由于双圆杆结构的特殊性和预应力（荷载）的作用，使导波在其中的传播变得较单根圆杆更加复杂。众所周知，要判断一个传播模态是哪种类型的模态，可以根据其模态振型和位移矢量场来确定，这里只考虑实数部分。为了研究双杆结构中导波的传播，当无量纲载荷 $P_0=0$，4.9524（$P=0$，10kN/m）时，对无量纲频率为0.25时各个模态的 z 轴模态振型和各模态在 xy 平面内的位移矢量场进行分析。从图3.5中可以看到，频率为0.25时存在五条模态，这里将其标记为1、3、4、5、6。

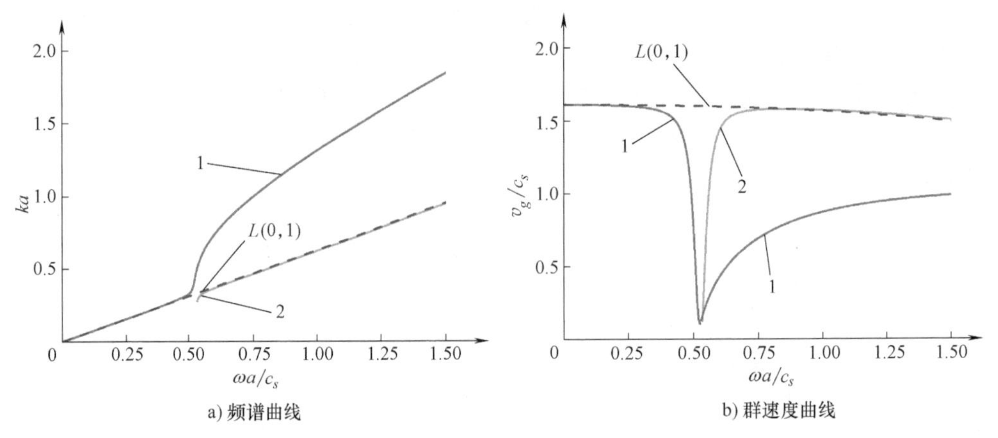

图 3.6　无预应力双圆杆波导问题中陷波频率附近的模态变化

从图 3.7 和图 3.8 中可以看到由于结构的对称，使各个模态 z 轴方向的模态振型也是对称的，判断模态的类型主要通过观察各个模态在 xy 平面内位移矢量场的分布和变化。在无预应力状态的情况下（见图 3.7 和图 3.9），结构中模态 1 是拉伸或压缩形式的模态，其在 xy 平面内位移场从几何中心，呈径向发散；模态 3 则是一种新型的扭转波，即两圆杆各自独立产生扭转位移；模态 4 可以清晰地确定为扭转波，它和模态 3 不同，是整个结构产生的一个扭转模态（全局扭转）；模态 5 则是弯曲波模态，产生 y 轴方向上的弯曲，而模态 6 也是弯曲波模态，产生 x 方向上的弯曲。

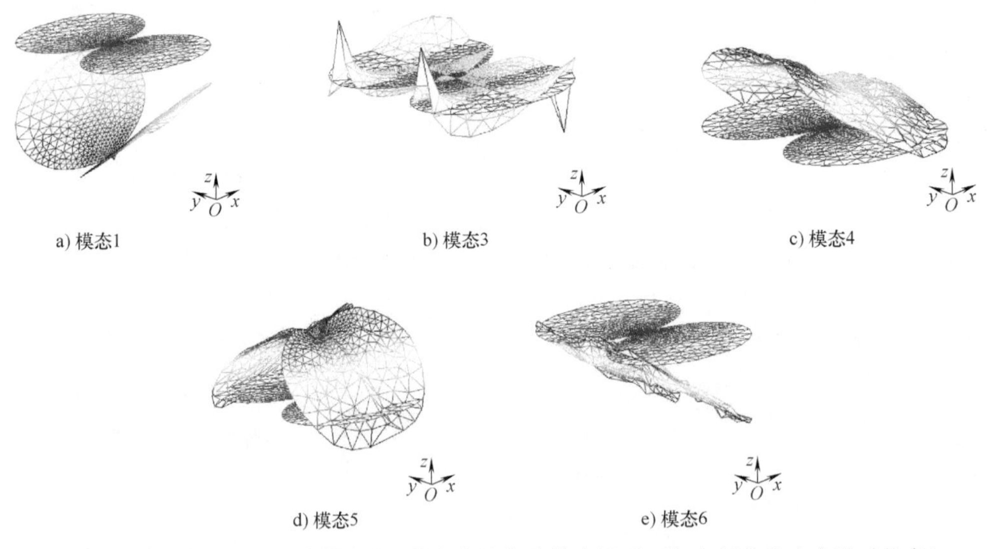

图 3.7　无预应力双圆杆中模态在 z 轴方向的位移模态振型（灰色部分为未变形时状态）

图 3.8 和图 3.10 展示了含预应力（$P_0=4.9524$）双圆杆在无量纲频率为 0.25

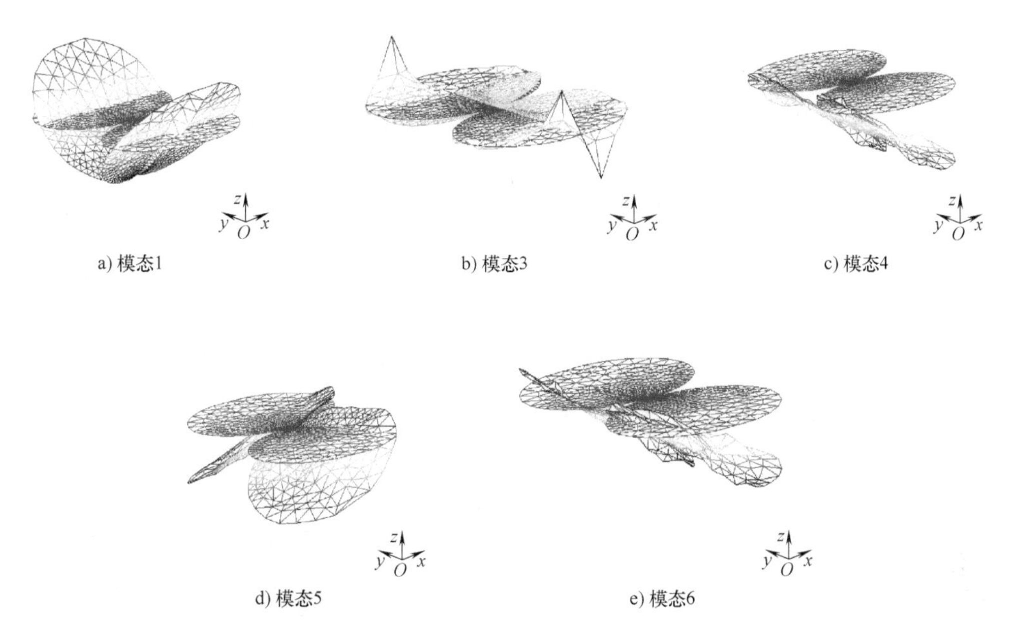

a) 模态1　b) 模态3　c) 模态4

d) 模态5　e) 模态6

图 3.8　预应力双圆杆中模态在 z 轴方向的位移模态振型（灰色部分为未变形时状态）

时各模态的 z 轴模态振型和各模态在 xy 平面内的位移矢量场。可以看出，模态的类型并没有发现变化，但扭转波模态 3 的位移场却发生了变化，各杆扭转中心不同于图 3.9b，说明模态 3 对预应力水平很敏感，由下图 3.11 也可发现，各圆杆独立产生扭转位移，其扭转中心却受预应力的影响不断变化，同时也可以看出两根杆也围绕着几何中心。

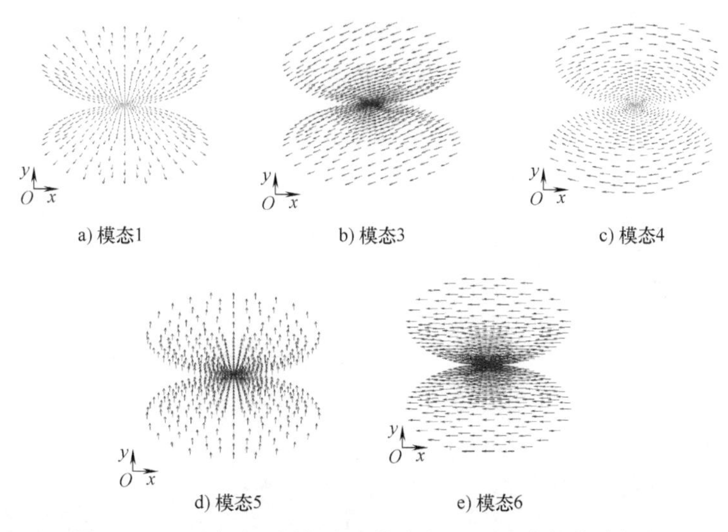

a) 模态1　b) 模态3　c) 模态4

d) 模态5　e) 模态6

图 3.9　无预应力双圆杆中的模态在 xy 平面内的位移矢量

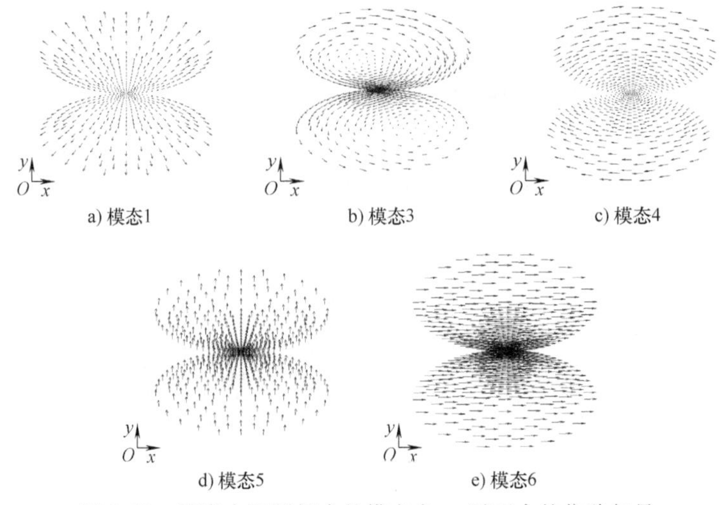

图 3.10　预应力双圆杆中的模态在 xy 平面内的位移矢量

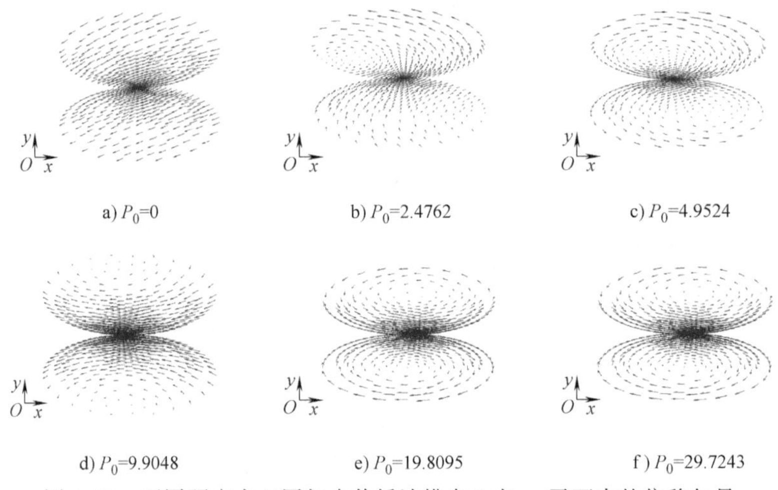

图 3.11　不同预应力双圆杆中传播波模态 3 在 xy 平面内的位移矢量

3.3.3　预应力对弹性波传播的影响

本部分考虑预应力变化对弹性波传播的影响规律。如图 3.12 所示预应力对导波特性的影响主要体现在低频部分，中高频部分影响很小，即在中高频部分含预应力双圆杆中导波的频散曲线和无预应力双圆杆中的频散曲线有微小的差别。在低频范围内（主要考虑 [0.005, 0.03]），模态 3 和模态 4（见图 3.5 中标记）的频散特性对预应力的变化尤为敏感。

由图 3.5 可以看出模态 3 的传播特性和单根圆杆中 T（0, 1）模态很相似，且在中高频部分二者相互重合，非常平坦。在低频部分，由图 3.13 可以发现模态 3 和模态 4 对预应力的变化十分敏感，随着预应力的增加，特定频率下的波数和群速

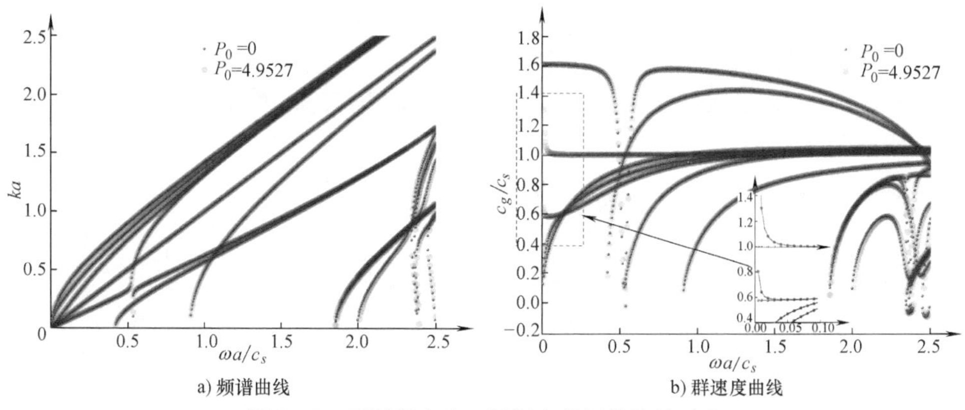

a) 频谱曲线　　b) 群速度曲线

图 3.12　不同预应力双圆杆中的频散特性对比

度都有显著的增加；随着频率的增加，不同预应力下的频谱图和频散曲线向着模态 T（0，1）逐渐聚拢。模态 4 也呈现出和模态 3 同样的变化趋势，但从图 3.13b、d 中发现其群速度小于模态 3，也就是说因为几何结构的特殊性，模态 4 能量的传递速度要比模态 3 要慢。

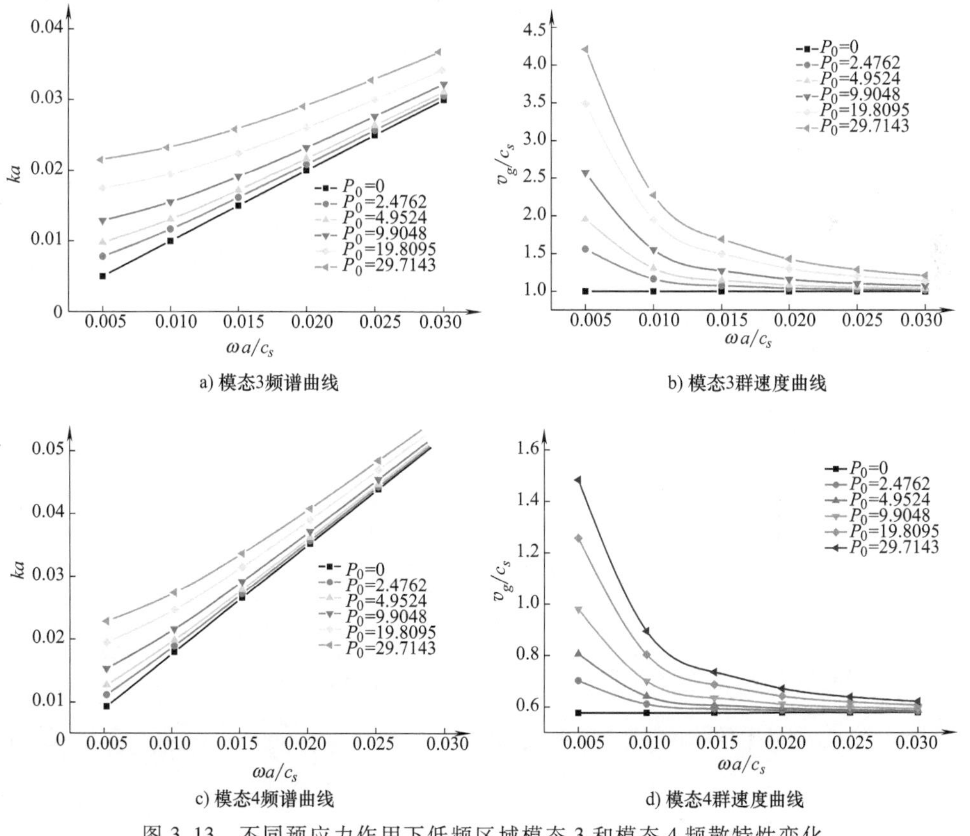

a) 模态3频谱曲线　　b) 模态3群速度曲线

c) 模态4频谱曲线　　d) 模态4群速度曲线

图 3.13　不同预应力作用下低频区域模态 3 和模态 4 频散特性变化

从图 3.11~图 3.13 可知，双圆杆中弹性波传播的频散特性非常复杂，在低频区域内基本模态受到横向均布载荷的影响很大。这里为了验证结果的准确性，采用商业有限元软件 ABAQUS 建立双圆杆模型，采用三维固体单元和悬臂梁模型。0.5m 长的悬臂梁和网格属性满足上述基本规则和接触类型。施加的均布荷载为 10kN/m，选用纵向传播波激励信号，而不选用扭转波和弯曲波，这是因为结构的特殊性，使后两者不能有效的施加。扭转波信号导致两杆的分离，弯曲波信号很难选择和施加激励信号。因此，在双圆杆悬臂梁模型的自由端纵向施加在经汉宁窗调制的五周期频率为 51.215kHz（$\omega a/c_s=0.25$）的纵向均布压力信号，如图 3.14 所示。

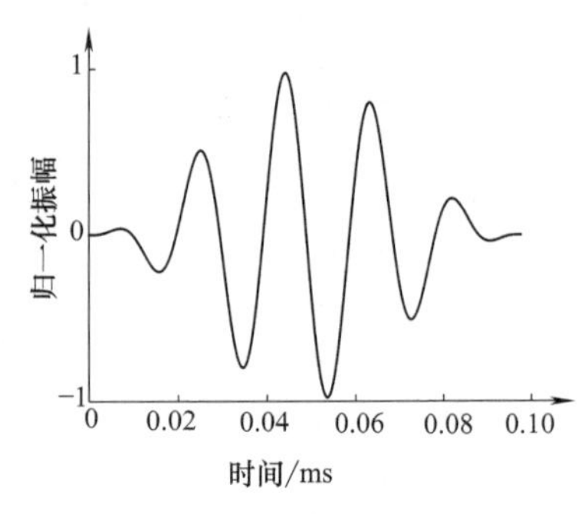

图 3.14　归一化的激励信号

此外，在截面 $z=0$ 内一节点接收到的位移信号和速度信号如图 3.15 所示，根据两次接收信号的时间差可计算出群速度为 5.152km/s。结果与波有限元法求解得到的群速度值 5.155km/s 几乎一致，由此可见采用波有限元法求解预应力结构中弹性导波的频散结果是合理的。

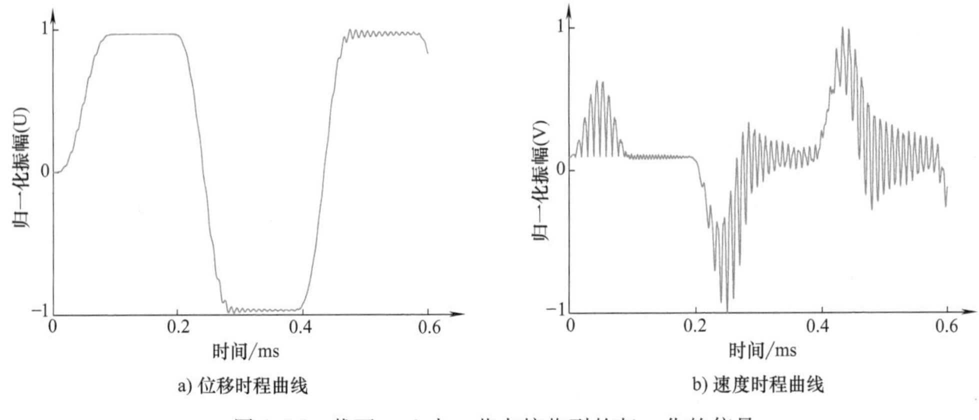

a) 位移时程曲线　　b) 速度时程曲线

图 3.15　截面 $z=0$ 内一节点接收到的归一化的信号

3.4　七芯平行杆束的波动特性

3.4.1　受围束压力作用下七芯杆束的应力分析

工程中常见的钢绞线或者平行绞线常常承载着复杂的载荷，为确保其使用过程中的安全性，需要对其在受载时进行必要的检测，这里提出七芯杆束模型，并从理论和计算的角度对其在受载时内部的波动问题进行研究。七芯圆杆类似于上一节的双圆杆，内部杆系之间的接触同样假设为 Hertz 接触类型，七芯杆束内圆杆的直径为 $d=2a$，单位长度上外围杆内分布的力 F（即从杆束远端传递过来的夹具预紧力，假设沿轴向是均匀的），使七芯杆束相互挤压接触，外层杆对中心杆的作用力为 P，接触半径为 b；外层杆之间相互作用力为 P'，接触半径为 b'。基于平面应变假设将三维问题转化为二维问题，如图 3.16 所示。为了便于分析和计算，这里采用内外杆之间的作用力 P 来衡量七芯杆束受到横向作用力的大小。

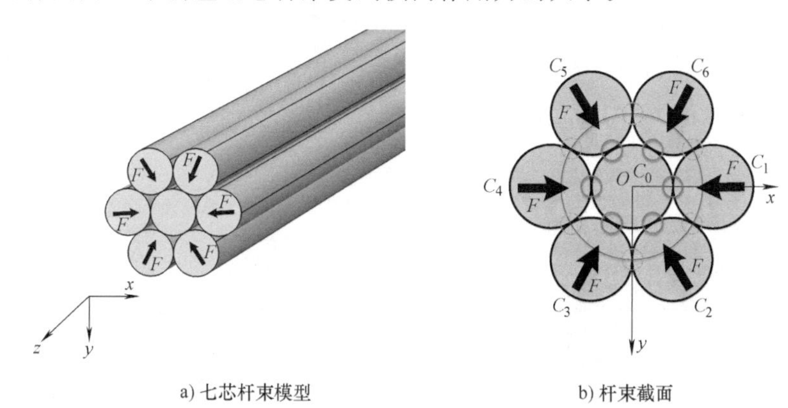

a) 七芯杆束模型　　b) 杆束截面

图 3.16　受到横向力 F 作用下的七芯杆束模型

虚线圆圈—内外接触　实线圆圈—外外接触

在内外层杆接触中，两杆束的中心轴相互位移为 δ，且

$$\delta \propto b^2 \quad b \propto P^{1/2} \tag{3.35}$$

可知

$$\delta \propto P \tag{3.36}$$

同理，外层杆中心轴相互位移为 δ'，两杆之间的相互作用力为 P'，得

$$\delta' \propto P' \tag{3.37}$$

外层杆各中心轴及各杆之间的接触区域中心点在同一半径为$\sqrt{3}a$ 的圆周上，变形前后周长 C 的变化即是 6 个接触界面位移之和，根据七芯杆束内部变形的协调性可知

$$\delta C = 2\pi\delta = 6\delta' \tag{3.38}$$

两类接触变形之间的关系为

$$\delta' = \frac{\pi}{3}\delta P' = \frac{\pi}{3}P \tag{3.39}$$

$$\delta' = \frac{\pi}{3}\delta \tag{3.40}$$

七芯平行杆束内部的应力求解类似于双平行杆束，但自由边界必须满足下列条件：

1）法向应力为 0。

2）剪应力为0。

中心杆由于受到对称径向载荷的作用，采用类似式（3.32）的方法保证边界条件满足上述条件；外层杆由于受到非规则载荷的作用，计算得到的在边界上的应力为沿边界非均匀分布的载荷，因此，需要构造一个非均匀分布的载荷反向施加在边界上，使边界上应力为0。

根据七芯杆束内部受力特征，可以将七芯杆束截面分为两种区域，即中心圆 C_0 和外围圆 $C_{1\sim6}$，如图3.17所示。圆 C_0 和圆 C_1 内的应力可以采用叠加法结合边界条件求解，之后根据外围圆杆的分布及坐标转换公式得到七芯杆束内部的应力分布。

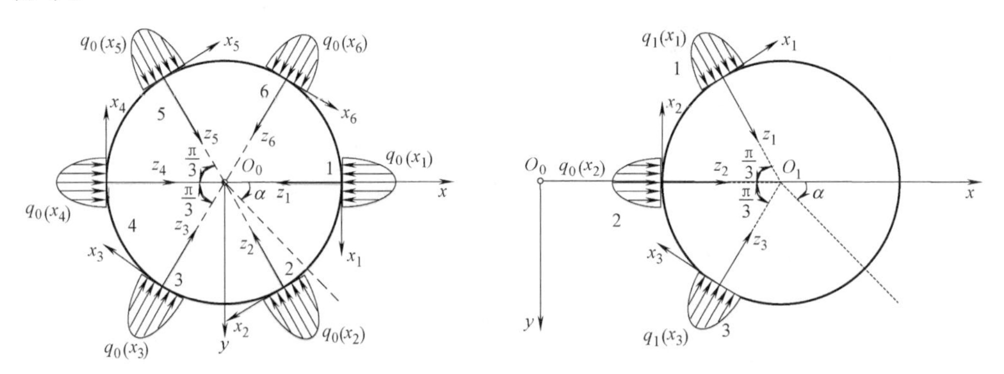

图3.17 受到分布在外围杆内部的力作用下的截面 C_0 和 C_1 受力图

1. 中心圆杆应力分析

首先求解中心圆杆内部的应力分布，从图3.17a中可知，中心圆杆受到六个对称分布的接触载荷，可以将其分为三对相向的接触力。根据接触理论及线弹性理论，标准局部坐标系（$x'y'z'$）下接触压力所引起的应力场可求解得到

$$\boldsymbol{\sigma}_c' = \begin{Bmatrix} \sigma_{cx'} \\ \sigma_{cy'} \\ \sigma_{cz'} \\ \tau_{cx'y'} \\ \tau_{cy'z'} \\ \tau_{cx'z'} \end{Bmatrix} = \begin{Bmatrix} -\dfrac{2y'}{\pi}\displaystyle\int_{-b}^{b} \dfrac{2q(l)}{\pi b^2} \dfrac{(b^2-l^2)^{\frac{1}{2}}(x'-l)^2}{[(x'-l)^2+y'^2]}\mathrm{d}l \\ -\dfrac{2y'^3}{\pi}\displaystyle\int_{-b}^{b} \dfrac{2q(l)}{\pi b^2} \dfrac{(b^2-l^2)^{\frac{1}{2}}}{[(x'-l)^2+y'^2]}\mathrm{d}l \\ v(\sigma_x'+\sigma_y') \\ -\dfrac{2y'^3}{\pi}\displaystyle\int_{-b}^{b} \dfrac{2q(l)}{\pi b^2} \dfrac{(b^2-l^2)^{\frac{1}{2}}(x'-l)}{[(x'-l)^2+y'^2]}\mathrm{d}l \\ 0 \\ 0 \end{Bmatrix} \tag{3.41}$$

式中，l 为局部坐标系下轴上一点的坐标。

分析中心杆的受力情况及结构对称性，通过叠加法可求解圆杆内各点的应力分布

$$\boldsymbol{\sigma}_{0c} = \sum \boldsymbol{\sigma}_{0ci} \tag{3.42}$$

式中，$\boldsymbol{\sigma}_{0ci}$ 是各外围杆中的应力场，由外围圆 C_1 和转换公式求解得到，转换公式为

$$\begin{aligned} x' &= x\cos\theta + y\sin\theta - h \\ y' &= y\cos\theta - x\sin\theta - k \\ \sigma_x &= \sigma'_x\cos^2\theta + \sigma'_y\sin^2\theta + 2\tau'_{xy}\cos\theta\sin\theta \\ \sigma_y &= \sigma'_x\sin^2\theta + \sigma'_y\cos^2\theta - 2\tau'_{xy}\cos\theta\sin\theta \\ \tau_{xy} &= (\sigma'_y - \sigma'_x)\cos\theta\sin\theta + \tau'_{xy}(\cos^2\theta - \sin^2\theta) \end{aligned} \tag{3.43}$$

式中，θ、h 和 k 分别为直角坐标系与接触点处局部坐标系之间的夹角、接触点在中心直角坐标系中的横坐标和纵坐标。

为了满足边界条件，可以将六个接触力分为三对，沿圆周边界上施加三个大小为 $P/\pi a$ 的均布径向压力，每个均布压力所引起的应力场为

$$\boldsymbol{\sigma}_{0d} = \begin{Bmatrix} \sigma_{dx} \\ \sigma_{dy} \\ \sigma_{dz} \\ \tau_{dxy} \\ \tau_{dyz} \\ \tau_{dxz} \end{Bmatrix} = \begin{Bmatrix} -\dfrac{P}{\pi a} \\ -\dfrac{P}{\pi a} \\ v(\sigma_x + \sigma_y) \\ 0 \\ 0 \\ 0 \end{Bmatrix} \tag{3.44}$$

三个均布压力所引起的应力场叠加为

$$\boldsymbol{\sigma}_{0b} = \sum \boldsymbol{\sigma}_{0di}, i = 1,2,3 \tag{3.45}$$

可求得中心圆杆内部应力分布

$$\boldsymbol{\sigma}_{in0} = \boldsymbol{\sigma}_{0c} + \boldsymbol{\sigma}_{0b} \tag{3.46}$$

2. 外围杆应力分析

根据七芯杆束几何对称性，选定圆 1 作为研究对象，求解受到横向均布加载的力 F 作用下的应力场。由 3.17b 可知，圆 C_1 受到三个接触压力和截面内分布力的作用处于平衡状态。圆 C_1 周向边界为自由边界，必须满足边界条件

$$\begin{aligned} \sigma_r &= 0 \\ \tau_{r\alpha} &= 0 \end{aligned} \tag{3.47}$$

将三个接触压力（1、2 和 3）分为两类，即内外杆之间的接触（2）和外围杆之间的接触（1，3），圆 C_1 内的应力可以根据上述三个力及边界反向施加的分布力引起的应力场叠加得到。

类似地，三个接触压力（1、2 和 3）所引起的 $r-\alpha$ 极坐标系下的应力场

$$
\begin{aligned}
&1:\begin{cases}\sigma_{r1}=-\dfrac{P'}{\pi d}+\dfrac{P'}{\pi d}\cos\left(\alpha+\dfrac{2\pi}{3}\right)\\ \tau_{r\alpha1}=-\dfrac{P'}{\pi d}\sin\left(\alpha+\dfrac{2\pi}{3}\right)\end{cases}\\
&2:\begin{cases}\sigma_{r2}=-\dfrac{P}{\pi d}+\dfrac{P}{\pi d}\cos(\alpha+\pi)\\ \tau_{r\alpha2}=-\dfrac{P}{\pi d}\sin(\alpha+\pi)\end{cases}\\
&3:\begin{cases}\sigma_{r3}=-\dfrac{P'}{\pi d}+\dfrac{P'}{\pi d}\cos\left(\alpha+\dfrac{4\pi}{3}\right)\\ \tau_{r\alpha3}=-\dfrac{P'}{\pi d}\sin\left(\alpha+\dfrac{4\pi}{3}\right)\end{cases}
\end{aligned}
\tag{3.48}
$$

叠加得到圆 C_1 的应力分布 $\boldsymbol{\sigma}_{1c}$

$$
\begin{cases}\sigma_{rc}=-\left(\dfrac{2\pi}{3}+1\right)\dfrac{P}{\pi d}-\left(\dfrac{\pi}{3}+1\right)\dfrac{P}{\pi d}\cos\alpha\\ \tau_{r\alpha c}=\left(\dfrac{\pi}{3}+1\right)\dfrac{P}{\pi d}\sin\alpha\end{cases}
\tag{3.49}
$$

为了保证圆杆的边界条件满足式（3.47），在 C_1 圆周上分别施加径向均匀分布的压力 $\left(\dfrac{2\pi}{3}+1\right)\dfrac{P}{\pi d}$ 及包括径向压力 $\left(\dfrac{\pi}{3}+1\right)\dfrac{P}{\pi d}\cos\alpha$ 和切向剪力 $\left(\dfrac{\pi}{3}+1\right)\dfrac{P}{\pi d}\sin\alpha$ 的力集合。

前者施加在边界上，边界条件为

$$
\sigma_r=-\left(\frac{2\pi}{3}+1\right)\frac{P}{\pi d},\quad \tau_{r\alpha}=0
\tag{3.50}
$$

假设 Alex 函数为

$$
\boldsymbol{\Phi}=f(r)
\tag{3.51}
$$

得到圆内的应力

$$
\begin{cases}\sigma_{r1}=-\left(\dfrac{2\pi}{3}+1\right)\dfrac{P}{\pi d}\\ \sigma_{\alpha1}=-\left(\dfrac{2\pi}{3}+1\right)\dfrac{P}{\pi d}\\ \tau_{r\alpha1}=0\end{cases}
\tag{3.52}
$$

当后者施加在边界上，边界条件为

$$
\sigma_r=-\left(\frac{\pi}{3}+1\right)\frac{P}{\pi d}\cos\alpha,\quad \tau_{r\alpha}=-\left(\frac{\pi}{3}+1\right)\frac{P}{\pi d}\sin\alpha
\tag{3.53}
$$

假设 Alex 函数为

$$\boldsymbol{\Phi} = f(r)\cos\alpha \tag{3.54}$$

得到圆内的应力

$$\begin{cases} \sigma_{r2} = -\left(\dfrac{\pi}{3} + 1\right)\dfrac{P}{\pi d}\left(\dfrac{r}{a}\right)\cos\alpha \\ \sigma_{\alpha 2} = -(\pi + 3)\dfrac{P}{\pi d}\left(\dfrac{r}{a}\right)\cos\alpha \\ \sigma_{r\alpha 2} = -\left(\dfrac{\pi}{3} + 1\right)\dfrac{P}{\pi d}\left(\dfrac{r}{a}\right)\sin\alpha \end{cases} \tag{3.55}$$

反向施加边界条件后圆 C_1 内的应力分布 $\boldsymbol{\sigma}_{1b}$

$$\begin{cases} \sigma_{rb} = -\left(\dfrac{2\pi}{3} + 1\right)\dfrac{P}{\pi d} - \left(\dfrac{\pi}{3} + 1\right)\dfrac{P}{\pi d}\left(\dfrac{r}{a}\right)\cos\alpha \\ \sigma_{\alpha b} = -\left(\dfrac{2\pi}{3} + 1\right)\dfrac{P}{\pi d} - (\pi + 3)\dfrac{P}{\pi d}\left(\dfrac{r}{a}\right)\cos\alpha \\ \sigma_{r\alpha b} = -\left(\dfrac{\pi}{3} + 1\right)\dfrac{P}{\pi d}\left(\dfrac{r}{a}\right)\sin\alpha \end{cases} \tag{3.56}$$

由式（3.49）和式（3.56）可知，极坐标下外围杆中的应力分布

$$\boldsymbol{\sigma}_{1p} = \boldsymbol{\sigma}_{1c} - \boldsymbol{\sigma}_{1b} \tag{3.57}$$

根据直角坐标和极坐标之间的坐标转换

$$\begin{Bmatrix} \sigma_x \\ \sigma_y \\ \tau_{xy} \end{Bmatrix} = \begin{pmatrix} \cos^2\alpha & \sin^2\alpha & -2\cos\alpha\sin\alpha \\ \sin^2\alpha & \cos^2\alpha & 2\cos\alpha\sin\alpha \\ \cos\alpha\sin\alpha & -\cos\alpha\sin\alpha & \cos^2\alpha - \sin^2\alpha \end{pmatrix} \begin{Bmatrix} \sigma_r \\ \sigma_\alpha \\ \tau_{r\alpha} \end{Bmatrix} \tag{3.58}$$

可求得全局直角坐标系下外围杆 1 中的应力场 $\boldsymbol{\sigma}_{ou1}$，同理可求得其他外围杆中的应力场，进而得到七芯杆束中的应力场

$$\boldsymbol{\sigma}_g = (\boldsymbol{\sigma}_{in0} \quad \boldsymbol{\sigma}_{ou1} \quad \boldsymbol{\sigma}_{ou2} \quad \boldsymbol{\sigma}_{ou3} \quad \boldsymbol{\sigma}_{ou4} \quad \boldsymbol{\sigma}_{ou5} \quad \boldsymbol{\sigma}_{ou6}) \tag{3.59}$$

频率为 0.2 时七芯杆束中弹性波模态的无量纲波数见表 3.1。

表 3.1　频率为 0.2 时七芯杆束中弹性波模态的无量纲波数

方法	1	2	3	4
WFE	0.124416	0.327874	0.396855	0.396893
SAFE	0.124416	0.327884	0.396877	0.396914

3.4.2　波动建模及模态识别

七芯杆束的周期子结构的网格如图 3-18 所示，相关的模型参数同上节双圆杆。含预应力的波动相关公式可见式（3.19）~式（3.26），结合式（3.26）可求解得到导波传播时各模态对应的特征值。然而，七芯杆束模型子结构的有限元系统矩阵

规模比较大，在计算过程中会产生难以预测的数值问题。为降低这类情况的影响，引入一个小参数对广义特征值系数矩阵进行修饰，如

$$\begin{pmatrix} 0 & \varepsilon \boldsymbol{I} \\ -\boldsymbol{D}_{RL} & -\boldsymbol{D}_{RR} \end{pmatrix}\begin{pmatrix} \boldsymbol{u}_L \\ \boldsymbol{u}_R \end{pmatrix} = \lambda \begin{pmatrix} \varepsilon \boldsymbol{I} & 0 \\ \boldsymbol{D}_{LL} & \boldsymbol{D}_{LR} \end{pmatrix}\begin{pmatrix} \boldsymbol{u}_L \\ \boldsymbol{u}_R \end{pmatrix} \tag{3.60}$$

式中，$\boldsymbol{I}$ 为阶数为 m 的单位矩阵；$\varepsilon = \|\boldsymbol{D}_{RR}\|_2 / m^2$（$m$ 是矩阵 D_{RR} 的阶数），通过对左右两个矩阵进行修改后可大大降低矩阵的条件数，减弱矩阵的病态程度。预应力下七芯杆束的群速度表示为

图 3.18　七芯杆束的周期子结构网格

$$c_g = \left(\frac{-iL\lambda}{2\omega}\right) \frac{\boldsymbol{u}_L^H[2\lambda \boldsymbol{D}_{LR} + (\boldsymbol{D}_{LL} + \boldsymbol{D}_{RR})]\boldsymbol{u}_L}{\boldsymbol{u}_L^H[\lambda^2 \boldsymbol{M}_{LR} + \lambda(\boldsymbol{M}_{LL} + \boldsymbol{M}_{RR}) + \boldsymbol{M}_{RL}]\boldsymbol{u}_L} \tag{3.61}$$

为了保证计算结果的准确性，表4-1给出了WFE法和SAFE法对七芯杆束频散特性的求解结果。经对比发现，二者吻合的很好，证明七芯杆束内频散特性的计算结果是准确的。

图 3.19 所示为双圆杆和七芯杆束内弹性波的频散特性。在低频区域，七芯圆杆内的波动特性和双杆类似，然而中高频区域内出现了很多新的传播波模态。七芯杆束中并未出现平行于横轴的模态，也存在凹陷情况（陷波频率），但其相比于双杆显得更为复杂。从图 3.19b 中可以观察，七芯杆束内部的第一个陷波频率比双杆要大。另外，七芯杆束内弹性波频散特性和七芯螺旋钢线之间的对比如图 3.20 所示。尽管二者内部的波动问题有相似的特性，但七芯杆束并不能简单地代替螺旋钢绞线中的波动特性，这是由于后者结构及边界条件的复杂性所造成的。

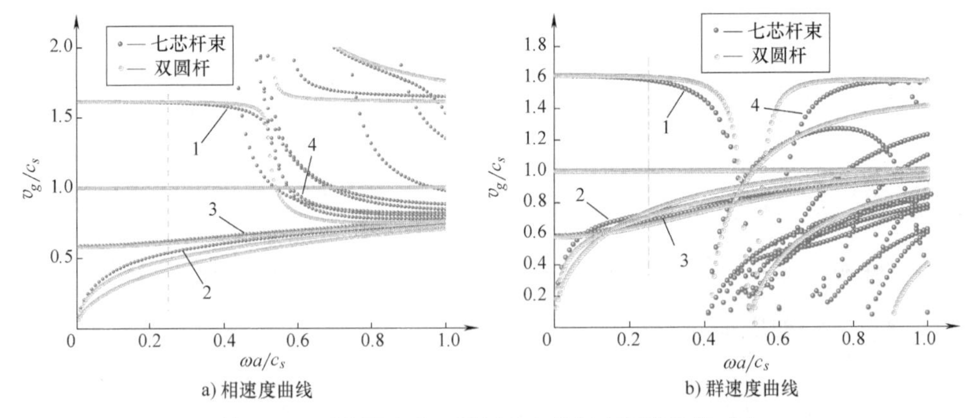

a) 相速度曲线　　b) 群速度曲线

图 3.19　不含预应力双圆杆和七芯杆束频散特性对比

为更进一步了解七芯杆束中的波动问题，对低频区的各模态进行标记，可见图

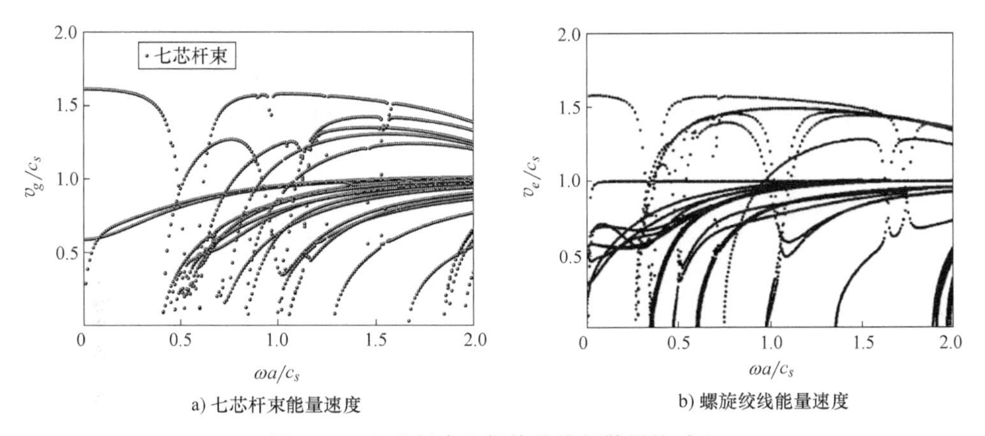

a) 七芯杆束能量速度 b) 螺旋绞线能量速度

图 3.20 七芯杆束和螺旋绞线频散属性对比

3.19。在数据处理过程中，发现曲线 2 是两条相似的传播模态的叠加，分别表示为模态 2-1 和 2-2。为了辨别两种模态类型，需要从位移矢量场的角度来分析。图 3.21 给出了频率为 0.25 时各个模态的面内位移矢量，可以确定模态 1 是纵波模态。模态 2-1 和模态 2-2 都是弯曲波模态，然而并没有观察到模态分离现象，这是

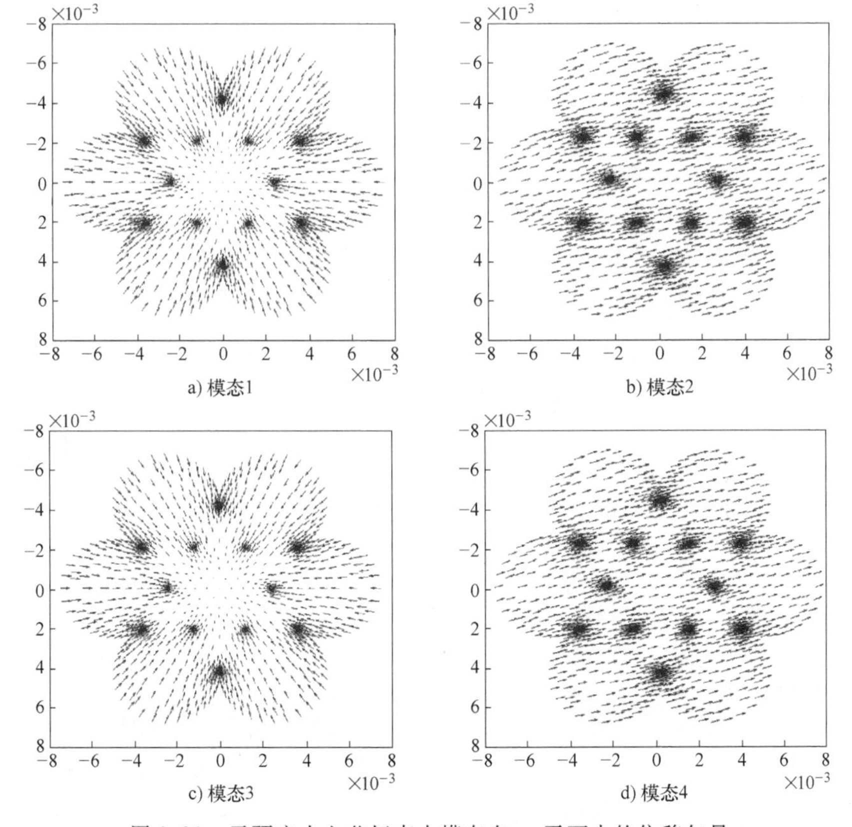

a) 模态1 b) 模态2 c) 模态3 d) 模态4

图 3.21 无预应力七芯杆束中模态在 xy 平面内的位移矢量

由于七芯杆束结构的对称性质使然。另外，模态 3 是扭转模态，其面内位移矢量只有一个扭转中心，并没有出现前面提到的平行于横轴的扭转模态（单、双杆中存在），即不存在每个截面圆中都有一个扭转中心，主要是因为七芯杆束在平面内的轴对称结构使结构更加稳定。

3.4.3 接触力的变化对波动特性的影响

对内外接触力（$P=0$，1.010，2.524，5.048，10.096，20.192，40.384）进行无量纲化后可得 $P_0=0$，0.5，1.25，2.5，5，10，20。图 3.22 表示 $P_0=0$，20 时低频区域预应力对低阶模态导波特性的影响比较大，而对于高阶模态的影响却比较小。图 3.23 给出了扭转模态 3 的频散属性，随着接触力的变化，相速度会不断变大，意味着模态 3 的传播速度比较快，同时随着频率的升高，相速度会趋于一致。此外，观察图 3.23b 可知模态 3 的群速度随着接触力的增大而变大，即能量流动越来越快。

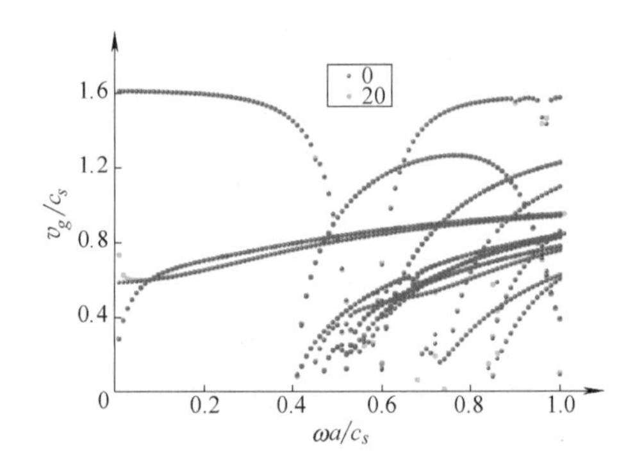

图 3.22 不同接触力下七芯杆束内波动群速度对比

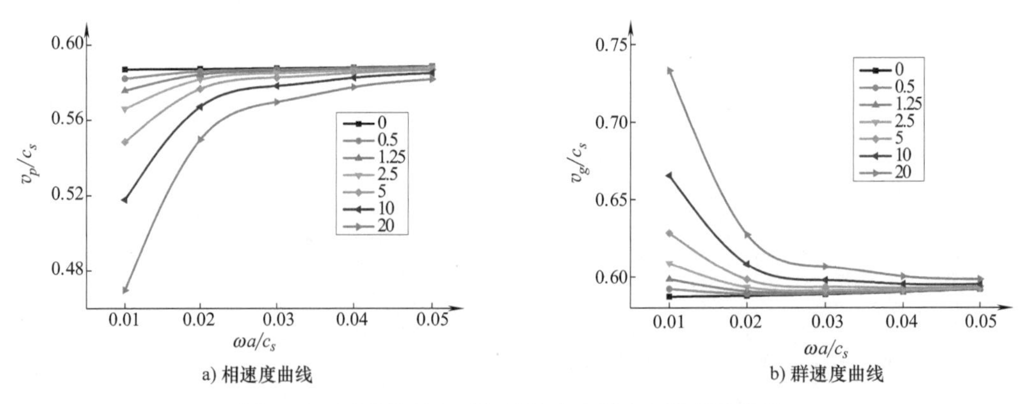

图 3.23 不同接触力下七芯杆束内模态 3 的频散曲线

从前面可以看到，在有些频率处会出现特殊的现象，如模态 1 的频散曲线在特定频率处会出现一条曲线转化为两条曲线，其详细的图谱可从图 3.24a 中观察到，该频率被称为陷波频率，这种现象在数学上称为特征曲线轨迹偏离，物理上为模态转换。图 3.24 中已经给出模态 1 在陷波频率 0.55 附近的群速度曲线及其受接触力变化的影响。参考圆杆中导波的频散特性，模态 1 的前半段和模态 4 的变化趋势都比较接近纵波模态 L（0，1），为求解陷波频率的值，需要结合多项式曲线拟合的方法求解。图 3.24b 描述了无量纲的接触压力对陷波频率的影响，通过曲线拟合发现其局部曲线类似于抛物线，求解其对称轴所在频率作为陷波频率的值。图 3.24c 则给出了抛物线对称轴（陷波频率）随无量纲接触力的变化规律，随着接触力的增大，陷波频率会不断变小，其变化范围为几百赫兹。当接触压力继续增加时，结构内部产生的应力会不断升高，一旦达到材料屈服强度，所计算的结果变化会很大，精度也会降低，因此控制杆束内的应力水平尤为重要。

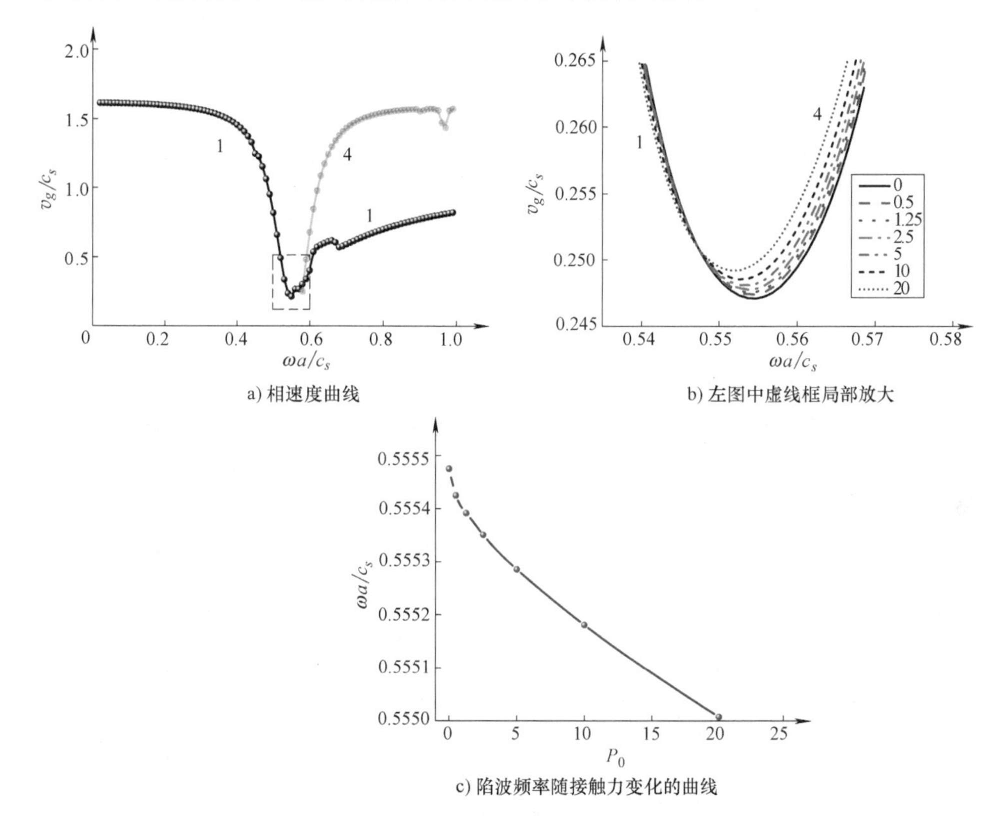

a) 相速度曲线

b) 左图中虚线框局部放大

c) 陷波频率随接触力变化的曲线

图 3.24　不同接触力作用下陷波频率附近的频散特性

第4章

旋转结构中的弹性导波

4.1 引言

旋转结构，顾名思义，即围绕着某一轴线以一定速度发生转动的结构。这类结构在工程实际中应用广泛，遍及生产生活、军事科技、航空航天等领域，如高速旋转的机床主轴、高速列车车轮轴及汽车、船舶、飞机等内部旋转齿轮、涡轮转子、回转控制装置等机械构件，这类构件在旋转机械中往往承担着功率和扭矩的传递，在服役过程中发挥着重要的作用。然而，由于铸造加工、受载、所处环境等复杂因素的存在，使这些构件经常出现残余应力、微裂纹、磨损等缺陷，严重影响着机械结构的使用寿命，如机械转轴长期处于高速运转状态，交变扭矩和扭转振动的存在使转轴内部极易产生疲劳损伤。这些旋转结构一旦发生失效，造成的安全事故和经济损失不可估量。导波无损检测技术的发展为旋转机械结构的安全运行提供了重要的在线监/检测与缺陷精确定位手段，这使得对旋转结构中弹性波传播特性的深入研究与理解显得尤为迫切。

本章基于波有限元法考虑了弹性波在特殊的旋转结构中的传播问题，以求对工程实际中旋转结构内部的应力水平、缺陷的有效检测提供一定的指导和建议。与弹性波应力相比，旋转引起的初始应力的数量级很大，与弹性波引起的高阶应变作用产生的应变能不能忽略，即需要考虑几何非线性。采用虚功率推导了旋转介质中弹性波波动方程的增量格式，得到旋转介质的弹性波频散方程，揭示了旋转结构材料属性、转速变化和阻尼对导波频散特性的影响规律。

4.2 旋转介质的波动方程

4.2.1 旋转运动的描述

物体围绕轴线以转动速度 Ω 转动时内部质点运动满足下面的弹性力学基本

方程

$$\sigma_{ij,j}=\rho[\ddot{p}+\Omega\times(\Omega\times r)+2\Omega\times\dot{p}]_i \tag{4.1}$$

式中，r、p 分别为物体内部质点的当前位置和广义位移；$\Omega\times(\Omega\times r)$，$2\Omega\times\dot{p}$ 分别为向心加速度和科里奥利（Coriolis）加速度；ρ 为材料密度。

对于旋转运动，物体内质点会产生三种位移形式（刚体位移，周向张力位移及瞬态振动）。因此，在参考系下的波动方程可以写为

$$\sigma_{ij,j}=\rho[\ddot{u}+\Omega\times(\Omega\times u)+2\Omega\times\dot{u}]_i \tag{4.2}$$

式中，u 为振动位移。

事实上，上述基本方程的求解十分复杂，为求解转动物体内的弹性波的频散问题，下面采用更新的拉格朗日（Lagrangian）增量公式求解。旋转介质的波动变形图可见图4.1，在初始 C_0 状态下，物体内部不存在应力，各点的材料坐标可以表示为以下函数形式

$$\boldsymbol{X}(X,Y,Z)=(x_1\boldsymbol{e}_1,x_2\boldsymbol{e}_2,x_3\boldsymbol{e}_3)^{\mathrm{T}}\quad \boldsymbol{X}\in C_0 \tag{4.3}$$

式中，$\boldsymbol{X}$、x 分别为材料坐标和空间坐标；$\boldsymbol{e}_1$、$\boldsymbol{e}_2$、$\boldsymbol{e}_3$ 为笛卡儿坐标系下的矢量。

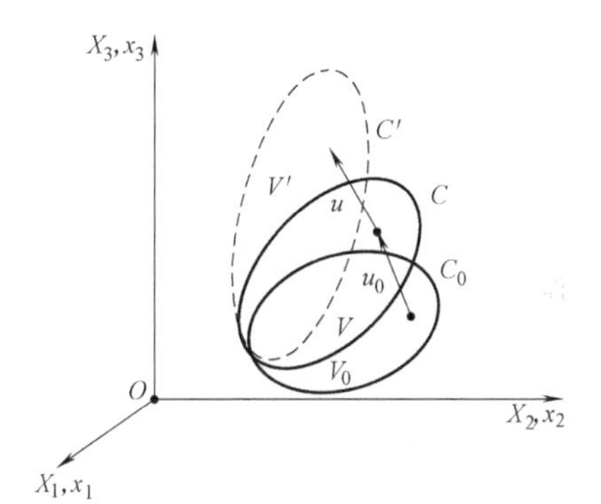

图 4.1 旋转介质波动变形图

假设物体在旋转过程中，所发生的变形都在弹性范围内，且远远小于结构尺寸，可忽略不计。由此可以得出参考状态 C 下的质点运动函数为

$$\boldsymbol{x}(\boldsymbol{X},0)=\boldsymbol{R}_o\boldsymbol{X} \tag{4.4}$$

其中，旋转张量

$$\boldsymbol{R}_o=\begin{pmatrix}\cos(\phi t) & \sin(\phi t) & 0\\ -\sin(\phi t) & \cos(\phi t) & 0\\ 0 & 0 & 1\end{pmatrix} \tag{4.5}$$

式中，$\phi=2\pi\Omega$，Ω 为转动速度；t 为时间。

在参考状态下，物体内部已经存在因旋转所引起的位移 u_0。

当旋转物体内部存在波动时，所引起的状态为当前状态，此时的空间坐标可表示为下述函数

$$\boldsymbol{x}(\boldsymbol{X},t)=\boldsymbol{R}_o(\boldsymbol{X}+\boldsymbol{u}) \tag{4.6}$$

式中，$\boldsymbol{u}$ 为波动引起的位移。

当旋转物体内部存在波动时，根据变形梯度的定义得到其内部的变形梯度为

$$\boldsymbol{F}=\boldsymbol{R}_o+\boldsymbol{R}_o\frac{\partial\boldsymbol{u}}{\partial\boldsymbol{X}} \tag{4.7}$$

求解 Green 应变张量为

$$\boldsymbol{E}=\frac{1}{2}(\boldsymbol{F}^{\mathrm{T}}\boldsymbol{F}-\boldsymbol{I})$$
$$=\boldsymbol{E}_l+\boldsymbol{E}_{nl} \tag{4.8}$$

式中，$\boldsymbol{I}$ 为单位张量。

$$\boldsymbol{E}_l=\frac{1}{2}\left[\left(\frac{\partial\boldsymbol{u}}{\partial\boldsymbol{X}}\right)^{\mathrm{T}}+\left(\frac{\partial\boldsymbol{u}}{\partial\boldsymbol{X}}\right)\right],\quad \boldsymbol{E}_{nl}=\frac{1}{2}\left[\left(\frac{\partial\boldsymbol{u}}{\partial\boldsymbol{X}}\right)^{\mathrm{T}}\left(\frac{\partial\boldsymbol{u}}{\partial\boldsymbol{X}}\right)\right] \tag{4.9}$$

前者为线性项，后者为高阶非线性项。根据一阶泰勒展开形式，可以得到变形梯度的线性增量形式为

$$\boldsymbol{LF}[\boldsymbol{u}]=\frac{\mathrm{d}}{\mathrm{d}\varepsilon}\Big|_{\varepsilon=0}\frac{\partial[\boldsymbol{R}_o(\boldsymbol{X}+\boldsymbol{u}+\varepsilon\boldsymbol{u})]}{\partial\boldsymbol{X}}=\boldsymbol{R}_o(\nabla\boldsymbol{u})\boldsymbol{F} \tag{4.10}$$

式中，ε 为小参数；∇ 为空间梯度算子；$\boldsymbol{L}$ 为线性增量算子，即非线性函数的一阶泰勒展开式。Green 应变的线性增量形式为

$$L\boldsymbol{E}[\boldsymbol{u}]=\frac{1}{2}\boldsymbol{F}^{\mathrm{T}}[\boldsymbol{R}_o\nabla\boldsymbol{u}+(\boldsymbol{R}_o\nabla\boldsymbol{u})^{\mathrm{T}}]\boldsymbol{F} \tag{4.11}$$

根据非线性力学理论，可以得到材料的变形率

$$\boldsymbol{D}=\frac{1}{2}(\boldsymbol{L}+\boldsymbol{L}^{\mathrm{T}}) \tag{4.12}$$

其用于度量微小线段长度的平方变化率，其中

$$\boldsymbol{L}=\dot{\boldsymbol{F}}\boldsymbol{F}^{-1} \tag{4.13}$$

又 Green 应变率为

$$\dot{\boldsymbol{E}}=\frac{1}{2}(\boldsymbol{F}^{\mathrm{T}}\dot{\boldsymbol{F}}+\dot{\boldsymbol{F}}^{\mathrm{T}}\boldsymbol{F}) \tag{4.14}$$

可知 $\boldsymbol{D}=\boldsymbol{F}^{-\mathrm{T}}\dot{\boldsymbol{E}}\boldsymbol{F}^{-1}$，两种变形率形式虽有不同但对问题的描述本质上是一样的，前者是在当前状态中表达的，后者是在参考状态中表达的。对于刚体转动，变形率及 Green 应变率都为 0；在柔性体内部由于非零应变的存在，使二者结果都不为 0。

4.2.2 虚功率方程的线性化

根据虚功原理，可以得到参考状态下波动问题的虚功率变分形式

$$\delta\Pi(\boldsymbol{u},\delta\boldsymbol{v})=\delta(W_{int}-W_{ine}-W_{ext}) \tag{4.15}$$

式中，W_{int}、W_{ine}、W_{ext} 为内部虚功率；δ 为变分符号；速度$\boldsymbol{v}=\dot{\boldsymbol{x}}$ 表示材料点空间坐标对时间的导数，即材料点的运动速度。内部虚功率的变分可表示为

$$\delta W_{int}=\int_{V'}\boldsymbol{\sigma}:\delta\boldsymbol{D}\mathrm{d}x_1\mathrm{d}x_2\mathrm{d}x_3=\int_V\boldsymbol{S}:\delta\dot{\boldsymbol{E}}\mathrm{d}X_1\mathrm{d}X_2\mathrm{d}X_3 \tag{4.16}$$

式中，σ 为柯西应力；V'为当前构型下的求解域体积；V 为参考构型下的求解域体积。

其中，Green 应变率的变分形式为

$$\delta \dot{\boldsymbol{E}} = \frac{1}{2}\boldsymbol{F}^{\mathrm{T}}(\nabla \delta \boldsymbol{v} + (\nabla \delta \boldsymbol{v})^{\mathrm{T}})\boldsymbol{F} \tag{4.17}$$

$\boldsymbol{S}$ 为第二 Piola-Kirchhoff 应力（PK2）。Kirchhoff 材料的线黏弹性本构方程可以表示为

$$L[\boldsymbol{S}(t)[\boldsymbol{u}]] = \int_{-\infty}^{t} \boldsymbol{G}(\boldsymbol{X}, t-\tau)\frac{\partial L[\boldsymbol{E}(t)[\boldsymbol{u}]]}{\partial t}\mathrm{d}\tau \tag{4.18}$$

式中，t 为时间；τ 为自变量；$\boldsymbol{E}$ 为格林应变。

对于自由传播的简谐波，本构关系可以简化为

$$L[\boldsymbol{S}(\omega)[\boldsymbol{u}]] = \boldsymbol{G}(\boldsymbol{X}, \omega)L[\boldsymbol{E}(\omega)[\boldsymbol{u}]] \tag{4.19}$$

式中，ω 和 $\boldsymbol{G}$ 为频率和四阶黏弹性张量。

基于更新的拉格朗日更新公式对内部虚功率进行线性化，得到

$$\begin{aligned} L[\delta W_{int}][\boldsymbol{u}] &= \int_V \boldsymbol{S}:\delta \dot{\boldsymbol{E}}\mathrm{d}X_1\mathrm{d}X_2\mathrm{d}X_3 \\ &= \int_V (\delta \dot{\boldsymbol{E}}:\boldsymbol{G}:L[\boldsymbol{E}][\boldsymbol{u}] + \boldsymbol{S}:L[\delta \dot{\boldsymbol{E}}][\boldsymbol{u}])\mathrm{d}X_1\mathrm{d}X_2\mathrm{d}X_3 \end{aligned} \tag{4.20}$$

令 $\boldsymbol{G} = J_F \boldsymbol{F}^{-1}\boldsymbol{F}^{-\mathrm{T}}\boldsymbol{G}_0\boldsymbol{F}^{-\mathrm{T}}\boldsymbol{F}^{-1}$，上式第一项可以转化为

$$\begin{aligned} &\int_V \delta \dot{\boldsymbol{E}}:\boldsymbol{G}:L[\boldsymbol{E}][\boldsymbol{u}]\mathrm{d}X_1\mathrm{d}X_2\mathrm{d}X_3 \\ &= \int_V \boldsymbol{F}^{\mathrm{T}}\delta \boldsymbol{D}\boldsymbol{F}:J_F\boldsymbol{F}^{-1}\boldsymbol{F}^{-\mathrm{T}}\boldsymbol{G}_0\boldsymbol{F}^{-\mathrm{T}}\boldsymbol{F}^{-1}:\boldsymbol{F}^{\mathrm{T}}\varepsilon \boldsymbol{F}\mathrm{d}X_1\mathrm{d}X_2\mathrm{d}X_3 \\ &= \int_V \delta \boldsymbol{D}:\boldsymbol{G}_0:\varepsilon \mathrm{d}x_1\mathrm{d}x_2\mathrm{d}x_3 \end{aligned} \tag{4.21}$$

式中，$\varepsilon = \frac{1}{2}[\boldsymbol{R}_o\nabla \boldsymbol{u} + (\boldsymbol{R}_o\nabla \boldsymbol{u})^{\mathrm{T}}]$，$\boldsymbol{G}_o$ 为欧拉弹性张量。

事实上，在转动物体内弹性波传播时，波动所引起的应变数量级远远小于因转动所引起的应变数量级，因此波动所产生的应力相比于参考状态下的应力可以忽略不计，即当前状态下物体内的应力 $\boldsymbol{S} \approx J_F\boldsymbol{F}^{-1}\boldsymbol{\sigma}_r\boldsymbol{F}^{-\mathrm{T}}$，（$\boldsymbol{\sigma}_r$ 表示因转动所引起的初始柯西应力，J_F 为变形梯度张量 $\boldsymbol{F}$ 为行列式）。由此可知上式第二项转化为

$$\begin{aligned} &\int_V (\boldsymbol{S}:L[\delta \dot{\boldsymbol{E}}][\boldsymbol{u}])\mathrm{d}X_1\mathrm{d}X_2\mathrm{d}X_3 \\ &= \int_V \{J_F\boldsymbol{F}^{-1}\boldsymbol{\sigma}_r\boldsymbol{F}^{-\mathrm{T}}:\frac{1}{2}\boldsymbol{F}^{\mathrm{T}}[(\nabla \delta \boldsymbol{v})^{\mathrm{T}}\nabla \boldsymbol{u} + (\nabla \boldsymbol{u})^{\mathrm{T}}\nabla \delta \boldsymbol{v}]\boldsymbol{F}\}\mathrm{d}X_1\mathrm{d}X_2\mathrm{d}X_3 \\ &= \int_V \left\{\boldsymbol{\sigma}_r:\frac{1}{2}[(\nabla \delta \boldsymbol{v})^{\mathrm{T}}\nabla \boldsymbol{u} + (\nabla \boldsymbol{u})^{\mathrm{T}}\nabla \delta \boldsymbol{v}]\right\}\mathrm{d}x_1\mathrm{d}x_2\mathrm{d}x_3 \end{aligned} \tag{4.22}$$

其次，惯性虚功率表达式为

$$\delta W_{ine} = \int_{V'} \boldsymbol{f}\delta \boldsymbol{v}\mathrm{d}x_1\mathrm{d}x_2\mathrm{d}x_3 = \int_{V'} \rho \dot{\boldsymbol{v}}\delta \boldsymbol{v}\mathrm{d}x_1\mathrm{d}x_2\mathrm{d}x_3 \tag{4.23}$$

式中，$\boldsymbol{f}$ 为体积力。

线性化后，

$$L[\delta W_{ine}][\boldsymbol{u}] = \int_V L[\boldsymbol{f}][\boldsymbol{u}]\delta\boldsymbol{v}\mathrm{d}x_1\mathrm{d}x_2\mathrm{d}x_3$$
$$= \int_V (\rho\ddot{\boldsymbol{R}}_o\boldsymbol{u} + 2\dot{\boldsymbol{R}}_o\dot{\boldsymbol{u}} + \boldsymbol{R}_o\ddot{\boldsymbol{u}})\delta\boldsymbol{v}\mathrm{d}x_1\mathrm{d}x_2\mathrm{d}x_3 \tag{4.24}$$

外部虚功率为

$$\delta W_{ext} = \int_{\partial V} \boldsymbol{t}\delta\boldsymbol{v}\mathrm{d}S \tag{4.25}$$

式中，$\boldsymbol{t}$ 为外载荷。

顾名思义，外部虚功是在外荷载作用下产生的虚功，而外荷载又分为方向随位移变化的非保守力及独立于位移的保守力，前者伴随着能量耗散而后者不会。外部虚功率的线性化为

$$L[\delta W_{ext}][\boldsymbol{u}] = \int_{\partial V} \Delta\boldsymbol{t}_c\delta\boldsymbol{v}\mathrm{d}S + \int_{\partial V} t_n L[\boldsymbol{n}][\boldsymbol{u}]\delta\boldsymbol{v}\mathrm{d}S \tag{4.26}$$

其中，第一项为保守力 $\boldsymbol{t}_c$ 变化引起的线性增量，第二项为非保守力 t_n（标量）引起的线性增量；

$$\boldsymbol{n} = \frac{\dfrac{\partial \boldsymbol{x}}{\partial s_1} \times \dfrac{\partial \boldsymbol{x}}{\partial s_2}}{\left|\dfrac{\partial \boldsymbol{x}}{\partial s_1} \times \dfrac{\partial \boldsymbol{x}}{\partial s_2}\right|} \quad \mathrm{d}s = \left|\frac{\partial \boldsymbol{x}}{\partial s_1} \times \frac{\partial \boldsymbol{x}}{\partial s_2}\right| \mathrm{d}s_1\mathrm{d}s_2 \tag{4.27}$$

当保守力为定值时，外部虚功率线性增量为

$$\int_{\partial V} t_n L[\boldsymbol{n}][\boldsymbol{u}] \cdot \delta\boldsymbol{v}\mathrm{d}S = \int_{\partial V} t_n \left[\frac{\partial \boldsymbol{x}}{\partial s_1} \cdot \left(\frac{\partial \boldsymbol{R}_o\boldsymbol{u}}{\partial s_2} \times \delta\boldsymbol{v}\right) - \frac{\partial \boldsymbol{x}}{\partial s_2} \cdot \left(\frac{\partial \boldsymbol{R}_o\boldsymbol{u}}{\partial s_1} \times \delta\boldsymbol{v}\right)\right] \mathrm{d}s_1\mathrm{d}s_2 \tag{4.28}$$

式中，s_1、s_2 表示非保守力作用面内的两个参数化方向；$\boldsymbol{n}$ 为法向单位向量。

综上所述，将各虚功率线性化的表达式带入式（4.15）中即可得到虚功率变分方程的线性增量公式

$$L[\delta\Pi(\boldsymbol{u},\delta\boldsymbol{v})] = L[\delta(W_{int} - W_{ine} - W_{ext})] = 0 \tag{4.29}$$

4.3 旋转结构的频散方程

当弹性波沿着波导某一方向 x_3 上传播时，假设位移和 $\mathrm{e}^{-i(kx_3-\omega t)}$ 是相关的，根据等几何分析理论对位移场进行参数化后，即可得到旋转波导内的位移

$$\boldsymbol{u} = \boldsymbol{R}(\xi,\eta,\zeta)\boldsymbol{U}\mathrm{e}^{-i(kx_3-\omega t)} \tag{4.30}$$

式中，i、k、ω 和 t 分别为虚数单位、波数、圆频率和时间；$\boldsymbol{U}$ 为位移幅值矢量。

将上式带入内部虚功率的线性增量公式（4.20）中得到内部虚功率线性增量的参数化方程

$$\int_V \delta \boldsymbol{D} : \boldsymbol{G}_0 : \boldsymbol{\varepsilon} \mathrm{d}x_1 \mathrm{d}x_2 \mathrm{d}x_3 + \int_V \left\{ \boldsymbol{\sigma}_r : \frac{1}{2} [(\nabla \delta \boldsymbol{v})^{\mathrm{T}} \nabla \boldsymbol{u} + (\nabla \boldsymbol{u})^{\mathrm{T}} \nabla \delta \boldsymbol{v}] \right\} \mathrm{d}x_1 \mathrm{d}x_2 \mathrm{d}x_3$$
$$= \delta \boldsymbol{V}^{\mathrm{T}} \int_{V^e} \boldsymbol{B}^{\mathrm{T}} \boldsymbol{C} \boldsymbol{B} \mid \boldsymbol{J} \mid \mathrm{d}\xi \mathrm{d}\eta \mathrm{d}\zeta \boldsymbol{U} + \delta \boldsymbol{V}^{\mathrm{T}} \int_{V^e} \boldsymbol{B}_\sigma^{\mathrm{T}} \boldsymbol{\Sigma}_r \boldsymbol{B}_\sigma \mid \boldsymbol{J} \mid \mathrm{d}\xi \mathrm{d}\eta \mathrm{d}\zeta \boldsymbol{U} \tag{4.31}$$

式中，$\boldsymbol{B}$ 为应变位移矩阵；$\boldsymbol{C}$ 为材料弹性张量；$\boldsymbol{B}_\sigma$ 为与预应力相关的应变位移矩阵；$\boldsymbol{J}$ 为自然坐标的导数变换到局部坐标的导数的雅可比矩阵；V^e 为有限单元体积。

其中，$|\boldsymbol{J}|$是雅可比行列式，参考状态下的应力矩阵 $\boldsymbol{\Sigma}_r$ 为

$$\boldsymbol{\Sigma}_r = \begin{pmatrix} \boldsymbol{\sigma}_r & 0 & 0 \\ 0 & \boldsymbol{\sigma}_r & 0 \\ 0 & 0 & \boldsymbol{\sigma}_r \end{pmatrix} \quad \boldsymbol{\sigma}_r = \begin{pmatrix} \sigma_{xx} & \sigma_{xy} & \sigma_{xz} \\ \sigma_{yx} & \sigma_{yy} & \sigma_{yz} \\ \sigma_{zx} & \sigma_{zy} & \sigma_{zz} \end{pmatrix} \tag{4.32}$$

惯性虚功率的增量公式参数化为

$$\int_V (\ddot{\boldsymbol{R}}_o \boldsymbol{u} + 2\dot{\boldsymbol{R}}_o \dot{\boldsymbol{u}} + \boldsymbol{R}_o \ddot{\boldsymbol{u}}) \cdot \delta \boldsymbol{v} \mathrm{d}x_1 \mathrm{d}x_2 \mathrm{d}x_3$$
$$= \delta \boldsymbol{V}^{\mathrm{T}} \int_{V^e} \rho (\boldsymbol{R}^{\mathrm{T}} \boldsymbol{n}_1 \boldsymbol{R} - 2i\omega \boldsymbol{R}^{\mathrm{T}} \boldsymbol{n}_2 \boldsymbol{R} + \omega^2 \boldsymbol{R}^{\mathrm{T}} \boldsymbol{R}) |J| \mathrm{d}\xi \mathrm{d}\eta \mathrm{d}\zeta \boldsymbol{U} \tag{4.33}$$

式中，ρ 为材料密度。

$$\boldsymbol{n}_1 = \boldsymbol{R}_o^{\mathrm{T}} \ddot{\boldsymbol{R}}_o \quad \boldsymbol{n}_2 = \boldsymbol{R}_o^{\mathrm{T}} \dot{\boldsymbol{R}}_o \quad \boldsymbol{R}_o^{\mathrm{T}} \boldsymbol{R}_o = \boldsymbol{I} \tag{4.34}$$

对外载荷所作用的表面边界参数化后得到位移形式

$$\hat{\boldsymbol{u}} = \boldsymbol{N}(s_1, s_2) \boldsymbol{U} e^{-i(kx_3 - \omega t)} \tag{4.35}$$

式中，$\boldsymbol{N}$ 为形函数。

外部虚功率的增量公式参数化后为

$$\int_{\partial V} t_n \left[\frac{\partial \boldsymbol{x}}{\partial s_1} \cdot \left(\frac{\partial \hat{\boldsymbol{u}}}{\partial s_2} \times \delta \boldsymbol{v} \right) - \frac{\partial \boldsymbol{x}}{\partial s_2} \cdot \left(\frac{\partial \hat{\boldsymbol{u}}}{\partial s_1} \times \delta \boldsymbol{v} \right) \right] \mathrm{d}s_1 \mathrm{d}s_2$$
$$= \int_{V^e} t_n \left[P_x \frac{\partial \boldsymbol{N}}{\partial s_1} \frac{\partial \hat{\boldsymbol{u}}^{\mathrm{T}}}{\partial s_2} \times \delta \boldsymbol{v} + P_y \frac{\partial \boldsymbol{N}}{\partial s_1} \frac{\partial \hat{\boldsymbol{u}}^{\mathrm{T}}}{\partial s_2} \times \delta \boldsymbol{v} - P_z \frac{\partial \boldsymbol{N}}{\partial s_2} \frac{\partial \hat{\boldsymbol{u}}^{\mathrm{T}}}{\partial s_1} \times \delta \boldsymbol{v} \right] \mathrm{d}s_1 \mathrm{d}s_2$$
$$= \delta \boldsymbol{V}^{\mathrm{T}} \int_{V^e} t_n \left[P_x \frac{\partial \boldsymbol{N}}{\partial s_1} \frac{\partial \boldsymbol{R}^{\mathrm{T}}}{\partial s_2} \boldsymbol{h}_1 \boldsymbol{R} + P_y \frac{\partial \boldsymbol{N}}{\partial s_1} \frac{\partial \boldsymbol{R}^{\mathrm{T}}}{\partial s_2} \boldsymbol{h}_2 \boldsymbol{R} - P_z \frac{\partial \boldsymbol{N}}{\partial s_2} \frac{\partial \boldsymbol{R}^{\mathrm{T}}}{\partial s_1} - \boldsymbol{h}_3 \boldsymbol{R} \right] \mathrm{d}s_1 \mathrm{d}s_2 \delta \boldsymbol{U} \tag{4.36}$$

式中，P_x、P_y、P_z 分别为 x、y、z 方向节点坐标矢量。

$$\boldsymbol{h}_1 = \begin{pmatrix} 0 & 0 & 0 \\ 0 & 0 & 1 \\ 0 & -1 & 0 \end{pmatrix} \quad \boldsymbol{h}_2 = \begin{pmatrix} 0 & 0 & 1 \\ 0 & 0 & 0 \\ -1 & 0 & 0 \end{pmatrix} \quad \boldsymbol{h}_3 = \begin{pmatrix} 0 & -1 & 0 \\ 1 & 0 & 0 \\ 0 & 0 & 0 \end{pmatrix} \tag{4.37}$$

根据公式（4.29）得到弹性波传播的参数化频散方程，考虑到 $\delta\boldsymbol{V}$ 取值的任意性，可得

$$(\boldsymbol{K}_0+\boldsymbol{K}_\sigma-\boldsymbol{K}_c-\boldsymbol{M}_1+2i\omega\boldsymbol{M}_2-\omega^2\boldsymbol{M}_0)\boldsymbol{U}=0 \tag{4.38}$$

式中，$\boldsymbol{K}_0$、$\boldsymbol{K}_\sigma$、$\boldsymbol{K}_c$ 分别为线弹性刚度矩阵、与预应力相关的刚度矩阵和与保守力相关的刚度矩阵；$\boldsymbol{M}_1$ 和 $\boldsymbol{M}_2$ 分别为与向心加速度相关的质量矩阵和与科里奥利效应相关的质量矩阵；$\boldsymbol{M}_0$ 为初始质量矩阵。相关单元矩阵为

$$\begin{aligned}
&\boldsymbol{K}_0^e=\int_{V^e}\boldsymbol{B}^{\mathrm{T}}\boldsymbol{C}\boldsymbol{B}\,|\boldsymbol{J}|\,\mathrm{d}\xi\mathrm{d}\eta\mathrm{d}\zeta \quad \boldsymbol{K}_\sigma^e=\int_{V^e}\boldsymbol{B}_\sigma^{\mathrm{T}}\boldsymbol{\Sigma}_0\boldsymbol{B}_\sigma\,|\boldsymbol{J}|\,\mathrm{d}\xi\mathrm{d}\eta\mathrm{d}\zeta\\
&\boldsymbol{K}_c^e=\frac{1}{2}\int_{\partial V^e}t_n\left(P_x\frac{\partial\boldsymbol{N}}{\partial s_1}\frac{\partial\boldsymbol{R}^{\mathrm{T}}}{\partial s_2}\boldsymbol{h}_1\boldsymbol{R}+P_y\frac{\partial\boldsymbol{N}}{\partial s_1}\frac{\partial\boldsymbol{R}^{\mathrm{T}}}{\partial s_2}\boldsymbol{h}_2\boldsymbol{R}-P_z\frac{\partial\boldsymbol{N}}{\partial s_2}\frac{\partial\boldsymbol{R}^{\mathrm{T}}}{\partial s_1}\boldsymbol{h}_3\boldsymbol{R}\right)\mathrm{d}s_1\mathrm{d}s_2\\
&\boldsymbol{M}_1^e=\int_{V^e}\boldsymbol{R}^{\mathrm{T}}\rho\boldsymbol{n}_1\boldsymbol{R}\,|\boldsymbol{J}|\,\mathrm{d}\xi\mathrm{d}\eta\mathrm{d}\zeta \quad \boldsymbol{M}_2^e=\int_{V^e}\boldsymbol{R}^{\mathrm{T}}\rho\boldsymbol{n}_2\boldsymbol{R}\,|\boldsymbol{J}|\,\mathrm{d}\xi\mathrm{d}\eta\mathrm{d}\zeta\\
&M_0^e=\int_{V^e}\boldsymbol{R}^{\mathrm{T}}\rho\boldsymbol{R}\,|\boldsymbol{J}|\,\mathrm{d}\xi\mathrm{d}\eta\mathrm{d}\zeta
\end{aligned} \tag{4.39}$$

根据 Floquet 原理，周期结构中谐波传播常数为 $\lambda=\mathrm{e}^{-ikL}$，$k$ 和 L 分别表示传播方向上的波数和周期子结构的长度。在周期子结构模型左右截面上节点满足下述边界条件

$$\boldsymbol{u}_R=\lambda\boldsymbol{u}_L,\quad \boldsymbol{f}_R=-\lambda\boldsymbol{f}_L \tag{4.40}$$

式中，$\boldsymbol{u}_L$、$\boldsymbol{u}_R$ 为左右截面上节点的位移矢量；$\boldsymbol{f}_L$、$\boldsymbol{f}_R$ 为左右截面上节点力矢量。根据式（4.38），周期子结构模型的动力刚度矩阵为

$$\boldsymbol{H}=\boldsymbol{K}_0+\boldsymbol{K}_\sigma-\boldsymbol{K}_c-\boldsymbol{M}_1+2i\omega\boldsymbol{M}_2-\omega^2\boldsymbol{M}_0 \tag{4.41}$$

子结构模型上的节点位移及节点力之间满足

$$\begin{pmatrix}\boldsymbol{H}_{LL} & \boldsymbol{H}_{LR}\\ \boldsymbol{H}_{RL} & \boldsymbol{H}_{RR}\end{pmatrix}\begin{pmatrix}\boldsymbol{u}_L\\ \boldsymbol{u}_R\end{pmatrix}=\begin{pmatrix}\boldsymbol{f}_L\\ \boldsymbol{f}_R\end{pmatrix} \tag{4.42}$$

式中，$\boldsymbol{H}_{LL}$、$\boldsymbol{H}_{LR}$、$\boldsymbol{H}_{RL}$、$\boldsymbol{H}_{RR}$ 为动力刚度矩阵的分块矩阵，每个矩阵的阶数为 $\boldsymbol{H}$ 的 1/2。

化简可得到关于波动的特征值问题

$$\hat{\boldsymbol{S}}\begin{pmatrix}\boldsymbol{u}_L\\ \boldsymbol{f}_L\end{pmatrix}=\lambda\begin{pmatrix}\boldsymbol{u}_L\\ \boldsymbol{f}_L\end{pmatrix} \tag{4.43}$$

其中，转换矩阵

$$\hat{\boldsymbol{S}}=\begin{pmatrix}-\boldsymbol{H}_{LR}^{-1}\boldsymbol{H}_{LL} & \boldsymbol{H}_{LR}^{-1}\\ -\boldsymbol{H}_{RL}+\boldsymbol{H}_{RR}\boldsymbol{H}_{LR}^{-1}\boldsymbol{H}_{LL} & -\boldsymbol{H}_{RR}\boldsymbol{H}_{LR}^{-1}\end{pmatrix} \tag{4.44}$$

将式（4.40）和（4.42）结合可得到关于 λ 的二次方程

$$[\lambda^2\boldsymbol{H}_{LR}+\lambda(\boldsymbol{HD}_{LL}+\boldsymbol{H}_{RR})+\boldsymbol{H}_{RL}]\boldsymbol{u}_L=0 \tag{4.45}$$

上式对 λ 求导得

$$\left[\lambda^2\frac{\partial \boldsymbol{H}_{LR}}{\partial\lambda}+\lambda\frac{\partial(\boldsymbol{H}_{LL}+\boldsymbol{H}_{RR})}{\partial\lambda}+\frac{\partial \boldsymbol{H}_{RL}}{\partial\lambda}\right]\boldsymbol{u}_L+[2\lambda\boldsymbol{H}_{LR}+(\boldsymbol{H}_{LL}+\boldsymbol{H}_{RR})]\boldsymbol{u}_L=0 \tag{4.46}$$

将式（4.41）对 λ 偏微分，得

$$\frac{\partial \boldsymbol{H}}{\partial\lambda}=2i\frac{\partial\omega}{\partial\lambda}\boldsymbol{M}_2-2\omega\frac{\partial\omega}{\partial\lambda}\boldsymbol{M}_0 \tag{4.47}$$

根据群速度的定义 $c_g=\dfrac{\partial\omega}{\partial k}$ 及微分链规则可得到群速度表达式

$$c_g=\left(\frac{-iL\lambda}{2}\right)\frac{\boldsymbol{u}_L^{\mathrm{T}}[2\lambda\boldsymbol{H}_{LR}+(\boldsymbol{H}_{LL}+\boldsymbol{H}_{RR})]\boldsymbol{u}_L}{\boldsymbol{u}_L^{\mathrm{T}}[\lambda^2\boldsymbol{A}+\lambda\boldsymbol{B}+\boldsymbol{C}]\boldsymbol{u}_L} \tag{4.48}$$

其中，

$$\begin{aligned}\boldsymbol{A}&=\omega\boldsymbol{M}_{LR}^0-i\boldsymbol{M}_{LR}^2\\ \boldsymbol{B}&=\omega\boldsymbol{M}_{LL}^0+\omega\boldsymbol{M}_{RR}^0-i\boldsymbol{M}_{LL}^2-i\boldsymbol{M}_{RR}^2\\ \boldsymbol{C}&=\omega\boldsymbol{M}_{RL}^0-i\boldsymbol{M}_{RL}^2\end{aligned} \tag{4.49}$$

式中，$\boldsymbol{M}_{LR}^0$、$\boldsymbol{M}_{LL}^0$、$\boldsymbol{M}_{RR}^0$、$\boldsymbol{M}_{RL}^0$ 分别为 $\boldsymbol{M}^0$ 的分块矩阵；$\boldsymbol{M}_{LR}^2$、$\boldsymbol{M}_{RR}^2$、$\boldsymbol{M}_{LL}^2$、$\boldsymbol{M}_{RL}^2$ 分别为 $\boldsymbol{M}^2$ 的分块矩阵。

从能量的角度分析，能量速度等于一个时间周期内波导横截面流过的能量与单位长度上总能量之间的比值。根据 Poynting 定理及前述旋转介质虚功率的线性增量公式，可得

$$L[W_{int}+W_{ine}-W_{ext}][\boldsymbol{u}]+\int_{\partial V}L[\boldsymbol{P}^{\mathrm{T}}\boldsymbol{v}][\boldsymbol{u}]\cdot\boldsymbol{n}\mathrm{d}S=0 \tag{4.50}$$

式中，$\boldsymbol{P}$ 为第一 Piola-Kirchhoff 应力，简称 PK1 应力。

能量传播速度为

$$v_e=\frac{\int_t^{t+\frac{2\pi}{\omega}}\int_{\partial V}\boldsymbol{P}_n\cdot\boldsymbol{n}\mathrm{d}S\mathrm{d}t}{\int_t^{t+\frac{2\pi}{\omega}}L[W_{int}+W_{ine}-W_{ext}][\boldsymbol{u}]\mathrm{d}t}=\frac{\langle\int_{\partial V}\boldsymbol{P}_n\cdot\boldsymbol{n}\mathrm{d}S\rangle}{\langle L[W_{int}+W_{ine}-W_{ext}][\boldsymbol{u}]\rangle} \tag{4.51}$$

式中，〈〉符号表示平均时间算子，即 $\dfrac{\omega}{2\pi}\displaystyle\int_t^{t+\omega/2\pi}\mathrm{d}t$；$\boldsymbol{P}_n$ 为 Poynting 矢量。化简得到能量传播速度为

$$v_e=\frac{2\omega\boldsymbol{u}^{\mathrm{T}}[\boldsymbol{E}_1+\boldsymbol{E}_2]\boldsymbol{u}}{\boldsymbol{u}^{\mathrm{T}}[\boldsymbol{K}_0+\boldsymbol{K}_\sigma-\boldsymbol{K}_c+\boldsymbol{M}_1-2i\omega\boldsymbol{M}_2+\omega^2\boldsymbol{M}_0]\boldsymbol{u}} \tag{4.52}$$

式中，$\boldsymbol{E}_1$、$\boldsymbol{E}_2$ 分别为线弹性 Poynting 矩阵和初应力引起的 Poynting 矩阵。

由此可知，给定频率下弹性波模态的传播能量为定值，根据不同频率值即可求解相

应的能量速度曲线，其中，相关的单元矩阵为

$$\boldsymbol{E}_1^e = \int \boldsymbol{B}\boldsymbol{C}\boldsymbol{L}_{z1}\boldsymbol{R}\mathrm{d}V,\ \boldsymbol{E}_2^e = \int \boldsymbol{B}_\sigma \boldsymbol{\Sigma}_0 \boldsymbol{L}_{z2}\boldsymbol{R}\mathrm{d}V,$$

$$\boldsymbol{L}_{z1} = \begin{pmatrix} 0 & 0 & 0 & 0 & 1 & 0 \\ 0 & 0 & 0 & 1 & 0 & 0 \\ 0 & 0 & 1 & 0 & 0 & 0 \end{pmatrix}^{\mathrm{T}} \quad \boldsymbol{L}_{z2} = \begin{pmatrix} 0 & 0 & 1 & 0 & 0 & 0 & 0 & 0 & 0 \\ 0 & 0 & 0 & 0 & 0 & 1 & 0 & 0 & 0 \\ 0 & 0 & 0 & 0 & 0 & 0 & 0 & 0 & 1 \end{pmatrix}^{\mathrm{T}} \tag{4.53}$$

4.4 旋转结构的波动特性

4.4.1 旋转环板

在工程中，高温、湿热等复杂环境下的机械构件经常面临着严峻的考验，对构件材料提出了很高的要求，而常规材料很难满足需求，故一般会采用耐高温、耐腐蚀等新型材料制备这些特殊构件。同样，为了保证这些新型材料构件的安全运作，对其进行有效的检测及监测非常有必要，但检测的前提是要对其内部弹性波的传播情况进行充分的了解。这里以常见的功能梯度材料（Functional graded material，简称FGM）圆环板为例，研究旋转环板内弹性导波的传播特性。在圆柱坐标系内考虑旋转的功能梯度材料圆环板，不考虑非保守力的作用。假设环板以一定的旋转速度 Ω 围绕着 z 轴匀速的转动，其几何结构（内径 R_i，外径 R_o，厚度 H）及圆柱坐标系（r，θ 和 z）如图 4.2 所示。环板材料属性的变化采用以下函数形式描述：

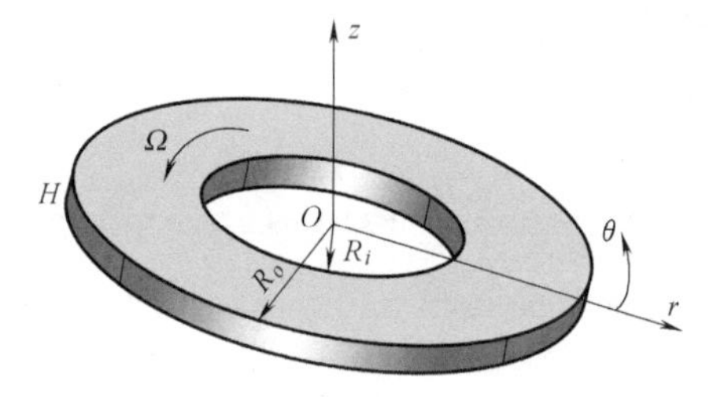

图 4.2　旋转介质波动变形图

$$P(r) = P_0\left(\frac{r}{R_o}\right)^h \quad r \in [R_i, R_o] \tag{4.54}$$

式中，P_0 为旋转圆环板的外表面（陶瓷）的材料属性；h 为材料梯度变化指数。后文用以描述材料的变化情况。

1. 应力求解

当圆环板旋转时，在向心力的作用下环板内会产生周向张力。根据平面应力假设和旋转对称性，旋转功能梯度圆环板中的应力场可以轻松求解，为后文的弹性导波分析做准备。圆环板的边界条件为

$$\begin{aligned} r = R_i \quad \sigma_r = 0 \\ r = R_o \quad \sigma_r = 0 \end{aligned} \tag{4.55}$$

径向和周向应力分量可计算得到

$$\sigma_r=\frac{R_o}{r}\left[a\left(\frac{r}{R_o}\right)^{\alpha_1}+b\left(\frac{r}{R_o}\right)^{\alpha_2}+c\left(\frac{r}{R_o}\right)^{h+3}\right]$$

$$\sigma_\theta=a\alpha_1\left(\frac{r}{R_o}\right)^{\alpha_1-1}+b\alpha_2\left(\frac{r}{R_o}\right)^{\alpha_2-1}+\left[c(3+h)+\rho_0\Omega^2R_o^2\right]\left(\frac{r}{R_o}\right)^{h+2} \tag{4.56}$$

式中，

$$\alpha_{1,2}=\frac{1}{2}\left[h\pm\sqrt{h^2-4(vh-1)}\right],c=\frac{-(3+v)\rho_0\Omega^2R_o^2}{(3+h)v+8}$$

$$a=-\frac{\left(\frac{R_i}{R_o}\right)^{h+2}-\left(\frac{R_i}{R_o}\right)^{\alpha_2-1}}{\left(\frac{R_i}{R_o}\right)^{\alpha_1-1}-\left(\frac{R_i}{R_o}\right)^{\alpha_2-1}}c,\quad b=\frac{\left(\frac{R_i}{R_o}\right)^{h+2}-\left(\frac{R_i}{R_o}\right)^{\alpha_1-1}}{\left(\frac{R_i}{R_o}\right)^{\alpha_1-1}-\left(\frac{R_i}{R_o}\right)^{\alpha_2-1}}c \tag{4.57}$$

式中，v 为材料泊松比；ρ_0 为外表面材料密度。

根据上述公式，可以求解得到旋转功能梯度圆环板中应力场沿径向的分布，可见图 4.3。

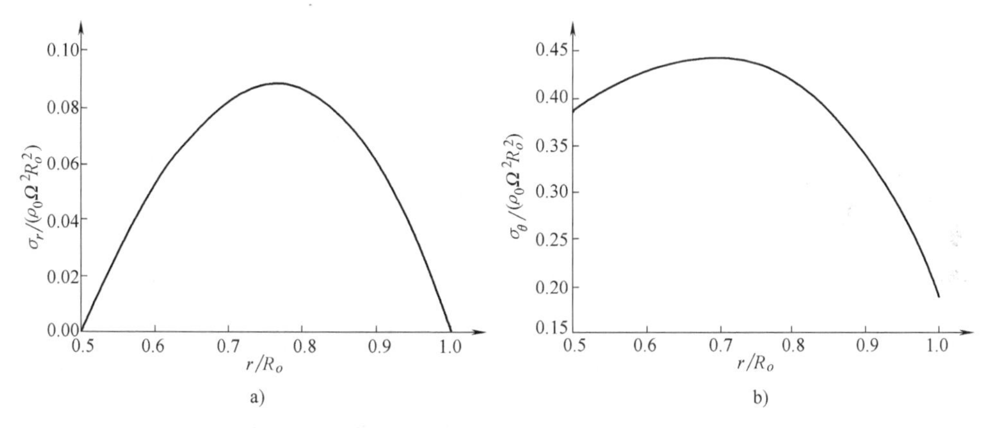

图 4.3　当 $h=2$ 时旋转圆环板内沿着径向无量纲的径向和周向应力

2. **频散特性**

根据圆柱坐标系下旋转功能梯度圆环板的几何结构特性，如图 4.4 为扇形子结构，根据 Floquet 原则周期结构中导波的传播常数设为 $\lambda=\mathrm{e}^{-ikR_o\beta}$（$k$，$\beta$ 是圆环板内导波沿着周向的传播波数及扇形子结构的圆心角大小）。根据式（4.48）和圆环板的波动传播常数 $\lambda=\mathrm{e}^{-ikR_o\beta}$，可得功能梯度旋转圆环板中弹性波的群速度

$$c_g=\left(\frac{-iR_o\beta\lambda}{2}\right)\left\{\frac{\boldsymbol{u}_L^{\mathrm{T}}[2\lambda\boldsymbol{H}_{LR}+(\boldsymbol{H}_{LL}+\boldsymbol{H}_{RR})]\boldsymbol{u}_L}{\boldsymbol{u}_L^{\mathrm{T}}[\lambda^2\boldsymbol{A}+\lambda\boldsymbol{B}+\boldsymbol{C}]\boldsymbol{u}_L}\right\} \tag{4.58}$$

式中，$\boldsymbol{A}$、$\boldsymbol{B}$、$\boldsymbol{C}$ 同上。根据波等几何分析法的思想，选取旋转功能梯度圆环板周

期子结构作为计算模型，任意横向截面都具有相同的网格属性。为保证足够的计算精度，曲形子结构的角度取值必须保证弹性波在周向上传播时的空间分辨率。首先计算一根矩形截面直杆验证计算方法的精确性，类似于圆杆中的导波模态形式，直杆中的导波形式也可分类为三种波形：①拉伸波（L^*）；②扭转波（T^*）；③弯曲波（F^*）。将波等几何分析法与波有限元法结合，提出了波等几何分析法(WIGA)，通过对矩形截面杆频散特性的求解，与 Rayleigh-Ritz（RRM）法做了对比。如图 4.5 所示，观察发现 WIGA 法的计算结果与 RRM 法几乎是一致的。

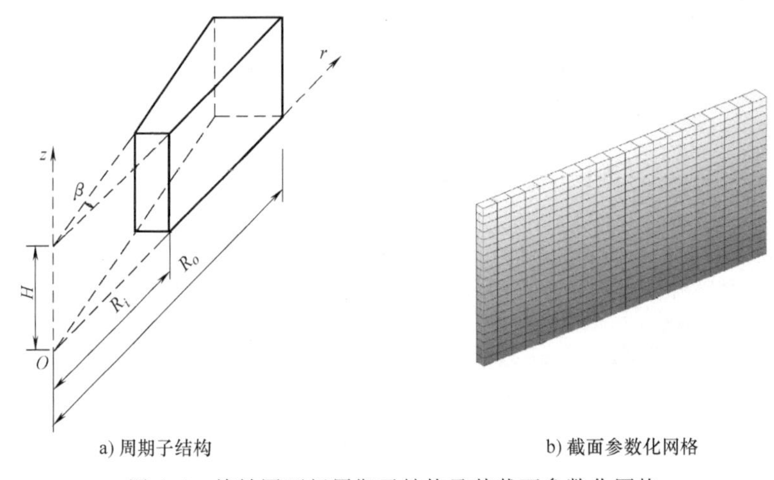

a) 周期子结构　　b) 截面参数化网格

图 4.4　旋转圆环板周期子结构及其截面参数化网格

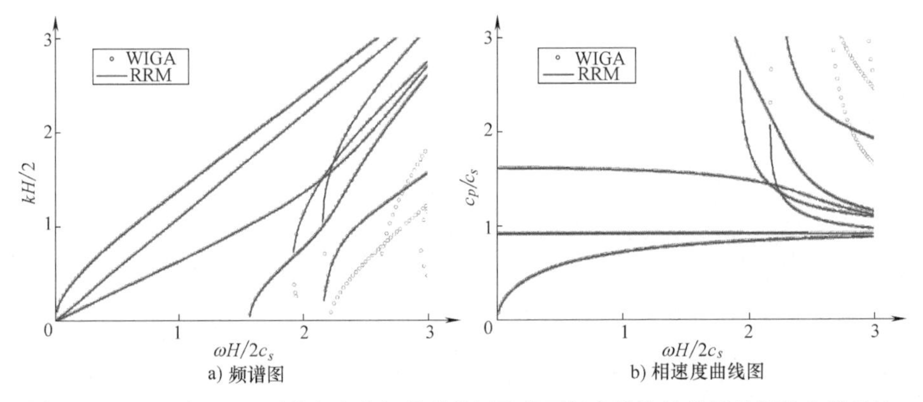

a) 频谱图　　b) 相速度曲线图

图 4.5　WIGA 和 RRM 两种方法求解得到的矩形截面杆内弹性波传播的频散曲线对比

此外，探索了 WIGA 法在圆环波导问题中的应用，分析了功能梯度（FGM）圆环结构的导波特性，并与 Yu 等人基于 Legendre 多项式级数法的求解结果进行了比较。对于轴向材料属性呈线性变化的 FGM 矩形截面圆环，当 $(R_o - R_i)/H = 2$，$R_o/(R_o - R_i) = 2$ 时，两种方法求解得到特定频率 $f(R_o - R_i) = 2\text{kHz}$ 下导波模态的相速度频散属性对比可见表 4.1。对于径向材料属性呈线性变化 FGM 矩形截面圆环，当 $(R_o - R_i)/H = 0.5$， $R_o/(R_o - R_i) = 10$ 时，两种方法计算得到的特定频率下 $f(R_o - R_i) = 2\text{kHz}$ 下导波模态的相速度频散属性对比可见表格 4.2。

表 4.1　频率为 $f(R_o - R_i) = 2\text{kHz}$，轴向线性变化的功能梯度矩形圆环内相速度对比

（单位：km/s）

方法	1	2	3	4
L-polynomial	3.305085	4.543370	5.771655	8.527420
WIGA	3.309380	4.545151	5.774570	8.529429

表 4.2　频率为 $f(R_o - R_i) = 2\text{kHz}$，径向线性变化的功能梯度矩形圆环内相速度对比

（单位：km/s）

方法	1	2	3	4
L-polynomial	3.072175	3.632973	3.812631	7.664523
WIGA	3.075770	3.636721	3.818654	7.669300

两个表格中 Legendre 多项式级数法求解得到的导波频散数据可以从文献图片中提取，两种情况（材料属性轴向和径向渐变的 FGM 矩形截面圆环）下分别进行比较可清楚发现两种方法的计算结果基本一致。由此可知，本文提出的 WIGA 法的计算结果是精确的和可信的。

不失其一般性，选取长度 R_o 和时间 R_o/c_s 作为无量纲参数对波动参数进行无量纲化，得到无量纲频率 $\omega^* = \omega R_o/c_s$ 和无量纲波数 $k^* = kR_o$。

在功能梯度材料结构中，材料梯度指数的变化对频散特性的影响尤为重要。图 4.6 所示为功能梯度圆环板转动速度为 0 时，材料梯度指数为 0 或 2 情况下结构中弹性波群速度频散曲线的变化及对比。为了便于分析，在图 4.6 中对相关导波模态曲线进行了标号。通过观察，清楚地发现材料梯度指数的变化对功能梯度圆环板中弹性波的传播影响比较大，随着材料梯度指数的增加，大部分传播波模态曲线沿着纵轴呈下降趋势。除了模态 1，2 和 3，每条模态的截止频率都随着材料梯度指数的增加沿横轴呈增大趋势。同时，功能梯度圆环板中弹性导波在传播过程中 r-z 平面内矩形截面轮廓的变化可以反映各传播波模态引起的截面变形，即各模态所引起的截面内的位移模式，从而可以轻松识别每条模态的类型。图 4.7 所示为无量纲频率为 $\omega^* = 4$ 时四条模态 1、2、3 和 4 分别引起的矩形截面的轮廓变化。观察图 4.7 可发现，模态 1 是一条沿着波的传播方向拉伸或者压缩类型的传播波模态，且在 r-z 平面内的位移模式是对称分布的。根据变形前后矩形截面的轮廓的变化和节点的分布，可以清晰地判断出模态 2 和 3 是剪切形式的导波模态。模态 4 在 r-z 平面内的位移模式也是对称的，但在 r-θ 平面内是弯曲形式的导波模态。

以上四种模态的类型已经在图 4.6 中标记出来，其他模态的类型也可以采用同样的方式识别。另外，图 4.6 频散曲线中低频区域出现了负向传播的波，如虚线矩形框中所示，其对应的频谱曲线在图 4.8a 中给出。在无量纲波数［0，1.0］区域内出现四条传播波模态（图 4.8 中标记为 01、02、03 和 04），根据矩形截面的轮廓及变形情况，可以判断出模态 01、03 和 04 都是弯曲波形式的传播波模态，该弯曲波形式的传播波模态又可以根据其在矩形截面内的位移模式分为对称和非对称的模态（图 4.8a 中标出）。模态 02 是纵向拉伸或者压缩形式的传播波模态。当材料梯度指数为 0 时，模态 01 和模态 02 被限制在无量纲频率 0 和 0.0722 之间，二者在 0.0722 处汇合。模态 03 和模态 04 在无量纲频率范围［0，0.134］内，且二者在 0.134 处汇合。同时，模态 1 和模态 2 在频率为 0 和非零波数 1.0 处被截止。

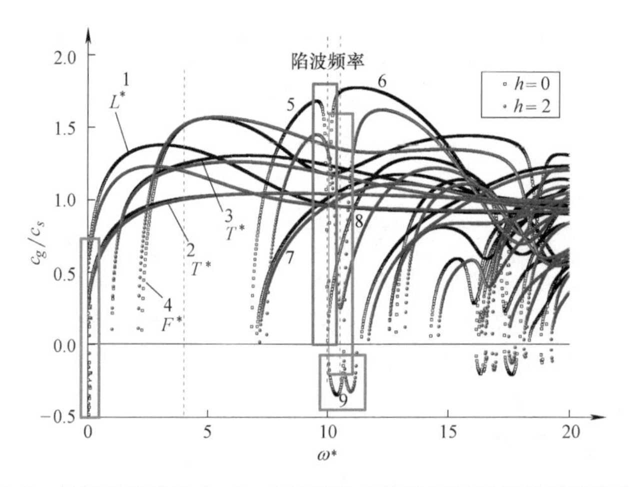

图 4.6　材料梯度参数 $h=0$，2 时旋转功能梯度圆环板的群速度曲线

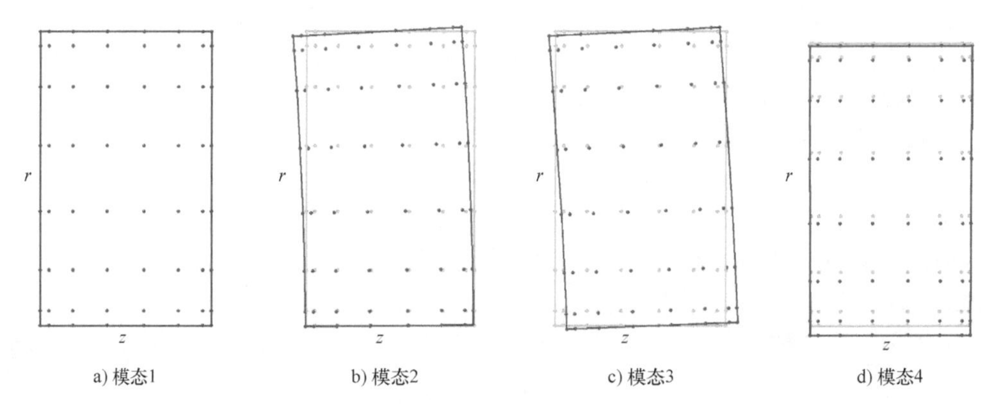

图 4.7　各模态所引起的矩形截面变形前后的轮廓变化

浅色—未变形　深色—变形后

此外，图 4.8a 也描述了不同材料梯度指数 h 情况下六条传播波模态频谱曲线的变化，观察可发现六条模态对材料属性的变化非常敏感。随着 h 的增加，模态 01~04 的传播频率区间愈来愈窄，模态 1 和 2 的频谱曲线的斜率越来越小，即模态 01~04 传播的能量越来越慢而模态 1 和 2 的能量传播速度却越来越快。图 4.6 中群

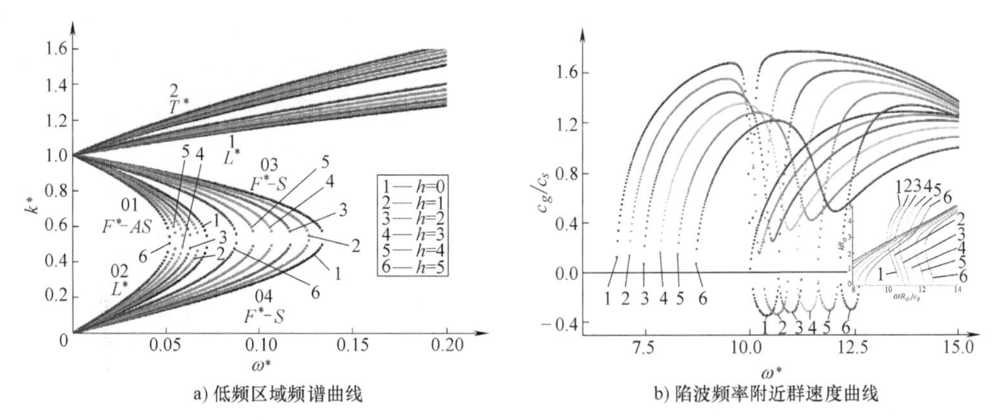

a) 低频区域频谱曲线　　b) 陷波频率附近群速度曲线

图 4.8　材料梯度参数 h——0、1、2、3、4、5 时功能梯度材料环板中弹性波的传播特性

速度曲线中浅色和深色框图内都出现了凹陷现象，模态 5 在此处转换为三条模态，这种现象称为曲线分离，发生这种现象的频率叫作陷波频率。相关频散曲线的放大图在图 4.8b 中给出，模态 5、6、8 和 9 的频散属性受到材料梯度指数变化的影响。当材料梯度指数增加时，频散曲线的曲线分离现象越来越不明显，同时陷波频率处频谱曲线（特征值曲线）之间的距离越来越大。从图 4.8b 中可以看出，传播波模态 5 在陷波频率处发生截止和模态 8 也在此处同时产生，这种情况称为模态转换。当材料梯度指数 $h>0$ 时，模态转换处的截止频率对应的波数是非零的。另外，模态 6 和 9 在同一频率下截止，且二者的能量传播方向是相反的。

最后，随着材料梯度指数 h 的变化，陷波频率向着频率增大的方向移动；由于截止频率的值不能被有效地确定下来，采用模态 8 的截止频率来描述陷波频率的变化。陷波频率随材料梯度指数的变化如图 4.9a 所示，从图中看出，随着材料梯度指数的增加，截止点的波数和频率越来越大，即陷波频率也越来越大，如图 4.9b 所示。

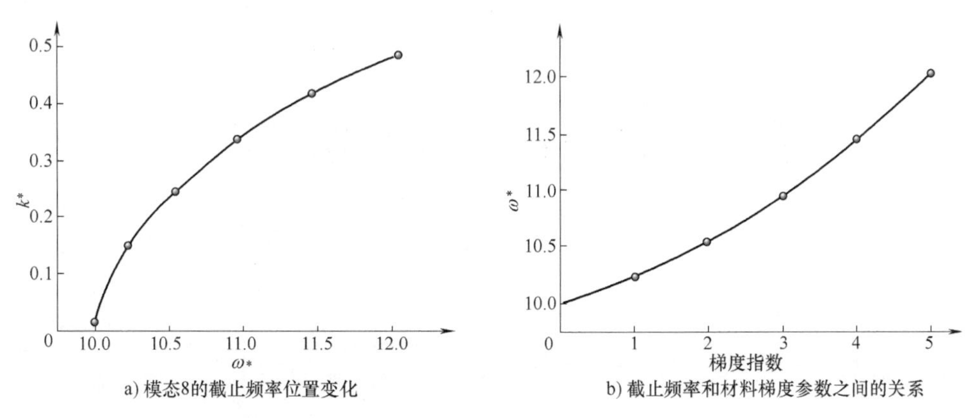

a) 模态8的截止频率位置变化　　b) 截止频率和材料梯度参数之间的关系

图 4.9　材料梯度参数对模态 8 截止频率的影响

为研究弹性波在传播过程中受到功能梯度圆环板的旋转效应，此处选取材料梯度指数 $h=2$，并考虑了不同旋转速度下圆环板内的弹性导波特性问题。图 4.10 所示为材料梯度参数 $h=2$，转速 $\Omega=0$，1000r/s 时，功能梯度旋转圆环板中弹性导波群速度曲线。在低频区域旋转效应对导波的传播影响非常明显，但在中高频区域却几乎不变。弹性波模态 01~04 和模态 1~3 在低频范围内的波动特性受到不同旋转速度的影响可以在图 4.11 中明显观察到。当功能梯度圆环板的转速 $\Omega<100$r/s 时，导波群速度频散曲线几乎是重合的，即转速对圆环板中弹性导波的传播特性影响非常小；而对于上述提到的曲线分离现象，陷波频率对旋转和转速的变化基本不敏感。然而，当功能梯度圆环板的转速 $\Omega>100$r/s 时，导波模态 1~3 的群速度频散曲线随着旋转速度的增大而不断减小，模态群速度曲线的截止频率也同时往坐标轴正方向逐渐移动，由此可知旋转运动在导波传播过程中对纵向拉伸或者压缩形式、剪切形式的弹性波模态起着阻抗的作用，即转速越大，阻抗越大，能量传播的速度越慢；对于弯曲形式的弹性波模态则不存在这种现象。此外，从图 4.11a 中可以看出当转速 $\Omega<100$r/s 时，四条模态 01~04 的变化很类似；当转速 $\Omega>100$r/s 时，四条模态的频散行为分别发生不同程度的变化。在无量纲波数 1.0 以下，原有的两对传播波模态转换为一对传播波模态，且对应的截止频率和非零波数所对应的截止频率不再一致，这可能是因为旋转运动引起功能梯度圆环板内部应力和应变的存在，即预应力效应的存在。同时，随着转速的变化，在无量纲频率 14.0 附近两条模态 4 和 7 之间出现一种新的相互作用现象，如图 4.12a 所示。两条模态曲线从初始的相互无交叉延伸，到在频率 14.0 附近发生明显的偏移并相互靠近和交叉，然后相互分离沿着彼此的轨迹延伸下去（也是一种模态交换）。当旋转速度很高（$\Omega>100$r/s）时，发生模态转换的区域越来越大，且越来越明显。根据导波模态所引起的矩形截面轮廓的变化及变形，判断出模态 7 是纵向拉伸或压缩形式的弹性波模态及模态 4 是呈对称和弯曲形式的弹性波模态。发生该现象的关键频率对转速的变化非常

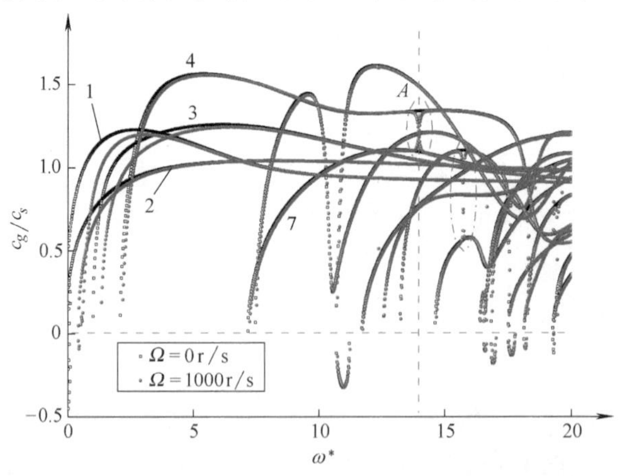

图 4.10　材料梯度参数 $h=2$，转速 $\Omega=0$，1000r/s 时功能梯度旋转圆环板中弹性导波群速度

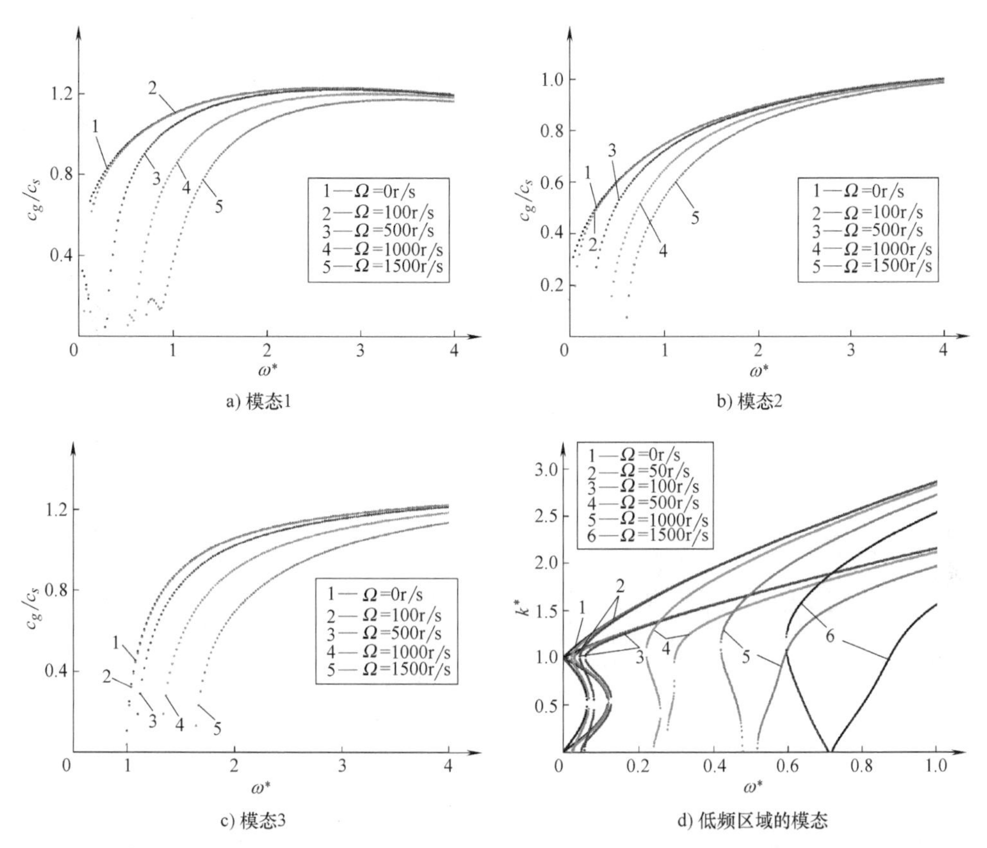

a) 模态1　b) 模态2　c) 模态3　d) 低频区域的模态

图 4.11　变化的转动速度下功能梯度圆环板中弹性波在中低频区域模态的传播特性

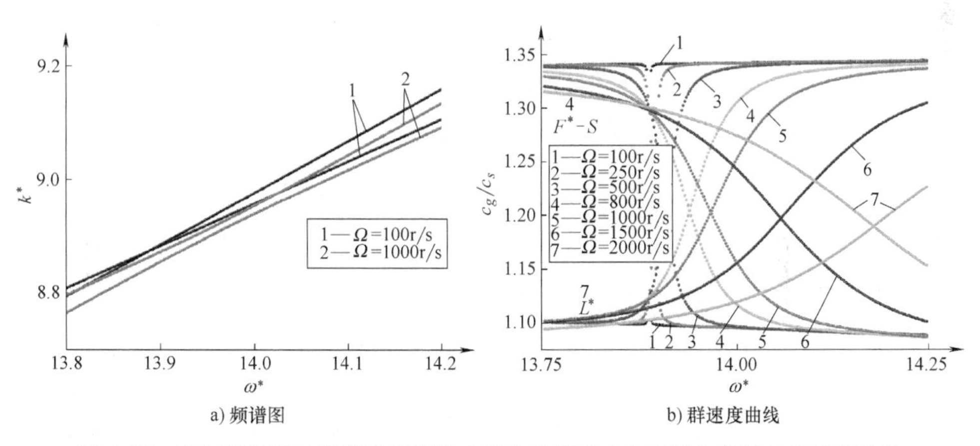

a) 频谱图　b) 群速度曲线

图 4.12　不同转速下功能梯度圆环板中弹性波模态 4 和 7 发生偏转处的转动效应

敏感，随着转速的增加，圆环板内部所引起应力场的变化导致关于波动问题的特征值曲线之间耦合效应剧烈变化，关键频率和转速二者之间的变化关系如图 4.13 所示。

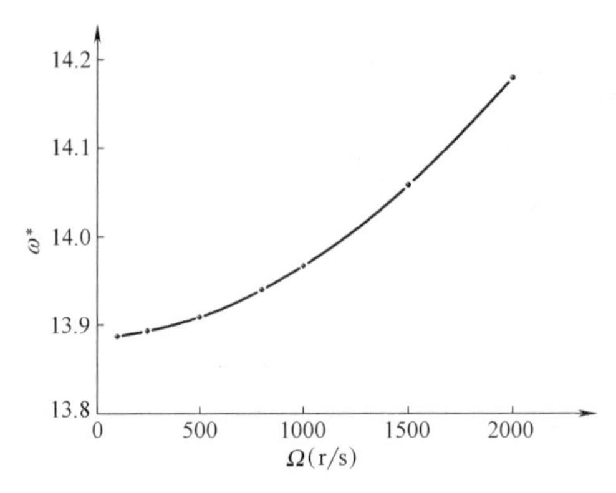

图 4.13　速度变化对曲线偏转处的频率的关系

4.4.2　旋转黏弹性圆杆

本节以工程中较为常见的旋转钢圆柱杆为研对象，引入黏弹性效应，考虑了黏弹性波导结构中弹性波的传播特性。钢杆的材料属性为：弹性模量 $E=210\text{GPa}$，泊松比 $\mu=0.3$，密度 $\rho=7800\text{kg/m}^3$。当考虑材料阻尼时，超声导波无损检测技术中常见的黏弹性材料模型有两种，Kelvin-Voigt 模型和迟滞模型，这里选用第二种模型，材料阻尼系数设为 $\eta=0.03$。根据弹性力学理论，求解旋转引起的圆柱杆中的应力为

$$\boldsymbol{\sigma}_c = \boldsymbol{K}\boldsymbol{\sigma}_p \tag{4.59}$$

式中，$\boldsymbol{\sigma}_c$、$\boldsymbol{\sigma}_p$ 分别为直角坐标系和柱坐标系下的应力场，是柱坐标系和直角坐标系内应力场之间的转换矩阵，即

$$\boldsymbol{\sigma}_p = \begin{pmatrix} \dfrac{3+\nu}{8}\rho\omega'^2(a^2-r^2) \\ \dfrac{3+\nu}{8}\rho\omega'^2\left(a^2-\dfrac{1+3\nu}{3+\nu}r^2\right) \\ 0 \end{pmatrix} \tag{4.60}$$

$$\boldsymbol{K} = \begin{pmatrix} \cos^2\theta & \sin^2\theta & -2\cos\theta\sin\theta \\ \sin^2\theta & \cos^2\theta & 2\cos\theta\sin\theta \\ \cos\theta\sin\theta & -\cos\theta\sin\theta & \cos^2\theta-\sin^2\theta \end{pmatrix} \tag{4.61}$$

式中，ω'为转动引起的角速度；a 为圆杆半径；ν 为材料泊松比。

为保证结果的精确性，当波导在转动过程中，内部产生的应力峰值不能超过材料的屈服强度，即保证材料的变形发生在弹性阶段。因此，这里转速要满足 $\Omega\leqslant 8000\text{r/s}$。图 4.14 所示为转速为 0 时考虑阻尼的圆柱波导内部的频散特征曲线，从图中可以看出，相对于无阻尼圆杆，含有阻尼的圆杆中出现了很多复杂的波模态，特别是原来纯实数波数的模态由于阻尼的存在，变成了复数波数的模态，也就是出

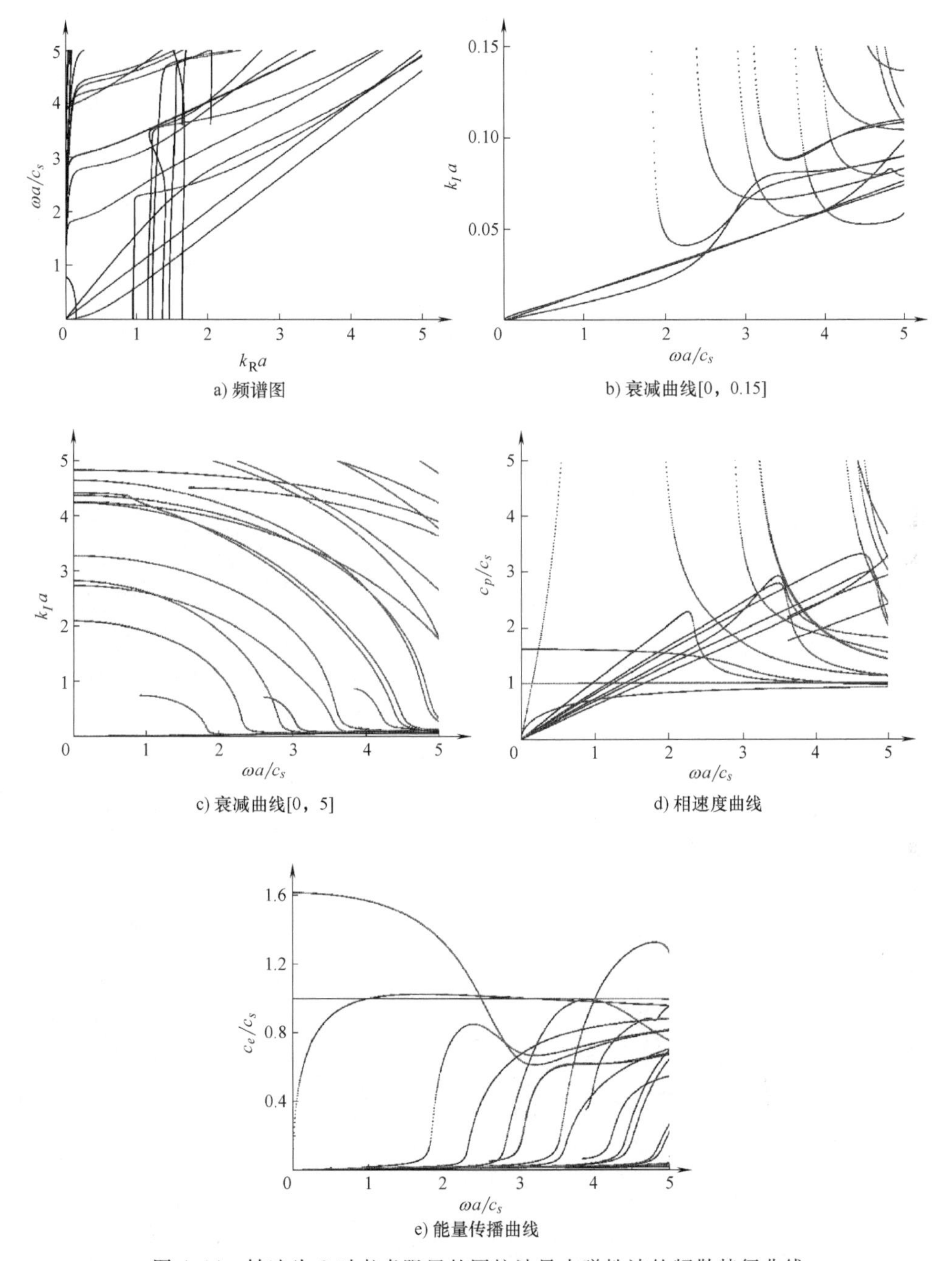

图 4.14　转速为 0 时考虑阻尼的圆柱波导中弹性波的频散特征曲线

现了能量的衰减。特征值方程存在互为倒数的特征值，每对特征值都对应一对相向传播的波模态，这里取实数部分为正数的复数波模态分析。从图 4.14a 中可以发现很多高阶模态原本存在截止频率，却在截止频率之后（即拐点处）向下出现平行

于频率轴的现象，这种情况在图 4.14e 和图 4.15 能量速度中发现得更为清晰，在靠近横轴的时候发生了曲线偏转，并且一直延伸到频率为 0 的位置（原点）。事实上，这种情况主要是因为在截止频率以下模态主要转变为衰减系数很大且能量速度比较小的耗散波，从图 4.14b 和 c 可以明显观察到，两图分别给出了衰减系数在［0，0.15］和［0，5］之间的能量衰减曲线，除了三条基本模态［T（0，1）、F（1，1）和 L（0，1）］，其他模态因为阻尼的存在变化非常大。尽管计算得到的结果在理论上很是振奋人心，但其在工程上没有很大的意义，故一般要在计算和过程中设定阈值过滤掉。为了滤掉不需要的高阶耗散波模态，在计算过程中可以设定波数虚部的阈值为 $|k_I^*| \leqslant 0.08a$，如图 4.15 所示，即把能量速度较低的耗散波滤掉。从图 4.15 中可以发现，相比于无阻尼圆杆，有阻尼的圆杆中弹性波模态没有明显变化，尽管差距仍然存在，如模态 L（0，1）、T（0，1）和 F（1，1）发生的变化都在 10^{-4} 左右，能量速度的差距在 1m/s 以内。陷波频率处却发生了变化，可见图中左侧虚线方框内阻尼的存在使该处不再出现特征曲线的偏转及模态的转换，而右侧虚线方框内的陷波频率仍有偏转，但不存在模态转换现象。

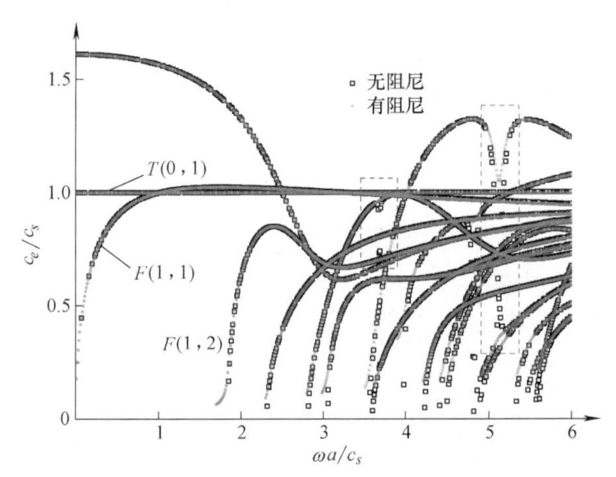

图 4.15 速度变化对曲线偏转处频率的关系

为考虑转动对导波传播的影响，将阈值设定为 $|k_I^*| \leqslant a$，只考虑模数比较小的复数波模态。图 4.16 所示为转速为 0 和 8000r/s 时有阻尼圆杆中弹性波相速度对比，事实上，转动速度对阻尼杆中导波的影响主要体现在低频区域及弯曲波模态的影响上，且弯曲波模态发生了模态分离现象，随着转动速度的增加，分离愈来愈严重。图 4.17 重点分析了低频区域弯曲波模态 F（1，1）受转动的影响，随着转速的变化，F（1，1）$^+$和 F（1，1）$^-$相互之间分离越来明显，F（1，1）$^+$的传播波数不断增大，且伴随着越来越重的衰减，相速度和能量速度都有相应的减小；而 F（1，1）$^-$却分裂为两个模态分支，一个后退波模态和一个复数传播波模态，分裂发生的频率点恰巧等于 $2\pi\Omega a/c_s$，即等于转动角速度。由图 4.17a 可知，后退波模态只存在于［0，$2\pi\Omega a/c_s$］频率范围内，其传播区域受转动速度影响比较大。该频率点也是复数传播波的截止频率点，其随转动速度的变化逐渐向右移动。然而，由于阻尼的存在，F（1，1）$^+$和 F（1，1）$^-$发生了不同程度的衰减，二者的相速度和能量传播速度的变化尤为明显，如图 4.17c、d 所示。同时，观察发现 F（1，1）$^-$

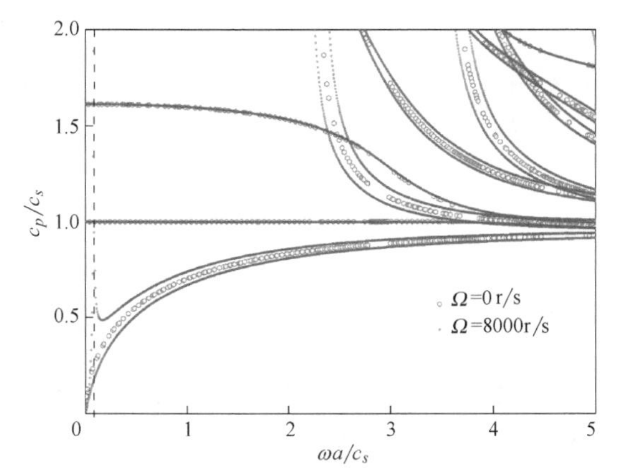

图 4.16　转速为 0r/s 和 8000r/s 时有阻尼圆杆中弹性波相速度对比

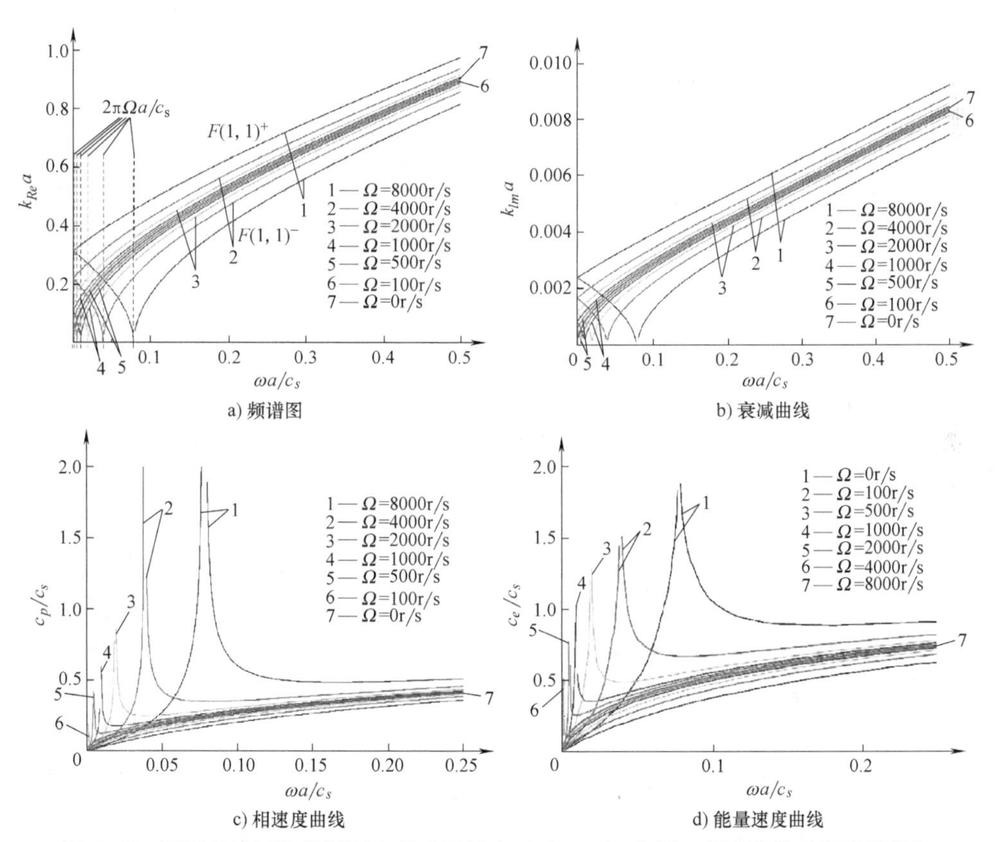

图 4.17　不同转速下阻尼圆杆中弯曲波模态 F（1，1）传播、衰减曲线对比及其变化

在频率 $2\pi\Omega a/c_s$ 处发生了“速度共振”，其相速度和能量的传播速度非常快，且该频率附近的速度曲线频散现象非常严重。然而，过快的传播速度，复杂的频散特征不利于无损检测中信号的激发和接收，故一般要避开该速度共振区域，尽量选取频散现象比较弱，变化平缓的模态作为导波激发模态。

第5章

复合材料中的弹性导波

5.1 引言

复合材料因具有优异的性能被广泛应用于航空航天、民用、汽车等领域。复合材料通常由增强相和基体组成，前者具有不连续、刚性强等特点，后者则有连续、刚性弱、质量小等优势。碳基纳米增强材料由于其独特的物理特性，常被用作复合材料的增强材料，将碳基纳米材料分散到聚合物基体中可以形成具有高性能的复合材料。作为一种新型的增强材料，石墨烯（GPLs）具有较高的比表面积，可以有效提高与基体的结合强度，具备较高的载荷传递能力。研究表明，GPLs要优于其他碳基纳米填料，在基体材料中仅仅掺入少量石墨烯片，便可以显著提高复合材料的力学性能。因此，石墨烯/聚合物复合材料在各个领域都具有广阔的应用前景。

本章基于一阶剪切变形板/壳理论，分别提出了适用于薄壁结构的新型半解析等几何分析方法和新型谱元法，对石墨烯增强压电聚合物复合材料板/壳结构的波动特性开展了研究，结果表明在复合材料的研发与设计中，石墨烯的存在及分布模式的变化可显著改善压电聚合物复合材料的材料属性，进而影响结构的频散行为。石墨烯以薄片的形式分散于聚偏二氟乙烯（PVDF）基体中，薄片尺寸决定着石墨烯和基体的黏合度，影响着基体内载荷的传递能力，进而可决定薄壁结构的波动特性。由此可知，通过对关键几何、物理参数的有效取值可起到调控导波传播的作用，这在先进功能材料及智能材料的设计与研发方面具有重要的实际意义与参考价值。

5.2 石墨烯分布形式

由于优异的力学性能，石墨烯以薄片的形式广泛用作聚合物或金属复合材料的纳米增强材料，从而形成具有独特性能的功能梯度材料，极少体积含量的石墨烯及其衍生物可显著改善复合材料的物理性能。石墨烯以一定的分布规律分散于复合材料中，然而由于现有制造技术的限制，连续性的功能梯度材料难以制备，人们转而研究多层均匀变化的功能梯度复合材料模型，如图5.1所示，每一层材料具有一定体积分数的石墨烯含量。本章主要考虑四种不同的石墨烯分布模式，包含均匀分布模式（UD）、上下表面密集中间稀疏分布模式（FG-X）、上下表面稀疏中间密集分布模式（FG-O）及下表面至上表面逐渐密集分布模式（FG-V）。为了评估纤维增强复合材料的力学性能，以往的学者已经提出了多种考虑纤维离散效应的连续性复合材料微力学模型，如Voigt-Reuss模型、Mori-Tanaka及Haipin-Tsai模型等模型。现有实验研究表明，Haipin-Tsai模型可充分考虑石墨烯的几何参数和方向的影响效应，获取较精确的石墨烯增强复合材料的等效材料属性。这也是本章内容所要采用的微力学模型，石墨烯的离散行为可分为平行分布和随机分布两种，本章主要考虑石墨烯平行分布的微力学模型。

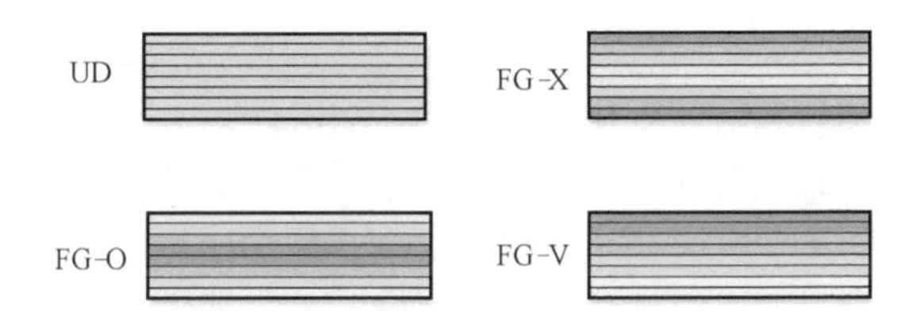

图5.1　复合材料结构中石墨烯沿厚度方向的四种分布模式

5.3　石墨烯增强复合材料板的波动特性

本节以聚偏氟乙烯为基体，考虑了石墨烯增强压电复合材料板的波动问题。将考虑横向剪切变形的Reissner-Mindlin板理论和基于NURBS基函数的等几何分析相结合，发展了一种用于薄壁结构波动分析的半解析方法。假定板的中性面是连续的、光滑的和可微分的，板的材料性质和几何特征在导波的传播方向上是不变的。任意一点的运动形式与指数相关，其中ω、t和$i=\sqrt{-1}$分别表示角频率、时间和虚单位。

5.3.1　Reissner-Mindlin板理论

如图5.2所示，压电复合材料板在笛卡儿坐标系中建模，宽度L，厚度h，由N层组成，上、下表面满足自由边界和开路边界条件。石墨烯薄片沿着厚度方向离散。复合材料板中弹性波沿着x方向传播，中性面与平行于x-y平面的复合材料板的上下表面距离相等，板的体积和边界分别表示为V和∂V。

根据 Reissner-Mindlin 板理论，考虑横向剪切变形，在 z 处的任意一点可以通过平移位移 $u_0\ (x,\ y,\ t)$、$v_0\ (x,\ y,\ t)$、$w_0\ (x,\ y,\ t)$ 和扭转角 $\alpha_x\ (x,\ y,\ t)$、$\alpha_y\ (x,\ y,\ t)$ 来描述，即

$$
\begin{aligned}
u(x,y,z,t) &= u_0(x,y,t) + z\alpha_x(x,y,t) \\
v(x,y,z,t) &= v_0(x,y,t) + z\alpha_y(x,y,t) \\
w(x,y,z,t) &= w_0(x,y,t)
\end{aligned} \tag{5.1}
$$

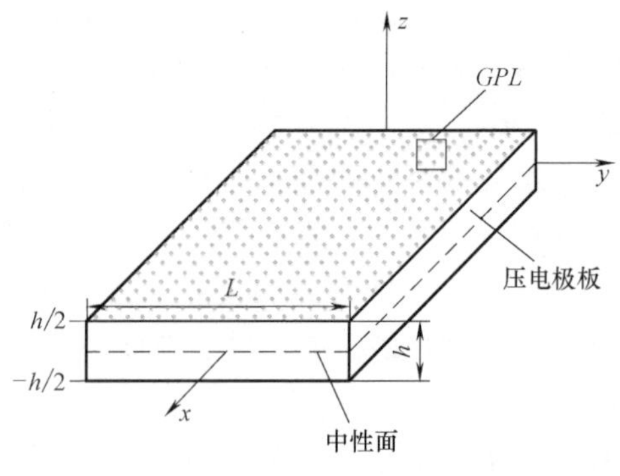

图 5.2 石墨烯增强压电复合板

式中，u_0、v_0、w_0 分别为参考平面在 x、y 和 z 方向上的位移。垂直于平板的横截面 x 轴和 y 轴的旋转 α_x 和 α_y 与坐标 z 无关，即旋转角对 z 的导数等于零。复合材料板任意一点的应变分量表示为

$$
\begin{aligned}
&\varepsilon_{xx} = \varepsilon_{xx}^0 + z\kappa_x, \varepsilon_{yy} = \varepsilon_{yy}^0 + z\kappa_y, \varepsilon_{zz} = 0 \\
&\varepsilon_{xy} = \varepsilon_{xy}^0 + z\kappa_{xy}, \varepsilon_{yz} = \frac{\partial w_0}{\partial y} + \alpha_y, \varepsilon_{xz} = \frac{\partial w_0}{\partial x} + \alpha_x
\end{aligned} \tag{5.2}
$$

式中，ε_{xx}^0、ε_{yy}^0 和 ε_{xy}^0 为中性面内的应变分量；κ_x、κ_y、κ_{xy} 为横向剪切变形引起的面内曲率分量，即

$$
\kappa_x = \frac{\partial \alpha_x}{\partial x}, \kappa_y = \frac{\partial \alpha_y}{\partial y}, \kappa_{xy} = \frac{\partial \alpha_x}{\partial y} + \frac{\partial \alpha_y}{\partial x} \tag{5.3}
$$

根据薄膜弯曲和剪切效应，将这些应变分量写为

面内薄膜应变

$$
\boldsymbol{\varepsilon} = \begin{pmatrix} \dfrac{\partial u_0}{\partial x} \\ \dfrac{\partial v_0}{\partial y} \\ \dfrac{\partial v_0}{\partial x} + \dfrac{\partial u_0}{\partial y} \end{pmatrix} = \begin{pmatrix} \dfrac{\partial}{\partial x} & 0 & 0 & 0 & 0 \\ 0 & \dfrac{\partial}{\partial y} & 0 & 0 & 0 \\ \dfrac{\partial}{\partial y} & \dfrac{\partial}{\partial x} & 0 & 0 & 0 \end{pmatrix} \begin{Bmatrix} u_0 \\ v_0 \\ w_0 \\ \alpha_x \\ \alpha_y \end{Bmatrix} \tag{5.4}
$$

面内弯曲应变

$$
\boldsymbol{\kappa} = \begin{pmatrix} \dfrac{\partial \alpha_x}{\partial x} \\ \dfrac{\partial \alpha_y}{\partial y} \\ \dfrac{\partial \alpha_y}{\partial x} + \dfrac{\partial \alpha_x}{\partial y} \end{pmatrix} = \begin{pmatrix} 0 & 0 & 0 & \dfrac{\partial}{\partial x} & 0 \\ 0 & 0 & 0 & 0 & \dfrac{\partial}{\partial y} \\ 0 & 0 & 0 & \dfrac{\partial}{\partial y} & \dfrac{\partial}{\partial x} \end{pmatrix} \begin{Bmatrix} u_0 \\ v_0 \\ w_0 \\ \alpha_x \\ \alpha_y \end{Bmatrix} \tag{5.5}
$$

面外剪切应变

$$\boldsymbol{\gamma}=\begin{pmatrix}\dfrac{\partial w_0}{\partial y}+\alpha_y\\ \dfrac{\partial w_0}{\partial x}+\alpha_x\end{pmatrix}=\begin{pmatrix}0 & 0 & \dfrac{\partial}{\partial y} & 0 & 1\\ 0 & 0 & \dfrac{\partial}{\partial x} & 1 & 0\end{pmatrix}\begin{Bmatrix}u_0\\ v_0\\ w_0\\ \alpha_x\\ \alpha_y\end{Bmatrix}\tag{5.6}$$

5.3.2　压电复合材料板的广义本构方程

对于压电复合材料板，假定每一层的材料性质都是均匀的，并且具有一个平行于中性面的平面，极化方向沿 z 轴方向。压电层的本构关系表示为

$$\begin{aligned}\boldsymbol{\sigma}&=\boldsymbol{Q}\boldsymbol{\epsilon}-\boldsymbol{e}^{\mathrm{T}}\boldsymbol{E}\\ \boldsymbol{D}&=\boldsymbol{e}\boldsymbol{\epsilon}+\boldsymbol{\mu}\boldsymbol{E}\end{aligned}\tag{5.7}$$

式中，$\boldsymbol{\sigma}$、$\boldsymbol{\epsilon}$ 和 $\boldsymbol{D}$ 分别为应力、应变和电位移矢量。三维弹性张量 $\boldsymbol{Q}$ 表示为

$$\boldsymbol{Q}=\begin{pmatrix}Q_{11} & Q_{12} & Q_{13} & 0 & 0 & 0\\ Q_{21} & Q_{22} & Q_{23} & 0 & 0 & 0\\ Q_{31} & Q_{32} & Q_{33} & 0 & 0 & 0\\ 0 & 0 & 0 & Q_{44} & 0 & 0\\ 0 & 0 & 0 & 0 & Q_{55} & 0\\ 0 & 0 & 0 & 0 & 0 & Q_{66}\end{pmatrix}\tag{5.8}$$

三阶压电张量 $\boldsymbol{e}$ 反映了力电耦合效应，$\boldsymbol{\mu}$ 为二阶介电常数张量，其计算公式如下：

$$\boldsymbol{e}=\begin{pmatrix}0 & 0 & 0 & 0 & e_{15} & 0\\ 0 & 0 & 0 & e_{24} & 0 & 0\\ e_{31} & e_{32} & e_{33} & 0 & 0 & 0\end{pmatrix},\boldsymbol{\mu}=\begin{pmatrix}\mu_{11} & 0 & 0\\ 0 & \mu_{22} & 0\\ 0 & 0 & \mu_{33}\end{pmatrix}\tag{5.9}$$

电场强度 $\boldsymbol{E}$ 满足

$$\boldsymbol{E}=\begin{Bmatrix}E_x\\ E_y\\ E_z\end{Bmatrix}=\begin{Bmatrix}-\dfrac{\partial}{\partial x}\\ -\dfrac{\partial}{\partial y}\\ -\dfrac{\partial}{\partial z}\end{Bmatrix}\varphi\tag{5.10}$$

式中，Q_{ij}、e_{ij} 和 μ_{ij}（i，$j=1$，2，…，6）分别为弹性常数、压电常数和介电常数；E_i（$i=z$，y，z）为沿三个方向的电场强度，由电势 φ 决定，电势与压电层的坐标 z 无关，也就是说，电势对 z 的导数为零。

此外，根据 Reissner-Mindlin 板理论，沿着厚度方向的正应力为 0，与坐标有关的横向剪切应力 τ_{xz} 和 τ_{yz} 不为零。因此，将式（5.7）和 $\sigma_{zz}=0$ 结合得到正应变

ε_{zz} 为

$$\varepsilon_{zz}=\frac{e_{33}E_z-Q_{31}\varepsilon_{xx}-Q_{32}\varepsilon_{yy}}{Q_{33}} \tag{5.11}$$

将式（5.11）带入式（5.7）中，可以得到压电材料的广义本构方程为

$$\begin{Bmatrix}\sigma_{xx}\\ \sigma_{yy}\\ \tau_{xy}\\ \tau_{yz}\\ \tau_{xz}\end{Bmatrix}=\begin{pmatrix}\bar{Q}_{11} & \bar{Q}_{12} & 0 & 0 & 0\\ \bar{Q}_{21} & \bar{Q}_{22} & 0 & 0 & 0\\ 0 & 0 & \bar{Q}_{66} & 0 & 0\\ 0 & 0 & 0 & \bar{Q}_{44} & 0\\ 0 & 0 & 0 & 0 & \bar{Q}_{55}\end{pmatrix}\begin{Bmatrix}\varepsilon_{xx}\\ \varepsilon_{yy}\\ \gamma_{xy}\\ \gamma_{yz}\\ \gamma_{xz}\end{Bmatrix}-\begin{pmatrix}0 & 0 & \bar{e}_{31}\\ 0 & 0 & \bar{e}_{32}\\ 0 & 0 & 0\\ 0 & \bar{e}_{24} & 0\\ \bar{e}_{15} & 0 & 0\end{pmatrix}\begin{Bmatrix}E_x\\ E_y\\ E_z\end{Bmatrix} \tag{5.12}$$

$$\begin{Bmatrix}D_x\\ D_y\\ D_z\end{Bmatrix}\begin{pmatrix}0 & 0 & 0 & 0 & \bar{e}_{15}\\ 0 & 0 & 0 & \bar{e}_{24} & 0\\ \bar{e}_{31} & \bar{e}_{32} & 0 & 0 & 0\end{pmatrix}\begin{Bmatrix}\varepsilon_{xx}\\ \varepsilon_{yy}\\ \gamma_{xy}\\ \gamma_{yz}\\ \gamma_{xz}\end{Bmatrix}+\begin{pmatrix}\bar{\mu}_{11} & 0 & 0\\ 0 & \bar{\mu}_{22} & 0\\ 0 & 0 & \bar{\mu}_{33}\end{pmatrix}\begin{Bmatrix}E_x\\ E_y\\ E_z\end{Bmatrix} \tag{5.13}$$

其中，缩减弹性和压电常数为

$$\begin{aligned}&\bar{Q}_{11}=Q_{11}-\frac{Q_{13}Q_{31}}{Q_{33}},\quad \bar{Q}_{12}=Q_{12}-\frac{Q_{13}Q_{32}}{Q_{33}},\quad \bar{e}_{31}=e_{31}-\frac{Q_{13}e_{33}}{Q_{33}}\\ &\bar{Q}_{21}=Q_{21}-\frac{Q_{23}Q_{31}}{Q_{33}},\quad \bar{Q}_{22}=Q_{22}-\frac{Q_{23}Q_{32}}{Q_{33}},\quad \bar{e}_{32}=e_{32}-\frac{Q_{23}e_{33}}{Q_{33}}\\ &\bar{Q}_{66}=Q_{66},\quad \bar{Q}_{44}=Q_{44},\quad \bar{Q}_{55}=Q_{55},\quad \bar{e}_{15}=e_{15},\quad \bar{e}_{24}=e_{24}\end{aligned} \tag{5.14}$$

介电常数为

$$\bar{\mu}_{11}=\mu_{11},\quad \bar{\mu}_{22}=\mu_{22},\quad \bar{\mu}_{33}=\mu_{33}+\frac{e_{33}e_{33}}{Q_{33}} \tag{5.15}$$

值得注意的是，上述公式用于描述每一压电层的本构。对于功能梯度石墨烯增强压电复合材料板，平面内应力、弯矩和扭矩及剪切应力的合力可沿板厚方向对每一层进行积分，即这些合力为每一层的合力之和，即

$$\boldsymbol{N}_m=\int_{-h/2}^{h/2}\begin{Bmatrix}\sigma_{xx}\\ \sigma_{yy}\\ \sigma_{xy}\end{Bmatrix}\mathrm{d}z=\boldsymbol{A\varepsilon}+\boldsymbol{B\kappa}-\boldsymbol{CE} \tag{5.16}$$

$$\boldsymbol{M}_b=\int_{-h/2}^{h/2}\begin{Bmatrix}\sigma_{xx}\\ \sigma_{yy}\\ \sigma_{xy}\end{Bmatrix}z\mathrm{d}z=\boldsymbol{B\varepsilon}+\boldsymbol{D\kappa}-\boldsymbol{G}^{\mathrm{T}}\boldsymbol{E} \tag{5.17}$$

$$\boldsymbol{T}_s = K_s\int_{-h/2}^{h/2}\begin{Bmatrix}\tau_{yz}\\ \tau_{xz}\end{Bmatrix}\mathrm{d}z = \boldsymbol{F\gamma} - \boldsymbol{H}^{\mathrm{T}}\boldsymbol{E} \tag{5.18}$$

$$\boldsymbol{q}_e = \int_{-h/2}^{h/2}\begin{Bmatrix}D_x\\ D_y\\ D_z\end{Bmatrix}\mathrm{d}z = \boldsymbol{C\varepsilon} + \boldsymbol{H\gamma} + \boldsymbol{ZE} \tag{5.19}$$

其中，$\boldsymbol{N}_m = \{N_x \quad N_y \quad N_{xy}\}^{\mathrm{T}}$为平面内应力的合力；$\boldsymbol{M}_b = \{M_x \quad M_y \quad M_{xy}\}^{\mathrm{T}}$为弯矩和扭矩的合力；$\boldsymbol{T}_s = \{T_{yz} \quad T_{xz}\}^{\mathrm{T}}$为剪切应力的合力；$\boldsymbol{q}_e = \{q_x \quad q_y \quad q_z\}^{\mathrm{T}}$为电位移；$K_s$为考虑各层横向剪切应力在厚度方向上均匀分布的剪切修正因子，设为5/6。相关系数矩阵表示为

$$(\boldsymbol{A},\boldsymbol{B},\boldsymbol{D},\boldsymbol{F}) = \int_{-h/2}^{h/2}(\boldsymbol{Q}_1, z\boldsymbol{Q}_1, z^2\boldsymbol{Q}_1, K_s\boldsymbol{Q}_2)\,\mathrm{d}z \tag{5.20}$$

$$(\boldsymbol{C},\boldsymbol{G},\boldsymbol{H},\boldsymbol{Z}) = \int_{-h/2}^{h/2}(\boldsymbol{e}_1, z\boldsymbol{e}_1, \boldsymbol{e}_2, \boldsymbol{\mu}_1)\,\mathrm{d}z \tag{5.21}$$

弹性矩阵、压电耦合矩阵和介电矩阵的子块矩阵分别为

$$\boldsymbol{Q}_1 = \begin{pmatrix}\overline{Q}_{11} & \overline{Q}_{12} & 0\\ \overline{Q}_{21} & \overline{Q}_{22} & 0\\ 0 & 0 & \overline{Q}_{66}\end{pmatrix},\quad \boldsymbol{Q}_2 = \begin{pmatrix}\overline{Q}_{44} & 0\\ 0 & \overline{Q}_{55}\end{pmatrix} \tag{5.22}$$

$$\boldsymbol{e}_1 = \begin{pmatrix}0 & 0 & 0\\ 0 & 0 & 0\\ \overline{e}_{31} & \overline{e}_{32} & 0\end{pmatrix}, \boldsymbol{e}_2 = \begin{pmatrix}0 & \overline{e}_{15}\\ \overline{e}_{24} & 0\\ 0 & 0\end{pmatrix}, \boldsymbol{\mu}_1 = \begin{pmatrix}\overline{\mu}_{11} & 0 & 0\\ 0 & \overline{\mu}_{22} & 0\\ 0 & 0 & \overline{\mu}_{33}\end{pmatrix} \tag{5.23}$$

结合式（5.16）~（5.19），可得石墨烯增强压电层合板的广义内力的矩阵形式，即

$$\boldsymbol{P} = \boldsymbol{\Theta\Sigma} \tag{5.24}$$

$$\boldsymbol{P} = (\boldsymbol{N}_m \quad \boldsymbol{M}_b \quad \boldsymbol{T}_s \quad \boldsymbol{q}_e)^{\mathrm{T}},\quad \boldsymbol{\Sigma} = (\boldsymbol{\varepsilon} \quad \boldsymbol{\kappa} \quad \boldsymbol{\gamma} \quad \boldsymbol{E})^{\mathrm{T}} \tag{5.25}$$

$$\boldsymbol{\Theta} = \begin{pmatrix}\boldsymbol{A} & \boldsymbol{B} & 0 & -\boldsymbol{C}^{\mathrm{T}}\\ \boldsymbol{B} & \boldsymbol{D} & 0 & -\boldsymbol{G}^{\mathrm{T}}\\ 0 & 0 & \boldsymbol{F} & -\boldsymbol{H}^{\mathrm{T}}\\ \boldsymbol{C} & \boldsymbol{G} & \boldsymbol{H} & \boldsymbol{Z}\end{pmatrix},\quad \overline{\boldsymbol{\Theta}} = \begin{pmatrix}\boldsymbol{A} & \boldsymbol{B} & 0 & -\boldsymbol{C}^{\mathrm{T}}\\ \boldsymbol{B} & \boldsymbol{D} & 0 & -\boldsymbol{G}^{\mathrm{T}}\\ 0 & 0 & \boldsymbol{F} & -\boldsymbol{H}^{\mathrm{T}}\\ -\boldsymbol{C} & -\boldsymbol{G} & -\boldsymbol{H} & -\boldsymbol{Z}\end{pmatrix} \tag{5.26}$$

式中，$\boldsymbol{P}$为合力矢量；$\boldsymbol{\Sigma}$为广义应变矢量；$\boldsymbol{\Theta}$和$\overline{\boldsymbol{\Theta}}$为系数矩阵。

5.3.3　复合材料的等效材料属性

本节中，功能梯度复合材料板由多层石墨烯增强 PVDF 基体的压电均质板组

成，假设每一层板中 PVDF 基体中 GPLs 是均匀分散的。表 5.1 所示为 GPLs 和 PVDF 的材料属性。PVDF 压电常数和介电常数见表 5.2。本节只考虑三种石墨烯分布模式，如图 5.3 所示，三种模式表明 GPLs 在每一层中的疏密程度随着复合板厚度的分层发生变化；模式 UD 表示各向同性均质压电复合板中 GPLs 呈均匀分布，模式 FG-X 和 FG-O 表示 GPLs 在每一层中的体积分数从中间至表面逐层增加或减少呈对称分布。

表 5.1　GPLs 和 PVDF 的材料属性

GPLs	$E_G = 1.01\text{TPa}$	$\nu_G = 0.186$	$\rho_G = 1920\text{kg/m}^3$
PVDF	$E_M = 1.44\text{GPa}$	$\nu_M = 0.29$	$\rho_M = 800\text{kg/m}^3$

表 5.2　PVDF 压电常数和介电常数

$e_{31,M}/(\text{C/m}^2)$	$e_{32,M}/(\text{C/m}^2)$	$e_{33,M}/(\text{C/m}^2)$	$e_{24,M}/(\text{C/m}^2)$	$e_{15,M}/(\text{C/m}^2)$
32.075×10^{-3}	-4.07×10^{-3}	-21.19×10^{-3}	-12.65×10^{-3}	-15.93×10^{-3}
$\mu_{11,M}/(\text{F/m}^2)$	$\mu_{22,M}/(\text{F/m}^2)$	$\mu_{33,M}/(\text{F/m}^2)$		
53.985×10^{-12}	66.375×10^{-12}	59.295×10^{-12}		

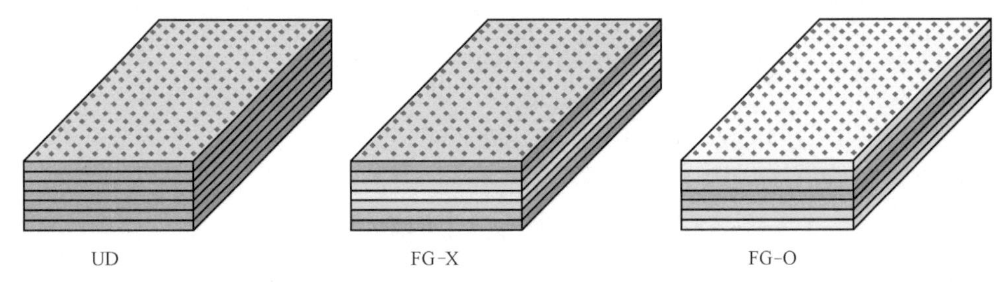

图 5.3　复合材料板中石墨烯的分布模式

根据相关参考文献，描述 GPLs 沿着复合板厚度逐层变化的体积分数为

UD

$$f_i = f_{GPL} \tag{5.27}$$

FG-X

$$\begin{aligned} f_i &= \left(\frac{N_L}{2} + 1 - i\right) f^* \quad 如果\ i \leqslant \frac{N_L}{2} \\ f_i &= \left(i - \frac{N_L}{2}\right) f^* \quad 如果\ i > \frac{N_L}{2} \end{aligned} \tag{5.28}$$

FG-O

$$\begin{aligned} f_i &= i f^* \quad 如果\ i \leqslant \frac{N_L}{2} \\ f_i &= (N_L + 1 - i) f^* \quad 如果\ i > \frac{N_L}{2} \end{aligned} \tag{5.29}$$

$$f^* = \frac{2}{1+\frac{N_L}{2}} f_{GPL} \tag{5.30}$$

式中，f_i（$i=1$，2，…，N_L，N_L 为复合材料板层数）、f^* 和 f_{GPL} 分别为第 i 层 GPLs 的体积分数、GPLs 的平均体积分数和复合板的总体积分数。

同时，假设 GPLs 纳米增强材料与基体 PVDF 能够完美黏结，现有研究表明，相比于 Mori-Tanaka 模型，Halpin-Tsai 模型可以准确预测由 GPLs 纳米增强材料和聚合物基体组成的复合材料的弹性模量。Nandi 等人指出，当复合材料中 GPLs 体积分数低于 1%时，可采用 Halpin-Tsai 平行模型准确计算石墨烯增强 PVDF 复合材料的弹性模量；同时，根据文献的实验结果，石墨烯的压电效应高度依赖于石墨烯的层数，石墨烯增强复合材料的压电和介电性能可由基体 PVDF 电学参数的倍数表示（称为压电倍数）。因此，石墨烯增强压电复合材料板中每一层的弹性模量可表示为

$$E_{Ci} = \frac{1+\frac{2l_{GPL}}{3t_{GPL}}\eta_L f_i}{1-\eta_L f_i} E_M \tag{5.31}$$

$$\eta_L = \frac{\frac{E_G}{E_M}-1}{\frac{E_G}{E_M}+\frac{2l_{GPL}}{3t_{GPL}}} \tag{5.32}$$

根据混合定律，石墨烯增强压电复合材料的等效材料参数表示为

$$\begin{aligned} \rho_i &= \rho_G f_i + \rho_M(1-f_i) \\ \nu_i &= \nu_G f_i + \nu_M(1-f_i) \\ e_i &= e_G f_i + e_M(1-f_i) \\ \mu_i &= \mu_G f_i + \mu_M(1-f_i) \end{aligned} \tag{5.33}$$

式中，E_{Ci}、E_G 和 E_M 分别为复合材料、石墨烯和聚合物基体的弹性模量；l_{GPL} 和 t_{GPL} 分别为 GPLs 的平均长度、厚度；ρ_i、ν_i、e_i 和 μ_i 分别为等效质量密度、泊松比、复合材料第 i 层的压电常数；$\rho_G(\rho_M)$、$\nu_G(\nu_M)$、$e_G(e_M)$ 和 $\mu_G(\mu_M)$ 分别为 GPLs 增强材料（聚合物基体）的有效质量密度、泊松比、压电常数和介电常数。

5.3.4 石墨烯增强压电复合材料板的波动方程及其参数化

本节首先简要回顾 NURBS 基函数的构造和等几何分析中几何场、物理场的描述，并实现对石墨烯增强压电复合材料板的参数化建模，进而提出给予上述板理论的新型半解析等几何分析方法。NURBS 基函数是 B 样条基函数的线性组合，是最普遍的几何表示形式。与拉格朗日多项式相比，NURBS 基函数能够准确地描述几

何场和物理场，因其具有较高的平滑性和连续性，可有效地消除离散误差，有效降低计算成本。此外，关于等几何分析法和 NURBS 基函数的更多细节可参考相关文献。在 $0 \leqslant \xi \leqslant 1$ 的参数空间中，利用一个单调不减节点向量构造 B 样条，该向量由实序列 $\Xi = [\xi_1 \quad \xi_2 \quad \cdots \quad \xi_{n+p+1}]$ 定义，其中 n 和 p 为基函数的个数和阶次。为了满足边界处的插值特性，结点向量的第一个节点和最后一个节点分别重复（p+1）次。参数空间采用节点和单元划分，基于节点向量，B 样条基函数 N_i^p 可用 Cox-De Boor 递推公式表示为

$$N_i^0(\xi) = \begin{cases} 1, \text{如果 } \xi_i \leqslant \xi < \xi_{i_{i+1}} \\ 0, \text{其他} \end{cases}$$
$$N_i^p(\xi) = \frac{\xi - \xi_i}{\xi_{i+p} - \xi_i} N_{i,p-1}(\xi) + \frac{\xi_{i+p+1} - \xi}{\xi_{i+p+1} - \xi_{i+1}} N_{i+1,p-1}(\xi) \quad \text{for } p \geqslant 1 \tag{5.34}$$

式中，ξ_i 为单调不减的节点；ξ_{i+p} 表示第 i 个 p 阶 B 样条基函数由该递归公式得到。结合 n 个基函数和控制点 a_i（i=1，2，…，n），物理场可表示为

$$\boldsymbol{a} = \sum_{i=1}^{Cpts} \boldsymbol{R}_i^p(\boldsymbol{r}(\boldsymbol{\xi}))\boldsymbol{a}_i \tag{5.35}$$

一维 NURBS 基函数为

$$\boldsymbol{R}_i^p(\xi) = \frac{N_i^p(\xi)\omega_i}{\sum_{j=1}^{n} N_j^p(\xi)\omega_j} \tag{5.36}$$

式中，$Cpts$ 为等几何参数网格控制点个数；ω_i 为第 i 个基函数的权值；ω_j 为第 j 个基函数的权值；ξ 为参数空间中的参数坐标；$\boldsymbol{r}$ 为笛卡儿坐标；$\boldsymbol{a}$ 和 $\boldsymbol{a}_i$ 是插值后的物理矢量和第 i 个控制点的物理矢量。当弹性波在压电复合材料板中传播时，假设广义位移依赖于 $e^{-\mathcal{I}(\omega t - kx)}$，其中 t、ω、k 和 $\mathcal{I}$ 表示时间、角频率、波数和虚单位。广义位移矢量 $\overline{\boldsymbol{u}}$ 可表示为傅里叶级数，即

$$\overline{\boldsymbol{u}}(y,t) = \overline{\boldsymbol{U}}(y,t)e^{-\mathcal{I}(\omega t - kx)} \tag{5.37}$$

$$\overline{\boldsymbol{u}} = (u_0 \; v_0 \; w_0 \; \alpha_x \; \alpha_y \; \varphi)^{\mathrm{T}} \tag{5.38}$$

式中，$\overline{\boldsymbol{U}}$ 为广义位移的幅值，即包含位移和电势的物理场。相关的位移变分表示为

$$\delta\boldsymbol{u}(y,t) = \delta\overline{\boldsymbol{U}}(y,t)e^{\mathcal{I}(\omega t - kx)} \tag{5.39}$$

如图 5.2 所示，本节考虑的层合板模型的截面几何结构采用沿着 y 轴方向的一维 NURBS 基函数描述，层合板截面中性轴上任意一点的坐标 $\boldsymbol{y}$ 由控制点坐标和 NURBS 基函数表示为

$$\boldsymbol{y} = \sum_{i=1}^{Cpts} \boldsymbol{R}_i^p(\boldsymbol{y}(\xi))\boldsymbol{y}_i \tag{5.40}$$

在参数空间中，每个单元由两个相邻的节点决定，节点坐标通过两次映射过程，从母空间映射到参数空间，再由参数空间映射到物理空间。J_1 表示从参数空间映射到物理空间的雅可比行列式，两种坐标之间的变换由

$$\left(\frac{\partial}{\partial \xi}\right) = J_1 \left(\frac{\partial}{\partial \boldsymbol{y}}\right) \tag{5.41}$$

$$J_1 = \left|\frac{\partial \boldsymbol{y}}{\partial \boldsymbol{\xi}}\right| = |\boldsymbol{R}_{i,\xi}^{p} y_i| \tag{5.42}$$

J_2 是从母空间 $\xi=[-1\ 1]$ 映射到参数空间的雅可比行列式，对于第 i 单元，雅可比行列式 $J_2 = |(\xi_{i+1} - \xi_i)/2|$。进而，可以得到全局映射行列式 $J=J_1 * J_2$。

对于压电复合材料板，通过对应变能密度和静电能密度函数积分可得到总势能，即

$$\begin{aligned}\Pi_{pot} &= \int_V (\boldsymbol{\varepsilon}^{\mathrm{T}} \boldsymbol{N}_m + \boldsymbol{\kappa}^{\mathrm{T}} \boldsymbol{M}_b + \gamma^{\mathrm{T}} \boldsymbol{T}_s - \boldsymbol{E}^{\mathrm{T}} \boldsymbol{q}_e)\,\mathrm{d}V \\ &= \int_V \boldsymbol{\Sigma}^{\mathrm{T}} \overline{\boldsymbol{\Theta}} \boldsymbol{\Sigma}\,\mathrm{d}\Omega\end{aligned} \tag{5.43}$$

式中，V 为求解域的体积。

动能可分为两部分，包括平移运动能量和旋转运动能量

$$\begin{aligned}\Pi_{kin} &= \frac{1}{2}\int_V (\boldsymbol{I}\,\dot{\boldsymbol{u}}^2)\,\mathrm{d}V \\ &= \frac{1}{2}\int_V (\boldsymbol{I}_0 \dot{\boldsymbol{u}}^2 + 2\boldsymbol{I}_1 \dot{\boldsymbol{u}}\dot{\boldsymbol{\alpha}} + \boldsymbol{I}_2 \dot{\boldsymbol{\alpha}}^2)\,\mathrm{d}V\end{aligned} \tag{5.44}$$

式中，$\boldsymbol{u}$ 为求解域内平移位移阵列；$\boldsymbol{\alpha}$ 为求解域内扭转角阵列。

其中点（·）表示对时间 t 的偏导数，惯性项有

$$\begin{aligned}&\boldsymbol{I} = \begin{pmatrix} \boldsymbol{I}_0 & \boldsymbol{I}_{12} & 0 \\ \boldsymbol{I}_{12}^{\mathrm{T}} & \boldsymbol{I}_2 & 0 \\ 0 & 0 & 0 \end{pmatrix}, \quad \boldsymbol{I}_{12} = \begin{pmatrix} \boldsymbol{I}_1 & 0 \\ 0 & \boldsymbol{I}_1 \\ 0 & 0 \end{pmatrix} \\ &\boldsymbol{I}_0 = \mathbf{diag}(I_0, I_0, I_0), \boldsymbol{I}_1 = \mathbf{diag}(I_1, I_1), \boldsymbol{I}_2 = \mathbf{diag}(I_2, I_2) \\ &I_0 = \int_{-h/2}^{h/2} \rho(z)\,\mathrm{d}z, \quad I_1 = \int_{-h/2}^{h/2} \rho(z) z\,\mathrm{d}z, \quad I_2 = \int_{-h/2}^{h/2} \rho(z) z^2\,\mathrm{d}z\end{aligned} \tag{5.45}$$

式中，$\rho(z)$ 为层合板厚度方向上的材料密度。

根据式（5.37），应变张量可写为

$$\boldsymbol{\Sigma} = (\boldsymbol{L}_1 + \mathcal{I}k\boldsymbol{L}_2)\overline{\boldsymbol{u}} \tag{5.46}$$

$$\boldsymbol{L}_1 = \begin{pmatrix} \boldsymbol{L}_{\varepsilon}^1 & 0 \\ \boldsymbol{L}_{\kappa}^1 & 0 \\ \boldsymbol{L}_{\gamma}^1 & 0 \\ 0 & \boldsymbol{L}_E^1 \end{pmatrix}, \quad \boldsymbol{L}_2 = \begin{pmatrix} \boldsymbol{L}_{\varepsilon}^2 & 0 \\ \boldsymbol{L}_{\kappa}^2 & 0 \\ \boldsymbol{L}_{\gamma}^2 & 0 \\ 0 & \boldsymbol{L}_E^2 \end{pmatrix} \tag{5.47}$$

相关微分矩阵为

$$\boldsymbol{L}_{\varepsilon}^{1}=\begin{pmatrix}0&0&0&0&0\\0&\frac{\partial}{\partial y}&0&0&0\\\frac{\partial}{\partial y}&0&0&0&0\end{pmatrix}\quad \boldsymbol{L}_{\varepsilon}^{2}=\begin{pmatrix}1&0&0&0&0\\0&0&0&0&0\\0&1&0&0&0\end{pmatrix}$$

$$\boldsymbol{L}_{\kappa}^{1}=\begin{pmatrix}0&0&0&0&0\\0&0&0&0&\frac{\partial}{\partial y}\\0&0&0&\frac{\partial}{\partial y}&0\end{pmatrix}\quad \boldsymbol{L}_{\kappa}^{2}=\begin{pmatrix}0&0&1&0&0\\0&0&0&0&0\\0&0&0&1&0\end{pmatrix}$$

$$\boldsymbol{L}_{\gamma}^{1}=\begin{pmatrix}0&0&\frac{\partial}{\partial y}&0&1\\0&0&0&1&0\end{pmatrix}\quad \boldsymbol{L}_{\gamma}^{2}=\begin{pmatrix}0&0&0&0&0\\0&0&1&0&0\end{pmatrix}$$

$$\boldsymbol{L}_{E}^{1}=\begin{pmatrix}0\\-\frac{\partial}{\partial y}\\0\end{pmatrix}\quad \boldsymbol{L}_{E}^{2}=\begin{pmatrix}-1\\0\\0\end{pmatrix}\tag{5.48}$$

根据哈密顿原理，当系统处于平衡状态时，对任意位移 0，能量泛函 Π 的变分为 0，即

$$\begin{aligned}\delta\Pi&=\delta W_{kin}-\delta W_{pot}\\&=\omega^{2}\delta\boldsymbol{U}^{\mathrm{T}}\int_{V}\boldsymbol{R}^{\mathrm{T}}\boldsymbol{I}^{\mathrm{T}}\boldsymbol{R}\mathrm{d}V\boldsymbol{U}-\delta\boldsymbol{U}^{\mathrm{T}}\int_{V}(\boldsymbol{B}_{1}+\mathcal{I}k\boldsymbol{B}_{2})^{\mathrm{T}}\overline{\boldsymbol{\Theta}}^{\mathrm{T}}(\boldsymbol{B}_{1}+\mathcal{I}k\boldsymbol{B}_{2})\mathrm{d}V\boldsymbol{U}\\&=\delta\boldsymbol{U}^{\mathrm{T}}[\boldsymbol{K}_{1}+\mathcal{I}k(\boldsymbol{K}_{2}-\boldsymbol{K}_{2}^{\mathrm{T}})+k^{2}\boldsymbol{K}_{3}-\omega^{2}\boldsymbol{M}]\boldsymbol{U}=0\end{aligned}\tag{5.49}$$

式中，δ 为变分符号，$\boldsymbol{R}$ 为 NURBS 基函数；$\boldsymbol{B}_1$ 为与 y 相关的应变位移矩阵；$\boldsymbol{B}_2$ 为与 z 相关的应变位移矩阵；$\boldsymbol{U}$ 为复合材料板上所有控制点位移列阵。
式中单元矩阵为

$$\begin{aligned}&\boldsymbol{K}_{1}^{e}=\int_{V^{e}}\boldsymbol{R}^{\mathrm{T}}\boldsymbol{L}_{1}^{\mathrm{T}}\overline{\boldsymbol{\Theta}}\boldsymbol{L}_{1}\boldsymbol{R}|J_{1}||J_{2}|\mathrm{d}\xi,\quad \boldsymbol{K}_{2}^{e}=\int_{V^{e}}\boldsymbol{R}^{\mathrm{T}}\boldsymbol{L}_{1}^{\mathrm{T}}\overline{\boldsymbol{\Theta}}\boldsymbol{L}_{2}\boldsymbol{R}|J_{1}||J_{2}|\mathrm{d}\xi\\&K_{3}^{e}=\int_{V^{e}}\boldsymbol{R}^{\mathrm{T}}\boldsymbol{L}_{2}^{\mathrm{T}}\overline{\boldsymbol{\Theta}}\boldsymbol{L}_{2}\boldsymbol{R}|J_{1}||J_{2}|\mathrm{d}\xi,\quad \boldsymbol{M}^{e}=\int_{V^{e}}\boldsymbol{R}^{\mathrm{T}}\boldsymbol{I}\boldsymbol{R}|J_{1}||J_{2}|\mathrm{d}\xi\end{aligned}\tag{5.50}$$

式中，V^e 为单元体积。

对于任意的 $\delta\boldsymbol{U}^{\mathrm{T}}$，式（5.48）都满足

$$[\boldsymbol{K}_{1}+\mathcal{I}k(\boldsymbol{K}_{2}-\boldsymbol{K}_{2}^{\mathrm{T}})+k^{2}\boldsymbol{K}_{3}-\omega^{2}\boldsymbol{M}]\boldsymbol{U}=0\tag{5.51}$$

式（5.51）表明通过从空间域到波数域的傅里叶变换可降低压电层合板的几何维数，由此得到一个二阶多项式特征值问题，通过参考文献可得到频散结果。对于任意给定的角频率，波数成对出现，分别表示正向传播和负向传播波模态，特征

向量表示波的形状。根据群速度的定义和公式(5.51)对 k 的导数,得到

$$U^{\mathrm{H}}\left[\mathcal{I}(\boldsymbol{K}_2 - \boldsymbol{K}_2{}^{\mathrm{T}}) + 2k\boldsymbol{K}_3 - 2\omega\frac{\partial\omega}{\partial k}\boldsymbol{M}\right]\boldsymbol{U} = 0 \tag{5.52}$$

进而,可得与频率相关的群速度

$$c_g = \frac{\boldsymbol{U}^{\mathrm{H}}[\mathcal{I}(\boldsymbol{K}_2 - \boldsymbol{K}_2{}^{\mathrm{T}}) + 2k\boldsymbol{K}_3]\boldsymbol{U}}{2\omega\boldsymbol{U}^{\mathrm{H}}\boldsymbol{M}\boldsymbol{U}} \tag{5.53}$$

式中,$\boldsymbol{U}$ 为特征矢量;H 为复共轭转置。

5.3.5 石墨烯增强压电复合材料板的波动特性

1. 结果验证及收敛性分析

为了验证计算结果的可靠性,首先需要对所提出的半解析等几何方法进行验证。基于一阶剪切变形板理论,考虑各向同性均质板的波动特性,该板由聚甲基丙烯酸甲酯(PMMA)制成,杨氏模量 $E_p=2.5\text{GPa}$,泊松比 $\nu_p=0.34$,质量密度 $\rho_p=1190\text{kg/m}^3$。不失一般性地,频率和波数被无量纲化为 $\omega L/c_s$ 和 kL。板的宽 L 和高 h 分别设置为 0.1m 和 0.005m$\left(\text{高宽比 } s=\dfrac{1}{20}\right)$。采用新提出的方法计算得到的面内和面外导波模态频谱可如图 5.4a、b 所示,计算结果与 Yang 等人结合状态空间法和回传射线矩阵法提出的计算方法的求解结果做了对比。结果表明两种方法计算得到的频散结果是一致的,即本章基于 Ressiner-Mindlin 板理论提出的半解析等几何分析方法,在求解波动问题时的计算结果是合理和精确的。

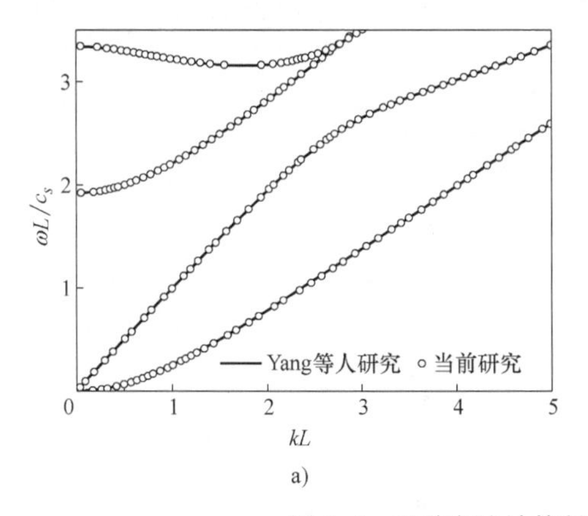

a)

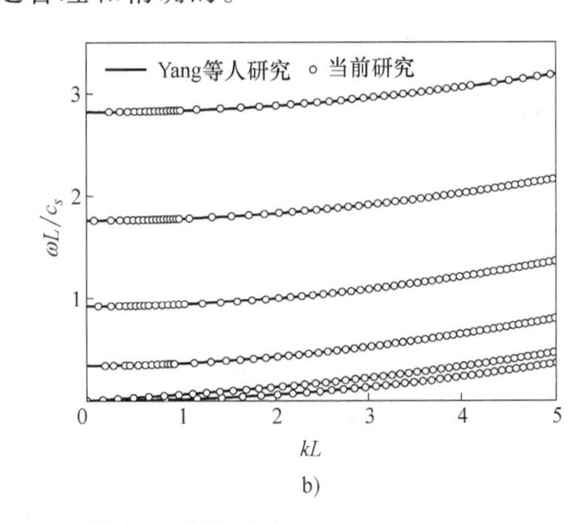

b)

图 5.4 两种方法计算得到的导波模态频谱结果对比

此外,通过考虑不含石墨烯薄片的压电复合板的波动特性来分析新方法的收敛性。假设宽高比 $s=20$,层数 $N_L=1$,板的材料属性和电学属性见表 5.1 和表 5.2。表 5.3 列出了压电复合板中前五种传播波模态在无量纲频率为 0.5 时的频散特性。计算模型的参数化过程类似于有限单元法,形函数阶次增加和插入节点是最经典的

两种细化方法。这里，比较了不同 p 细化（NURBS 基函数阶次增加和）和 h 细化（插入节点数的增加）下板内导波的频散结果。如表 5.3 所示，当阶次一定时，频散结果随着节点数的增加不断收敛；总体可以看出，半解析等几何分析方法求解的五条模态频散结果随着 NURBS 基函数的阶次增加和节点数的增加不断收敛。

表 5.3　p 细化和 h 细化在频散计算中的收敛性分析

定单标高	节点插入	1	2	3	4	5
$p=2$	5	0.5004	1.4983	2.5778	5.1357	5.8377
	10	0.5005	1.4984	2.7628	5.1566	5.8432
	20	0.5005	1.4984	2.7817	5.1636	5.8447
	30	0.5005	1.4984	2.7843	5.1648	5.8450
	50	0.5005	1.4984	2.7850	5.1651	5.8451
	100	0.5005	1.4984	2.7851	5.1652	5.8451
$p=4$	5	0.5005	1.4984	2.7671	5.1582	5.8434
	10	0.5005	1.4984	2.7831	5.1642	5.8449
	20	0.5005	1.4984	2.7851	5.1652	5.8451
	30	0.5005	1.4984	2.7852	5.1652	5.8451
	50	0.5005	1.4984	2.7852	5.1652	5.8451
	100	0.5005	1.4984	2.7852	5.1652	5.8451
$p=6$	5	0.5005	1.4984	2.7797	5.1651	5.8445
	10	0.5005	1.4984	2.7850	5.1647	5.8451
	20	0.5005	1.4984	2.7852	5.1652	5.8451
	30	0.5005	1.4984	2.7852	5.1652	5.8451
	50	0.5005	1.4984	2.7852	5.1652	5.8451
	100	0.5005	1.4984	2.7852	5.1652	5.8451

为了体现该方法的优越性，分别采用 NURBS 基函数和拉格朗日多项式作为模型单元的形函数，分析了等几何分析法和有限元方法的收敛性。将 NURBS 基函数阶次 $p=6$ 和插入节点数 100 的离散结果作为频散结果的参考值。在表 5.3 中，观察发现前两种模态随着细化参数的增加几乎不变化，而其他模态对单元阶次增加和插入节点数的增加非常敏感。选择模态 3、4 和 5 用于半解析等几何分析方法的收敛性分析和计算精度分析。

首先，图 5.5 所示为不同细化参数下 NURBS 基函数的误差估计比较。从图 5.5 可以看出，通过调节 p 细化和 h 细化可以实现计算结果收敛，相对误差类似于表 5.3 单调递减。结果表明，频散结果随着阶次增加和节点数增加而收敛。当阶次 $p=4$ 时，图 5.6 给出了 NURBS 基函数和拉格朗日形函数关于 h 细化的误差估计。结果表明，NURBS 基函数比拉格朗日形函数的相对误差更小，收敛速度也比拉格朗日形函数快。此外，图 5.7 介绍了当 p 细化和 h 细化参数变化时两种基函数的误差分析，提高基函数的阶次可以加快基函数的收敛性，NURBS 样条函数始终优于拉格朗日形函数。由此可知，当阶次 $p=4$，插入的节点数为30时，计算精度已经足够，在接下来的章节中，这些细化参数也被选择用于功能梯度石墨烯增强压电复合材料结构的精确建模中。

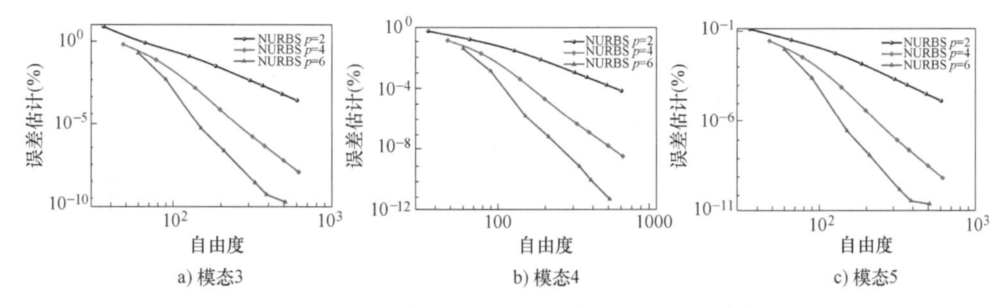

图5.5　NURBS基函数关于三条模态3、4和5的频散计算误差对比

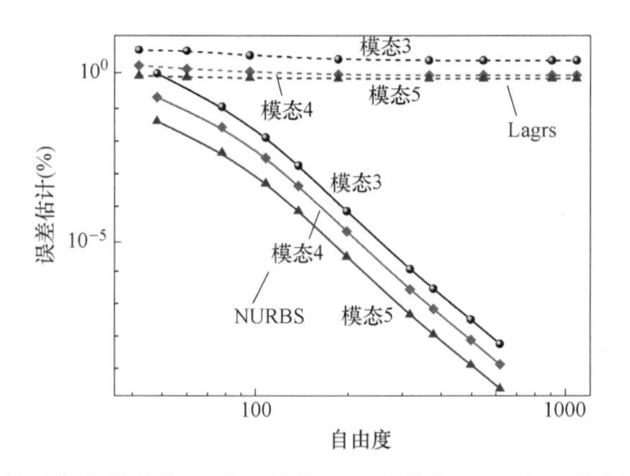

图5.6　NURBS基函数和拉格朗日形函数关于三条模态3、4和5的频散计算误差对比

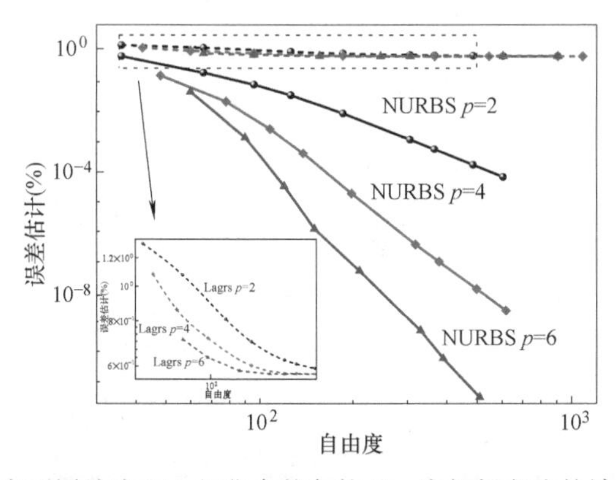

图5.7　具有不同阶次和 h 细化参数条件下，半解析方法的计算相对误差

表5.4所示为 $\Omega=0.5$ 时压电复合材料板中三种导波模式的无量纲波数。除石墨烯体积分数 $f_{GPL}=0.1\%$ 外，压电复合板的其他参数与上述相同。当层数 $N_L=$

1000 时，数值结果可作为频散计算的参考值。表 5.4 给出了不同层数和三种分布模式下的频散计算结果。图 5.8 所示为压电复合板的层数 N_L 对三条模态频散结果的相对误差的影响效应。对于分布模式 UD，频散特性结果不受层数变化的影响；对于分布模式 FG-X 或 FG-O，材料的不均匀分布对弯曲波的传播特性有显著影响。可以明显地看到，当 $N_L \geqslant 40$ 时，计算精度随着 N_L 的增加而有效地提高，与参考值相比，小于或等于 1%（虚线）的相对误差已经满足精度要求。

表 5.4　无量纲频率 0.5 处，功能梯度压电复合板中不同模式的波数随层数的变化

N_L	UD			FG-X			FG-O		
	3	4	5	3	4	5	3	4	5
4	1.9347	4.6234	5.3645	1.7493	4.5185	5.2704	2.1263	4.7384	5.4679
6	1.9347	4.6234	5.3645	1.6884	4.4855	5.2409	2.1922	4.7793	5.5048
8	1.9347	4.6234	5.3645	1.6580	4.4693	5.2264	2.2255	4.8003	5.5237
10	1.9347	4.6234	5.3645	1.6398	4.4597	5.2178	2.2457	4.8131	5.5352
12	1.9347	4.6234	5.3645	1.6277	4.4534	5.2122	2.2592	4.8216	5.5429
20	1.9347	4.6234	5.3645	1.6034	4.4408	5.2009	2.2864	4.8390	5.5585
50	1.9347	4.6234	5.3645	1.5816	4.4296	5.1909	2.3110	4.8548	5.5728
1000	1.9347	4.6234	5.3645	1.5678	4.4225	5.1846	2.3267	4.8649	5.5820

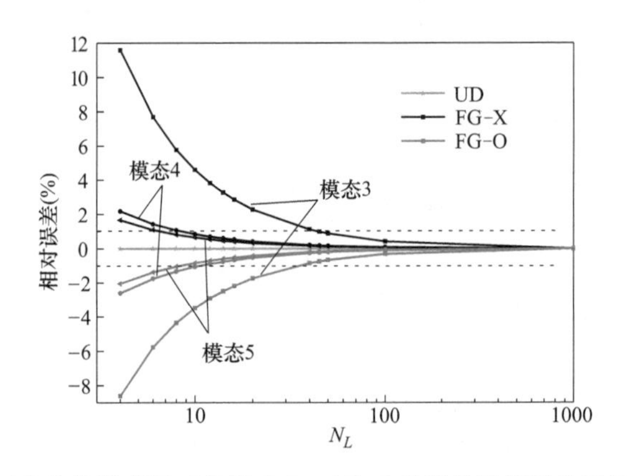

图 5.8　三种分布模式下三条模态 3、4 和 5 的频散计算误差受层数的影响

2. 波动特性分析

本节考虑了压电复合板的重要参数对波动特性的影响规律，该复合板由聚合物基体 PVDF 和增强材料 GPLs 组成，材料属性和电学属性可见表 5.1 和表 5.2。GPLs 的长度、宽度和厚度分别为 $l_{GPL}=2.5\mu m$，$w_{GPL}=1.5\mu m$ 和 $t_{GPL}=1.5nm$。根据上一节的讨论结果，将复合板的层数设为 $N_L=40$。

首先，图5.9给出了体积分数$f_{GPL}=0.1\%$和宽厚比$L/h=20$的压电复合材料板中传播波的频散特性。石墨烯薄片沿复合板厚度方向遵循分布模式UD。频谱曲线中存在两种导波模态，包括面内波模态和弯曲波模态。图5.9b、c分别给出了相速度曲线和群速度曲线，这些频散特性可用于指导结构健康监测中压电耦合传感器设计过程中导波模态和激励频率的选择。为方便起见，将前5种弯曲波模态记为F_i（$i=1, 2, \cdots, 5$），前3种面内波模态为P_j（$j=1, 2, 3$）。用P_1、P_2、F_1和F_3模态作为代表分析面内波和弯曲波模态的传播特性，分析压电复合板相关参数的影响效应。

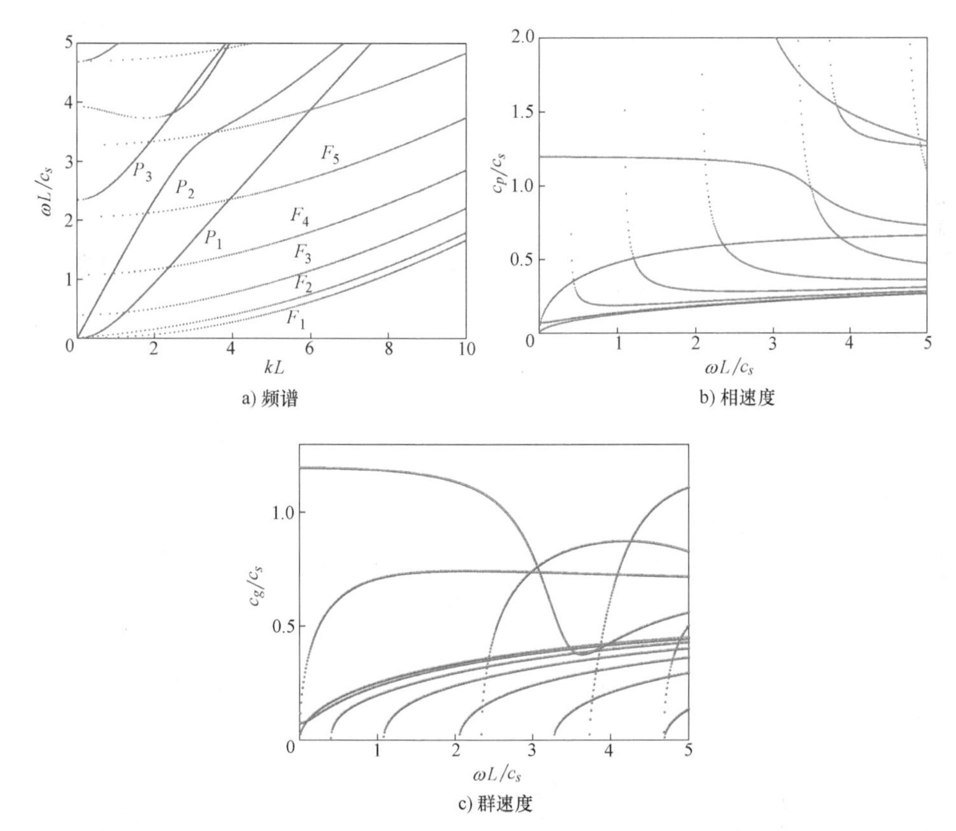

图5.9　当$f_{GPL}=0.1\%$，$L/h=20$，$N_L=40$，分布模式为模式UD的压电复合材料板的频散曲线

图5.10所示为压电复合材料板中导波模态的频散行为及三种分布模式对波传播特性的影响。由此可见，石墨烯分布模式FG-X和FG-O会对弯曲波模态的频谱和群速度有相反的影响效应。石墨烯集中在顶部和底部表面时，导波会出现更小的波数和更高的能量传输速度，而石墨烯集中在中间层时结果相反。同时，可以发现，石墨烯分布模式的变化对面内波模态的波动特性没有影响。

针对遵循分布模式UD、FG-X和FG-O的功能梯度石墨烯增强压电复合材料板，GPLs体积分数对频散曲线的影响效应如图5.11所示。体积分数的变化对导波

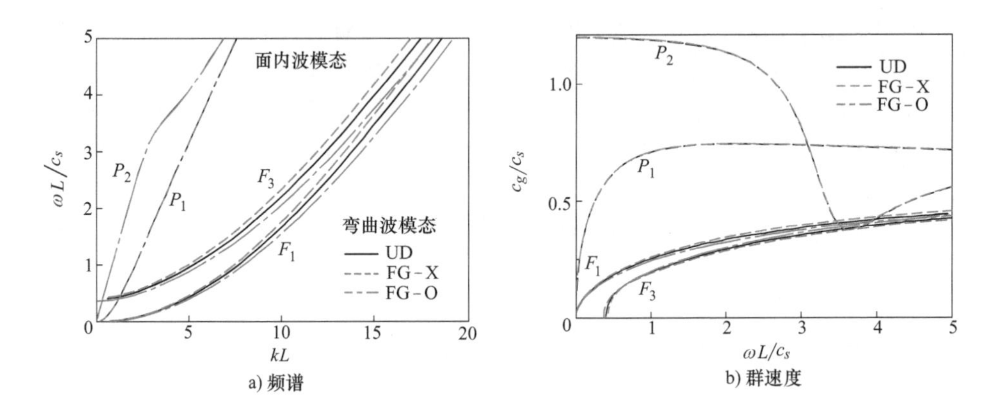

图 5.10 当 $f_{GPL}=0.1\%$，$L/h=20$，$N_L=40$ 时不同分布模式下压电复合材料板频散特性的变化

模态的频谱和群速度有很大的影响。相对而言，分布模式 FG-O 下的弯曲波频散曲线较为集中，对 GPLs 的体积分数变化不敏感。图 5.11a、b 说明了分布模式 UD 下导波传播特性的变化。可以清晰地发现，随着 GPLs 体积分数的增加，面内波模态的波数减小，模态的能量传播得越来越快。当体积分数低于 0.3%时，弯曲波模态也发生了类似的变化。然而，在高频段时，弯曲波模态的波数随着体积分数增加而变大，能量传输变慢。同时，图 5.11c、d、e、f 所示为石墨烯分布遵循模式 FG-X 和 FG-O 时的波动特性，表现出相同的现象。为清楚地说明波数随体积分数的变化，图 5.11g 给出了弯曲波模态 F_1 和 F_2 在无量纲频率 $\Omega=2$ 下波数随体积分数的变化曲线。模态 F_1 随着 f_{GPL} 的增加先减少后增加，但模态 f_{GPL} 只单调地减少。

图 5.12 所示为石墨烯薄片宽厚比（L/h）对压电复合材料板频散曲线的影响。弯曲波模态的波动特性受比值的影响显著。随着比值的增大，即复合材料板变宽或变薄，在一定频率下，弯曲波模态的波数越来越大，群速度随着波包传输速度和能量的降低而减小。同时，随着比值的增大，弯曲模态的截止频率发生延迟，并逐渐向正方向移动。

此外，采用压电倍数衡量石墨烯薄片的压电效应，图 5.13 所示为石墨烯压电效应的变化对导波频散特性的影响。随着压电倍数的增加，弯曲波模态的波数明显增大。随着压电倍数的增大，频谱的斜率减小，当 $\alpha=200\times1000$ 时，这种现象较为明显。同时，弯曲模态的群速度相应减小，但截止频率几乎不变。研究表明，GPLs 的压电特性对弯曲波模态影响较大，而对平面内模态影响较小。此外，通过比较考虑压电和不考虑含压电效应两种情况下的频散曲线，分析了 GPLs 增强压电复合材料板的压电效应，如图 5.14 所示。压电效应导致面内模态波数减少，而弯曲模态波数增加。由此可知，压电效应可以促进面内导波模态的传输，并抑制弯曲模态的传播。

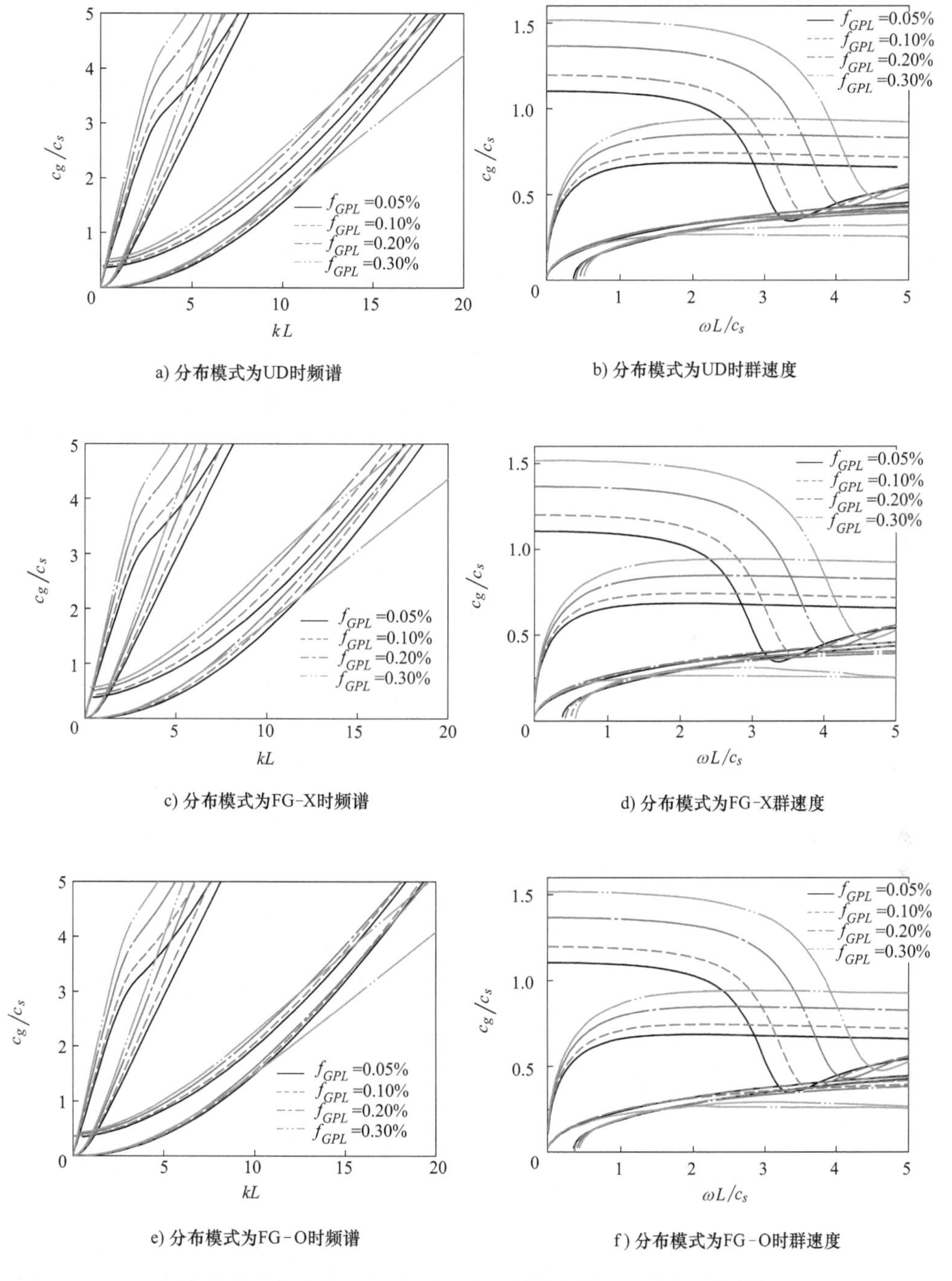

图 5.11　当 $L/h=20$，$N_L=40$ 时不同分布模式下压电复合材料板频散特性受 GPL 含量的影响效应

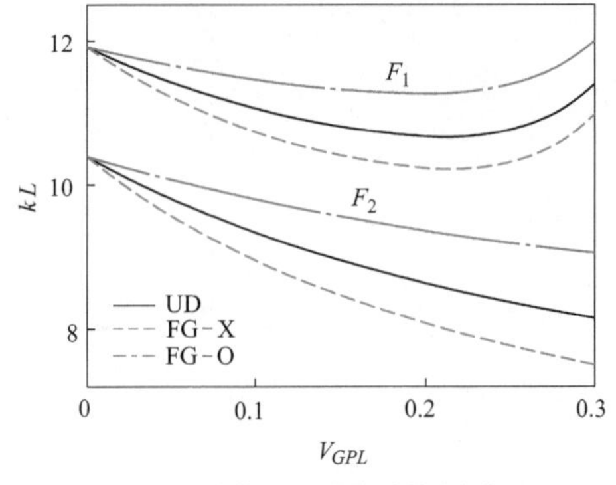

g) 波数随GPL体积分数的变化

图 5.11 当 $L/h=20$，$N_L=40$ 时不同分布模式下压电复合材料板频散特性受 GPL 含量的影响效应（续）

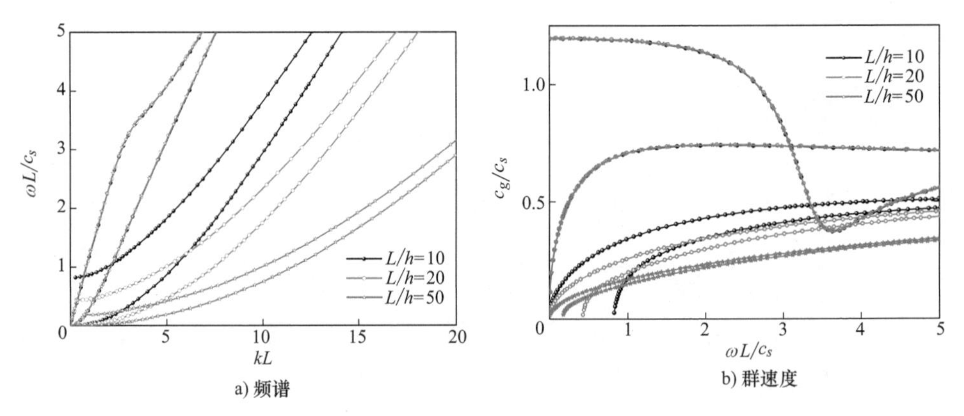

a) 频谱　　b) 群速度

图 5.12 当 $L/h=20$，$N_L=40$，分布模式为 FG-X 时，压电复合材料板频散特性受板宽厚比变化的影响效应

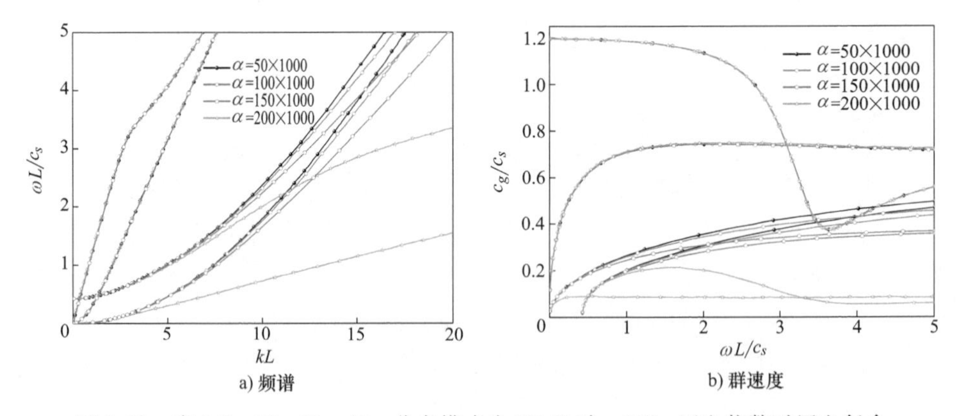

a) 频谱　　b) 群速度

图 5.13 当 $L/h=20$，$N_L=40$，分布模式为 FG-X 时，GPLs 压电倍数对压电复合材料板频散特性的影响效应

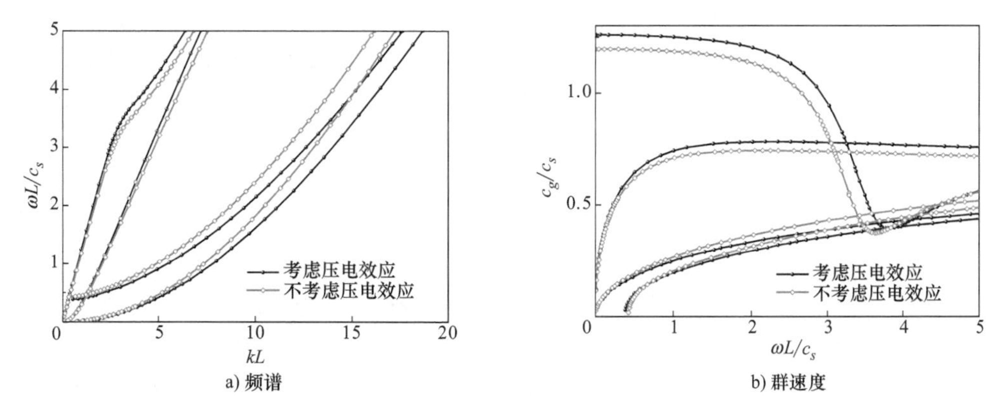

a) 频谱　　b) 群速度

图 5.14　当 $L/h=20$，$N_L=40$，分布模式为 FG-X 时，GPLs 压电效应对压电复合材料板频散特性的影响效应

此外，GPLs 的尺寸参数也是影响石墨烯增强压电复合材料板波模频散特性的重要因素。图 5.15a、b 表明，较长的或较薄的石墨烯薄片可以减少面内波和弯曲波模式的波数，能量传输更快。当无量纲频率为 3 时，GPLs 的尺寸参数和分布模式对波

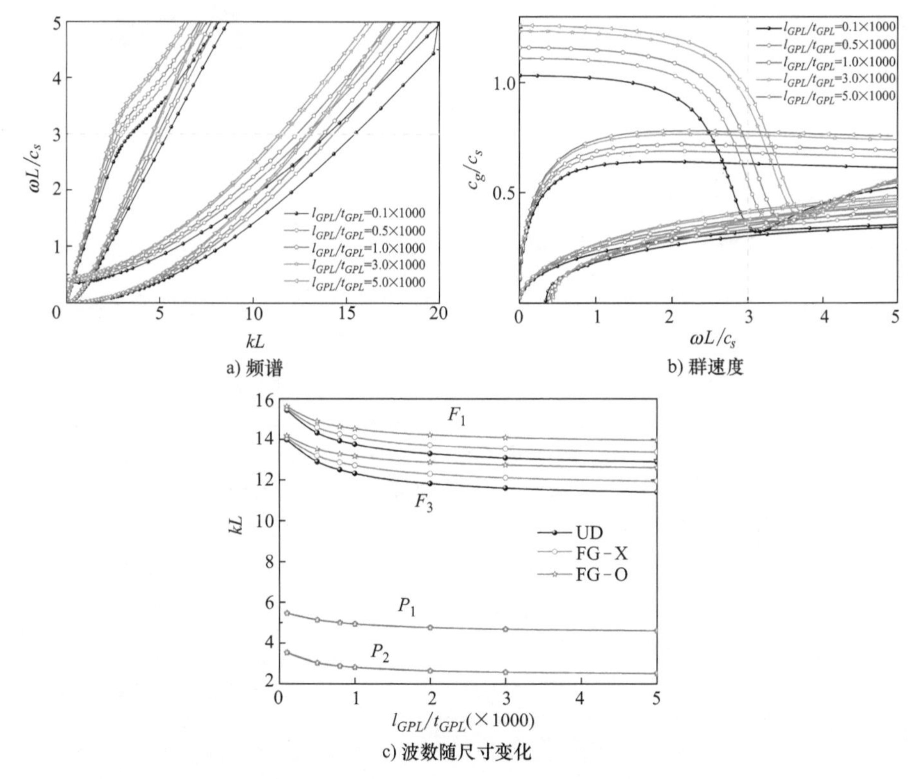

a) 频谱　　b) 群速度

c) 波数随尺寸变化

图 5.15　当 $L/h=20$，$N_L=40$，分布模式为 FG-X 时，GPLs 尺寸参数对压电复合材料板频散特性的影响效应

频散的影响如图 5.15c 所示。研究结果表明，GPLs 作为一种理想的纳米增强材料，通过调节合理的尺寸参数可以有效地调控压电聚合物复合材料中弹性波的传播。

5.4 石墨烯增强复合材料壳的波动特性

本节研究了石墨烯增强压电复合材料壳的波动特性，圆柱壳由增强型 GPLs 和基体（聚偏二氟乙烯，PVDF）组成。在圆柱坐标系内，压电复合材料圆柱壳如图 5.16 所示，半径为 R，厚度为 h，层数为 N_L。GPLs 均匀地分散在圆柱壳的每一层中，图 5.17 所示为 GPLs 沿压电复合材料壳径向的三种分布模式。假设弹性波沿 x 轴方向传播，壳的中面连续、光滑且可微，壳的材料特性和几何特征沿波传播方向不变。角频率、时间和虚数单位分别表示为 ω、t 和 $i=\sqrt{-1}$，壳的体积和边界用 V 和 ∂V 表示。

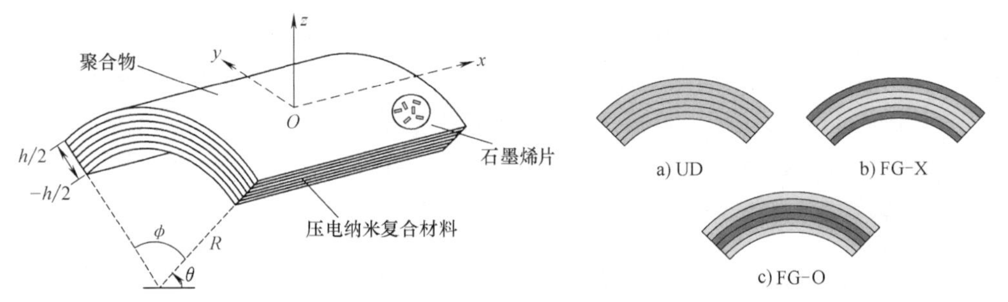

图 5.16 石墨烯增强压电复合材料壳示意图

图 5.17 压电复合圆柱壳中 GPLs 的径向分布（颜色深度表示 GPLs 的疏密程度）

5.4.1 复合材料的等效材料属性

对于该复合壳，GPLs 和 PVDF 的力学属性和电学属性见表 5-1 和表 5-2。在图 5.17 中，石墨烯薄片的分布由三种模式 UD、FG-X 和 FG-O 表示，三种分布模式的体积分数计算可见上节中的式（5.27）~式(5.29)。横截面的颜色表示 GPLs 分布的疏密程度，这些分布模式描绘了 GPLs 体积分数的梯度变化。UD 表示具有石墨烯薄片呈均匀分布，FG-X 和 FG-O 表明石墨烯薄片体积分数从中间层到顶部或底部逐渐变化，且呈对称分布。前者在复合壳的外表面和内表面 GPLs 分布较密，而后者则相反。假设 GPLs 纳米增强材料与基体 PVDF 完美结合。对于 GPLs 纳米增强材料和聚合物基体组成的复合等效材料参数的评估，以往的研究已经证明 Halpin-Tsai 模型比 Mori-Tanaka 模型更准确。当体积分数低于 1%时，Halpin-Tsai 平行模型可有效评估石墨烯增强 PVDF 复合材料的材料属性，本节所考虑的石墨烯增强压电复合材料的等效模量、质量密度、泊松比、压电常数和介电常数用式（5.27）~式（5.29）和式（5.31）~式(5.33) 计算得到。

5.4.2 一阶剪切变形壳理论

基于一阶剪切变形壳理论，复合壳的动力学关系可通过在（x，θ，z）方向上

中性面的平移位移 u_0（x，θ，t）、v_0（x，θ，t）、w_0（x，θ，t）和分别垂直于 x 轴和 z 轴的横截面的旋转角 α_x（x，θ，t）、α_θ（x，θ，t）来描述，圆柱壳内任意一点的位移可表示为

$$
\begin{aligned}
u(x,\theta,z,t) &= u_0(x,\theta,t) + z\alpha_x(x,\theta,t) \\
v(x,\theta,z,t) &= v_0(x,\theta,t) + z\alpha_\theta(x,\theta,t) \\
w(x,\theta,z,t) &= w_0(x,\theta,t)
\end{aligned}
\tag{5.54}
$$

其中，u_0、v_0、w_0、α_x 和 α_θ 和坐标 z 无关，对 z 的导数为零；横向剪切应变 γ_{xz} 和 $\gamma_{\theta z}$ 与坐标 z 无关。应变—位移关系为

$$
\begin{aligned}
&\varepsilon_{xx} = \varepsilon_{xx}^0 + z\kappa_x, \quad \varepsilon_{\theta\theta} = \varepsilon_{\theta\theta}^0 + z\kappa_\theta, \quad \varepsilon_{zz} = 0 \\
&\varepsilon_{x\theta} = \varepsilon_{x\theta}^0 + z\kappa_{x\theta}, \quad \varepsilon_{\theta z} = \frac{\partial w_0}{R\partial\theta} - \frac{v_0}{R} + \alpha_\theta, \quad \varepsilon_{xz} = \frac{\partial w_0}{\partial x} + \alpha_x
\end{aligned}
\tag{5.55}
$$

式中，ε_{xx}^0、$\varepsilon_{\theta\theta}^0$ 和 $\varepsilon_{x\theta}^0$ 分别为中性面内的应变分量。横向剪切变形产生的面内曲率分量为

$$
\kappa_x = \frac{\partial\alpha_x}{\partial x}, \quad \kappa_\theta = \frac{\partial\alpha_\theta}{\partial\theta}, \quad \kappa_{x\theta} = \frac{\partial\alpha_x}{\partial\theta} + \frac{\partial\alpha_\theta}{\partial x}
\tag{5.56}
$$

根据薄膜弯曲和剪切效应，这些应变分量可分类为面内膜应变

$$
\boldsymbol{\varepsilon} = \begin{pmatrix} \dfrac{\partial u_0}{\partial x} \\ \dfrac{1}{R}\left(\dfrac{\partial v_0}{\partial\theta} + w_0\right) \\ \dfrac{\partial v_0}{\partial x} + \dfrac{\partial u_0}{R\partial\theta} \end{pmatrix} = \begin{pmatrix} \dfrac{\partial}{\partial x} & 0 & 0 & 0 & 0 \\ 0 & \dfrac{\partial}{R\partial\theta} & \dfrac{1}{R} & 0 & 0 \\ \dfrac{\partial}{R\partial\theta} & \dfrac{\partial}{\partial x} & 0 & 0 & 0 \end{pmatrix} \begin{Bmatrix} u_0 \\ v_0 \\ w_0 \\ \alpha_x \\ \alpha_\theta \end{Bmatrix}
\tag{5.57}
$$

平面弯曲曲率

$$
\boldsymbol{\kappa} = \begin{pmatrix} \dfrac{\partial\alpha_x}{\partial x} \\ \dfrac{\partial\alpha_\theta}{R\partial\theta} \\ \dfrac{\partial\alpha_\theta}{\partial x} + \dfrac{\partial\alpha_x}{R\partial\theta} \end{pmatrix} = \begin{pmatrix} 0 & 0 & 0 & \dfrac{\partial}{\partial x} & 0 \\ 0 & 0 & 0 & 0 & \dfrac{\partial}{R\partial\theta} \\ 0 & 0 & 0 & \dfrac{\partial}{R\partial\theta} & \dfrac{\partial}{\partial x} \end{pmatrix} \begin{Bmatrix} u_0 \\ v_0 \\ w_0 \\ \alpha_x \\ \alpha_\theta \end{Bmatrix}
\tag{5.58}
$$

面外剪切应变

$$
\boldsymbol{\gamma} = \begin{pmatrix} \dfrac{\partial w_0}{\partial x} + \alpha_x \\ \dfrac{\partial w_0}{R\partial\theta} - \dfrac{v_0}{R} + \alpha_\theta \end{pmatrix} = \begin{pmatrix} 0 & -\dfrac{1}{R} & \dfrac{\partial}{R\partial\theta} & 0 & 1 \\ 0 & 0 & \dfrac{\partial}{\partial x} & 1 & 0 \end{pmatrix} \begin{Bmatrix} u_0 \\ v_0 \\ w_0 \\ \alpha_x \\ \alpha_\theta \end{Bmatrix}
\tag{5.59}
$$

5.4.3 压电复合材料壳的广义本构方程

假设压电复合圆柱壳的每个子层都是均匀的，曲面平行于复合壳的中性面。压电极化方向沿着 z 轴方向。第 n 个压电子层壳的电力耦合关系为

$$\begin{aligned}\boldsymbol{\sigma}_n &= \boldsymbol{Q}_n\boldsymbol{\varepsilon}_n - \boldsymbol{e}_n^{\mathrm{T}}\boldsymbol{E}_n \\ \boldsymbol{D}_n &= \boldsymbol{e}_n\boldsymbol{\varepsilon}_n + \boldsymbol{\mu}_n\boldsymbol{E}_n\end{aligned} \tag{5.60}$$

式中，$\boldsymbol{\sigma}_n$、$\boldsymbol{\varepsilon}_n$ 和 $\boldsymbol{D}_n$ 分别为第 n 层的应力、应变和电位移矢量；第 n 层的弹性张量 $\boldsymbol{Q}_n$ 写为

$$\boldsymbol{Q}_n = \begin{pmatrix} Q_{11} & Q_{12} & Q_{13} & 0 & 0 & 0 \\ Q_{21} & Q_{22} & Q_{23} & 0 & 0 & 0 \\ Q_{31} & Q_{32} & Q_{33} & 0 & 0 & 0 \\ 0 & 0 & 0 & Q_{44} & 0 & 0 \\ 0 & 0 & 0 & 0 & Q_{55} & 0 \\ 0 & 0 & 0 & 0 & 0 & Q_{66} \end{pmatrix}_{(n)} \tag{5.61}$$

表示力电耦合效应的三阶压电张量 e_n 和三维形式的二阶介电常数张量 μ_n 表示为

$$\boldsymbol{e}_n = \begin{pmatrix} 0 & 0 & 0 & 0 & e_{15} & 0 \\ 0 & 0 & 0 & e_{24} & 0 & 0 \\ e_{31} & e_{32} & e_{33} & 0 & 0 & 0 \end{pmatrix}_{(n)}, \quad \boldsymbol{\mu}_n = \begin{pmatrix} \mu_{11} & 0 & 0 \\ 0 & \mu_{22} & 0 \\ 0 & 0 & \mu_{33} \end{pmatrix}_{(n)} \tag{5.62}$$

电场强度 E_n 如下

$$\boldsymbol{E}_n = \begin{Bmatrix} E_x \\ E_\theta \\ E_z \end{Bmatrix}_{(n)} = \begin{Bmatrix} -\dfrac{\partial}{\partial x} \\ -\dfrac{\partial}{R\partial\theta} \\ -\dfrac{\partial}{\partial z} \end{Bmatrix}_{(n)} \varphi(n) \tag{5.63}$$

式中，Q_{ij}、e_{ij} 和 μ_{ij} 分别为弹性常数、压电常数和介电常数。E_i（$i=x$，θ，z）表示三个方向的电场强度，由电势 $\varphi(n)$ 决定，压电层的电势与 z 坐标无关，因此，关于 z 的导数为零。根据一阶剪切变形壳理论，壳径向的法向应力可以忽略，而与 z 坐标相关的横向剪应力 τ_{xz} 和 τ_{yz} 不为零。结合式（5.60）且 $\varepsilon_{zz}=0$，法向应变为

$$\varepsilon_{zz} = \frac{e_{33}E_z - Q_{31}\varepsilon_{xx} - Q_{32}\varepsilon_{\theta\theta}}{Q_{33}} \tag{5.64}$$

将公式（5.64）代入公式（5.60）可导出第 n 个压电壳层的广义本构方程，如下

$$\begin{Bmatrix} \sigma_{xx} \\ \sigma_{\theta\theta} \\ \tau_{x\theta} \\ \tau_{\theta z} \\ \tau_{xz} \end{Bmatrix}_{(n)} = \begin{pmatrix} \bar{Q}_{11} & \bar{Q}_{12} & 0 & 0 & 0 \\ \bar{Q}_{12} & \bar{Q}_{22} & 0 & 0 & 0 \\ 0 & 0 & \bar{Q}_{66} & 0 & 0 \\ 0 & 0 & 0 & \bar{Q}_{44} & 0 \\ 0 & 0 & 0 & 0 & \bar{Q}_{55} \end{pmatrix}_{(n)} \begin{Bmatrix} \varepsilon_{xx} \\ \varepsilon_{\theta\theta} \\ \gamma_{x\theta} \\ \gamma_{\theta z} \\ \gamma_{xz} \end{Bmatrix}_{(n)} - \begin{pmatrix} 0 & 0 & \bar{e}_{31} \\ 0 & 0 & \bar{e}_{32} \\ 0 & 0 & 0 \\ 0 & \bar{e}_{24} & 0 \\ \bar{e}_{15} & 0 & 0 \end{pmatrix}_{(n)} \begin{Bmatrix} E_x \\ E_\theta \\ E_z \end{Bmatrix}_{(n)} \tag{5.65}$$

$$\begin{Bmatrix} D_x \\ D_\theta \\ D_z \end{Bmatrix}_{(n)} = \begin{pmatrix} 0 & 0 & 0 & 0 & \bar{e}_{15} \\ 0 & 0 & 0 & \bar{e}_{24} & 0 \\ \bar{e}_{31} & \bar{e}_{32} & 0 & 0 & 0 \end{pmatrix}_{(n)} \begin{Bmatrix} \varepsilon_{xx} \\ \varepsilon_{\theta\theta} \\ \gamma_{x\theta} \\ \gamma_{\theta z} \\ \gamma_{xz} \end{Bmatrix}_{(n)} + \begin{pmatrix} \bar{\mu}_{11} & 0 & 0 \\ 0 & \bar{\mu}_{22} & 0 \\ 0 & 0 & \bar{\mu}_{33} \end{pmatrix}_{(n)} \begin{Bmatrix} E_x \\ E_\theta \\ E_z \end{Bmatrix}_{(n)} \tag{5.66}$$

式中，每个压电壳的缩减弹性常数和压电常数

$$\begin{gathered} \bar{Q}_{11}^n = Q_{11}^n - \frac{Q_{13}^n Q_{31}^n}{Q_{33}^n}, \quad \bar{Q}_{12}^n = Q_{12}^n - \frac{Q_{13}^n Q_{32}^n}{Q_{33}^n}, \quad \bar{e}_{31}^n = e_{31}^n - \frac{Q_{13}^n e_{33}^n}{Q_{33}^n} \\ \bar{Q}_{21}^n = Q_{21}^n - \frac{Q_{23}^n Q_{31}^n}{Q_{33}^n}, \quad \bar{Q}_{22}^n = Q_{22}^n - \frac{Q_{23}^n Q_{32}^n}{Q_{33}^n}, \quad \bar{e}_{32}^n = e_{32}^n - \frac{Q_{23}^n e_{33}^n}{Q_{33}^n} \\ \bar{Q}_{66}^n = Q_{66}^n, \quad \bar{Q}_{44}^n = Q_{44}^n, \quad \bar{Q}_{55}^n = Q_{55}^n, \quad \bar{e}_{15}^n = e_{15}^n, \quad \bar{e}_{24}^n = e_{24}^n \end{gathered} \tag{5.67}$$

介电常数

$$\bar{\mu}_{11}^n = \mu_{11}^n, \quad \bar{\mu}_{22}^n = \mu_{22}^n, \quad \bar{\mu}_{33}^n = \mu_{33}^n + \frac{e_{33}^n e_{33}^n}{Q_{33}^n} \tag{5.68}$$

根据上述公式，沿复合圆柱壳径向积分可求得面内拉力、力矩和横向剪切应力的合力，即这些合力是每层圆柱壳所受合力之和。功能梯度石墨烯增强压电壳的合力为

$$\boldsymbol{N}_m = \sum_{n=1}^{N_l} \int_{z_n}^{z_{n+1}} \begin{Bmatrix} \sigma_{xx} \\ \sigma_{\theta\theta} \\ \theta_{x\theta} \end{Bmatrix}_{(n)} \mathrm{d}z = \boldsymbol{A\varepsilon} + \boldsymbol{B\kappa} - \boldsymbol{CE} \tag{5.69}$$

$$\boldsymbol{M}_b = \sum_{n=1}^{N_l} \int_{z_n}^{z_{n+1}} \begin{Bmatrix} \sigma_{xx} \\ \sigma_{\theta\theta} \\ \sigma_{x\theta} \end{Bmatrix}_{(n)} z\mathrm{d}z = \boldsymbol{B\varepsilon} + \boldsymbol{D\kappa} - \boldsymbol{G}^{\mathrm{T}}\boldsymbol{E} \tag{5.70}$$

$$\boldsymbol{T}_s = \sum_{n=1}^{N_l} \int_{z_n}^{z_{n+1}} \begin{Bmatrix} \tau_{\theta z} \\ \tau_{xz} \end{Bmatrix}_{(n)} K_s\mathrm{d}z = \boldsymbol{F\gamma} - \boldsymbol{H}^{\mathrm{T}}\boldsymbol{E} \tag{5.71}$$

$$\boldsymbol{q}_e = \sum_{n=1}^{N_l} \int_{z_n}^{z_{n+1}} \begin{Bmatrix} D_x \\ D_\theta \\ D_z \end{Bmatrix}_{(n)} \mathrm{d}z = \boldsymbol{C\varepsilon} + \boldsymbol{H\gamma} + \boldsymbol{ZE} \tag{5.72}$$

式中，$\boldsymbol{E}$ 为中性面上的电场强度；面内合力 $\boldsymbol{N}_m = (N_x \quad N_\theta \quad N_{x\theta})^{\mathrm{T}}$；弯矩合力 $\boldsymbol{M}_b = (M_x \quad M_\theta \quad M_{x\theta})^{\mathrm{T}}$；剪力合力 $\boldsymbol{T}_s = (T_{\theta z} \quad T_{xz})^{\mathrm{T}}$ 和电位移 $\boldsymbol{q}_e = (q_x \quad q_\theta \quad q_z)^{\mathrm{T}}$ 剪切修正系数 K_s 考虑了每层径向横向剪切应力的均匀分布，等于5/6。相关系数矩阵表示为

$$(\boldsymbol{A},\boldsymbol{B},\boldsymbol{D},\boldsymbol{F}) = \sum_{n=1}^{N_l} \int_{z_n}^{z_{n+1}} (\boldsymbol{Q}_1, z\boldsymbol{Q}_1, z^2\boldsymbol{Q}_1, K_s\boldsymbol{Q}_2)\,\mathrm{d}z \tag{5.73}$$

$$(\boldsymbol{C},\boldsymbol{G},\boldsymbol{H},\boldsymbol{Z}) = \sum_{n=1}^{N_l} \int_{z_n}^{z_{n+1}} (\boldsymbol{e}_1, z\boldsymbol{e}_1, \boldsymbol{e}_2, \boldsymbol{\mu}_1)\,\mathrm{d}z \tag{5.74}$$

其中，弹性矩阵、力电耦合矩阵和介电矩阵的子块矩阵如下

$$\boldsymbol{Q}_1 = \begin{pmatrix} \bar{Q}_{11} & \bar{Q}_{12} & 0 \\ \bar{Q}_{21} & \bar{Q}_{22} & 0 \\ 0 & 0 & \bar{Q}_{66} \end{pmatrix}, \boldsymbol{Q}_2 = \begin{pmatrix} \bar{Q}_{44} & 0 \\ 0 & \bar{Q}_{55} \end{pmatrix} \tag{5.75}$$

$$\boldsymbol{e}_1 = \begin{pmatrix} 0 & 0 & 0 \\ 0 & 0 & 0 \\ \bar{e}_{31} & \bar{e}_{32} & 0 \end{pmatrix}, \boldsymbol{e}_2 = \begin{pmatrix} 0 & \bar{e}_{15} \\ \bar{e}_{24} & 0 \\ 0 & 0 \end{pmatrix}, \boldsymbol{\mu}_1 = \begin{pmatrix} \bar{\mu}_{11} & 0 & 0 \\ 0 & \bar{\mu}_{22} & 0 \\ 0 & 0 & \bar{\mu}_{33} \end{pmatrix} \tag{5.76}$$

结合式（5.69）~式（5.72），功能梯度石墨烯增强压电壳的广义合力以矩阵形式表示为

$$\boldsymbol{P} = \boldsymbol{\Theta\Sigma} \tag{5.77}$$

得到的和广义的应变向量

$$\boldsymbol{P} = (\boldsymbol{N}_m \quad \boldsymbol{M}_b \quad \boldsymbol{T}_s \quad \boldsymbol{q}_e)^{\mathrm{T}}, \boldsymbol{\Sigma} = (\boldsymbol{\varepsilon} \quad \boldsymbol{\kappa} \quad \boldsymbol{\gamma} \quad \boldsymbol{E})^{\mathrm{T}} \tag{5.78}$$

系数矩阵

$$\boldsymbol{\Theta} = \begin{pmatrix} \boldsymbol{A} & \boldsymbol{B} & 0 & -\boldsymbol{C}^{\mathrm{T}} \\ \boldsymbol{B} & \boldsymbol{D} & 0 & -\boldsymbol{G}^{\mathrm{T}} \\ 0 & 0 & \boldsymbol{F} & -\boldsymbol{H}^{\mathrm{T}} \\ \boldsymbol{C} & \boldsymbol{G} & \boldsymbol{H} & \boldsymbol{Z} \end{pmatrix}, \quad \bar{\boldsymbol{\Theta}} = \begin{pmatrix} \boldsymbol{A} & \boldsymbol{B} & 0 & -\boldsymbol{C}^{\mathrm{T}} \\ \boldsymbol{B} & \boldsymbol{D} & 0 & -\boldsymbol{G}^{\mathrm{T}} \\ 0 & 0 & \boldsymbol{F} & -\boldsymbol{H}^{\mathrm{T}} \\ -\boldsymbol{C} & -\boldsymbol{G} & -\boldsymbol{H} & -\boldsymbol{Z} \end{pmatrix} \tag{5.79}$$

5.4.4 石墨烯增强压电复合材料壳的波动方程

1. 高阶谱单元

采用高阶多项式作为形函数对压电复合圆柱壳进行建模，单元节点可采用不同

阶次下的 Gauss-Lobatto-Legendre（GLL）点确定，通过阶次的选取可有效控制单元的细化程度。在高阶谱单元中，积分点放置在插值节点的相同位置，这些 GLL 点可根据下式求得

$$(1-\xi^2)\frac{\mathrm{d}L_m(\xi)}{\mathrm{d}\xi}=0 \tag{5.80}$$

式中，$L_m(\xi)$ 和 ξ 为 m 次勒让德多项式和 $[-1,\ 1]$ 内局部 GLL 点对应的自然坐标。采用拉格朗日插值，广义位移可以表示为

$$\boldsymbol{u}(x,\theta,z,t)=\boldsymbol{u}(\xi,t)=\sum_{i=1}^{m}\widetilde{\boldsymbol{u}}(\xi_i,t)N_i(\xi) \tag{5.81}$$

拉格朗日插值函数

$$N_i(\xi)=\prod_{j=1,j\neq i}^{m}\frac{\xi-\xi_i}{\xi_j-\xi_i} \tag{5.82}$$

谱单元中节点呈非均匀分布，与传统的有限元方法相比，节点的非均匀分布可以避免龙格振荡。下面，将推导压电复合材料壳的频散方程，并采用该高阶 Legendre 单元离散（即谱单元）对方程进行离散。

2. 频散方程

假设当弹性波沿压电复合材料壳轴向传播时，广义位移和 $\mathrm{e}^{-\mathcal{I}(\omega t-kx)}$（$t$，$\omega$，$k$ 和 $\mathcal{I}$ 表示时间、角频率、波数和虚数单位）相关。广义位移向量可表示为傅立叶级数形式

$$\overline{\boldsymbol{u}}(x,y,t)=\overline{\boldsymbol{U}}(y,t)\mathrm{e}^{-\mathcal{I}(\omega t-kx)} \tag{5.83}$$

$$\overline{\boldsymbol{u}}=(u_0\quad v_0\quad w_0\quad \alpha_x\quad \alpha_\theta\quad \varphi)^{\mathrm{T}} \tag{5.84}$$

式中，$\overline{\boldsymbol{U}}$ 为广义位移的幅值，包括位移和电势的物理场；φ 为中性层的电势。位移变分可表示为

$$\delta\boldsymbol{u}(x,y,t)=\delta\boldsymbol{U}(y,t)\mathrm{e}^{-\mathcal{I}(\omega t-kx)} \tag{5.85}$$

根据壳理论，壳的横截面可以用许多沿圆周方向的曲线单元来描述。中性面上任意一点的坐标由每个单元的节点坐标和勒让德多项式形状函数表示，如下

$$\boldsymbol{r}=\sum_{i=1}^{m}\boldsymbol{N}_i(\xi)\boldsymbol{r}_i \tag{5.86}$$

每个单元都可以通过从母单元到物理空间的映射来描述。J 表示从主空间 $\xi\in[-1,\ 1]$ 映射到物理空间的雅可比行列式，两种坐标之间的变换由下式给出

$$\left(\frac{\partial}{\partial\xi}\right)=J\left(\frac{\partial}{\partial\boldsymbol{r}}\right) \tag{5.87}$$

$$J=\left|\frac{\partial\boldsymbol{r}}{\partial\xi}\right|=|\boldsymbol{N}_{i,\xi}r_i| \tag{5.88}$$

这里考虑的压电复合壳，不受外力、体力和电荷作用，壳的边界条件假定为自

由边界和开路状态。通过对应变能量密度和静电能量密度函数进行积分得到总势能，如下：

$$\begin{aligned}\Pi_{pot} &= \int_{\Omega}(\boldsymbol{\varepsilon}^{\mathrm{T}}\boldsymbol{N}_m + \boldsymbol{\kappa}^{\mathrm{T}}\boldsymbol{M}_b + \boldsymbol{\gamma}^{\mathrm{T}}\boldsymbol{T}_s - \boldsymbol{E}^{\mathrm{T}}\boldsymbol{q}_e)\mathrm{d}\Omega \\ &= \int_{\Omega}\boldsymbol{\Sigma}^{\mathrm{T}}\overline{\boldsymbol{\Theta}}\boldsymbol{\Sigma}\mathrm{d}\Omega\end{aligned} \tag{5.89}$$

动能包含两部分，分别由平移运动和旋转运动引起，

$$\begin{aligned}\Pi_{kin} &= \frac{1}{2}\int_{\Omega}(\boldsymbol{I}\dot{\overline{\boldsymbol{u}}}^2)\mathrm{d}\Omega \\ &= \frac{1}{2}\int_{\Omega}(\boldsymbol{I}_0\dot{\boldsymbol{u}}^2 + 2\boldsymbol{I}_1\dot{\boldsymbol{u}}\dot{\boldsymbol{\beta}} + \boldsymbol{I}_2\dot{\boldsymbol{\beta}}^2)\mathrm{d}\Omega\end{aligned} \tag{5.90}$$

式中，$\boldsymbol{u}$ 为压电复合壳的节点处平移位移列阵；$\boldsymbol{\beta}$ 为压电复合壳的节点处扭转角列阵。

其中，点（·）表示相对于时间 t 的偏导数，惯性项为

$$\begin{gathered}\boldsymbol{I} = \begin{pmatrix}\boldsymbol{I}_0 & \boldsymbol{I}_{12} & 0 \\ \boldsymbol{I}_{12}^{\mathrm{T}} & \boldsymbol{I}_2 & 0 \\ 0 & 0 & 0\end{pmatrix}, \boldsymbol{I}_{12} = \begin{pmatrix}I_1 & 0 \\ 0 & I_1 \\ 0 & 0\end{pmatrix} \\ \boldsymbol{I}_0 = \mathbf{diag}(I_0, I_0, I_0), \boldsymbol{I}_1 = \mathbf{diag}(I_1, I_1), \boldsymbol{I}_2 = \mathbf{diag}(I_2, I_2) \\ I_0 = \sum_{n=1}^{N_l}\int_{z_n}^{z_{n+1}}\rho(z)\mathrm{d}z, \quad I_1 = \sum_{n=1}^{N_l}\int_{z_n}^{z_{n+1}}\rho(z)z\mathrm{d}z, \quad I_2 = \sum_{n=1}^{N_l}\int_{z_n}^{z_{n+1}}\rho(z)z^2\mathrm{d}z\end{gathered} \tag{5.91}$$

式中，$\rho(z)$ 为复合壳厚度方向材料密度函数。

根据式（5.83），应变张量可以表示为

$$\boldsymbol{\varepsilon} = (\boldsymbol{L}_1 + \mathcal{I}k\boldsymbol{L}_2)\overline{\boldsymbol{u}} \tag{5.92}$$

该公式由圆柱壳内纵向节点坐标 x 向波数空间的傅里叶变换得到，这使上述圆柱壳只需对截面进行建模，将三维波动问题转化为二维问题。根据一阶剪切变形壳理论，通过圆柱壳厚度方向的解析积分，可以将波动问题进一步简化为沿圆周的一维曲线问题。结合一阶剪切变形壳理论和前述谱单元，从而提出一种求解薄壁圆柱壳波导的新型半解析谱元法。相关微分矩阵为

$$\boldsymbol{L}_1 = \begin{pmatrix}\boldsymbol{L}_{\varepsilon}^1 & 0 \\ \boldsymbol{L}_{\kappa}^1 & 0 \\ \boldsymbol{L}_{\gamma}^1 & 0 \\ 0 & \boldsymbol{L}_E^1\end{pmatrix}, \quad \boldsymbol{L}_2 = \begin{pmatrix}\boldsymbol{L}_{\varepsilon}^2 & 0 \\ \boldsymbol{L}_{\kappa}^2 & 0 \\ \boldsymbol{L}_{\gamma}^2 & 0 \\ 0 & \boldsymbol{L}_E^2\end{pmatrix} \tag{5.93}$$

$$\boldsymbol{L}_{\varepsilon}^{1}=\begin{pmatrix}0&0&0&0&0\\0&0&\frac{1}{R}&0&0\\\frac{\partial}{R\partial\theta}&0&0&0&0\end{pmatrix},\quad \boldsymbol{L}_{\kappa}^{1}=\begin{pmatrix}0&0&0&0&0\\0&0&0&0&\frac{\partial}{R\partial\theta}\\0&0&0&\frac{\partial}{R\partial\theta}&0\end{pmatrix}\tag{5.94}$$

$$\boldsymbol{L}_{\gamma}^{1}=\begin{pmatrix}0&0&0&1&0\\0&-\frac{1}{R}&\frac{\partial}{R\partial\theta}&0&1\end{pmatrix},\quad \boldsymbol{L}_{E}^{1}=\begin{pmatrix}0\\-\frac{\partial}{R\partial\theta}\\0\end{pmatrix}\tag{5.95}$$

$$\boldsymbol{L}_{\gamma}^{1}=\begin{pmatrix}0&0&0&1&0\\0&-\frac{1}{R}&\frac{\partial}{R\partial\theta}&0&1\end{pmatrix},\quad \boldsymbol{L}_{E}^{1}=\begin{pmatrix}0\\-\frac{\partial}{R\partial\theta}\\0\end{pmatrix}\tag{5.96}$$

$$\boldsymbol{L}_{\gamma}^{2}=\begin{pmatrix}0&0&1&0&0\\0&0&0&0&0\end{pmatrix},\quad \boldsymbol{L}_{E}^{2}=\begin{pmatrix}-1\\0\\0\end{pmatrix}\tag{5.97}$$

根据哈密顿原理，如果系统处于平衡状态，则能量泛函的变分为 0，即

$$\begin{aligned}\delta\Pi&=\delta W_{kin}-\delta W_{pot}\\&=\omega^{2}\delta\boldsymbol{U}^{\mathrm{T}}\int_{V}\boldsymbol{R}^{\mathrm{T}}\boldsymbol{I}^{\mathrm{T}}\boldsymbol{R}\mathrm{d}V\boldsymbol{U}-\delta\boldsymbol{U}^{\mathrm{T}}\int_{V}(\boldsymbol{B}_{1}+\mathcal{I}k\boldsymbol{B}_{2})^{\mathrm{T}}\overline{\boldsymbol{\Theta}}^{\mathrm{T}}(\boldsymbol{B}_{1}+\mathcal{I}k\boldsymbol{B}_{2})\mathrm{d}V\boldsymbol{U}\\&=\delta\boldsymbol{U}^{\mathrm{T}}[\boldsymbol{K}_{1}+\mathcal{I}k(\boldsymbol{K}_{2}-\boldsymbol{K}_{2}^{\mathrm{T}})+k^{2}\boldsymbol{K}_{3}-\omega^{2}\boldsymbol{M}]\boldsymbol{U}=0\end{aligned}\tag{5.98}$$

其中，单元矩阵

$$\begin{aligned}&\boldsymbol{K}_{1}=\int_{V^{e}}\boldsymbol{R}^{\mathrm{T}}\boldsymbol{L}_{1}^{\mathrm{T}}\overline{\boldsymbol{\Theta}}\boldsymbol{L}_{1}\boldsymbol{R}\,|J|\,r\mathrm{d}\xi,\quad \boldsymbol{K}_{2}=\int_{V^{e}}\boldsymbol{R}^{\mathrm{T}}\boldsymbol{L}_{1}^{\mathrm{T}}\overline{\boldsymbol{\Theta}}\boldsymbol{L}_{2}\boldsymbol{R}\,|J|\,r\mathrm{d}\xi\\&\boldsymbol{K}_{3}=\int_{V^{e}}\boldsymbol{R}^{\mathrm{T}}\boldsymbol{L}_{2}^{\mathrm{T}}\overline{\boldsymbol{\Theta}}\boldsymbol{L}_{2}\boldsymbol{R}\,|J|\,r\mathrm{d}\xi,\quad \boldsymbol{M}=\int_{V^{e}}\boldsymbol{R}^{\mathrm{T}}\boldsymbol{I}\boldsymbol{R}\,|J|\,r\mathrm{d}\xi\end{aligned}\tag{5.99}$$

应变位移矩阵和形函数矩阵如下

$$\boldsymbol{B}_{1}=\boldsymbol{L}_{1}\boldsymbol{R},\quad \boldsymbol{B}_{2}=\boldsymbol{L}_{2}\boldsymbol{R}$$

$$\boldsymbol{R}=\begin{pmatrix}N_{1}&0&0&0&0&0&--&0\\0&N_{2}&0&0&0&0&--&0\\0&0&N_{3}&0&0&0&--&0\\0&0&0&N_{4}&0&0&--&0\\0&0&0&0&N_{5}&0&--&0\\0&0&0&0&0&N_{6}&--&R_{6m}\end{pmatrix}_{6\times6m}\tag{5.100}$$

考虑到 $\delta\boldsymbol{U}^{\mathrm{T}}$ 的任意性，公式（5.98）必须满足

$$[\boldsymbol{K}_1+\mathcal{I}k(\boldsymbol{K}_2-\boldsymbol{K}_2^{\mathrm{T}})+k^2\boldsymbol{K}_3-\omega^2\boldsymbol{M}]\boldsymbol{U}=0 \tag{5.101}$$

该公式是与新型半解析谱元法相关的压电复合圆柱壳的频散方程，进而转化为二次特征值问题，根据式（5.51）~（5.53），参照上一节复合板的频散方程特征值求解过程及导波相关物理量的求解。

5.4.5 石墨烯增强压电复合材料壳的波动特性

1. 半解析谱元法精度及收敛性分析

首先，考虑无 GPLs 增强材料的压电复合材料壳，分析了半解析谱元法对波传播频散特性的收敛性。厚度/半径比（$s=h/R$）和层数分别设置为 1/20 和 1，材料属性和电学属性见表 5.1 和表 5.2，其中，*Elems*，p 和 *Dofs* 分别是沿圆柱壳截面周向的曲线单元个数，插值形函数（Legendre 多项式）的阶次和自由度的个数。无量纲波数、频率、相速度和群速度分别为 kR、$\omega R/c_s$、c_p/c_s 和 c_g/c_s（变量 h、R 和 c_s 分别为厚度、外半径和横波速度）。表 5.5 所示为压电复合材料壳前 5 阶导波模态的频散特性，展示了在无量纲频率 2.5 处频散结果的收敛性，由曲线单元数 *Elems* 和阶次 p 决定。从表 5.5 看出，单元数量一定，频散结果随着阶次的升高而逐渐收敛，但计算自由度越来越多。当阶次 $p=4$ 时，曲线单元数 $Elems=5$ 时，5 种模式的离散特性收敛值分别为 0.6610、1.2463、1.4407、2.1166 和 2.5000。选取此时的曲线单元数和阶次作为模型细化参数，用于后续 GPLs 增强压电复合材料圆柱壳的建模。

表 5.5 半解析方法关于频散计算的收敛性分析

Elems	p	1	2	3	4	5	*Dofs*
3	3	0.6625	1.2531	1.4407	2.1166	2.5000	54
	4	0.6610	1.2448	1.4407	2.1166	2.5000	72
	5	0.6610	1.2463	1.4407	2.1166	2.5000	90
	6	0.6610	1.2463	1.4407	2.1166	2.5000	108
	7	0.6610	1.2463	1.4407	2.1166	2.5000	126
4	3	0.6612	1.2449	1.4407	2.1166	2.5000	72
	4	0.6610	1.2461	1.4407	2.1166	2.5000	96
	5	0.6610	1.2463	1.4407	2.1703	2.5000	120
	6	0.6610	1.2463	1.4407	2.1166	2.5000	144
	7	0.6610	1.2463	1.4407	2.1166	2.5000	168
5	3	0.6610	1.2458	1.4407	2.1166	2.5000	90
	4	0.6610	1.2463	1.4407	2.1166	2.5000	120
	5	0.6610	1.2463	1.4407	2.1166	2.5000	150

（续）

Elems	*p*	1	2	3	4	5	*Dofs*
5	6	0.6610	1.2463	1.4407	2.1166	2.5000	180
	7	0.6610	1.2463	1.4407	2.1166	2.5000	210
6	3	0.6610	1.2461	1.4407	2.1166	2.5000	108
	4	0.6610	1.2463	1.4407	2.1166	2.5000	144
	5	0.6610	1.2463	1.4407	2.1166	2.5000	180
	6	0.6610	1.2463	1.4407	2.1166	2.5000	216
	7	0.6610	1.2463	1.4407	2.1166	2.5000	252

此外，为证明该方法在计算方面的高效率，还考虑了不含石墨烯的压电圆柱壳频散特性的误差估计。该新型谱单元法采用的形状函数阶次分别为3、4、5。将计算结果与基于传统有限元和剪切变形壳理论的半解析有限元方法进行了比较。将$p=5$和$Elems=167$（$Dofs=5010$）的频散结果作为误差分析中计算结果的参考值。将前两个导波模态1和2作为收敛性分析的代表性模态。图5.18所示为两种方法在无量纲频率2.5下频散特性的计算误差比较。从图5.18中可以看出，相比于传统有限元形函数，基于Legendre的形函数阶次越高，相对误差越小，收敛速度也越快。与SAFE方法相比，本方法所采用的自由度更小，可以获得准确的收敛结果。

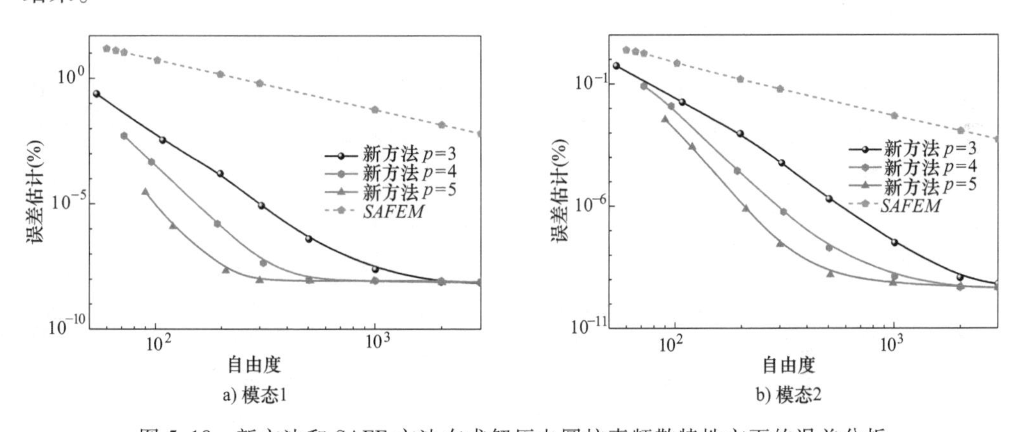

图5.18　新方法和SAFE方法在求解压电圆柱壳频散特性方面的误差分析

在此基础上，研究了宽高比为1/20的薄板中的导波频散问题，将本方法（$p=$3、4或5）与基于一阶剪切变形板理论的波有限元法（WFE）计算结果对比，分析其结果收敛性。同样，将$p=5$和$Elems=200$（$Dofs=5005$）的频散结果作为参考值。图5.19所示为无量纲频率2.5时钢板中前2条导波模态1和2的无量纲波数的误差估计。结果表明，采用高阶Legendre多项式和Gauss-lobatto-Legendre求积点，模态的波数收敛性和精度都比WFE方法高得多。同时，改变阶次可以进一步提高收敛性。因此，本文提出的方法是合理、准确、高效的。

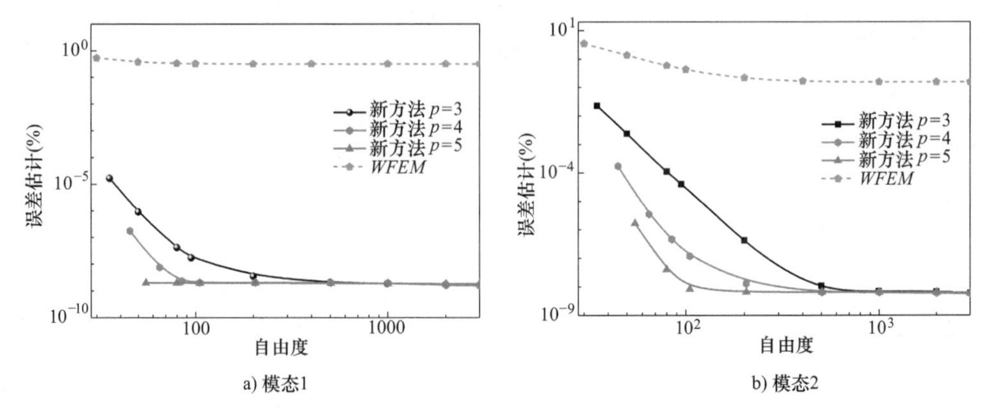

图 5.19　新方法和 WFE 方法在求解钢板频散特性方面的误差分析

当材料参数沿径向梯度变化时，首先需要确定压电石墨烯增强复合材料壳的层数。表 5.6 所示为采用 GPLs 增强的压电复合材料壳在频率 $\Omega=2.5$ 时模态 3、4 和 5 无量纲波数的收敛性。GPLs 的体积分数为 0.1%。分别考虑了三种石墨烯分布模式。对于 FG-X 和 FG-O 模式，频散特性的计算结果对层数 N_L 非常敏感。随着层数 N_L 的增加，频散波数发生变化并收敛到 $N_l=10000$ 时的参考结果。如图 5.20 所示，随着层数的增加，计算精度逐渐得到提高。当层数 $N_l\geqslant 60$ 时，导波频散误差小于 1%（虚线）。因此，$N_l=60$ 对于分析波的特性是足够精确的。此外，当含体积分数为 0.1%GPLs 增强的压电复合材料圆柱壳遵循 FG-X 分布模式，采用这种方法得到的前 3 阶波的频散结果分别为 0.4694、1.160、1.5421。多项式阶次 p、曲线单元数 *Elems* 和自由度数 *Dofs* 分别为 5、4 和 120。然而，为了获得近似结果 0.4702、1.160、1.5421，基于传统有限元的 SAFE 方法需要 200 单元和 1200 自由度，高阶导波模态所需的成本和时间将变得更高。综上所述，本节提出的新型谱元法计算结果是可靠的。

表 5.6　半解析方法关于频散计算的收敛性分析

N_l	UD			FG-X			FG-O		
	3	4	5	3	4	5	3	4	5
4	0.6610	1.4407	2.5000	0.4696	1.5423	3.7987	0.4696	1.5423	3.7987
6	0.6610	1.4407	2.5000	0.4695	1.5422	3.3783	0.4696	1.5424	4.2103
8	0.6610	1.4407	2.5000	0.4695	1.5422	3.1613	0.4696	1.5424	4.4158
20	0.6610	1.4407	2.5000	0.4695	1.5421	3.0279	0.4695	1.5424	4.5395
50	0.6610	1.4407	2.5000	0.4694	1.5421	2.9737	0.4695	1.5424	4.5892
60	0.6610	1.4407	2.5000	0.4694	1.5421	2.9676	0.4695	1.5424	4.5947
10000	0.6610	1.4407	2.5000	0.4694	1.5421	2.9374	0.4695	1.5424	4.6222

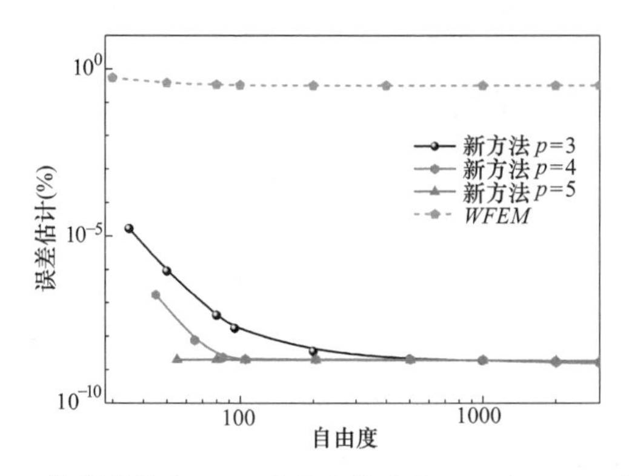

图 5.20　GPLs 体积分数为 0.1%和分布模式为 FG-X、FG-O 时压电复合壳导波模态波数误差随层数的变化

2. 结果验证

接下来，采用厚径比 1/30 的各向同性圆柱壳来验证该半解析方法的准确性。壳材料选用铝（Al），其质量密度 $r_a=2.8\mathrm{kg/m^3}$，杨氏模量 $E_a=70\mathrm{GPa}$，泊松比 $\nu_a=0.33$。无量纲波数为 $kh/2\pi$（h 是厚度）。当周向导波阶次 $n=1$ 时，前 3 种导波模态 M_1、M_2、M_3 的相速度计算如图 5.21a 所示。显然，本方法与参考文献有较好的一致性。

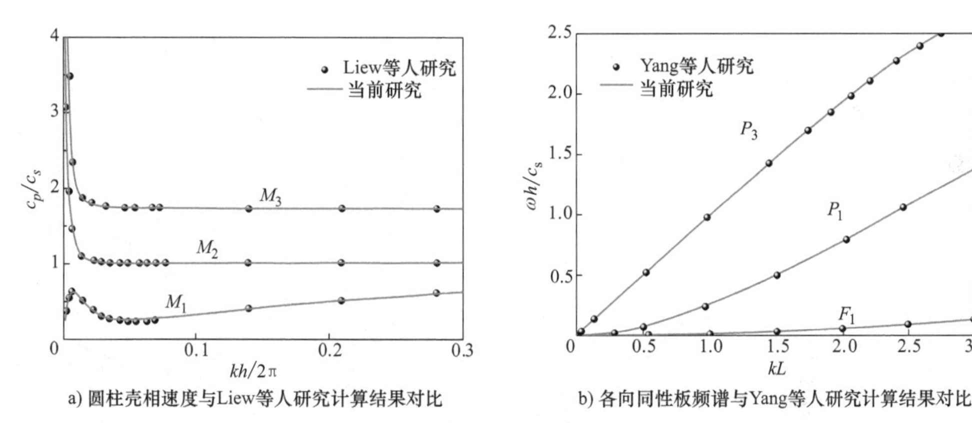

图 5.21　GPL 体积分数 $g_{gpl}=0.1\%$和分布模式为 FG-X、FG-O 时压电复合壳导波模态波数误差随层数的变化

此外，由以上各节可知，圆柱壳可以用一条包含曲线单元的圆曲线来建模，而这条曲线实际上被视为具有一定曲率的曲面板。当曲率为零时，壳层可退化为各向同性板。考虑一阶剪切变形板理论，分析了各向同性均匀板中的波动特性。该平板由聚甲基丙烯酸甲酯（PMMA）制成，杨氏模量 $E_p=2.5\mathrm{GPa}$，泊松比 $\nu_p=0.34$，质量密度 $\rho_p=1190\mathrm{kg/m^3}$。板的宽 L 和高 h 分别设为 0.1m 和 0.005m（高宽比 $s=1/$

20)。采用新方法计算得到的面内波和面外波的频谱如图 5.21b 所示，将结果与 Yang 等人的结果进行了比较。可以清楚地指出，两者的结果是相同的，再次验证了该半解析方法是合理和准确的。

3. 石墨烯增强压电复合材料壳的波动特性

本节研究了相关重要参数对 GPLs 增强压电复合材料壳中波传播特性的影响。复合材料壳由增强相 GPLs 和基体 PVDF 组成，层数 $N_L=60$。两种组分的材料属性和电学属性见表 5.1 和表 5.2。石墨烯薄片的长度分别为：$l_{gpl}=2.5\mu m$、$w_{gpl}=1.5\mu m$ 和 $t_{gpl}=1.5nm$。

图 5.22 所示为 GPLs 体积分数 0.1% 和厚径比 1/20 的压电复合材料壳中导波模态的频散特性，其中 GPLs 通过 UD 分布模式分散于复合壳中。复合材料壳的频谱、相速度和群速度曲线如图 5.22 所示，这有利于压电耦合传感器在无损检测和结构健康监测中导波模式和激励频率的选择。然而，由于三个方向的位移耦合，这些波型很难严格分类。因此，为方便起见，选择 5 种波模态（标记为 L_1、T_1、F_1、F_2 和 F_3）作为代表来分析 GPLs 增强压电复合材料壳中波的传播，如图 5.22b 所示。

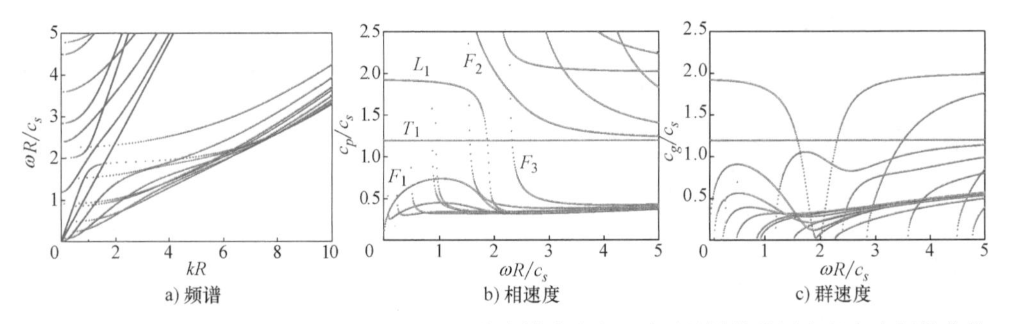

图 5.22 $g_{gpl}=0.1\%$，$h/R=1/20$，$N_L=60$ 和分布模式为 UD 时石墨烯增强压电复合壳频散曲线

此外，复合材料圆柱壳中传播波模态的频散曲线及 UD、FG-X 和 FG-O 三种分布模式对相速度和群速度曲线的影响如图 5.23 所示。显然，石墨烯增强压电复合材料壳的频散行为与纯压电圆柱壳有明显的不同。由于 GPLs 增强相的存在，复合材料壳的刚度得到了提高，使波模态的相速度和群速度发生了不同程度的变化，相应的截止频率也向轴的正方向移动。由图 5.23a、b 可知，当 GPLs 体积分数为 0.1% 时 L_1、T_1、F_1 和 F_2 平面波模的频散特性对压电圆柱壳中 GPLs 的分布模式不敏感。但不同的 GPLs 分布模式对 F_3、F_4、F_5、F_6、F_7 和 F_8 传播波模态的相速度和群速度有较大的影响（主要由面外剪切变形引起），如图 5.23c、d 所示。在无量纲频率和体积分数一定的情况下，分布模式对频散行为的影响程度由大到小依次为 FG-X、UD 和 FG-O。相比于均匀分布模式 UD 下圆柱壳的频散特性，分布模式 FG-X 和 FG-O 对频散特性的影响相反，即 FG-X 可以提高复合材料壳的刚度，而复合材料壳边界上 GPLs 的浓度促进了弹性波的传播。GPLs 在边界处的分布越高，结构的变形阻抗越大，同一无量纲频率处的导波模态相速度也变得越来越高。对于

分布模式 FG-O 而言，壳内侧表面附近的 GPLs 浓度有利于振动的传递，传播模态的能量传递速度也快于 FG-X 和 UD 模态。

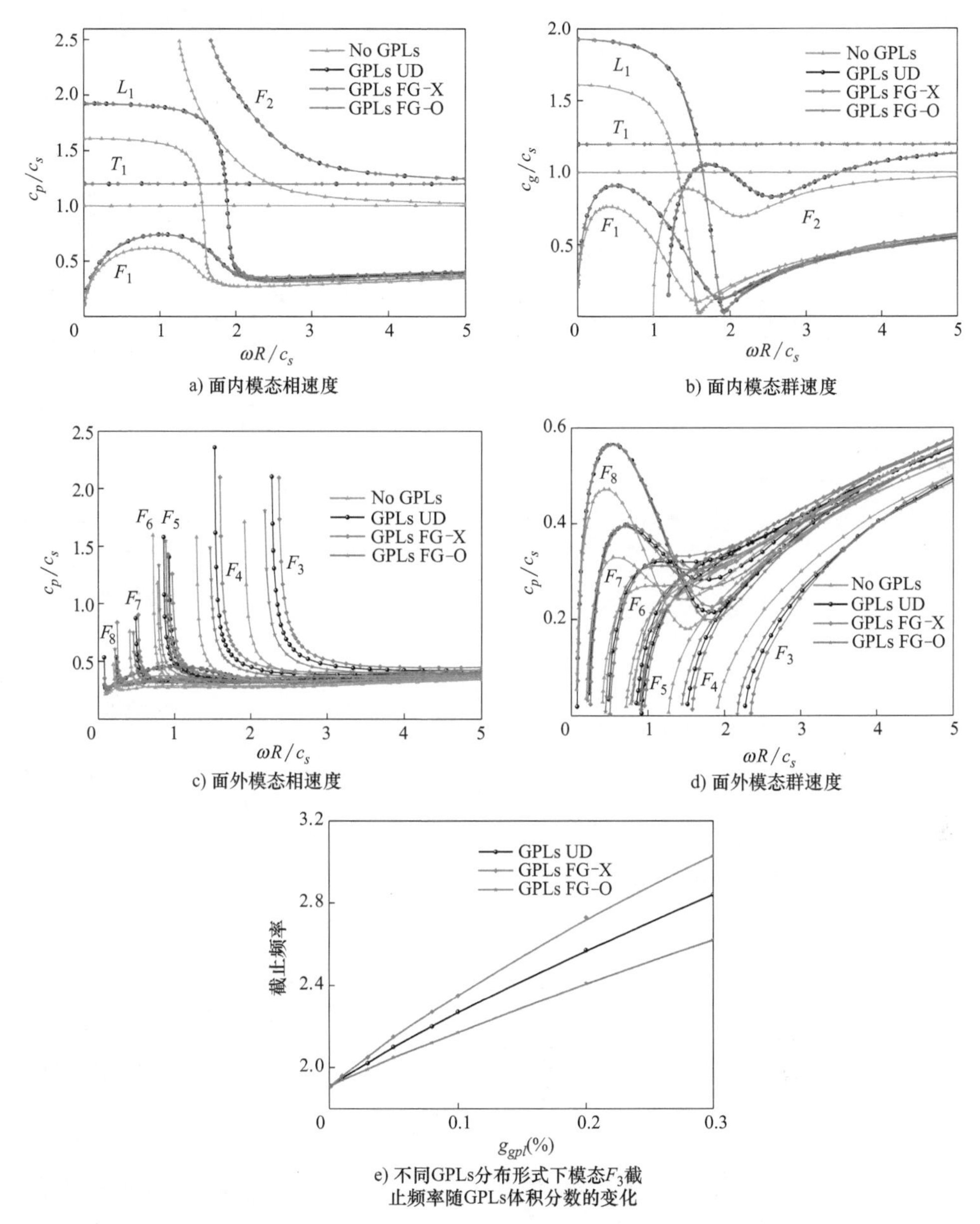

图 5.23　$h/R=1/20$，$N_L=60$ 时 GPLs 分布模式对石墨烯增强压电复合壳频散特性的影响

同时，在图 5.23e 中，以模态 F_3 为代表，考虑了随着 GPLs 体积分数的增加，GPLs 分布模式对面内导波模态截止频率的影响。结果表明，随着 GPLs 含量的增加，不同分布模式对压电壳内弹性波截止频率的影响效应越来越明显。

对于UD、FG-X和FG-O三种分布模式，GPLs体积分数对功能梯度石墨烯增强压电圆柱壳中波传播的影响效应如图5.24所示。5种导波模态的相速度和群速度曲线受GPLs体积分数变化的影响显著。随着石墨烯体积分数的增加，5种模式的相速度曲线随之增大。F_2和F_3波模态的截止频率越来越大，而基本模态的截止

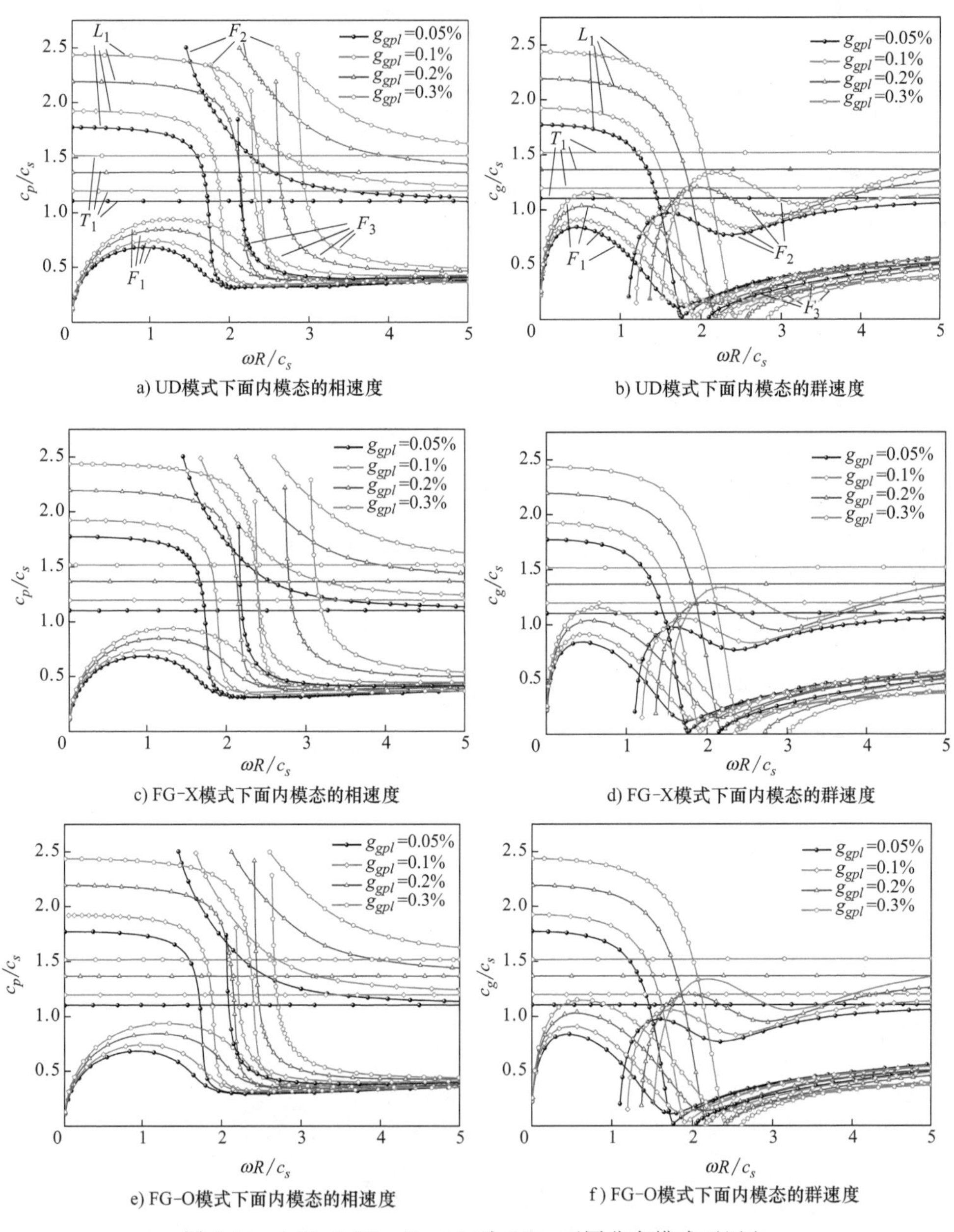

a) UD模式下面内模态的相速度

b) UD模式下面内模态的群速度

c) FG-X模式下面内模态的相速度

d) FG-X模式下面内模态的群速度

e) FG-O模式下面内模态的相速度

f) FG-O模式下面内模态的群速度

图5.24 $h/R=1/20$，$N_L=60$时GPLs不同分布模式下压电复合壳频散特性受GPLs体积分数的影响

频率却越来越小。对于低频区域，丰富的 GPLs 增加了波导结构的刚度，从而增强了压电复合材料壳的抗变形能力，有利于振动的传播，传播模态能量的传递速度更快。随着频率的增加，体积分数的影响逐渐减弱，所有频散曲线逐渐聚集成一条曲线。实际上，该曲线也收敛于类扭转波模式 T_1，类似于空心圆柱的频散曲线。可见，GPLs 可以改善压电复合材料壳内的波传播特性，这对于振动和波的调制是非常有用的。

同时，压电复合材料壳的厚径比对传播波模态频散曲线的影响如图 5.25 所示。当频率较低时，模态频散特性对厚径比的变化不敏感，而在中高频范围内，波模态 L_1 和波模态 F_1 受到厚径比的变化影响显著。随着比值的增大，即复合材料壳变厚，导致类弯曲波模态 F_3 截止频率延迟，并逐渐向正方向移动。同时，模态 F_1 和 L_1 的相速度曲线随比值的增大而增大，相应的群速度曲线也增加，即波包和能量的传输速度增大。因此可以确定，当比值增大时，壳厚度增大，不利于横向剪切变形。通过合理设计壳几何形状，可以灵活地控制面外模态的频散特性。此外，图 5.26 所示为 GPLs 压电倍数对导波在压电复合材料壳中传播的影响。模态 L_1、T_1、F_1 和 F_2 在频率 2.0 以下的频散特性基本不变。当频率高于 2.0 时，波模态 L_1 和 F_1 是同步变化的，即相速度和群速度随压电倍数的增加而减小。当 $\alpha=200\times1000$ 时，这种现象非常明显，即 GPLs 的压电效应降低并抑制波的传播。模态 F_3 的群速度也相应减小，但截止频率没有减小。

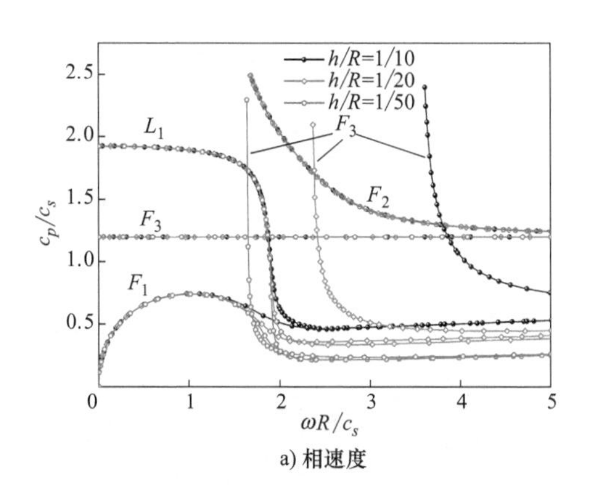

a) 相速度

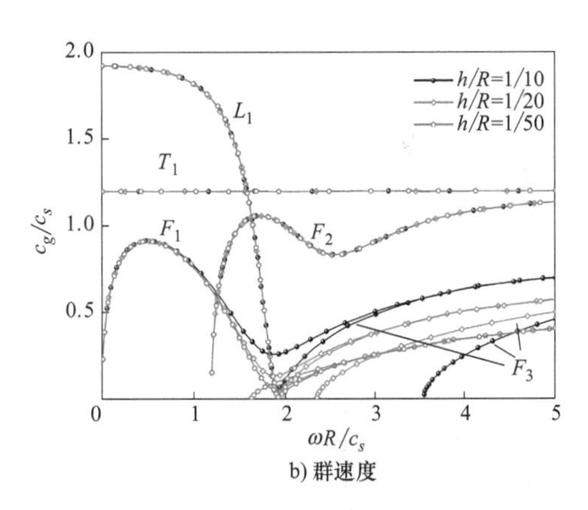

b) 群速度

图 5.25 $g_{gpl}=0.1\%$，$N_L=60$ 和 GPLs 分布模式为 X 时频散特性受壳结构厚径比的影响效应

此外，压电复合材料的有效材料性能取决于其组成材料，从而产生了不同的波动特性。具有高比表面积的 GPLs 与基体的结合强度取决于 GPLs 的尺寸参数。图 5.27a、b 所示为当体积分数为 0.1%、分布模式为 FG-X 时，GPLs 尺寸参数对复合材料壳层相速度和群速度曲线的影响。结果表明，较长或较薄的石墨烯薄片有利于改善导波的频散行为。随着参数的增大，相速度增大，能量传递速度加快，模态的截止频率也相应延迟。结果表明，合理的石墨烯薄片尺寸参数可以有效地调节压电

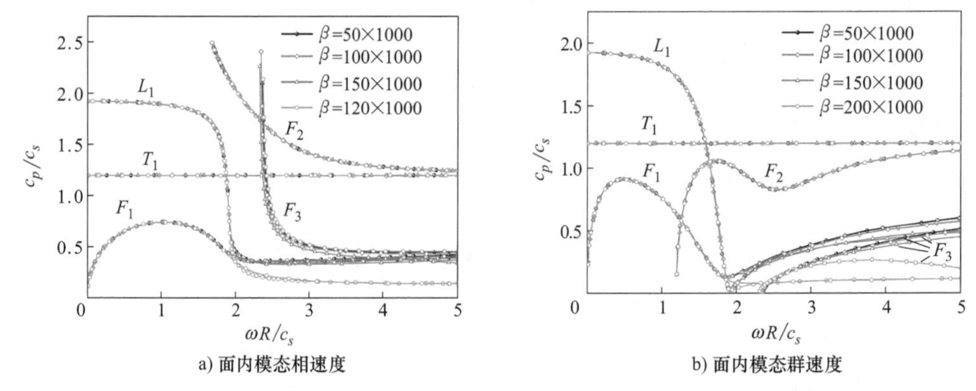

a) 面内模态相速度　　b) 面内模态群速度

图 5.26　$g_{gpl}=0.1\%$，$N_L=60$ 和 GPLs 分布模式为 X 时频散特性受压电倍数的影响效应

复合材料中的波动特性。

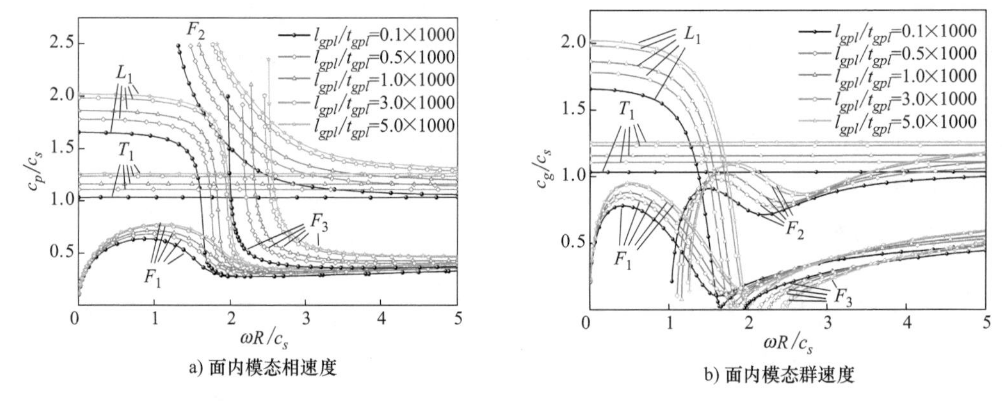

a) 面内模态相速度　　b) 面内模态群速度

图 5.27　$g_{gpl}=0.1\%$，$N_L=60$ 和 GPLs 分布模式为 X 时频散特性受 GPLs 尺寸参数的影响效应

5.5　石墨烯增强复合环板的波动特性

这里研究了由环氧树脂作为基体和石墨烯薄片 GPLs 作为增强材料的纳米复合环形板的波动问题，揭示了传播波模态频散行为受纳米复合板材料与结构关键参数的影响规律。复合环形板如图 5.28 所示，石墨烯薄片长度、宽度和厚度为：$l_{GPL}=2.5\mu m$、$w_{GPL}=1.5\mu m$ 和 $t_{GPL}=1.5nm$。石墨烯和环氧树脂的材料属性为：弹性模量 $E_{Epoxy}=3.0GPa$、$E_{GPL}=1010GPa$；密度 $\rho_{Epoxy6}=1200kg/m^3$、$\rho_{GPL}=1060kg/m^3$ 和泊松比 $\nu_{Epoxy}=0.34$、$\nu_{GPL}=0.186$。为了简便起见，本节所讨论的导波模态采用 m_i（$i=1, 2, \cdots, 6$）标记，如图 5.29 所示。

图 5.29 所示为石墨烯增强纳米复合环板中传播波的相速度和群速度曲线，此时的石墨烯质量分数为 0.1%，分别考虑了两种石墨烯分布模式 UD 及 FG-X 下这些基本导波模态相比于不含石墨烯复合环板的频散特性变化。从 5.29a 可知，功能梯

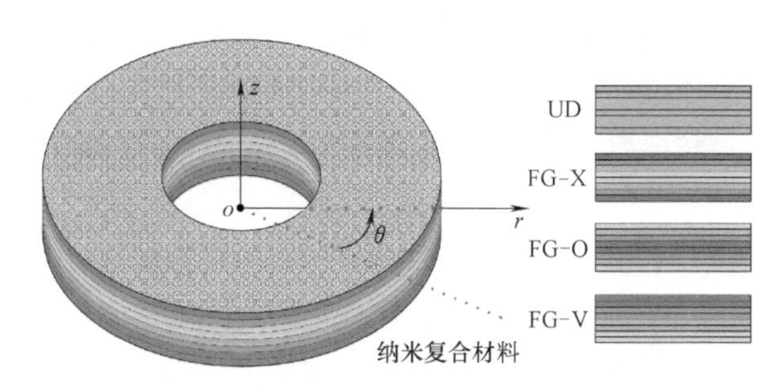

图 5.28　纳米复合环板示意图

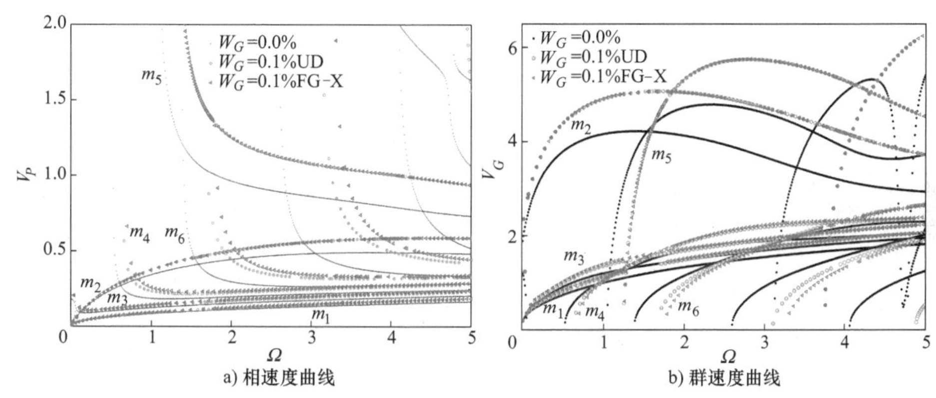

图 5.29　石墨烯含量 $W_{GPL}=0.1\%$时石墨烯分布模式对功能梯度纳米复合环板导波的相速度和群速度频散特性的影响效应

度纳米复合环板中弹性导波模态的相速度曲线远高于不含石墨烯的纯环氧树脂环板的相速度，而面内波模态 m_1 的群速度高于纯环氧树脂板。不同模态的截止频率向频率轴正方向移动。对于石墨烯增强复合材料，分布模式 UD 和 FG-X 对面内波模态影响不明显，而面外模态 m_1、m_2、m_4 在截止频率及附近频率受分布模式影响很明显。由于石墨烯高表面比特性，石墨烯和高聚物基体之间的黏结强度决定了纳米复合材料的载荷传递能力，由此引起的波动特性也相应提高。面外波模态的位移得益于较高的纳米复合材料结构的刚度，反映了结构的变形阻抗能力，这种现象也可以在图 5.30 发现。接下来，为了进一步分析石墨烯分布模式的影响，专门考虑了纳米复合环板中的四条面外模态的频散特性。从图 5.30 可以明显看出，不同分布模式 UD、FG-X、FG-O 和 FG-V 下导波模态的相速度和群速度特性不尽相同，在图 5.30a 中，石墨烯集中于复合环板的边界上可以促进弹性波的传播。在边界处石墨烯的分布越集中，复合材料结构的变形阻抗性能越强，在特定无量纲频率处的弹性波模态相速度越高。研究发现对频散特性影响从高到低的石墨烯分布模式分别为 FG-X、UD、FG-V 和 FG-O。除模态 1 外，导波模态的截止频率随着石墨烯分布模式的变化不断增加，这意味着模态的产生会被推迟。对于分布模式 FG-O 而言，在

高频部分模态 m_1、模态 m_2 和模态 m_4 的群速度比其他模态大很多，表明在复合壳中面附近集中的石墨烯有利于振动的传播，也就是说传播波能量的传输比其他模态更快。同时，在截止频率附近，模态 m_4 和模态 m_6 出现了模态交叉现象。

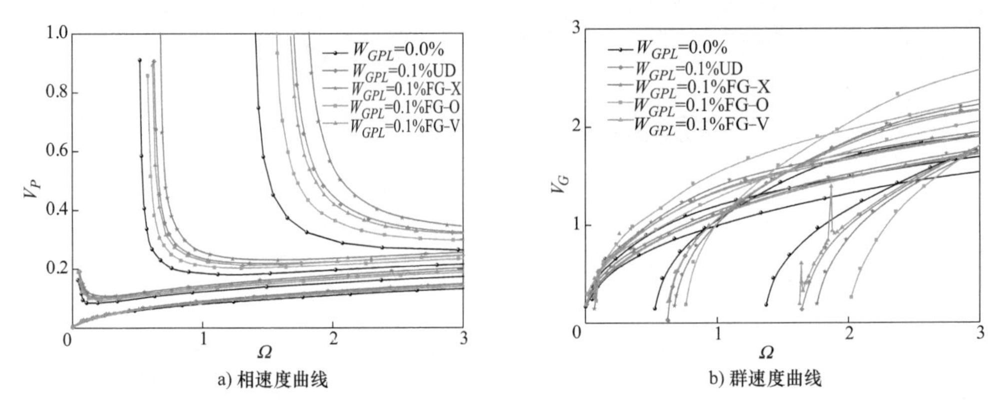

图 5.30　功能梯度环板中面外传播波模态 m_1、m_3、m_4 和 m_6 的相速度和群速度频散特性受石墨烯分布模式的影响

此外，如图 5.31 所示，考虑了石墨烯分布模式为 FG-X 时纳米复合环板中石墨烯含量对频散特性的影响。随着石墨烯含量的增加，面内和面外模态的相速度和群速度都相应地增加，说明石墨烯的存在有利于弹性波的传播，进而通过石墨烯的含量变化来灵活调控弹性波的传播。同时，研究发现纳米复合材料中石墨烯含量的增加会延迟传播波模态的出现，这一点可以在图 5.31e 中观察到，此外高阶模态的截止频率也有显著的增加。反过来再看图 5.30b，观察发现石墨烯分布模式为 FG-V 时模态 6 在一定的频率处出现跳跃现象，即面内模态和面外模态之间存在着弱耦合现象，在该处模态之间发生了转换现象。由图 5.32 可知，图 5.32c 所示为图

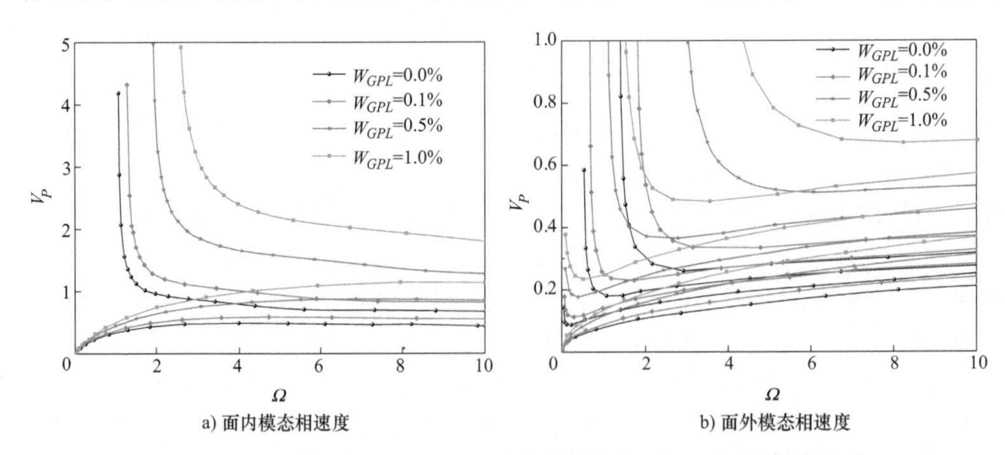

图 5.31　石墨烯含量 W_{GPL} = 0.1% 和分布模式为 FG-X 时石墨烯含量对功能梯度纳米复合环板频散特性的影响效应

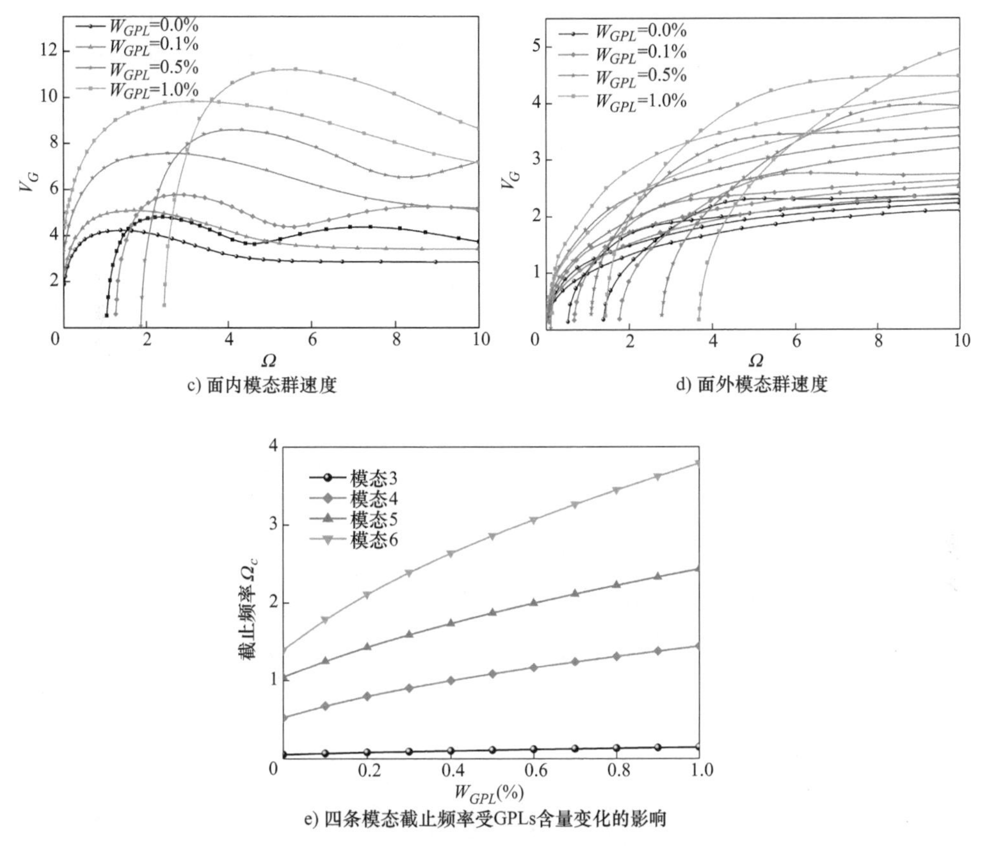

c) 面内模态群速度　　d) 面外模态群速度

e) 四条模态截止频率受GPLs含量变化的影响

图 5.31　石墨烯含量 $W_{GPL}=0.1\%$ 和分布模式为 FG-X 时石墨烯含量对功能梯度纳米复合环板频散特性的影响效应（续）

5.32b 左侧椭圆内模态转换的放大图，面外导波模态 m_6 和面内导波模态 m_5 之间发生耦合，石墨烯质量分数的增加导致了模态转换关键频率的提升。这种现象的产生是由于石墨烯在复合材料结构中的非对称分布，也就是说结构的非对称或者材料的非均匀性会引起模态转换现象。尽管这种模态之间的耦合现象比较明显和特别，但在关键频率附近并不适合弹性波信号的激发和传播，也就是说为保证结果的准确性，无损检测或者结构健康检测中激发模态的选择和中心频率都要避开该关键频率及附近范围频率。

同时，石墨烯尺寸参数对功能梯度纳米复合环板的力学性能影响显著，图 5.33 研究了石墨烯纳米增强材料的尺寸参数对频散特性的影响。这里石墨烯质量分数为 0.1%且沿着复合环板厚度的石墨烯分布模式为 FG-X。从图 5.33 可以看出，面内模态 2 和面外模态 1 和 3 的相速度曲线对石墨烯薄片的长厚比变化不够敏感，而模态 4、5 和 6 则随着长厚比的变化出现不同程度的增加，石墨烯长厚比的变化引起了所有模态群速度的改变。最后，如图 5.34 所示，分析了石墨烯尺寸参数长

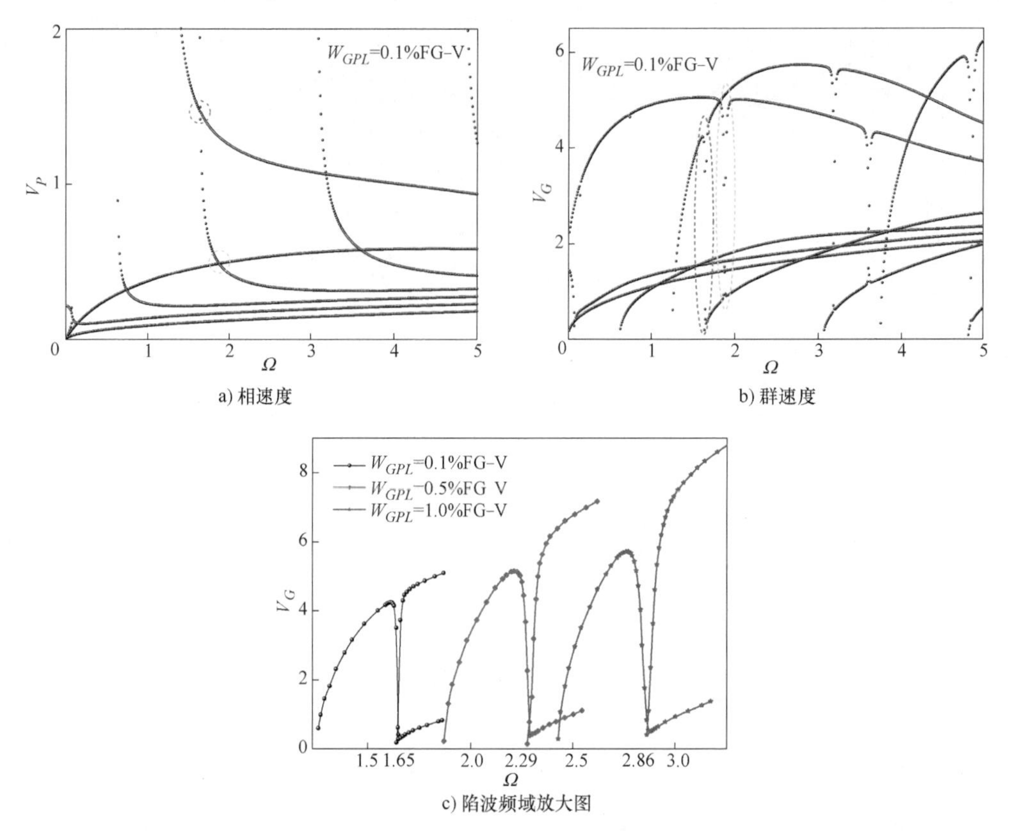

a) 相速度　　b) 群速度

c) 陷波频域放大图

图 5.32　遵循石墨烯分布模式 FG-V 的纳米复合环板中石墨烯含量对模态转换频率的影响

厚比对一定频率 Ω=2.5 处模态 5 和模态 6 频散行为的影响效应，随着长厚比的增加，模态频散结果和截止频率逐渐汇聚为一条特定曲线。由此可知，导波模态的频散特性和截止频率可以通过对石墨烯尺寸参数取值的调节来调控。综上所述，纳米

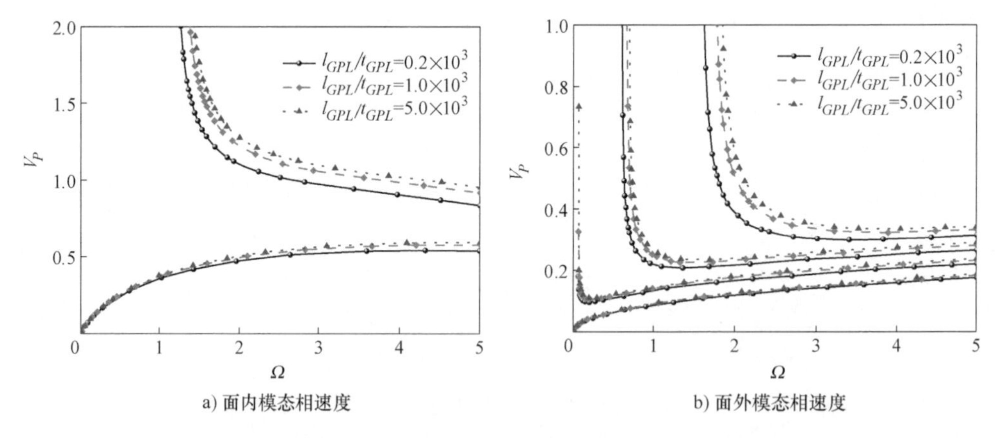

a) 面内模态相速度　　b) 面外模态相速度

图 5.33　石墨烯含量 W_{GPL}=0.1%和石墨烯分布模式为 FG-X 时功能梯度纳米复合环板导波的频散特性受石墨烯尺寸参数影响

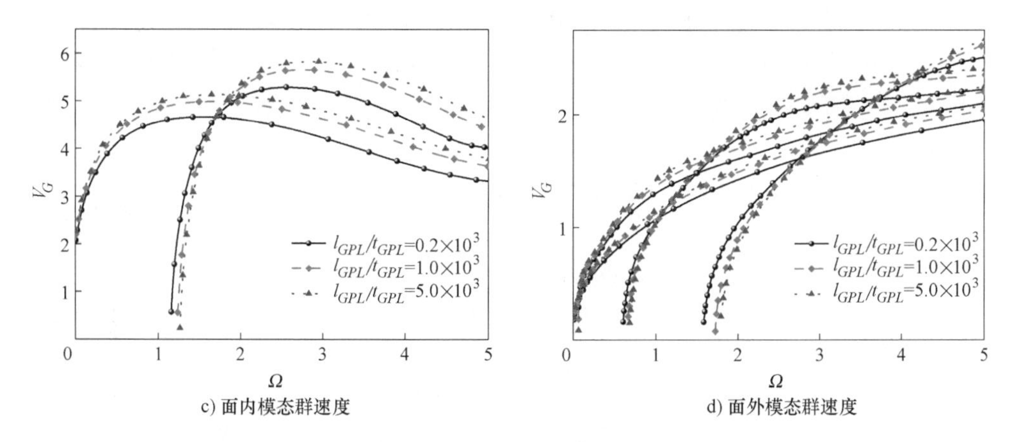

图 5.33　石墨烯含量 $W_{GPL}=0.1\%$ 和石墨烯分布模式为 FG-X 时功能梯度纳米复合环板导波的频散特性受石墨烯尺寸参数影响（续）

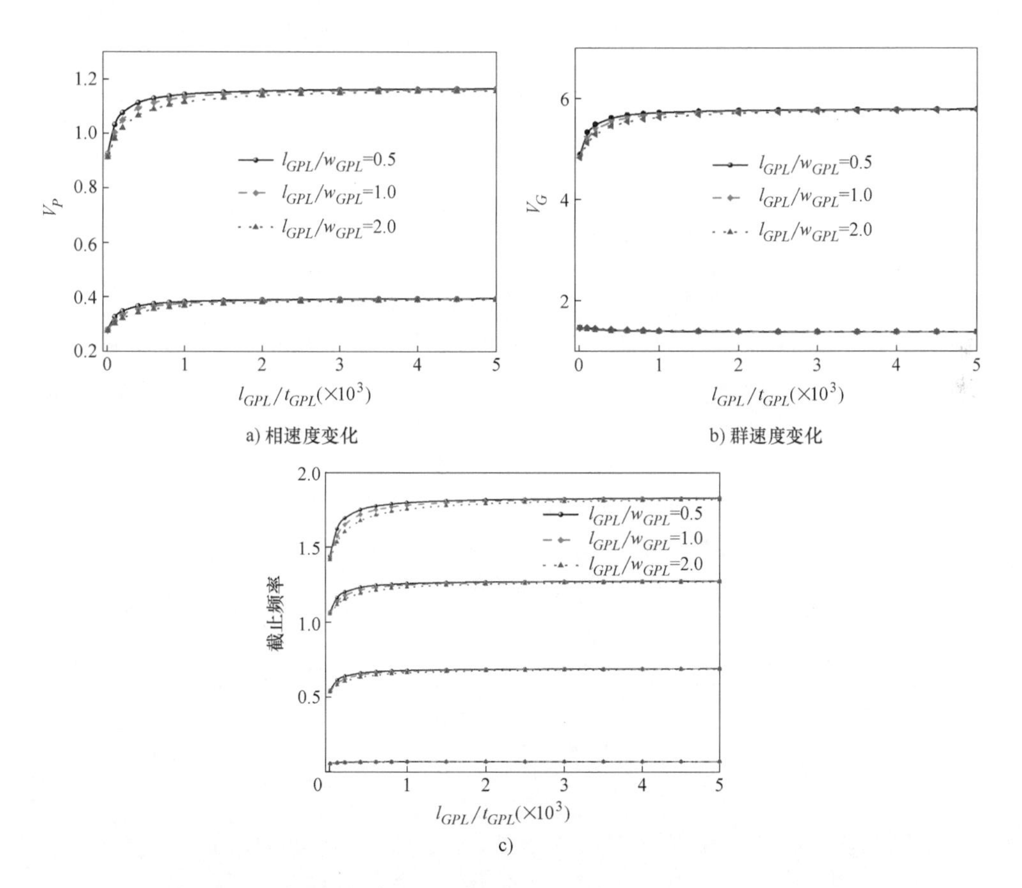

图 5.34　在无量纲频率为 $\Omega=2.5$ 处，石墨烯含量 $W_{GPL}=0.1\%$ 时不同石墨烯薄片长细比和长厚比对模态 $m5$ 和模态 $m6$ 频散结果的影响

复合材料结构中石墨烯分布模式、质量分数和尺寸参数等关键参数的控制在弹性波传播行为方面具有显著的影响，这为实际工程中导波传播控制和应用提供了潜在的参考价值和理论指导。

5.6 石墨烯团聚对波动特性的影响效应

图 5.35 所示为石墨烯增强压电复合材料圆柱壳的模型示意图，该模型建立在空间坐标系下，墨烯薄片沿复合壳径向分布遵循三种模式。R、h、N_L 和 Φ 分别表示复合壳的半径、厚度、层数和圆心角。图 5.36 所示为三种石墨烯团聚类型，石墨烯片在每一层中的取向是随机的，分散形式遵循均匀分散或团聚分散。对于团聚分散类型，石墨烯片在每单层中或紧或松地分散于圆柱壳中，且在纳米复合材料的每一层壳层中的任意位置都会产生团聚现象。假设压电纳米复合材料壳体的中性面是连续的、光滑的和可微的，弹性波沿着纳米复合材料圆柱壳轴向传播，圆柱壳的材料性能和几何特征沿着轴向是均匀的。此外，角频率、时间和虚单位分别用 ω、t 和 $\mathcal{I}=\sqrt{-1}$ 表示。

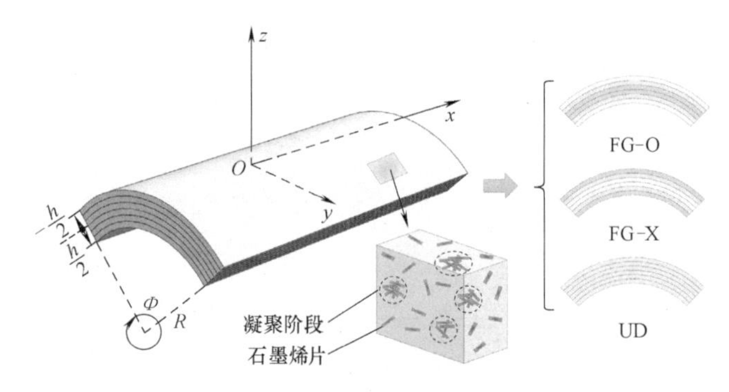

图 5.35 含石墨烯团聚效应的压电复合材料圆柱壳结构示意图及石墨烯沿圆柱壳厚度的分布模式（颜色深浅程度表示石墨烯含量）

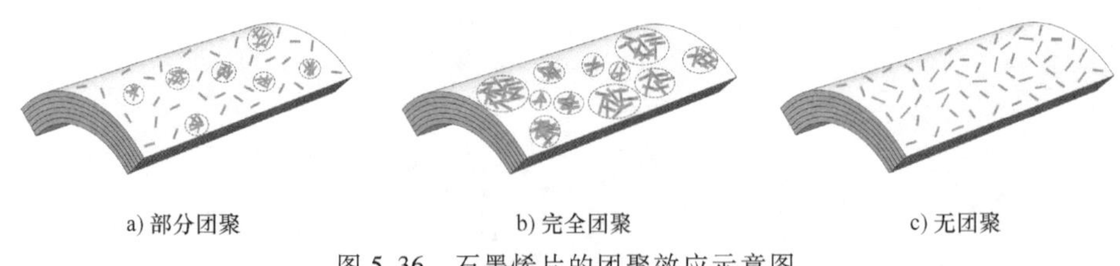

图 5.36 石墨烯片的团聚效应示意图

5.6.1 含团聚效应的功能梯度压电纳米复合壳的等效材料属性

压电纳米复合材料壳中石墨烯片沿壳厚度方向分布类型分别为三种模式 FG-O、

FG-X 和 UD，石墨烯在压电纳米复合材料层合壳每层中的体积分数为 C_i（$i=1$，2，3……N_l）。FG-X 模式表示石墨烯体积分数从中性面到顶外表面和内表面线性增加；FG-O 模式表示石墨烯的体积分数从中性面到外表面和内表面线性下降；UD 模式表示层合壳中每层层石墨烯的体积分数相等。

分布模式 FG-X

$$\begin{aligned} C_i &= (N_l + 2 - 2i)C^* \quad 若\ i \leqslant N_l/2 \\ C_i &= (2i - N_l)C^* \quad 若\ i > N_l/2 \end{aligned} \tag{5.102}$$

分布模式 FG-O

$$\begin{aligned} C_i &= 2iC^* \quad 若\ i \leqslant N_l/2 \\ C_i &= 2(N_l + 1 - i)C^* \quad 若\ i > N_l/2 \end{aligned} \tag{5.103}$$

和

$$C^* = \frac{2}{(2 + N_l)C_g}$$

分布模式 UD

$$C_i = C_g \tag{5.104}$$

式中，C_g 为纳米复合壳中石墨烯的总体积分数，C_i 为纳米复合壳中第 i 层中石墨烯的体积分数。

在石墨烯增强压电复合壳中，假设一部分石墨烯处于团聚形态，其他部分石墨烯随机分散于纳米复合壳每一层的基体之中。由此可知，复合圆柱壳每一层可以分为团聚相和等效基体相，其中等效基体相是由基体材料环氧树脂和除团聚石墨烯之外的部分混合而成。这里引入两个参数来评估上述微力学模型中石墨烯在复合壳中分散规律及其团聚效应程度，假设纳米压电层合壳每一层的团聚参数是相同的。

反应石墨烯团聚效应的两个参数如下所示

$$\xi = \frac{V_{agglomer}}{V} \quad \zeta = \frac{V_r^{agglomer}}{V_r} \tag{5.105}$$

式中，V 和 $V_{agglomer}$ 分别为层合壳中第 i 层的体积和该层中石墨烯团聚相的体积。V_r 和 $V_r^{agglomer}$ 分别表示等效基体中随机分布的石墨烯的体积和团聚相中石墨烯的体积。ξ 和 ζ 分别代表团聚相的体积分数和团聚相中石墨烯的数量。结合式（5.105），纳米圆柱层合壳中第 i 层中团聚相和等效基体中石墨烯的体积分数如下

$$C_i^{agglomer} = \frac{V_r^{agglomer}}{V_{agglomer}} = \frac{\zeta C_i}{\xi}, \quad C_i^{out} = \frac{V_r - V_r^{agglomer}}{V - V_{agglomer}} = \frac{(1 - \zeta)C_i}{(1 - \xi)} \tag{5.106}$$

由式（5.106）可知，当 $\xi<\zeta$ 和 $\zeta<1$ 时，纳米复合壳是一个石墨烯部分发生团聚的混合结构体，在团聚结构中石墨烯片的集中程度高于等效基体（随机分散的石墨烯增强聚合物基体）中的石墨烯。同时，需要强调的是，当 $\xi>\zeta$ 和 $\zeta<1$ 时，纳米复合壳也可以看作为石墨烯部分发生团聚的混合结构，可以获得准确有效的材料参

数。当 $\xi<\zeta$ 和 $\zeta=1$ 时，所有的石墨烯片分散于团聚结构中，在团聚结构外即等效基体中不存在石墨烯分布。当 $\xi=\zeta$ 时，石墨烯片均匀分布于纳米复合壳的每一层中，团聚相中的石墨烯体积分数和分散于基体中的石墨烯体积分数相同，也就是说在纳米压电层合壳中并未发生石墨烯团聚。此外，$\xi=\zeta=1$ 表示所有的石墨烯都均匀分布于纳米复合壳的每一层中，也不存在团聚现象。

这里的纳米复合壳由基体 PVDF（聚偏二氟乙烯，polyvinylidene fluoride）和石墨烯组成，二者的 Hill 模量可表示为

$$k_m=\frac{E_m}{2(1+\nu_m)(1-2\nu_m)}\quad l_m=\frac{\nu E_m}{(1+\nu_m)(1-2\nu_m)}$$
$$\mu_m=p_m=\frac{E_m}{2(1+\nu_m)}\quad n_m=\frac{(1-\nu_m)E_m}{(1+\nu_m)(1-2\nu_m)}\tag{5.107}$$

$$k_r=\frac{E_r}{2(1+\nu_r)(1-2\nu_r)}\quad l_r=\frac{\nu E_r}{(1+\nu_r)(1-2\nu_r)}$$
$$\mu_r=p_r=\frac{E_r}{2(1+\nu_r)}\quad n_r=\frac{(1-\nu_r)E_r}{(1+\nu_r)(1-2\nu_r)}\tag{5.108}$$

式中，E_m、ν_m 分别为基体材料的弹性模量和泊松比；E_r、ν_r 分别为石墨烯的弹性模量和泊松比；p_m、p_r 分别为基体材料和石墨烯的剪切模量。基于公式（5.106）~（5.108），在纳米复合壳的第 i 层中，纳米复合壳中团聚相和等效基体的体积模量和剪切模量可以通过下式计算得到

$$k_{agglomer}=k_m+\frac{(\delta_r-3k_m\alpha_r)C_i\zeta}{3(\xi-C_i\zeta+C_i\zeta\alpha_r)}$$
$$k_{out}=k_m+\frac{(\delta_r-3k_m\alpha_r)C_i(1-\zeta)}{3[1-\xi-C_i(1-\zeta)+C_i(1-\zeta)\alpha_r]}\tag{5.109}$$
$$\alpha_r=\frac{3k_m+2n_r-2l_r}{3n_r},\quad \delta_r=\frac{3k_m(n_4+2l_r)+4(k_rn_r-l_r^2)}{3n_r}$$

$$\mu_{agglomer}=\mu_m+\frac{C_i\zeta(\eta_r-2\mu_m\beta_r)}{2(\xi-C_i\zeta+C_i\zeta\beta_r)}$$
$$\mu_{out}=\mu_m+\frac{C_i(1-\zeta)(\eta_r-2\mu_m\beta_r)}{2[1-\xi-C_i(1-\zeta)+C_i(1-\zeta)\beta_r]}\tag{5.110}$$
$$\beta_r=\frac{4\mu_m+7n_r+2l_r}{15n_r}+\frac{2\mu_m}{5p_r},\quad \eta_r=\frac{2}{15}\left(k_r+6m_r+8\mu_m-\frac{l_r^2+2\mu_ml_r}{n_r}\right)$$

复合材料的等效体模量和等效剪切模量分别为

$$K = k_{out}\left\{1 + \frac{\xi[(k_{agglomer}/k_{out}) - 1]}{1 + \alpha(1 - \xi)(k_{agglomer}/k_{out}) - 1}\right\}$$
$$G = \mu_{out}\left\{1 + \frac{\xi[(\mu_{agglomer}/\mu_{out}) - 1]}{1 + \beta(1 - \xi)(\mu_{agglomer}/\mu_{out}) - 1}\right\} \tag{5.111}$$
$$\alpha = 3k_{out}/(3k_{out} + 4\mu_{out}),\quad \beta = 6(k_{out} + 2\mu_{out})/5(3k_{out} + 4\mu_{out})$$

通过引入式（5.111），纳米复合壳第 i 层的材料参数弹性模量和泊松比分别为

$$E_i = \frac{9KG}{3K + G} \tag{5.112}$$

$$\nu_i = \frac{3K - 2G}{6K + 2G} \tag{5.113}$$

接下来，考虑描述石墨烯团聚效应的参数（团聚相体积分数 ξ 和集中于团聚相中的石墨烯含量 ζ）对纳米圆柱层合壳的波动特性的影响规律和团聚效应下及均匀离散下层合壳中石墨烯总体积分数、石墨烯沿层合壳厚度方向的梯度分布参数对波动特性的影响效应。结合微力学模型和半解析有限单元法求解得到的频散曲线可以反映弹性导波在功能梯度石墨烯增强复合材料层合壳中的传播特性，无量纲波数、频率、相速度及群速度分别表示为 kR、$\omega R/c_s$、c_p/c_s 及 c_g/c_s，其中 c_s 是剪切波速度，即 $c_s = \sqrt{E/2\rho(1+\nu)}$。

这里为验证本节所采用的微力学模型，选用聚苯乙烯（polystyrene）作为纳米复合材料的聚合物基体，弹性模量为 $E_m = 1.9\text{GPa}$ 和泊松比为 $\nu_m = 0.3$。当表征团聚效应的参数变化时，石墨烯增强聚合物复合材料的弹性模量随之变化。设团聚参数 $\zeta = 0.2$ 和复合材料中石墨烯总体积分数为 $C_g = 0.1$，石墨烯增强聚合物复合材料的弹性模量随着团聚参数 ζ 的变化曲线如图 5.37 所示，并将计算结果与 Feng 等人计算得到的结果做了对比，表明 Mori-Tanaka 微力学模型可有效求解存在石墨烯团聚效应的纳米复合材料的等效材料属性。

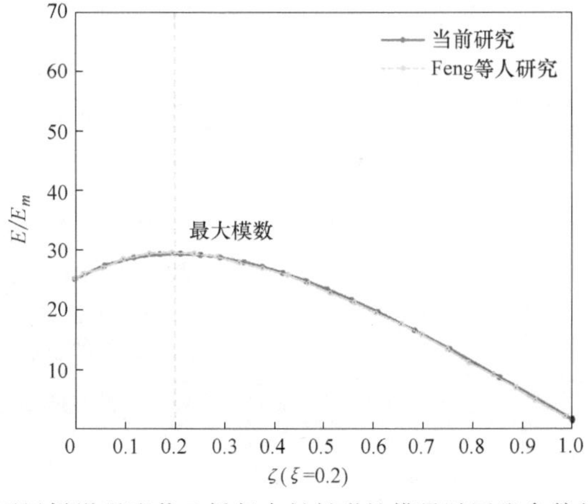

图 5.37　石墨烯增强聚苯乙烯复合材料弹性模量随团聚参数的变化曲线

5.6.2 含团聚效应的导波特性分析

图 5.38 和图 5.39 展示了功能梯度石墨烯增强压电纳米复合圆柱壳中团聚参数 ξ（团聚相的体积分数）对导波特性的影响规律，团聚参数团聚相中石墨烯的含量 ζ 设置为 1，即所有的石墨烯以团聚离散形式存于聚合物基体中。由图 5.38 和图 5.39 可知，五条导波模态的频散特性对团聚参数 ξ 的变化比较敏感，其中，导波模态 F_2 和 F_3 的相速度、群速度曲线及截止频率随着参数 ξ 的增大不断增加。当团聚参数 ξ 较小时，团聚相的体积分数比较低，石墨烯紧紧缩聚在一起使团聚效应较为明显。随着团聚参数 ξ 逐渐增加，团聚相体积分数增加使石墨烯的团聚状态逐渐由紧凑向离散转换，团聚效应逐渐减弱，当 $\xi=1$ 无限接近于 1 时，聚合物 PVDF 中的石墨烯趋向于均匀离散，且此时的纳米增强效应最佳。从图 5.40a 中可以看出，参数 ξ 的提高使纳米复合圆柱壳的刚度逐渐增加，同时复合结构的动力学特性得到了提升，更加有利于振动和波动性能。因此，降低石墨烯团聚的水平有益于振动和波动能量的传递。

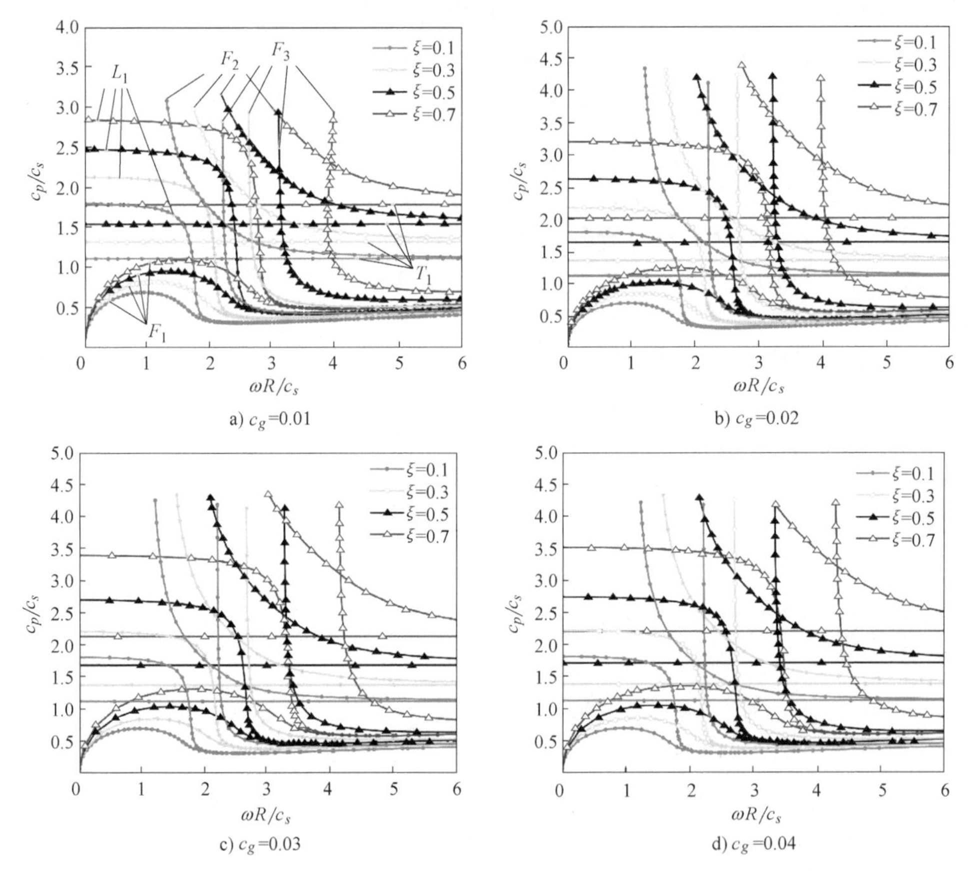

图 5.38 当 $h/R=1/20$、$N_L=60$、$\zeta=1$ 和石墨烯分布模式为 UD 时，团聚参数 ξ 对功能梯度石墨烯增强压电纳米复合圆柱壳的相速度频散曲线的影响效应

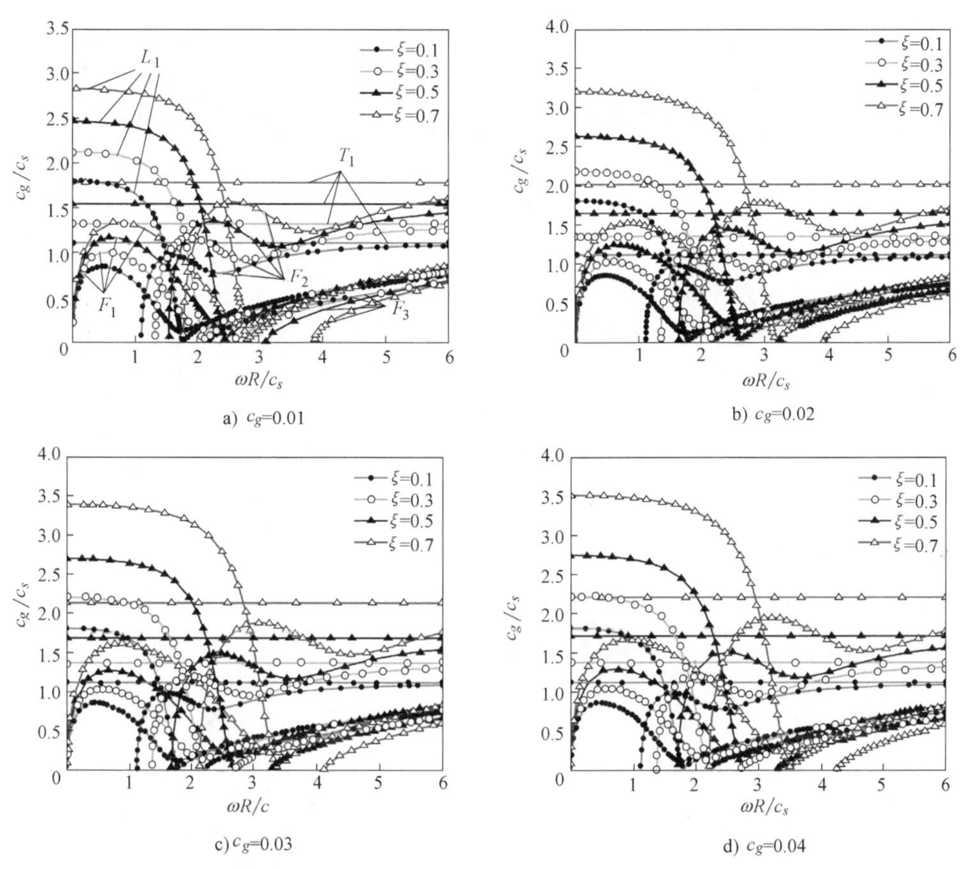

a) c_g=0.01　b) c_g=0.02　c) c_g=0.03　d) c_g=0.04

图 5.39　当 $h/R=1/20$、$N_L=60$、$\zeta=1$ 和石墨烯分布模式为 UD 时，团聚参数 ξ 对功能梯度石墨烯增强压电纳米复合圆柱壳的群速度频散曲线的影响效应

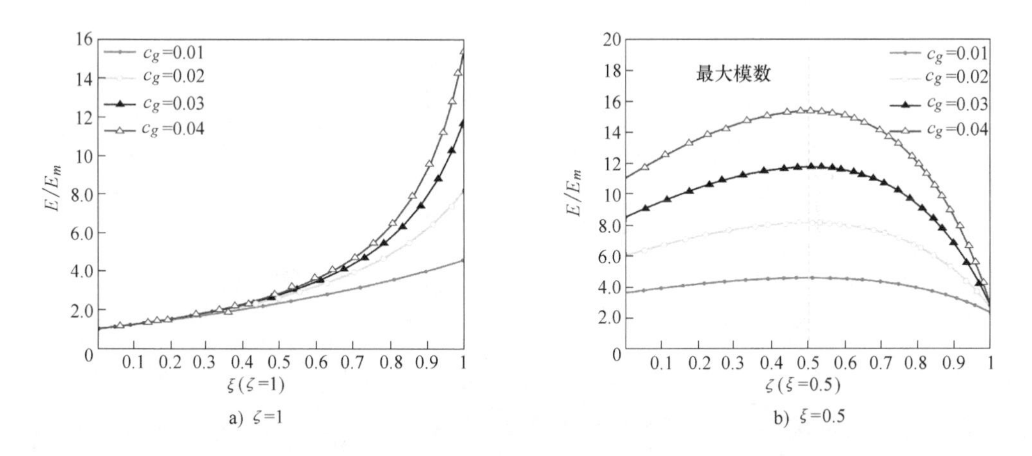

a) ζ=1　b) ξ=0.5

图 5.40　当石墨烯分布模式为 UD 时，功能梯度
石墨烯增强压电纳米复合材料圆柱壳的归一化等效模量

图 5.41 和图 5.42 展示了团聚参数 ζ（团聚相中石墨烯含量）对功能梯度石墨烯增强压电纳米复合圆柱壳中导波特性的影响效应。设置参数 $\xi=0.5$，随着参数 ζ 逐渐变化增加至 0.5，团聚状态下的石墨烯含量逐渐减小，团聚相之外基体中均匀分布的石墨烯含量相应增加。由图 5.38b 可知，弹性模量随着团聚参数 ζ 渐渐增加，结构刚度的增加更加有益于纳米复合圆柱壳中纵波、扭转波和弯曲波模态的传播。例如，前四条导波模态的相速度和群速度曲线不断增加，导波模态 F_2 的截止频率逐渐向无量纲频率轴正向移动。群速度的增加意味着导波波包传递速度的提升，相应的能量传递速度不断增加。当参数 ζ 发生变化，由 $\zeta=\xi=0.5$ 增加至 $\zeta=0.9$，团聚相中石墨烯的组分增加和等效基体相中的石墨烯含量下降，纳米复合圆柱壳中均匀离散的石墨烯逐渐向完全团聚状态转化。由图 5.40b 看出，此时复合材料的弹性模量逐渐减小，阻碍着导波模态的传播，且前四条导波模态的相速度和群速度逐渐减小，相应的能量传递速度也不断减小，模态 F_2 的截止频率逐渐向频率负方向移动。此外，根据图 5.40b，复合材料弹性模量的变化可以分为两个阶段，

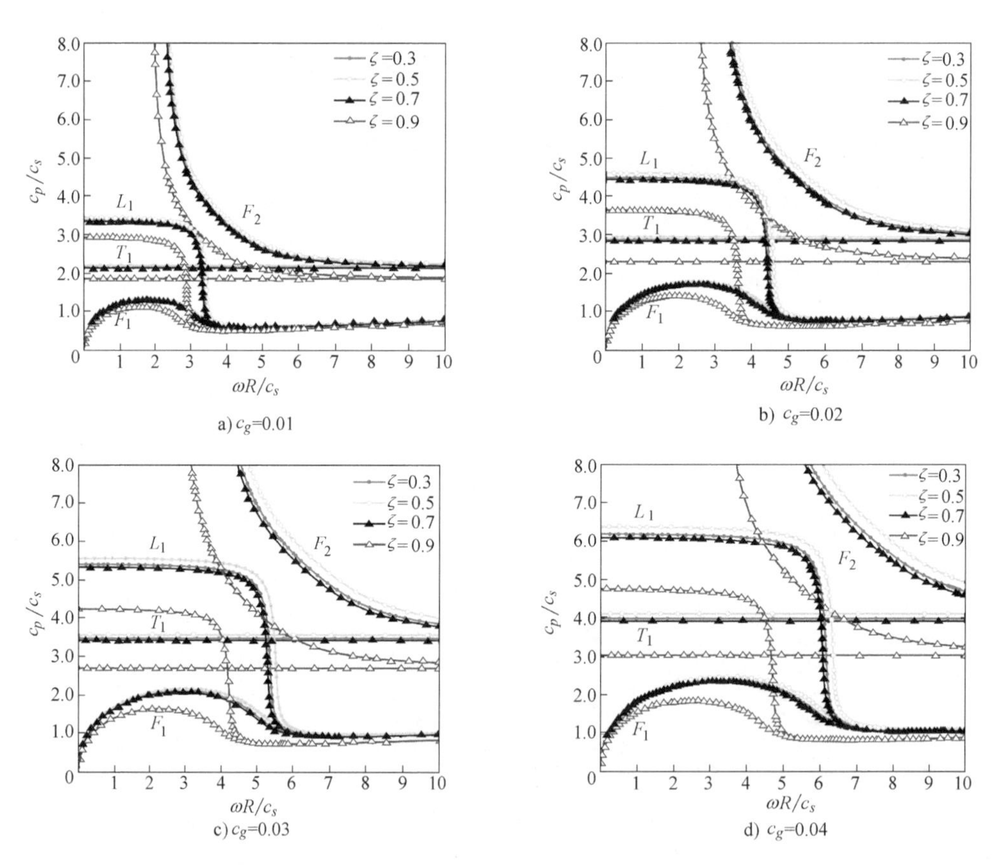

图 5.41 当 $h/R=1/20$、$N_L=60$、$\xi=0.5$ 和石墨烯分布模式为 UD 时，团聚参数 ζ 对功能梯度石墨烯增强压电纳米复合圆柱壳的相速度频散曲线的影响效应

弹性模量在第一阶段［0.3,0.5］的变化较小，而在第二阶段［0.5,0.9］中的弹性模量变化较明显，出现快速下降趋势，结合上述结论可知，第一阶段导波相速度、群速度曲线变化不明显，而第二阶段导波频散特性变化迅速。再者，纵观 ζ 的变化过程，在 $\zeta=\xi$ 时可实现导波在功能梯度石墨烯增强复合圆柱壳中的最优传输特性，也是石墨烯团聚参数调节材料参数的中间值。因此，可以看出通过调节团聚相中的石墨烯含量可以实现复合结构中导波频散特性的灵活调控。此外，图 5.38、图 5.39、图 5.41 和图 5.42 表明复合结构中石墨烯总体积分数越高，团聚效应及表征参数变化所引起的频散特性的变化越剧烈，可见，石墨烯在复合材料中越集中，团聚效应对导波特性的影响越明显。

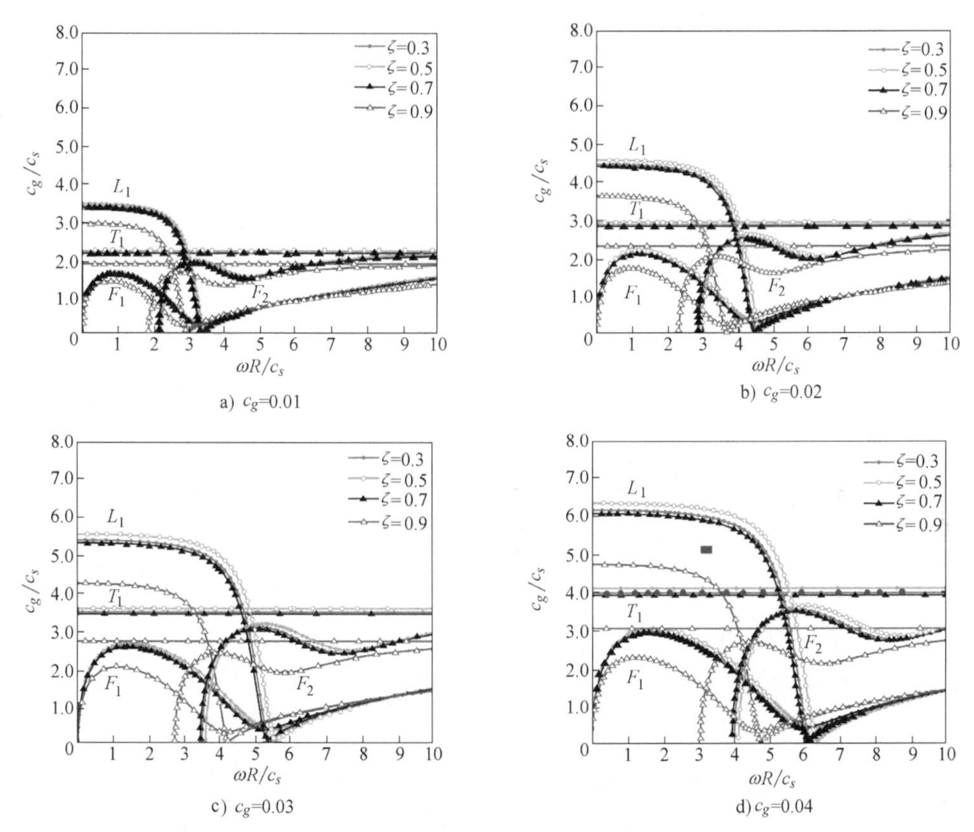

图 5.42　当 $h/R=1/20$、$N_L=60$、$\xi=1$ 和石墨烯分布模式为 UD 时，团聚参数 ζ 对功能梯度石墨烯增强压电纳米复合圆柱壳的群速度频散曲线的影响效应

图 5.43 考虑了功能梯度石墨烯增强压电纳米复合圆柱壳的导波模态 F_1 和 F_3 群速度曲线受层合结构中石墨烯总体积分数的影响效应。对于图 5.43a，石墨烯片处于完全团聚状态和团聚相体积分数假设为 0.1，可以观察到石墨烯集中程度对复合壳的频散特性影响不够明显。由图 5.43b 可以看出，随着团聚相体积分数的增加，石墨烯总体积分数对导波群速度的影响效应逐渐变得明显。此外，对于图

5.43c，石墨烯完全且均匀地分散于纳米复合材料中，石墨烯总体积的变化对层合壳的波动特性影响显著。因此，石墨烯在聚合物中的团聚效应将抑制层合壳中导波的频散特性。

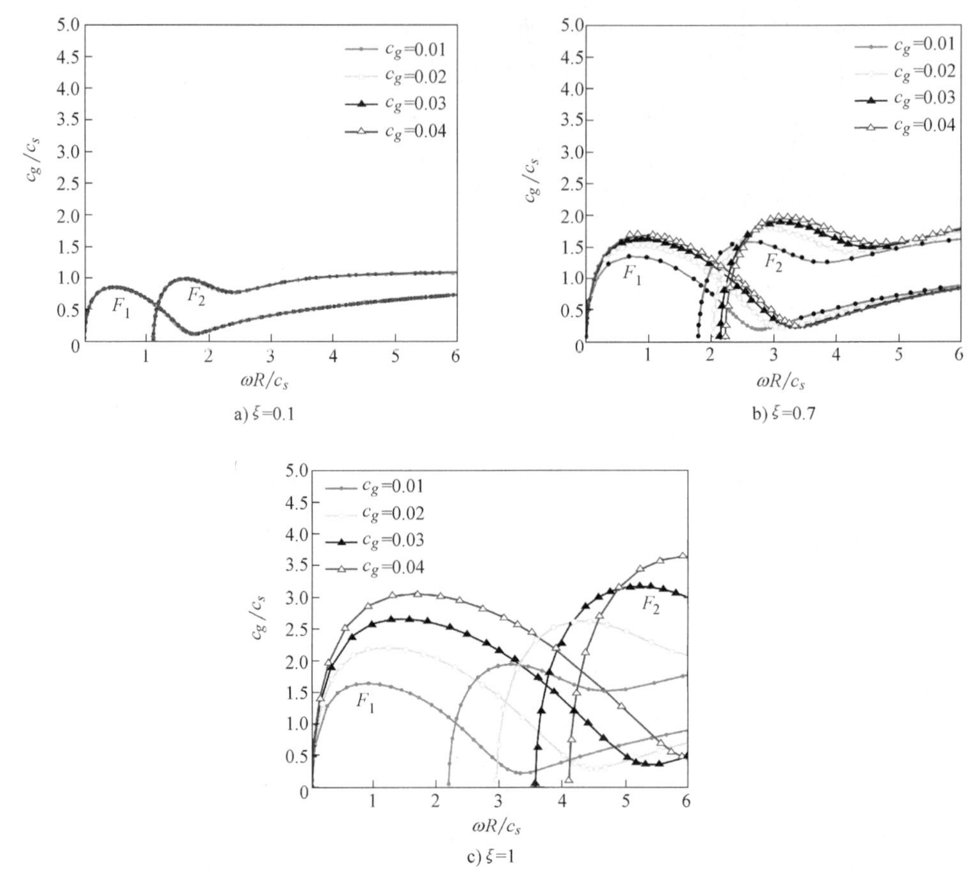

图 5.43　当 $h/R=1/20$、$N_L=60$、$\zeta=1$ 和石墨烯分布模式为 UD 时，石墨烯总体积分数对功能梯度石墨烯增强压电纳米复合圆柱壳导波模态 F_1、F_2 的群速度频散曲线的影响效应

同时，在含不同程度团聚效应的功能梯度石墨烯增强压电纳米复合圆柱壳中石墨烯沿着厚度方向的分布模式对波动特性也具有一定的影响，如图 5.44 所示。通过比较图 5.44a、图 5.44b 和图 5.44c 可知，随着石墨烯团聚效应的弱化，面外导波模态的频散特性随着石墨烯分布模式变化变得比较明显，同样地，石墨烯团聚效应可根据分布模式的选择和变化调节功能梯度石墨烯增强复合圆柱层合壳的波动特性。

研究发现，面外弯曲波模态之间存在模态转换现象，如图 5.45 所示，团聚效应对弯曲波模态 F_7 和 F_8 的模态转换中心频率及附近模态的截止频率、群速度等特性具有一定的影响。由图 5.45b 可以看出，随着团聚参数、团聚相体积分数 ξ 的增加，面外模态 F_7 和 F_8 模态转换中心频率及转换点的群速度显著增加，这种现象会

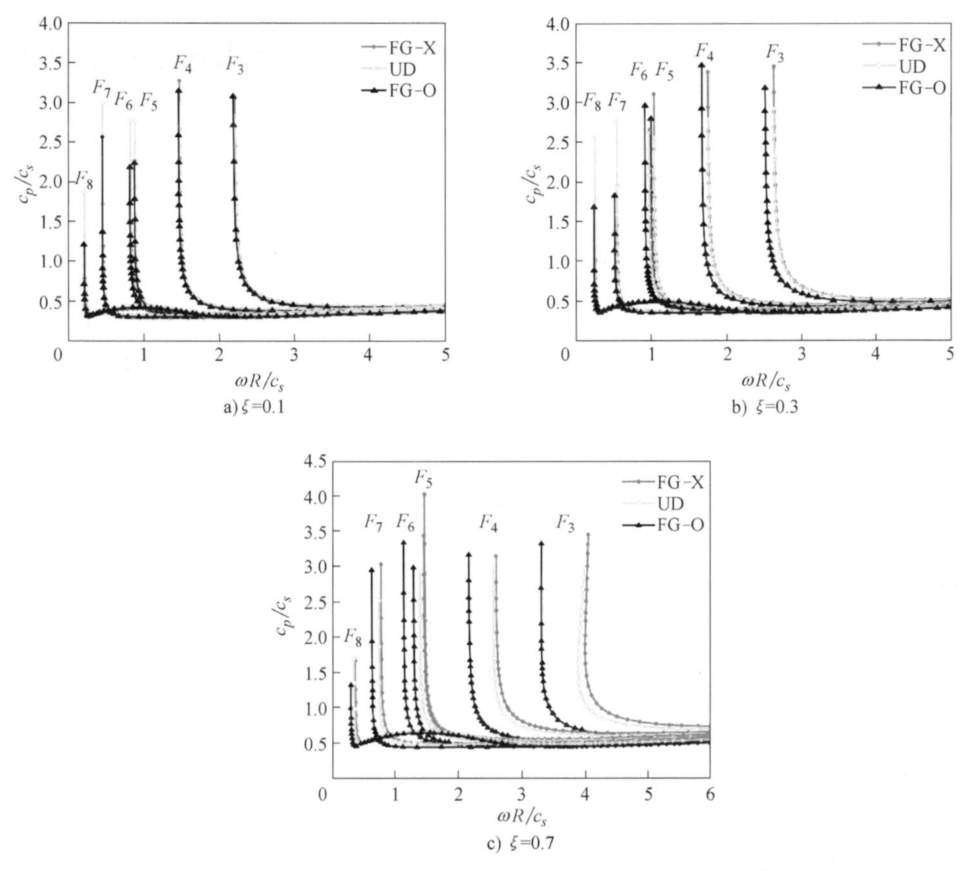

图 5.44　当 $h/R=1/20$、$N_L=60$、$\zeta=1$ 和 $C_g=0.01$ 时，石墨烯分布模式对功能梯度石墨烯增强压电纳米复合圆柱壳导波面外模态的群速度频散曲线的影响效应

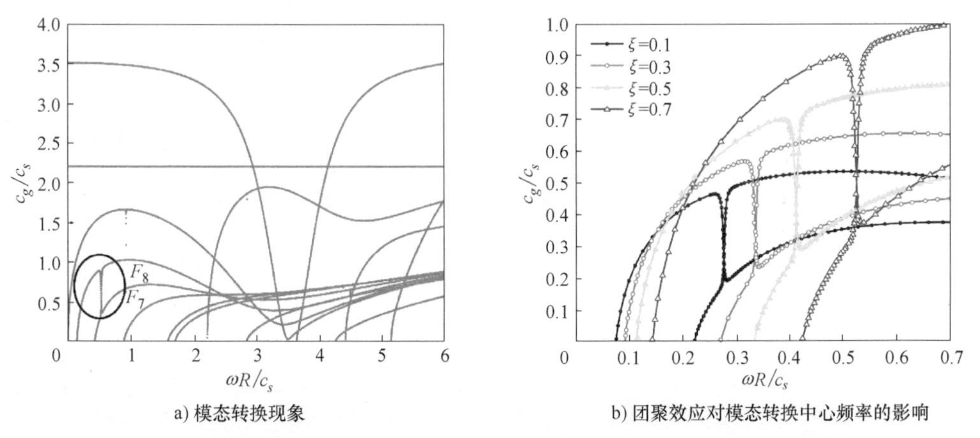

图 5.45　当 $h/R=1/20$、$N_L=60$、$\zeta=1$ 和 $C_g=0.04$ 时，功能梯度石墨烯增强压电纳米复合圆柱壳导波模态 F_7 和 F_8 的模态转换

提高导波频散特性的复杂性，在导波检测技术中传感器中心频率及信号激发频率的选择需要慎重，应避开模态转换中心频率及附近频率。可以看出，通过调节层合结构中石墨烯在聚合物中的团聚程度可以有效调控模态转换现象的中心频率，有利于在无损检测前对复合材料结构的导波特征有一个清晰的了解。同时，通过对复合材料关键参数的灵活调节为先进复合材料的性能反演、逆向设计及新型功能研发提供了重要的科学依据及理论指导。

智能材料中的弹性导波

6.1 引言

压电压磁复合材料是一种新型的智能材料，由两种或两种以上压电和压磁材料所组成，压电压磁材料具有磁电耦合效应并对激励的响应速度快，在电磁场探测设备、微机械传动器等领域有着广泛的应用，在工程实际中发挥着极为关键的作用，为社会创造了极大的价值。近年来，压电压磁复合材料成为材料、物理与力学等领域的热门课题。这种复合材料充分利用了压电和压磁每个组分的特性。与普通的压电或压磁材料相比，压电压磁复合材料中的电和磁的耦合是一个积效应，来源于压电相和压磁相的相互作用，其电磁耦合效应比单相材料强得多。为了更清楚地了解这种复合材料的特性，以下单独对压电和压磁材料进行介绍。

1. 压电材料

皮埃尔·居里和雅克·居里兄弟于 1880 年发现石英晶体具有压电效应。之后，他们又通过实验验证了逆压电效应的存在，并测出了正压电常数和逆压电常数。在某一类晶体中施以压力会有电荷的移动，晶体的上下表面产生了电势差，从而产生电性。之后，又系统地研究了施压方向与电场强度间的关系，并预测某类晶体会具有相似的压电效应。

正压电效应：如图 6.1a 所示，当某些电介质在某个方向上受到外力而产生变形时，电介质的内部会发生极化。同时，正电荷和负电荷将出现在电介质的两个相对表面上，从而产生电势差。当把施加的外力撤除后，电介质将恢复到初始不带电的状态，这种现象称为正压电效应。正压电效应体现了压电材料把机械能转换成电能的能力。基于正压电效应可以把压电材料制作成压电传感器，通过测量压电元件的电压变化，就可以得到元件粘贴处或埋入处相应结构的变形。正压电效应中电位移和应力之间的关系可以表示成张量形式，即

$$\boldsymbol{D}=d\boldsymbol{\sigma} \tag{6.1}$$

式中，$\boldsymbol{D}$ 为电位移张量；d 为压电应变常数；$\boldsymbol{\sigma}$ 为应力张量。

逆压电效应：如图 6.1b 所示，当在电介质的极化方向上施加电场，这些电介质随之也会发生变形，当把电场去除之后，电介质的变形随之消失，并恢复原状，这种现象称为逆压电效应。逆压电效应反映了压电材料具有将电能转变为机械能的能力。基于逆压电效应可以把压电材料制成可控的驱动元件，压电材料可嵌入体结构中通过施加电压造成结构变形或改变主体结构应力。逆压电效应中应变和电场强度之间的关系可以表示成张量形式，即

$$\boldsymbol{\varepsilon}=d^{\mathrm{T}}\boldsymbol{E} \tag{6.2}$$

式中，$\boldsymbol{\varepsilon}$ 为应变张量；d 为压电系数张量；$\boldsymbol{E}$ 为电场强度。

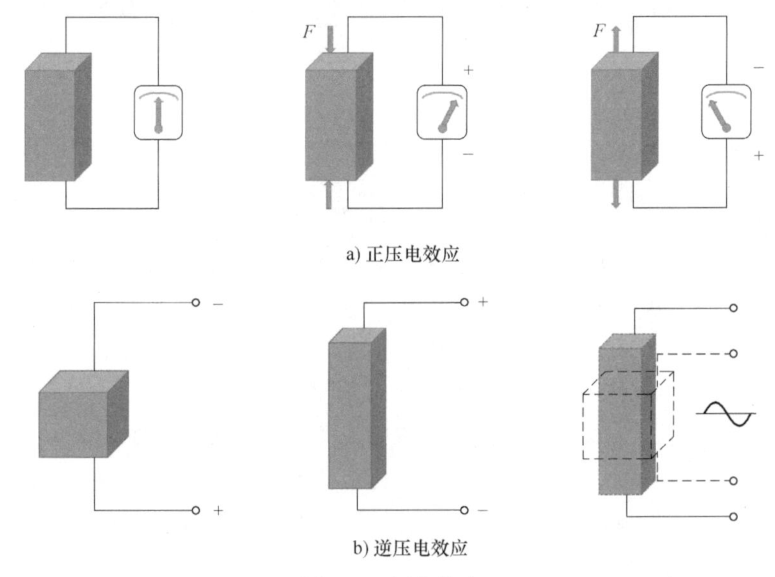

图 6.1　压电效应

压电材料既能用作传感器，又可以用作驱动元件。近年来，在压电技术的宏观应用方面已经进行过多次尝试。2007 年初，压电地板开始在东京日本火车站进行试验。在以色列，有一家公司在高速公路下安装了压电材料，其产生的能量足够为街灯、广告牌和标志提供动力。

2. 压磁材料

压磁材料又称为磁致伸缩材料，这种材料的性能与压电材料的压电效应类似，称为磁致伸缩效应。磁致伸缩效应最先由 James Prescott Joule 在 1842 年发现。他观察到铁磁材料铁样品在受到磁场作用时会改变其长度。Villari 后来发现，对磁致伸缩材料施加应力会改变其磁化强度。磁致伸缩材料的本构方程为

$$\begin{aligned}\varepsilon&=s\sigma+d'H\\B&=d'\sigma+\mu H\end{aligned} \tag{6.3}$$

式中，B 和 H 为磁感应强度和磁场强度；s、σ 和 μ 分别为材料柔度系数张量、应

力张量和磁导率张量；d'为磁致伸缩系数张量。当铁磁材料置于外加磁场中时，磁畴间畴壁将发生位错等移动，磁畴总体极化方向将向外磁场方向偏转并最终趋于一致。在磁畴偏转过程中，材料的几何尺寸将沿磁化方向伸长或缩短。

在磁化作用下，材料的变形和磁化的方向相关，会相应伸长或者缩短，这种特性称为线性磁致伸缩。类比于线性磁致伸缩，材料体积的膨胀或收缩称为体积磁致伸缩。体积磁致伸缩的大小比线性磁致伸缩程度小很多，而且材料一般达到磁化饱和以后才会发生体积磁致伸缩，因此在实际问题的研究中一般只考虑线性磁致伸缩的影响。通常将沿磁场方向的伸长率用来表征线性磁致伸缩，该伸长率实际上就是磁致伸缩系数，一般用 λ 表示。当磁化程度达到饱和状态时，磁致伸缩系数 λ 达到最大值，用 λ_{max} 表示。铁磁体是一种磁致伸缩材料，铁磁体的 λ_{max} 约为 10^{-6} 量级，相对较小。其他传统磁致伸缩材料包括镍、钴、铁氧体等材料，这些材料也存在较明显的磁致伸缩效应。$CoFe_2O_4$（钴铁氧体）是本章研究的主要是压磁材料。$CoFe_2O_4$ 也是一种比较常见的磁致伸缩材料，这种材料具有物理性能稳定、磁性能表现出色等优点，同时比稀土超磁致伸缩材料的成本低很多，力学性能也更加出色。

3. 压电压磁复合材料

压电压磁复合材料是压电和压磁材料的组合，将片状的磁致伸缩材料和压电材料通过黏合剂叠层黏接在一起可以获得层状磁电材料。理论和实验均表明，叠层磁电复合材料在谐振时磁电系数能够得到有效增强，比非谐振时大 1~2 个数量级，该特性使它在传感器和换能器领域有着重要的应用。在制造复合材料的过程中，复合材料的界面位置容易出现夹杂、空穴等缺陷，这极易导致界面两侧材料变得不均匀从而出现应力集中现象，最终使黏结界面成为该类材料较早产生裂纹的部位。随着功能梯度材料的出现，这一问题得到了很好的解决，功能梯度材料可使材料组成构件各种功能的性质参数连续地呈梯度变化，材料性能的连续变化可以有效减小应力集中和提高材料的失效强度。功能梯度材料的概念逐步扩展到压电/压磁材料领域，有着广泛的应用前景。

本章介绍了功能梯度磁电弹性板中波传播的频散特性，功能梯度压电压磁板的数值计算出现了一种新现象：模态缺失。模态缺失是一种物理现象，与压磁材料的负磁导率密切相关。同时，还分析了不同体积分数指数 λ 对频散行为和波结构的影响。对于压电压磁曲线板中的频散曲线呈现出一种与平板和空心圆柱不同的现象：模态转换，并分别从物理和数学的角度进行了解释。此外，分析了结构弧度、压电压磁效应、厚径比和叠层顺序四个因素对导波传播特性的影响。对于功能梯度压电环形板，将功能梯度压电圆环同普通压电方杆进行对比可知，功能梯度压电圆环的相速度和群速度曲线显示出了不一样的频散特性，包括模态转换、模态分离、截止频率等现象。此外，还从三个方面分析了影响频散特性的因素：宽高比、体积分数指数、曲率。

6.2 压电/压磁层合曲面板的波动特性

本节主要对多层磁电弹性曲面板中导波的频散特性进行相关研究。根据 Hamilton 原理，采用 Chebyshev 谱元法沿径向和周向对曲面板截面进行离散，从而得到压电压磁曲面板的频散方程，并分别从结构弧度、压电压磁效应、厚径比和叠层顺序等四个方面分析了其对频散特性的影响。此外，曲线板中的频散曲线显示出了一种不同于平板和空心圆柱的现象：模态转换。

6.2.1 圆柱坐标系曲面板基本方程

图 6.2 所示为柱坐标系（r，θ，z），其中 r，θ，z 分别表示径向、周向和轴向方向。R_0、R_1 及 α 分别表示多层曲面板内径、外径及弧度。从内层到外层的每层厚度依次为 h_1，h_2，…，h_n，总厚度 $h=h_1+h_2+\cdots+h_n$，其轴线方向的长度为无限长。

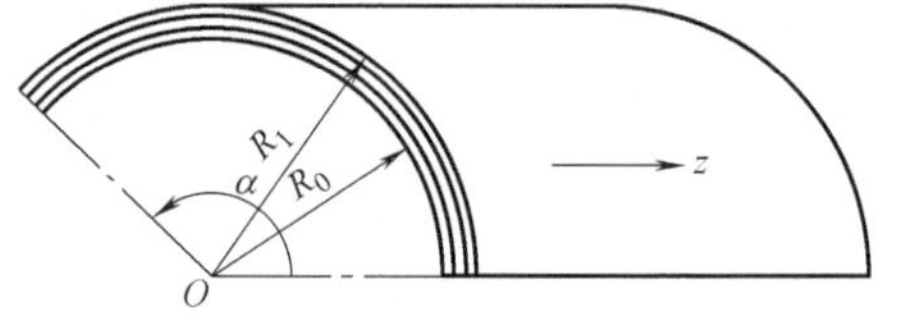

图 6.2 无限大曲面板几何模型

基于三维弹性理论，在圆柱坐标系下，对于曲面板的任意层，满足以下关系

1. 几何方程

1）应变位移。

$$
\begin{aligned}
&\varepsilon_{rr}=\frac{\partial u_r}{\partial r}, \qquad \varepsilon_{\theta\theta}=\frac{1}{r}\left(\frac{\partial u_\theta}{\partial \theta}+u_r\right)\\
&\varepsilon_{zz}=\frac{\partial u_z}{\partial z}, \qquad \varepsilon_{\theta z}=\frac{\partial u_\theta}{\partial z}+\frac{1}{r}\frac{\partial u_z}{\partial \theta}\\
&\varepsilon_{rz}=\frac{\partial u_z}{\partial r}+\frac{\partial u_r}{\partial z}, \ \varepsilon_{r\theta}=\frac{1}{r}\frac{\partial u_r}{\partial \theta}+\frac{\partial u_\theta}{\partial r}-\frac{u_\theta}{r}\\
&\varepsilon_{rz}=\frac{\partial u_z}{\partial r}+\frac{\partial u_r}{\partial z}, \ \varepsilon_{r\theta}=\frac{1}{r}\frac{\partial u_r}{\partial \theta}+\frac{\partial u_\theta}{\partial r}-\frac{u_\theta}{r}
\end{aligned}
\tag{6.4}
$$

式中，u_r，u_θ，u_z 分别为曲面板的径向、周向和轴向位移。

2）电场强度和电势。

$$
E_r=-\frac{\partial\varphi}{\partial r},\ E_\theta=-\frac{1}{r}\frac{\partial\varphi}{\partial\theta},\ E_z=-\frac{\partial\varphi}{\partial z}E_r=-\frac{\partial\varphi}{\partial r},\ E_\theta=-\frac{1}{r}\frac{\partial\varphi}{\partial\theta},\ E_z=-\frac{\partial\varphi}{\partial z} \tag{6.5}
$$

式中，φ 和 E 分别为电势和电场强度。

3）磁场强度和磁势。

$$
H_r=-\frac{\partial\psi}{\partial r},\ H_\theta=-\frac{1}{r}\frac{\partial\psi}{\partial\theta},\ H_z=-\frac{\partial\psi}{\partial z} \tag{6.6}
$$

式中，ψ 和 H 分别为磁势和磁常强度。

2. 本构方程

对于电磁弹性材料，广义本构方程为

$$\begin{aligned}\sigma_{ij}&=C_{ijkl}\varepsilon_{kl}-e_{kij}E_k-q_{ijk}H_k\\D_i&=e_{ikl}\varepsilon_{kl}+v_{ik}E_k\\B_i&=q_{ijk}\varepsilon_{kl}+\mu_{ik}H_k\end{aligned}\tag{6.7}$$

式中，σ_{ij}、D_i 及 B_i 分别为应力张量、电位移、磁感应强度；ε_{kl}、E_k 及 H_k 分别为应变张量、电场强度、磁场强度；C_{ijkl}、e_{kij}、q_{ijk}、v_{ik}、μ_{ik} 分别为弹性常数、压电常数、压磁常数、介电常数、磁导率。其中 i、j、k、$l=1$、2、3 对应坐标系三个方向。

定义广义应力矢量 $\overline{\boldsymbol{\sigma}}$、广义应变矢量 $\overline{\boldsymbol{\varepsilon}}$、广义位移 $\overline{\boldsymbol{u}}$ 为

广义应力：$\overline{\boldsymbol{\sigma}}=(\sigma_{rr}\quad\sigma_{\theta\theta}\quad\sigma_{zz}\quad\sigma_{r\theta}\quad\sigma_{\theta z}\quad\sigma_{rz}\quad D_r\quad D_\theta\quad D_z\quad B_r\quad B_\theta\quad B_z)^{\mathrm{T}}$

广义应变：$\overline{\boldsymbol{\varepsilon}}=(\varepsilon_{rr}\quad\varepsilon_{\theta\theta}\quad\varepsilon_{zz}\quad\varepsilon_{r\theta}\quad\varepsilon_{\theta z}\quad\varepsilon_{rz}\quad E_r\quad E_\theta\quad E_z\quad H_r\quad H_\theta\quad H_z)^{\mathrm{T}}$

广义位移：$\overline{\boldsymbol{u}}=(u_r\quad u_\theta\quad u_z\quad -\varphi\quad -\psi)^{\mathrm{T}}$

广义本构方程为

$$\overline{\boldsymbol{\sigma}}=\overline{\boldsymbol{C}}\,\overline{\boldsymbol{\varepsilon}}\tag{6.8}$$

其中，

$$\overline{\boldsymbol{C}}=\begin{pmatrix}\boldsymbol{C}&-\boldsymbol{e}^{\mathrm{T}}&-\boldsymbol{q}^{\mathrm{T}}\\\boldsymbol{e}&\boldsymbol{\nu}&\boldsymbol{0}\\\boldsymbol{q}&\boldsymbol{0}&\boldsymbol{\mu}\end{pmatrix}\tag{6.9}$$

式中，$\boldsymbol{e}$ 为压电常数矩阵；$\boldsymbol{\nu}$ 为介电常数矩阵；$\boldsymbol{q}$ 为压磁常数矩阵；$\boldsymbol{\mu}$ 为磁导率矩阵。

广义应变位移关系可表示为矩阵形式

$$\boldsymbol{\varepsilon}=\begin{pmatrix}\dfrac{\partial}{\partial r}&0&0\\\dfrac{1}{r}&\dfrac{1}{r}\dfrac{\partial}{\partial\theta}&0\\0&0&\dfrac{\partial}{\partial z}\\0&\dfrac{\partial}{\partial z}&\dfrac{1}{r}\dfrac{\partial}{\partial\theta}\\\dfrac{\partial}{\partial z}&0&\dfrac{\partial}{\partial r}\\\dfrac{1}{r}\dfrac{\partial}{\partial\theta}&\dfrac{\partial}{\partial r}-\dfrac{1}{r}&0\end{pmatrix}\boldsymbol{u},\boldsymbol{E}=\begin{pmatrix}\dfrac{\partial}{\partial r}\\\dfrac{1}{r}\dfrac{\partial}{\partial\theta}\\\dfrac{\partial}{\partial r}\end{pmatrix}(-\varphi),\boldsymbol{H}=\begin{pmatrix}\dfrac{\partial}{\partial r}\\\dfrac{1}{r}\dfrac{\partial}{\partial\theta}\\\dfrac{\partial}{\partial r}\end{pmatrix}(-\psi)\tag{6.10}$$

由此可知，圆柱曲面板的应变可以用位移表示为

$$\overline{\varepsilon}=\frac{1}{r}\boldsymbol{L}_0\overline{\boldsymbol{u}}+\boldsymbol{L}_r\overline{\boldsymbol{u}}_{,r}+\frac{1}{r}\boldsymbol{L}_\theta\overline{\boldsymbol{u}}_{,\theta}+\boldsymbol{L}_z\overline{\boldsymbol{u}}_{,z} \tag{6.11}$$

算子 $\boldsymbol{L}_0$、$\boldsymbol{L}_r$、$\boldsymbol{L}_\theta$ 和 $\boldsymbol{L}_z$ 表示为

$$\boldsymbol{L}_0=\begin{pmatrix}\boldsymbol{L}_{01} & \boldsymbol{0} & \boldsymbol{0}\\ \boldsymbol{0} & \boldsymbol{0} & \boldsymbol{0}\\ \boldsymbol{0} & \boldsymbol{0} & \boldsymbol{0}\end{pmatrix},\boldsymbol{L}_r=\begin{pmatrix}\boldsymbol{L}_{r1} & \boldsymbol{0} & \boldsymbol{0}\\ \boldsymbol{0} & \boldsymbol{L}_{r2} & \boldsymbol{0}\\ \boldsymbol{0} & \boldsymbol{0} & \boldsymbol{L}_{r3}\end{pmatrix}$$

$$\boldsymbol{L}_\theta=\begin{pmatrix}\boldsymbol{L}_{\theta1} & \boldsymbol{0} & \boldsymbol{0}\\ \boldsymbol{0} & \boldsymbol{L}_{\theta2} & \boldsymbol{0}\\ \boldsymbol{0} & \boldsymbol{0} & \boldsymbol{L}_{\theta3}\end{pmatrix},\boldsymbol{L}_z=\begin{pmatrix}\boldsymbol{L}_{z1} & \boldsymbol{0} & \boldsymbol{0}\\ \boldsymbol{0} & \boldsymbol{L}_{z2} & \boldsymbol{0}\\ \boldsymbol{0} & \boldsymbol{0} & \boldsymbol{L}_{z3}\end{pmatrix} \tag{6.12}$$

其中，

$$\boldsymbol{L}_{01}=\begin{pmatrix}0 & 1 & 0 & 0 & 0 & 0\\ 0 & 0 & 0 & 0 & 0 & -1\\ 0 & 0 & 0 & 0 & 0 & 0\end{pmatrix}^{\mathrm{T}},\boldsymbol{L}_{r1}=\begin{pmatrix}1 & 0 & 0 & 0 & 0 & 0\\ 0 & 0 & 0 & 0 & 0 & 1\\ 0 & 0 & 0 & 0 & 1 & 0\end{pmatrix}^{\mathrm{T}}$$

$$\boldsymbol{L}_{\theta1}=\begin{pmatrix}0 & 0 & 0 & 0 & 0 & 1\\ 0 & 1 & 0 & 0 & 0 & 0\\ 0 & 0 & 0 & 1 & 0 & 0\end{pmatrix}^{\mathrm{T}},\boldsymbol{L}_{z1}=\begin{pmatrix}0 & 0 & 0 & 0 & 1 & 0\\ 0 & 0 & 0 & 1 & 0 & 0\\ 0 & 0 & 1 & 0 & 0 & 0\end{pmatrix}^{\mathrm{T}} \tag{6.13}$$

$$\boldsymbol{L}_{r2}=\boldsymbol{L}_{r3}=\begin{pmatrix}1\\0\\0\end{pmatrix},\boldsymbol{L}_{\theta2}=\boldsymbol{L}_{\theta3}=\begin{pmatrix}0\\1\\0\end{pmatrix},\boldsymbol{L}_{z2}=\boldsymbol{L}_{z3}=\begin{pmatrix}0\\0\\1\end{pmatrix}$$

在本章中考虑没有外力、体力。在该多层曲面板中，边界条件为上下表面应力自由，电磁场开路。当 $r=R_0$ 和 R_1 时，

$$\sigma_{11}=\sigma_{12}=\sigma_{13}=0,D_1=B_1=0 \tag{6.14}$$

6.2.2 频散方程

对于曲面板，对其截面在 r，θ 方向进行二维离散。实际物理单元和参考单元之间的变换关系如图 6.3 所示。

几何体中单元全局坐标 r，θ 和局部坐标 ξ，η 的变换关系为

$$r(\xi,\eta)=\sum_{i=1}^{m}N_i(\xi,\eta)r_i$$

$$\theta(\xi,\eta)=\sum_{i=1}^{m}N_i(\xi,\eta)\theta_i \tag{6.15}$$

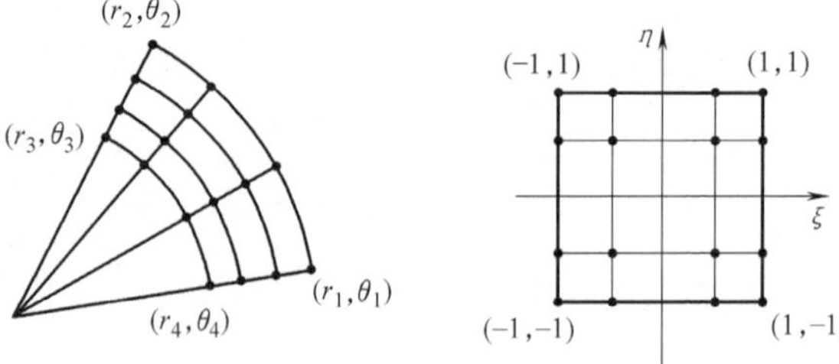

图 6.3 实际物理单元和参考单元之间的变换关系

式中，m 是坐标转换中单元节点数；x_i、θ_i 是单元节点在全局坐标中的坐标值；$N_i(\xi,\ \eta)$ 是

插值函数。由此可知全局坐标和局部坐标之间的微分转换关系为

$$\begin{pmatrix} \dfrac{\partial}{\partial r} \\ \dfrac{\partial}{\partial \theta} \end{pmatrix} = \frac{1}{|\boldsymbol{J}|}\begin{pmatrix} \theta_{,\eta} & -\theta_{,\xi} \\ -r_{,\eta} & r_{,\xi} \end{pmatrix}\begin{pmatrix} \dfrac{\partial}{\partial \xi} \\ \dfrac{\partial}{\partial \eta} \end{pmatrix} \tag{6.16}$$

和

$$\boldsymbol{J} = \begin{pmatrix} \dfrac{\partial r}{\partial \xi} & \dfrac{\partial \theta}{\partial \xi} \\ \dfrac{\partial r}{\partial \eta} & \dfrac{\partial \theta}{\partial \eta} \end{pmatrix} \tag{6.17}$$

在局部坐标系下，单元的位移 $\overline{\boldsymbol{u}}^{e}(\xi,\eta,z,t)$ 可以表示为

$$\overline{\boldsymbol{u}}^{e}(\xi,\eta,z,t) = \boldsymbol{N}(\xi,\eta)\overline{\boldsymbol{u}}_{n}^{e}(z,t) \tag{6.18}$$

式中，$\boldsymbol{N}(\xi,\eta)$ 为形函数矩阵；$\overline{\boldsymbol{u}}_{n}^{e}(z,t)$、$t$ 分别为节点位移和时间。将式（6.18）代入到应变位移关系式（6.11）中，得

$$\boldsymbol{\varepsilon}^{e} = \boldsymbol{L}_{r}\boldsymbol{N}_{,r}\overline{\boldsymbol{u}}_{n}^{e} + \frac{1}{r}\boldsymbol{L}_{\theta}\boldsymbol{N}_{,\theta}\overline{\boldsymbol{u}}_{n}^{e} + \boldsymbol{L}_{z}\boldsymbol{N}\overline{\boldsymbol{u}}_{n,z}^{e} + \frac{1}{r}\boldsymbol{L}_{0}\boldsymbol{N}\overline{\boldsymbol{u}}_{n}^{e} \tag{6.19}$$

经过简化，应变与位移的关系可写作为

$$\boldsymbol{\varepsilon}^{e} = \boldsymbol{B}_{1}^{e}\overline{\boldsymbol{u}}_{n}^{e} + \boldsymbol{B}_{2}^{e}\overline{\boldsymbol{u}}_{n,z}^{e} \tag{6.20}$$

其中，

$$\begin{aligned} \boldsymbol{B}_{1}^{e} &= \left(\boldsymbol{L}_{r}\theta_{,\eta}^{e} - \frac{1}{r}\boldsymbol{L}_{\theta}r_{,\eta}^{e}\right)\frac{1}{|\boldsymbol{J}|}\boldsymbol{N}_{,\xi} + \left(\frac{1}{r}\boldsymbol{L}_{\theta}r_{,\xi}^{e} - \boldsymbol{L}_{r}\theta_{,\xi}^{e}\right)\frac{1}{|\boldsymbol{J}|}\boldsymbol{N}_{,\eta} + \frac{1}{r}\boldsymbol{L}_{0}\boldsymbol{N} \\ \boldsymbol{B}_{2}^{e} &= \boldsymbol{L}_{z}\boldsymbol{N} \end{aligned} \tag{6.21}$$

根据 Hamilton 原理，在不考虑外力的情况下，将拉格朗日泛函积分后得到以变分表示的动力学方程为

$$\delta\Pi = \delta\int_{t}\int_{V}\left(\frac{1}{2}\overline{\varepsilon}^{e\mathrm{T}}\overline{\boldsymbol{C}}\ \overline{\varepsilon}^{e} + \frac{1}{2}\dot{\overline{\boldsymbol{u}}}^{e\mathrm{T}}\rho\dot{\overline{\boldsymbol{u}}}^{e}\right)\mathrm{d}V\mathrm{d}t = 0 \tag{6.22}$$

式中，δ 为变分符号；ρ 为材料密度。

其中

$$\begin{aligned} \mathrm{d}V &= \mathrm{d}x\mathrm{d}y\mathrm{d}z \\ &= r\mathrm{d}r\mathrm{d}\theta\mathrm{d}z \\ &= r|\boldsymbol{J}|\mathrm{d}\xi\mathrm{d}\eta\mathrm{d}z \end{aligned} \tag{6.23}$$

$$\begin{aligned} \delta\Pi_{1} &= \int_{t}\int_{V}[\delta(\overline{\boldsymbol{\varepsilon}}^{e\mathrm{T}})\overline{\boldsymbol{C}}^{*}\overline{\boldsymbol{\varepsilon}}^{e}]\mathrm{d}V\mathrm{d}t \\ &= \int_{t}\int_{V}\delta\overline{\boldsymbol{u}}^{e\mathrm{T}}\begin{bmatrix} (\boldsymbol{B}_{1}^{e\mathrm{T}}\overline{\boldsymbol{C}}^{*}\boldsymbol{B}_{1}^{e}\overline{\boldsymbol{u}}_{n}^{e} + \boldsymbol{B}_{1}^{e\mathrm{T}}\overline{\boldsymbol{C}}^{*}\boldsymbol{B}_{2}^{e}\overline{\boldsymbol{u}}_{n,z}^{e}) \\ -(\boldsymbol{B}_{2}^{e\mathrm{T}}\overline{\boldsymbol{C}}^{*}\boldsymbol{B}_{1}^{e}\overline{\boldsymbol{u}}_{n,z}^{e} + \boldsymbol{B}_{2}^{e\mathrm{T}}\overline{\boldsymbol{C}}^{*}\boldsymbol{B}_{2}^{e}\overline{\boldsymbol{u}}_{n,zz}^{e}) \end{bmatrix}\mathrm{d}V\mathrm{d}t \end{aligned} \tag{6.24}$$

$$\begin{aligned}\delta\Pi_2 &= \int_t\int_V [\delta(\bar{\boldsymbol{u}}^{e\mathrm{T}})\rho\ddot{\bar{\boldsymbol{u}}}^e]\mathrm{d}V\mathrm{d}t \\ &= \int_t\int_V \delta\bar{\boldsymbol{u}}_n^{e\mathrm{T}}\boldsymbol{N}^{\mathrm{T}}\rho\boldsymbol{N}\ddot{\bar{\boldsymbol{u}}}_n^e\mathrm{d}V\mathrm{d}t\end{aligned} \tag{6.25}$$

结合上述两式 $\delta\Pi_1+\delta\Pi_2=0$，由于 $\delta\bar{\boldsymbol{u}}^{e\mathrm{T}}$ 的任意性，可得

$$\boldsymbol{E}_1\bar{\boldsymbol{u}}_n+(\boldsymbol{E}_2-\boldsymbol{E}_2^{\mathrm{T}})\bar{\boldsymbol{u}}_{n,z}-\boldsymbol{E}_3\bar{\boldsymbol{u}}_{n,zz}+\boldsymbol{M}\ddot{\bar{\boldsymbol{u}}}=0 \tag{6.26}$$

式中，$\boldsymbol{E}_1$、$\boldsymbol{E}_2$、$\boldsymbol{E}_3$ 为刚度矩阵；$\boldsymbol{M}$ 为质量矩阵。

其中，单元刚度矩阵和单元质量矩阵为

$$\begin{aligned}&\boldsymbol{E}_1^e = \int_{\Gamma^e}\boldsymbol{B}_1^{e\mathrm{T}}\overline{\boldsymbol{C}}^*\boldsymbol{B}_1^e|\boldsymbol{J}|r\mathrm{d}\xi\mathrm{d}\eta, \boldsymbol{E}_2^e = \int_{\Gamma^e}\boldsymbol{B}_1^{e\mathrm{T}}\overline{\boldsymbol{C}}^*\boldsymbol{B}_2^e|\boldsymbol{J}|r\mathrm{d}\xi\mathrm{d}\eta \\ &\boldsymbol{E}_3^e = \int_{\Gamma^e}\boldsymbol{B}_2^{e\mathrm{T}}\overline{\boldsymbol{C}}^*\boldsymbol{B}_2^e|\boldsymbol{J}|r\mathrm{d}\xi\mathrm{d}\eta, \boldsymbol{M}^e = \int_{\Gamma^e}\boldsymbol{N}^{\mathrm{T}}\rho\boldsymbol{N}|\boldsymbol{J}|r\mathrm{d}\xi\mathrm{d}\eta\end{aligned} \tag{6.27}$$

假设 z 方向为波传播的方向，位移场为 $\bar{\boldsymbol{u}}_n=e^{i(\omega t-kz)}\hat{\boldsymbol{u}}_n$，代入式（6.27）可得波动方程为

$$[\boldsymbol{E}_1-ik(\boldsymbol{E}_2-\boldsymbol{E}_2^{\mathrm{T}})+k^2\boldsymbol{E}_3-\omega^2\boldsymbol{M}]\hat{\boldsymbol{u}}_n=0 \tag{6.28}$$

事实上，当曲面板的圆心角为 2π 时，也就是波导结构为轴对称压电压磁圆柱，仅径向的广义位移需要参数化，即

$$\boldsymbol{u}(\xi)=\boldsymbol{R}(\xi)\boldsymbol{U}(\theta,z,t) \tag{6.29}$$

式中，$\boldsymbol{U}$ 为相应控制点的位移向量；R 为圆柱径向形函数。根据结构的对称性，曲面板可以采用一维径向几何描述，即

$$r(\xi)=\boldsymbol{R}(\xi)\boldsymbol{\chi} \tag{6.30}$$

式中，$\boldsymbol{\chi}$ 为径向节点坐标。

应变位移关系可表示为

$$\boldsymbol{\varepsilon}=\boldsymbol{B}_z\boldsymbol{U}_{,z}+\boldsymbol{B}_\theta\boldsymbol{U}_{,\theta}+\boldsymbol{B}_0\boldsymbol{U} \tag{6.31}$$

式中，$\boldsymbol{U}$ 为节点位移列阵；$\boldsymbol{U}_{,z}$ 为节点位移列阵对坐标 z 的导数；$\boldsymbol{U}_{,\theta}$ 为节点位移列阵对坐标 θ 的导数。

$$\begin{aligned}&\boldsymbol{B}_z=\boldsymbol{L}_z\boldsymbol{R} \\ &\boldsymbol{B}_\theta=\frac{1}{r(\xi)}\boldsymbol{L}_\theta\boldsymbol{R} \\ &\boldsymbol{B}_0=\frac{1}{r_{,\xi}}\boldsymbol{L}_r\boldsymbol{R}_{,\xi}+\frac{1}{r(\xi)}\boldsymbol{L}_0\boldsymbol{R}\end{aligned} \tag{6.32}$$

式（6.28）可表示为

$$\boldsymbol{E}_1\boldsymbol{U}_{,zz}+\boldsymbol{E}_2\boldsymbol{U}_{,\theta z}+\boldsymbol{E}_3\boldsymbol{U}_{,z}+\boldsymbol{E}_4\boldsymbol{U}_{,\theta\theta}+\boldsymbol{E}_5\boldsymbol{U}_{,\theta}-\boldsymbol{E}_0\boldsymbol{U}-\boldsymbol{M}\ddot{\boldsymbol{U}}=\boldsymbol{0} \tag{6.33}$$

式中，$\boldsymbol{U}_{,zz}$ 为节点位移列阵对坐标 z 的二阶导数；$\boldsymbol{U}_{,\theta z}$ 为节点位移列阵对坐标 θ 和 z 的导数；$\boldsymbol{U}_{,\theta\theta}$ 为节点位移列阵对坐标 θ 的二阶导数。单元刚度矩阵为

$$\boldsymbol{E}_1^e = \int_{\Gamma^e} \boldsymbol{B}_z^{\mathrm{T}} \boldsymbol{\mathcal{H}} \boldsymbol{B}_z |\boldsymbol{J}| \mathrm{d}\eta, \boldsymbol{E}_2^e = \int_{\Gamma^e} [\boldsymbol{B}_z^{\mathrm{T}} \boldsymbol{\mathcal{H}} \boldsymbol{B}_\theta + \boldsymbol{B}_\theta^{\mathrm{T}} \boldsymbol{\mathcal{H}} \boldsymbol{B}_z] |\boldsymbol{J}| \mathrm{d}\eta$$

$$\boldsymbol{E}_3^e = \int_{\Gamma^e} [\boldsymbol{B}_z^{\mathrm{T}} \boldsymbol{\mathcal{H}} \boldsymbol{B}_0 - \boldsymbol{B}_0^{\mathrm{T}} \boldsymbol{\mathcal{H}} \boldsymbol{B}_z] |\boldsymbol{J}| \mathrm{d}\eta, \boldsymbol{E}_4^e = \int_{\Gamma^e} \boldsymbol{B}_\theta^{\mathrm{T}} \boldsymbol{\mathcal{H}} \boldsymbol{B}_\theta |\boldsymbol{J}| \mathrm{d}\eta \tag{6.34}$$

$$\boldsymbol{E}_5^e = \int_{\Gamma^e} [\boldsymbol{B}_\theta^{\mathrm{T}} \boldsymbol{\mathcal{H}} \boldsymbol{B}_0 - \boldsymbol{B}_0^{\mathrm{T}} \boldsymbol{\mathcal{H}} \boldsymbol{B}_\theta] |\boldsymbol{J}| \mathrm{d}\eta, \boldsymbol{E}_0^e = \int_{\Gamma^e} \boldsymbol{B}_0^{\mathrm{T}} \boldsymbol{\mathcal{H}} \boldsymbol{B}_0 |\boldsymbol{J}| \mathrm{d}\eta$$

式中，$\boldsymbol{\mathcal{H}}$ 为广义本构矩阵。

单元质量矩阵为

$$\boldsymbol{M}_0^e = \int_{\Gamma^e} \boldsymbol{R}^{\mathrm{T}} \rho \boldsymbol{R} \mathrm{d}\eta \tag{6.35}$$

式中，ρ 为材料密度矩阵。

对（6.33）式进行时间和空间上的谱分解，可得关于频率与波数的频散方程为

$$k^2 \boldsymbol{E}_1 \widehat{\boldsymbol{U}} - \mathcal{I} k \boldsymbol{E}_2 \widehat{\boldsymbol{U}}_{,\theta} - \mathcal{I} k \boldsymbol{E}_3 \widehat{\boldsymbol{U}} - \boldsymbol{E}_4 \widehat{\boldsymbol{U}}_{,\theta\theta} - \boldsymbol{E}_5 \widehat{\boldsymbol{U}}_{,\theta} + \boldsymbol{E}_0 \widehat{\boldsymbol{U}} - \omega^2 \boldsymbol{M} \widehat{\boldsymbol{U}} = \boldsymbol{0} \tag{6.36}$$

式中，k 为波数；$\mathcal{I}$ 为虚数单位；ω 为角频率。

$$\widehat{\boldsymbol{U}}_{(k,\omega)}(\theta) = \int_{-\infty}^{+\infty} \int_{-\infty}^{+\infty} \boldsymbol{U}(\theta, z, t) e^{-I(\omega t - kz)} \mathrm{d}\omega \mathrm{d}t \tag{6.37}$$

由于轴对称波导的控制方程和边界条件不依赖于周向，广义位移可被视为一系列三角函数叠加而成的，即

$$\widehat{\boldsymbol{U}}^{(k,\omega)}(\theta) = \sum_{n=-\infty}^{\infty} \overline{\boldsymbol{U}}_n^{(k,\omega)} e^{\mathcal{I} n\theta} \tag{6.38}$$

式中，n 为整数，表示模态波形周向的阶数。将式（6.38）代入式（6.36），可以得到关于变量 n 的一系列频散方程为

$$[k_n^2 \boldsymbol{E}_1 + k_n \boldsymbol{E}_2 - \mathcal{I} k_n \boldsymbol{E}_3 + n^2 \boldsymbol{E}_4 - \mathcal{I} n \boldsymbol{E}_5 + \boldsymbol{E}_0 - \omega^2 \boldsymbol{M}] \overline{\boldsymbol{U}}_n = 0 \tag{6.39}$$

式中，k_n 为 n 阶导波模态的波数。

式（6.39）为一个关于（k，ω）含有参数 n 的二次本特征值问题，其与文献的形式是一致的。$\boldsymbol{M}$，$\boldsymbol{E}_j$(j=0，1，2，4）均为对称矩阵，$\boldsymbol{E}_j$(j=3，5）为反对称矩阵。式（6.39）可简化为一个 Hermetical 矩阵本特征值问题，即

$$(\boldsymbol{A}_n - k_n \boldsymbol{B}_n) \widetilde{\boldsymbol{U}}_n = \boldsymbol{0} \tag{6.40}$$

式中

$$\boldsymbol{A}_n = \begin{pmatrix} 0 & n^2 \boldsymbol{E}_4 - \mathcal{I} n \boldsymbol{E}_5 + \boldsymbol{E}_0 - \omega^2 \boldsymbol{M} \\ n^2 \boldsymbol{E}_4 - \mathcal{I} n \boldsymbol{E}_5 + \boldsymbol{E}_0 - \omega^2 \boldsymbol{M} & n \boldsymbol{E}_2 - \mathcal{I} \boldsymbol{E}_3 \end{pmatrix}$$

$$\boldsymbol{B}_n = \begin{pmatrix} n^2 \boldsymbol{E}_4 - \mathcal{I} n \boldsymbol{E}_5 + \boldsymbol{E}_0 - \omega^2 \boldsymbol{M} & 0 \\ 0 & -\boldsymbol{E}_1 \end{pmatrix} \quad \widetilde{\boldsymbol{U}}_n = \begin{pmatrix} \overline{\boldsymbol{U}}_n \\ k \overline{\boldsymbol{U}}_n \end{pmatrix} \tag{6.41}$$

$\boldsymbol{A}_n$ 与 $\boldsymbol{B}_n$ 均为 $10N \times 10N$ 矩阵，在特定的频率 ω 值下，通过 MATLABeig 函数求

解得到特征值数目应为 $10N$。显然，可以发现 $\boldsymbol{A}_n$ 与 $\boldsymbol{B}_n$ 都为 Hermitian 矩阵，则 k、$-k$、k^H 和 $-k^H$ 均为式（6.36）的特征值。

给定频率 ω 值，m 阶模态的相速度和群速度分别为

$$c_p^{mn}=\frac{\omega}{k_{mn}}$$
$$c_g^{mn}=\frac{\overline{\boldsymbol{U}}_{mn,L}^{\mathrm{T}}(2k\boldsymbol{E}_1+n\boldsymbol{E}_2-i\boldsymbol{E}_3)\overline{\boldsymbol{U}}_{mn,R}^{\mathrm{T}}}{2\omega\overline{\boldsymbol{U}}_{mn,L}^{\mathrm{T}}\boldsymbol{M}\overline{\boldsymbol{U}}_{mn,R}^{\mathrm{T}}} \tag{6.42}$$

式中，$\overline{\boldsymbol{U}}_{mn,L}=(\overline{\boldsymbol{U}}_{mn,L},k_m\overline{\boldsymbol{U}}_{mn,L})^{\mathrm{T}}$ 与 $\overline{\boldsymbol{U}}_{mn,R}=(\overline{\boldsymbol{U}}_{mn,R},k_m\overline{\boldsymbol{U}}_{mn,R})^{\mathrm{T}}$ 分别为式（6.36）的本征向量。

本节研究了由压电材料 $BaTiO_3$ 和压磁材料 $CoFe_2O_4$ 组成的多层板，材料常数见表 6.1。为简化分析，假定每层厚度相同，曲面板共三层。B 和 F 分别代表 $BaTiO_3$ 和 $CoFe_2O_4$。(例如，B/F/F 表示内层 $BaTiO_3$，中层和外层 $CoFe_2O_4$)。

表 6.1　$BaTiO_3$ 和 $CoFe_2O_4$ 的材料常数

材料属性	C_{11}	C_{12}	C_{13}	C_{22}	C_{23}	C_{33}	C_{44}	C_{55}	C_{66}
$BaTiO_3$	166	77	78	166	78	162	43	43	44.6
$CoFe_2O_4$	286	173	170.5	286	170.5	269.5	45.3	45.3	56.5
材料属性	e_{15}	e_{24}	e_{31}	e_{26}	e_{35}	v_{11}	v_{22}	v_{33}	ρ
$BaTiO_3$	18.6	-4.4	-4.4	11.6	11.6	126	112	112	5.8
$CoFe_2O_4$	0	0	0	0	0	0.8	0.8	0.93	5.3
材料属性	q_{15}	q_{12}	q_{13}	q_{26}	q_{35}	μ_{11}	μ_{22}	μ_{33}	
$BaTiO_3$	0	0	0	0	0	5	5	10	
$CoFe_2O_4$	550	550	580.3	580.3	699.7	-590	-590	157	

单位：C_{ij}(10^9N/m^2)；v_{ij}(10^{-10}F/m^2)；e_{ij}(C/m)；ρ(10^3kg/m^3)；μ_{ij}(10^{-6}Ns^2/C^2)；q_{ij}(N/Am)

6.2.3 弧度值对频散曲线的影响

首先考虑曲面板的弧度值对频散特性的影响。假定该曲面板由三层压磁材料构成，即 F/F/F，内径 $R_0=10$mm，每层厚度均为 3mm。此叠层方式将退化成均匀的压电曲面板。如图 6.4 和图 6.5 所示，分别分析了弧度为 $\alpha=2\pi$、$3/2\pi$、π、$1/2\pi$ 四种情况下的导波传播特性。相比于圆管（$\alpha=2\pi$），其他结构形式（$\alpha=3/2\pi$、π、$1/2\pi$）中出现了一个新现象：相速度和群速度曲线均出现了不连续的情况。在相速度图 6.4c 中可以观察到在标记部分两条曲线相互靠近然后突然偏离，这种特性称为模态转换，而在相应的频率点上，群速度曲线上也会出现凹陷，如图 6.5c 所示，并将其称为频率凹陷。截止频率正好在该凹陷频率区域附近。在导波检测试验中，模态转换被证明是一种物理现象，而不是特征值的计算误差。在曲面板中，

模态转换与结构形式密切有关，包括结构弧度和厚径比。如文献所述，在双杆和七根导线中可观察到模态转换。然而，单杆结构中并没有出现这种现象。这是由于双杆和七根钢丝的结构和边界条件的复杂性所导致的。

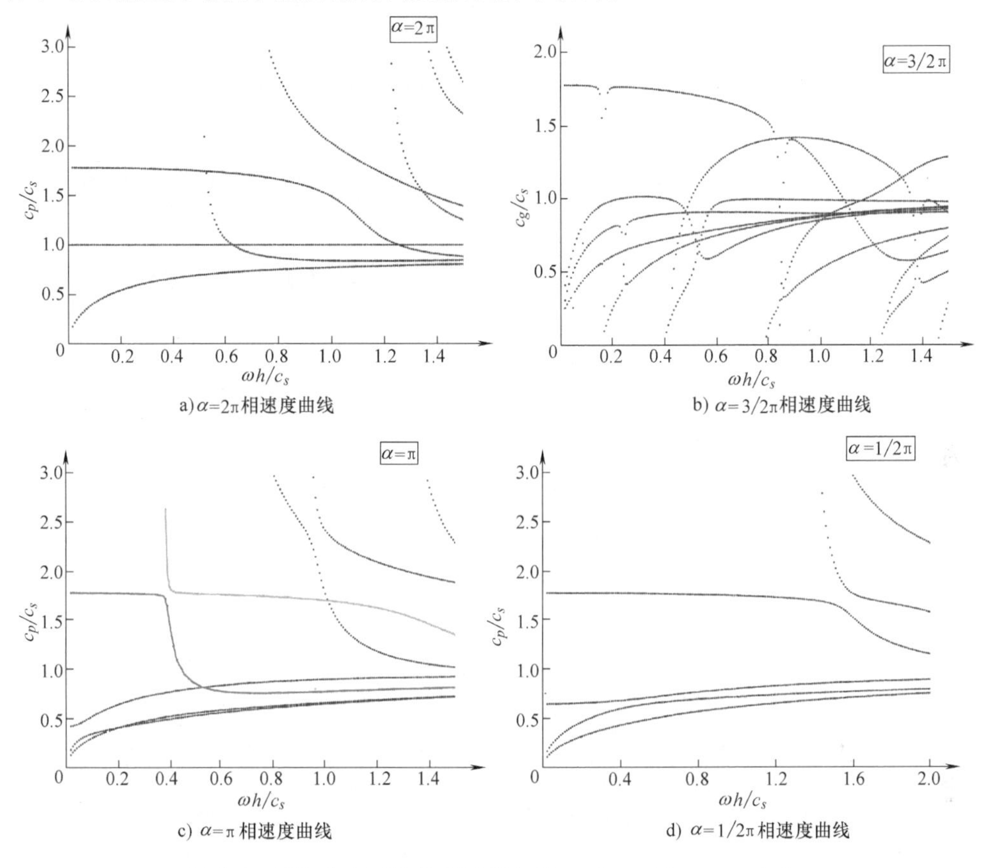

a) $\alpha=2\pi$ 相速度曲线

b) $\alpha=3/2\pi$ 相速度曲线

c) $\alpha=\pi$ 相速度曲线

d) $\alpha=1/2\pi$ 相速度曲线

图 6.4　无限大曲面板的相速度曲线 $\alpha=2\pi$、$3/2\pi$、π、$1/2\pi$

为了更好地解释这一现象，将前述均质黄铜曲面板的结构弧度从 $\alpha=2\pi$（圆管）改为 $\alpha=\pi$（一般曲面板）。相速度频散曲线如图 6.6 所示，频散曲线中可以清楚地观察到模态转换现象。从物理角度讲，这是由于结构形式的变化所导致的。无论是否是压电压磁材料，包括普通材料均会出现模态转换和频率凹陷现象。在数学上，这是一个特征值问题，称为特征值曲线的轨迹偏差。本章所求解的特征值矩阵是一个与圆频率 ω 变化有关的非对称矩阵。非对称矩阵的特征值在一定范围内对 ω 的微小变化很敏感，会使特征值的轨迹发生偏转。结构形式的改变对频散影响很大，结构对称性越差，模态转换现象越明显。当曲面板弯曲弧度越大时（不包括对称性完美的圆管），同种模态出现模态转换的频率越低。而且随着弧度增加，模态的复杂性也会随之增加，与低弧度相比也会出现多模态特征。很明显，模态转换不利于导波检测，因此在工程曲面板时应避免截止频率区。

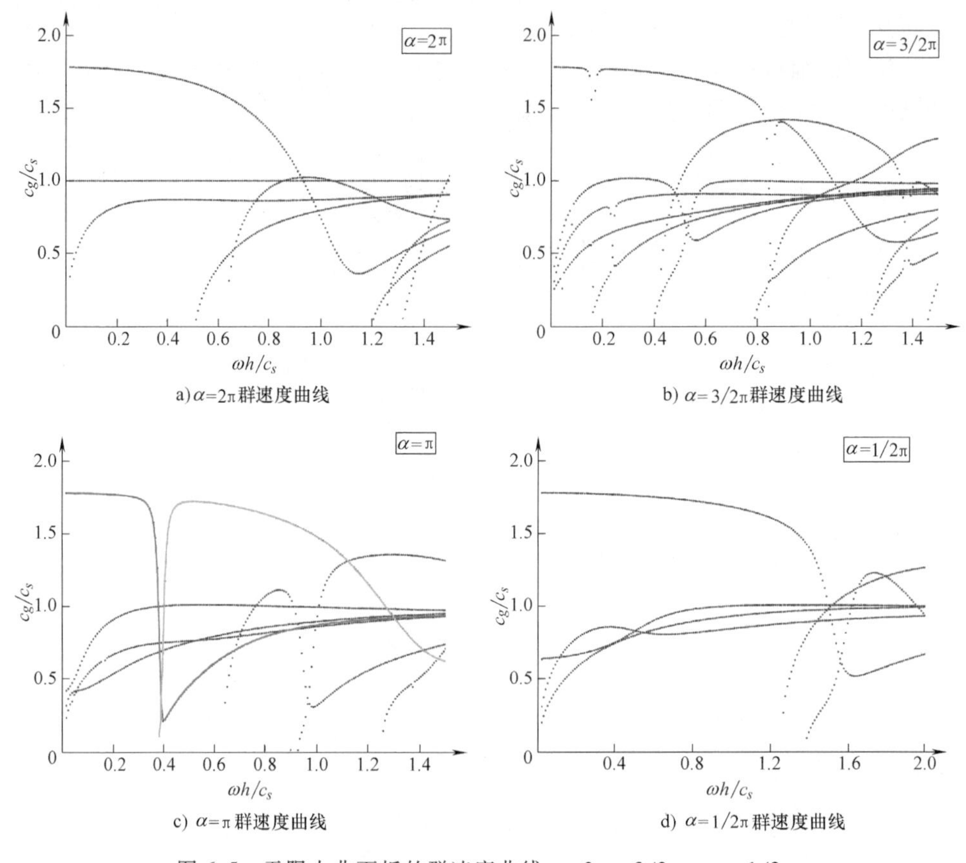

a) α=2π 群速度曲线　　b) α=3/2π 群速度曲线

c) α=π 群速度曲线　　d) α=1/2π 群速度曲线

图 6.5　无限大曲面板的群速度曲线 α = 2π、3/2π、π、1/2π

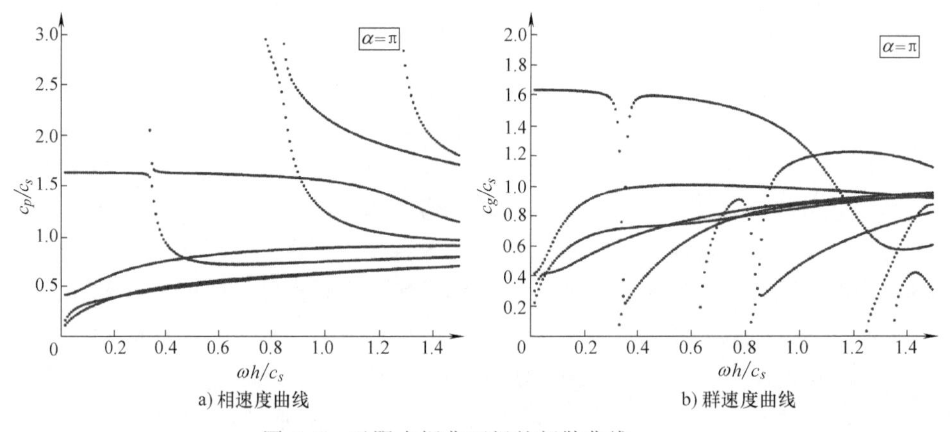

a) 相速度曲线　　b) 群速度曲线

图 6.6　无限大铜曲面板的频散曲线 α = π

6.2.4　压电压磁特性的影响

本节选用的算例为多层曲面板 B/B/B 及 F/F/F，分别考虑压电和压磁效应对频散特性的影响，即可看成均匀的压电曲面板及均匀的压磁曲面板。为不失一般性，选择的曲面板结构为 $\alpha=\pi$，内径 $R_0=10\text{mm}$，每层的厚度为 3mm。

如图 6.7 所示，实心的点是含有压电（或者压磁）效应的频散曲线，空心部分是不含压电（或压磁）效应的频散曲线。通过对比分析发现，压磁效应对频散的影响很小，压电效应对频散的影响明显高于压磁效应。因此，在实际分析中压电效应是不可忽视的。广义本构矩阵式（6-16）表明，压电和压磁效应对频散特性的影响是相似的。因此，得出以下推论：压电常数和压磁常数的绝对值越大，对频散特性的影响越大。介电常数和磁导率常数的绝对值越大，对频散特性的影响越小。从表 6.1 可以看出，压磁常数（$CoFe_2O_4$）大约是压电常数（$BaTiO_3$）的 50 倍。但 $CoFe_2O_4$ 的磁导率常数的绝对值比 $BaTiO_3$ 的介电常数大 5 万倍左右。正是由于磁导率常数过大，压磁系数对频散曲线的影响较弱。为了更好地解释上述结论，将 $CoFe_2O_4$ 的磁导率常数减少了 1000 倍（实心点），其频散特性如图 6.8 所示。可以看出，压磁效应对频散曲线有明显的影响。

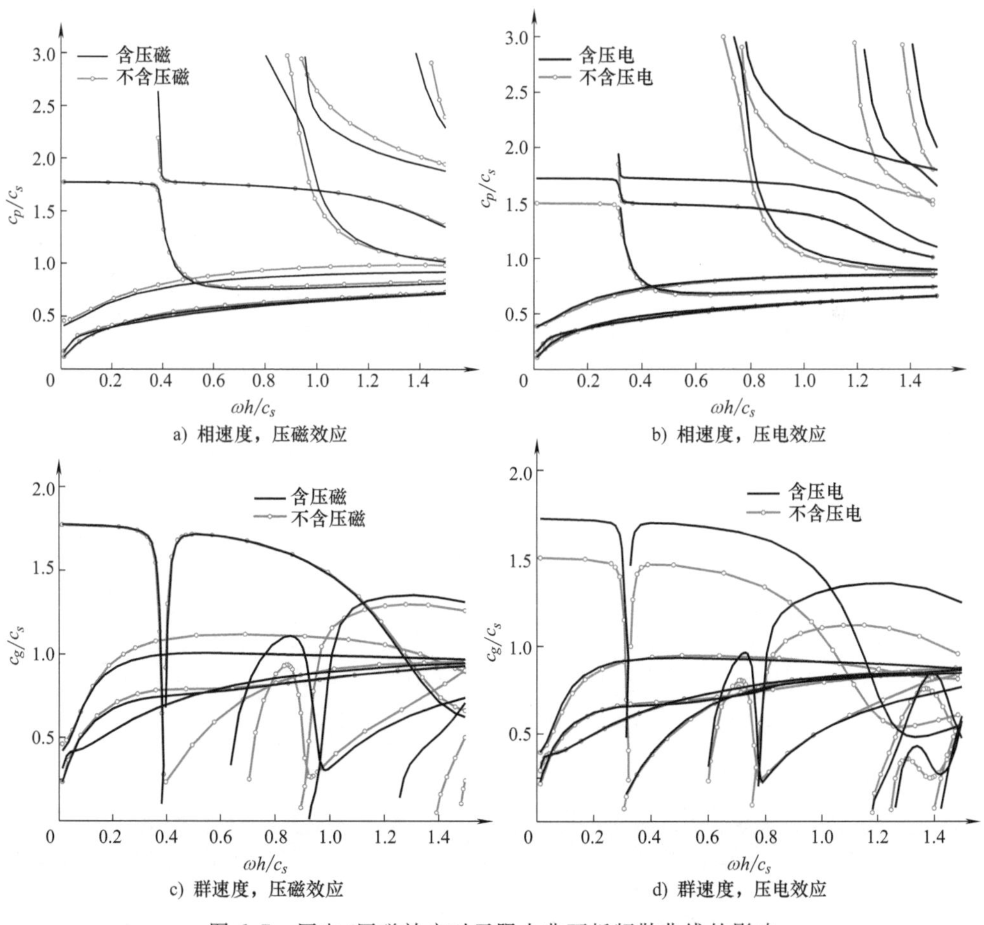

图 6.7　压电/压磁效应对无限大曲面板频散曲线的影响

6.2.5 厚径比对频散特性的影响

本节选择 B/B/B 多层压磁材料来分析厚径比对频散曲线的影响。保持内径 $R_0 = 10\text{mm}$ 不变，厚径比分别取 $h/R_0 = 0.3$、0.6、0.9、1.2。如图 6.9 所示，厚径比对频散的影响特别显著。厚径比越小，模态就会越复杂，出现模态转换和频率凹陷的情况就会越明显。且当厚径比变大时，相应模态转换对应的频率会往后偏移。所以当厚径比足够大时，低频区域就会一直保 持平缓，不会出现模态转换。

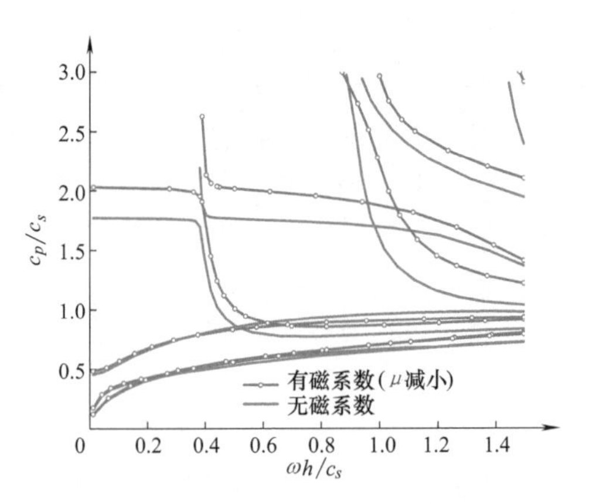

图 6.8 无限长曲面板在有磁系数和无磁系数情况下的频散曲线

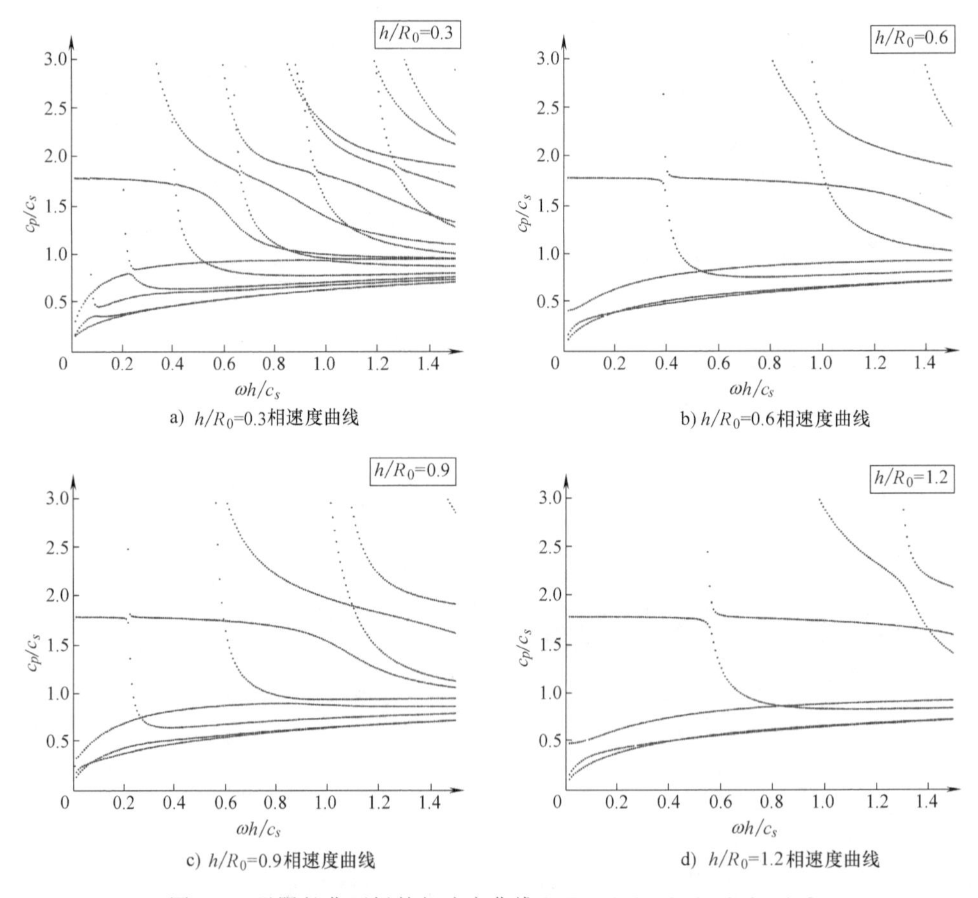

图 6.9 无限长曲面板的相速度曲线 $h/R_0 = 0.3$、0.6、0.9、1.2

6.2.6　不同叠层形式对频散曲线的影响

为进一步了解多层曲面板的波动特性，考虑了不同叠层模式（B/B/F、B/F/B、F/B/F 和 F/F/B）下曲面板的频散特性。取 $R_0=10\text{mm}$，每一层的厚度均为 3mm，结构形式为 $\alpha=\pi$。从图 6.10 中可以观察到，在群速度和相速度曲线中，F/B/F 的模态转换频率值大于 B/F/B 的模态转换频率值，其主要原因是材料的含量明显不同，前者中的 $CoFe_2O_4$ 含量高于后者。在非模态转换区域，无论相速度还是群速度曲线，层合板 B/B/F、B/F/B、F/B/F 和 F/F/B 之间的曲线都非常接近。结果表明，叠层顺序对多层压电压磁曲面板的频散影响不大。

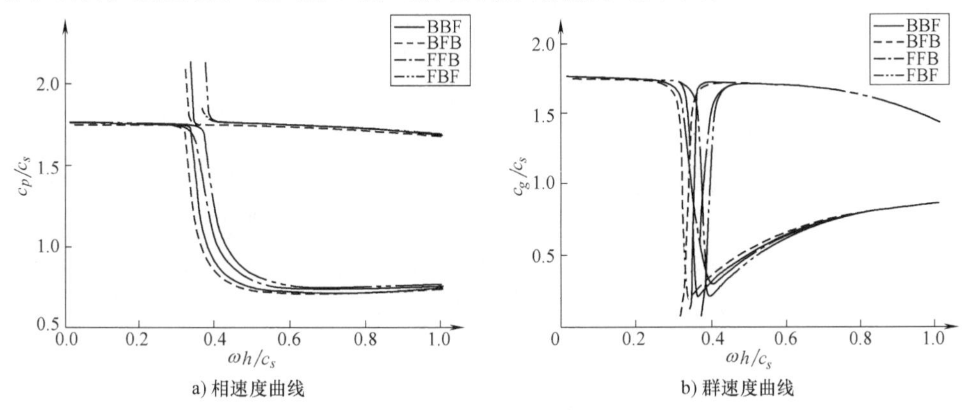

a) 相速度曲线　　b) 群速度曲线

图 6.10　无限大铜曲面板的频散曲线 $\alpha=\pi$

6.3　无限大压电/压磁层合板的波动特性

本章研究了无限大功能梯度磁电弹性板中弹性导波的特性。根据 Hamilton 原理，采用 Chebyshev 谱元法沿厚度方向离散截面推导得到频散方程。并将该方法的计算结果与商业软件 Disperse 的结果进行了对比，论证了方法的收敛性和准确性。针对由压电材料和压磁材料组成的无限大功能梯度板，给出了相应的频散曲线和波结构数值算例，分析了体积分数指数 λ 对其频散行为的影响。此外，在频散曲线发现了功能梯度压电压磁板中存在的模态缺失现象，这在以往的研究中并未提及。

6.3.1　直角坐标系电磁弹基本方程

基于三维线弹性理论，考虑一均匀各向异性的无穷大平板，如图 6.11 所示。假定该板由磁电弹性材料构成，板的厚度用 h 表

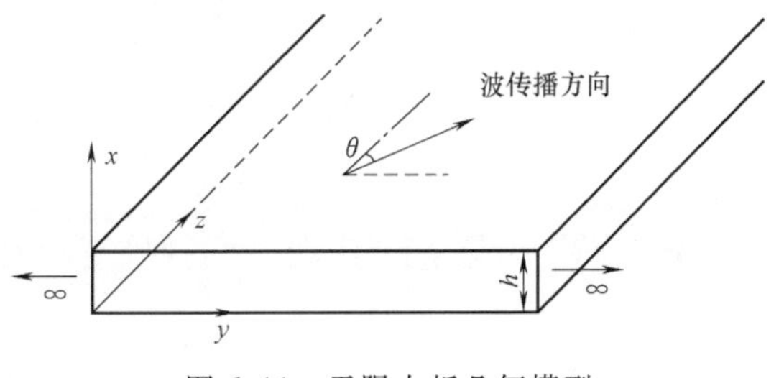

图 6.11　无限大板几何模型

示。在笛卡儿坐标系中，板在 y 方向和 z 方向的尺寸为无限大，其中，入射角（波的传播方向与 z 方向夹角）为 θ。在直角坐标系下，对于各向异性电磁弹性材料，定义广义应力矢量 $\overline{\boldsymbol{\sigma}}$，应变矢量 $\overline{\boldsymbol{\varepsilon}}$ 分别为

$$\begin{aligned}\overline{\boldsymbol{\sigma}}&=(\sigma_{xx}\quad\sigma_{yy}\quad\sigma_{zz}\quad\sigma_{yz}\quad\sigma_{xz}\quad\sigma_{xy}\quad D_x\quad D_y\quad D_z\quad B_x\quad B_y\quad B_z)^{\mathrm{T}}\\\overline{\boldsymbol{\varepsilon}}&=(\varepsilon_{xx}\quad\varepsilon_{yy}\quad\varepsilon_{zz}\quad\gamma_{yz}\quad\gamma_{xz}\quad\gamma_{xy}\quad E_x\quad E_y\quad E_z\quad H_x\quad H_y\quad H_z)^{\mathrm{T}}\end{aligned}\tag{6.43}$$

则广义本构方程可表示为

$$\overline{\boldsymbol{\sigma}}=\overline{\boldsymbol{C}}\,\overline{\boldsymbol{\varepsilon}}\tag{6.44}$$

其中，$\overline{\boldsymbol{C}}$ 为广义本构矩阵，其表达式为

$$\overline{\boldsymbol{C}}=\begin{pmatrix}\boldsymbol{C}&-\boldsymbol{e}^{\mathrm{T}}&-\boldsymbol{q}^{\mathrm{T}}\\\boldsymbol{e}&-\boldsymbol{\nu}&\boldsymbol{0}\\\boldsymbol{q}&\boldsymbol{0}&-\boldsymbol{\mu}\end{pmatrix}\tag{6.45}$$

直角坐标系下广义几何方程为

$$\overline{\boldsymbol{\varepsilon}}=\boldsymbol{L}\overline{\boldsymbol{u}}=\boldsymbol{L}_x\overline{\boldsymbol{u}}_{,x}+\boldsymbol{L}_y\overline{\boldsymbol{u}}_{,y}+\boldsymbol{L}_z\overline{\boldsymbol{u}}_{,z}\tag{6.46}$$

其中，u_i 表示三个方向上的弹性位移。ϕ，φ 分别表示电动势和磁动势。广义位移为 $\overline{\boldsymbol{u}}=(u_1\quad u_2\quad u_3\quad -\phi\quad -\varphi)^{\mathrm{T}}$，微分算子矩阵 $\boldsymbol{L}_x$、$\boldsymbol{L}_y$、$\boldsymbol{L}_z$ 如下所示

$$\boldsymbol{L}_x=\begin{pmatrix}\boldsymbol{L}_{x1}&\boldsymbol{0}&\boldsymbol{0}\\\boldsymbol{0}&\boldsymbol{L}_{x2}&\boldsymbol{0}\\\boldsymbol{0}&\boldsymbol{0}&\boldsymbol{L}_{x3}\end{pmatrix},\boldsymbol{L}_y=\begin{pmatrix}\boldsymbol{L}_{y1}&\boldsymbol{0}&\boldsymbol{0}\\\boldsymbol{0}&\boldsymbol{L}_{y2}&\boldsymbol{0}\\\boldsymbol{0}&\boldsymbol{0}&\boldsymbol{L}_{y3}\end{pmatrix},\boldsymbol{L}_z=\begin{pmatrix}\boldsymbol{L}_{z1}&\boldsymbol{0}&\boldsymbol{0}\\\boldsymbol{0}&\boldsymbol{L}_{z2}&\boldsymbol{0}\\\boldsymbol{0}&\boldsymbol{0}&\boldsymbol{L}_{z3}\end{pmatrix}\tag{6.47}$$

其中，

$$\begin{aligned}&\boldsymbol{L}_{x1}=\begin{pmatrix}1&0&0&0&0&0\\0&0&0&0&0&1\\0&0&0&0&1&0\end{pmatrix}^{\mathrm{T}},\boldsymbol{L}_{x2}=\begin{pmatrix}1\\0\\0\end{pmatrix},\boldsymbol{L}_{x3}=\begin{pmatrix}1\\0\\0\end{pmatrix}\\&\boldsymbol{L}_{y1}=\begin{pmatrix}0&0&0&0&0&1\\0&1&0&0&0&0\\0&0&0&1&0&0\end{pmatrix}^{\mathrm{T}},\boldsymbol{L}_{y2}=\begin{pmatrix}0\\1\\0\end{pmatrix},\boldsymbol{L}_{y3}=\begin{pmatrix}0\\1\\0\end{pmatrix}\\&\boldsymbol{L}_{z1}=\begin{pmatrix}0&0&0&0&1&0\\0&0&0&1&0&0\\0&0&1&0&0&0\end{pmatrix}^{\mathrm{T}},\boldsymbol{L}_{z2}=\begin{pmatrix}0\\0\\1\end{pmatrix},\boldsymbol{L}_{z3}=\begin{pmatrix}0\\0\\1\end{pmatrix}\end{aligned}\tag{6.48}$$

6.3.2 频散方程

对于截面在某一方向尺度为无穷大的情况，仅需沿着有限尺度方向对截面进行离散。横截面上单元全局坐标 x 和局部坐标 ξ 的变换关系为

$$x(\xi)=\sum_{i=1}^{m}N_i(\xi)x_i\tag{6.49}$$

式中，m 为坐标转换中的单元节点数；$N_i(\xi)$ 为插值函数；x_i 为单元节点的坐标。为了将式（6.49）的微分算子的全局坐标转换为局部坐标，需要对坐标进行等参变换，即

$$\frac{\partial}{\partial\xi}=\boldsymbol{J}\frac{\partial}{\partial x} \tag{6.50}$$

其中，雅可比矩阵 $\boldsymbol{J}$ 为

$$\boldsymbol{J}=\frac{\partial x}{\partial\xi}=N_{i,\xi}x_i \tag{6.51}$$

在局部坐标系下，单元的位移 $\overline{\boldsymbol{u}}^e(\xi,y,z,t)$ 可以表示为

$$\overline{\boldsymbol{u}}^e(\xi,y,z,t)=\boldsymbol{N}(\xi)\overline{\boldsymbol{u}}_{\boldsymbol{n}}^e(y,z,t) \tag{6.52}$$

式中，$\boldsymbol{N}(\xi)$ 为插值函数；$\overline{\boldsymbol{u}}_{\boldsymbol{n}}^e(y,z,t)$ 和 t 分别为节点位移和时间。将式（6.52）代入单元的应变和位移的关系（6.46）中，可以表示为

$$\overline{\boldsymbol{\varepsilon}}^e=\boldsymbol{B}_1\overline{\boldsymbol{u}}_{\boldsymbol{n}}^e+\boldsymbol{B}_2\overline{\boldsymbol{u}}_{\boldsymbol{n},y}^e+\boldsymbol{B}_3\overline{\boldsymbol{u}}_{\boldsymbol{n},z}^e \tag{6.53}$$

其中，

$$\boldsymbol{B}_1=\frac{1}{|\boldsymbol{J}|}\boldsymbol{L}_x\boldsymbol{N}_{,\xi},\boldsymbol{B}_2=\boldsymbol{L}_y\boldsymbol{N},\boldsymbol{B}_3=\boldsymbol{L}_z\boldsymbol{N} \tag{6.54}$$

根据 Hamilton 原理，不考虑外力的情况下，将拉格朗日泛函积分后得到以变分表示的动力学控制方程

$$\delta\Pi=\delta\int_t\int_V(\boldsymbol{\Phi}-\boldsymbol{K})\mathrm{d}V\mathrm{d}t=\boldsymbol{0} \tag{6.55}$$

其中，$\boldsymbol{\Phi}$ 和 $\boldsymbol{K}$ 分别表示应变能和动能

$$\boldsymbol{\Phi}=\frac{1}{2}\overline{\boldsymbol{\varepsilon}}^{\mathrm{T}}\overline{\boldsymbol{C}}\,\overline{\boldsymbol{\varepsilon}},\boldsymbol{K}=\frac{1}{2}\dot{\overline{\boldsymbol{u}}}^{\mathrm{T}}\rho\dot{\overline{\boldsymbol{u}}} \tag{6.56}$$

式中，上标点代表对时间的一阶导数。式（6.55）的离散形式可表示为

$$\int_t\left\{\bigcup_{e=1}^{n}\int_{V_e}[\delta(\overline{\boldsymbol{\varepsilon}}^e)^{\mathrm{T}}\overline{\boldsymbol{C}}^*\overline{\boldsymbol{\varepsilon}}^e+\delta(\overline{\boldsymbol{u}}^e)^{\mathrm{T}}\rho\ddot{\overline{\boldsymbol{u}}}^e]\mathrm{d}V_e\right\}\mathrm{d}t=\boldsymbol{0} \tag{6.57}$$

式中，n 为横截面单元总数。此时，广义本构矩阵 $\overline{\boldsymbol{C}}^*$ 和材料密度矩阵 $\boldsymbol{\rho}$ 可表示为

$$\overline{\boldsymbol{C}}^*=\begin{pmatrix}\boldsymbol{C} & -\boldsymbol{e}^{\mathrm{T}} & -\boldsymbol{q}^{\mathrm{T}}\\ -\boldsymbol{e} & -\nu & \boldsymbol{0}\\ -\boldsymbol{q} & \boldsymbol{0} & -\mu\end{pmatrix},\boldsymbol{\rho}=\begin{pmatrix}\rho&0&0&0&0\\0&\rho&0&0&0\\0&0&\rho&0&0\\0&0&0&0&0\\0&0&0&0&0\end{pmatrix} \tag{6.58}$$

为了方便起见，定义

$$\begin{aligned}\delta\Xi_1&=\int_{V_e}(\delta\overline{\varepsilon}^{e\mathrm{T}}\overline{\sigma}^*)\mathrm{d}V_e\\ \delta\Xi_2&=\int_{V_e}(\delta\overline{\boldsymbol{u}}^{e\mathrm{T}}\rho_e\ddot{\overline{\boldsymbol{u}}}^e)\mathrm{d}V_e\end{aligned} \tag{6.59}$$

式中，修正的广义应力为 $\bar{\sigma}^* = \bar{C}^* \bar{\varepsilon}^e$。

将式（6.53）代入式（6.59）第一式中，可得

$$\delta\Xi_1 = \int_{V_e} (\delta \bar{\boldsymbol{u}}_{\boldsymbol{n}}^{e\mathrm{T}} \boldsymbol{B}_1^{\mathrm{T}} \bar{\sigma}^*) \mathrm{d}V_e + \int_{V_e} (\delta \bar{\boldsymbol{u}}_{\boldsymbol{n},y}^{e\ \mathrm{T}} \boldsymbol{B}_2^{\mathrm{T}} \bar{\sigma}^*) \mathrm{d}V_e + \int_{V_e} (\delta \bar{\boldsymbol{u}}_{\boldsymbol{n},z}^{e\ \mathrm{T}} \boldsymbol{B}_3^{\mathrm{T}} \bar{\sigma}^*) \mathrm{d}V_e \tag{6.60}$$

式中，$\bar{\boldsymbol{u}}_{\boldsymbol{n},y}^e$ 为有限单元内位移列阵对坐标 y 的导数。

将分部积分应用于上式（6.18）第二项和第三项，可得

$$\begin{aligned}\delta\Xi_1 &= \int_{V_e} (\delta \bar{\boldsymbol{u}}_{\boldsymbol{n}}^{e\mathrm{T}} \boldsymbol{B}_1^{\mathrm{T}} \bar{\sigma}^*) \mathrm{d}V_e + \int_{S_e} (\delta \bar{\boldsymbol{u}}_{\boldsymbol{n}}^{e\mathrm{T}} \boldsymbol{B}_2^{\mathrm{T}} \bar{\sigma}^*) \mathrm{d}S_e \\ &- \int_{V_e} (\delta \bar{\boldsymbol{u}}_{\boldsymbol{n}}^{e\mathrm{T}} \boldsymbol{B}_2^{\mathrm{T}} \bar{\sigma}^*_{,y}) \mathrm{d}V_e + \int_{S_e} (\delta \bar{\boldsymbol{u}}_{\boldsymbol{n}}^{e\mathrm{T}} \boldsymbol{B}_3^{\mathrm{T}} \bar{\sigma}^*) \mathrm{d}S_e - \int_{V_e} (\delta \bar{\boldsymbol{u}}_{\boldsymbol{n}}^{e\mathrm{T}} \boldsymbol{B}_3^{\mathrm{T}} \bar{\sigma}^*_{,z}) \mathrm{d}V_e\end{aligned} \tag{6.61}$$

式中，S_e 为有限单元边界。

应用式（6.46），上式可写作

$$\delta\Xi_1 = \int_{\xi}\int_{y}\int_{z} -\delta(\bar{\boldsymbol{u}}_{\boldsymbol{n}}^e)^{\mathrm{T}} \begin{pmatrix} (\boldsymbol{B}_2^{\mathrm{T}} \bar{\boldsymbol{C}}^* \boldsymbol{B}_1 - \boldsymbol{B}_1^{\mathrm{T}} \bar{\boldsymbol{C}}^* \boldsymbol{B}_2) \bar{\boldsymbol{u}}_{\boldsymbol{n},y}^e \\ + \boldsymbol{B}_2^{\mathrm{T}} \bar{\boldsymbol{C}}^* \boldsymbol{B}_2 \bar{\boldsymbol{u}}_{\boldsymbol{n},yy}^e \\ + (\boldsymbol{B}_2^{\mathrm{T}} \bar{\boldsymbol{C}}^* \boldsymbol{B}_3 - \boldsymbol{B}_3^{\mathrm{T}} \bar{\boldsymbol{C}}^* \boldsymbol{B}_2) \bar{\boldsymbol{u}}_{\boldsymbol{n},yz}^e \\ + (\boldsymbol{B}_3^{\mathrm{T}} \bar{\boldsymbol{C}}^* \boldsymbol{B}_1 - \boldsymbol{B}_1^{\mathrm{T}} \bar{\boldsymbol{C}}^* \boldsymbol{B}_3) \bar{\boldsymbol{u}}_{\boldsymbol{n},z}^e \\ + \boldsymbol{B}_3^{\mathrm{T}} \bar{\boldsymbol{C}}^* \boldsymbol{B}_3 \bar{\boldsymbol{u}}_{\boldsymbol{n},zz}^e - \boldsymbol{B}_1^{\mathrm{T}} \bar{\boldsymbol{C}}^* \boldsymbol{B}_1 \bar{\boldsymbol{u}}_{\boldsymbol{n}}^e \end{pmatrix} |\boldsymbol{J}| \mathrm{d}\xi \mathrm{d}y \mathrm{d}z \tag{6.62}$$

式中，$\bar{\boldsymbol{u}}_{\boldsymbol{n},yy}^e \bar{\boldsymbol{u}}_{\boldsymbol{n},yz}^e$ 分别为位移列阵对坐标 y 的二阶导和位移列阵对坐标 y 和 z 求导。

把式（6.53）代入式（6.59）第二项，可以得到

$$\delta\Xi_2 = \int_{\xi}\int_{y}\int_{z} \delta \bar{\boldsymbol{u}}_{\boldsymbol{n}}^{e\mathrm{T}} (\boldsymbol{N}^{\mathrm{T}} \rho_e \boldsymbol{N} \ddot{\bar{\boldsymbol{u}}}_{\boldsymbol{n}}^e) |\boldsymbol{J}| \mathrm{d}\xi \mathrm{d}y \mathrm{d}z \tag{6.63}$$

将式（6.62）、式（6.63）代入式（6.57），经分部积分后，则有

$$\delta\Pi = \int_{\xi}\int_{y}\int_{z} \bigcup_{e=1}^{n} \begin{bmatrix} -\delta \bar{\boldsymbol{u}}_{\boldsymbol{n}}^{e\mathrm{T}} (\boldsymbol{E}_0^e - \boldsymbol{E}_0^{e\mathrm{T}}) \bar{\boldsymbol{u}}_{\boldsymbol{n},y}^e + \boldsymbol{E}_1^e \bar{\boldsymbol{u}}_{\boldsymbol{n},yy}^e + \\ (\boldsymbol{E}_2^e - \boldsymbol{E}_2^{e\mathrm{T}}) \bar{\boldsymbol{u}}_{\boldsymbol{n},yz}^e + (\boldsymbol{E}_3^e - \boldsymbol{E}_3^{e\mathrm{T}}) \bar{\boldsymbol{u}}_{\boldsymbol{n},z}^e + \\ \boldsymbol{E}_4^e \bar{\boldsymbol{u}}_{\boldsymbol{n},zz}^e - \boldsymbol{E}_5^e \bar{\boldsymbol{u}}_{\boldsymbol{n}}^e - \boldsymbol{M}_0^e \ddot{\bar{\boldsymbol{u}}}_{\boldsymbol{n}}^e \end{bmatrix} \mathrm{d}y \mathrm{d}z \mathrm{d}t \tag{6.64}$$

其中，

$$\begin{aligned}\boldsymbol{E}_0^e &= \int_{\xi} \boldsymbol{B}_2^{\mathrm{T}} \bar{\boldsymbol{C}}^* \boldsymbol{B}_1 |\boldsymbol{J}| \mathrm{d}\xi, \boldsymbol{E}_1^e = \int_{\xi} \boldsymbol{B}_2^{\mathrm{T}} \bar{\boldsymbol{C}}^* \boldsymbol{B}_2 |\boldsymbol{J}| \mathrm{d}\xi \\ \boldsymbol{E}_2^e &= \int_{\xi} \boldsymbol{B}_2^{\mathrm{T}} \bar{\boldsymbol{C}}^* \boldsymbol{B}_3 |\boldsymbol{J}| \mathrm{d}\xi, \boldsymbol{E}_3^e = \int_{\xi} \boldsymbol{B}_3^{\mathrm{T}} \bar{\boldsymbol{C}}^* \boldsymbol{B}_1 |\boldsymbol{J}| \mathrm{d}\xi \\ \boldsymbol{E}_4^e &= \int_{\xi} \boldsymbol{B}_3^{\mathrm{T}} \bar{\boldsymbol{C}}^* \boldsymbol{B}_3 |\boldsymbol{J}| \mathrm{d}\xi, \boldsymbol{E}_5^e = \int_{\xi} \boldsymbol{B}_1^{\mathrm{T}} \bar{\boldsymbol{C}}^* \boldsymbol{B}_1 |\boldsymbol{J}| \mathrm{d}\xi\end{aligned} \tag{6.65}$$

$$\boldsymbol{M}_0^e = \int_{\xi} \boldsymbol{N}^{\mathrm{T}} \rho_e \boldsymbol{N} |\boldsymbol{J}| \mathrm{d}\xi \tag{6.66}$$

式中，$\boldsymbol{E}_0^e$、$\boldsymbol{E}_1^e$、$\boldsymbol{E}_2^e$、$\boldsymbol{E}_3^e$、$\boldsymbol{E}_4^e$、$\boldsymbol{E}_5^e$ 为单元刚度矩阵；$\boldsymbol{M}_0^e$ 为质量矩阵。由于 $\delta\overline{\boldsymbol{u}}_{\boldsymbol{n}}^{e\,\mathrm{T}}$ 的任意性，式（6.64）得出

$$(\boldsymbol{E}_0^e-\boldsymbol{E}_0^{e\,\mathrm{T}})\overline{\boldsymbol{u}}_{\boldsymbol{n},y}^e+\boldsymbol{E}_1^e\overline{\boldsymbol{u}}_{\boldsymbol{n},yy}^e+(\boldsymbol{E}_2^e+\boldsymbol{E}_2^{e\,\mathrm{T}})\overline{\boldsymbol{u}}_{\boldsymbol{n},yz}^e$$
$$+(\boldsymbol{E}_3^e-\boldsymbol{E}_3^{e\,\mathrm{T}})\overline{\boldsymbol{u}}_{\boldsymbol{n},z}^e+\boldsymbol{E}_4^e\overline{\boldsymbol{u}}_{\boldsymbol{n},zz}^e-\boldsymbol{E}_5^e\overline{\boldsymbol{u}}_{\boldsymbol{n}}^e-\boldsymbol{M}_0^e\ddot{\overline{\boldsymbol{u}}}_{\boldsymbol{n}}^e=0 \tag{6.67}$$

类似于有限元方法，将单元刚度矩阵和质量矩阵以标准方式组合成整体矩阵，得到离散的运动方程组，如下

$$(\boldsymbol{E}_0-\boldsymbol{E}_0^{\mathrm{T}})\overline{\boldsymbol{u}}_{\boldsymbol{n},y}+\boldsymbol{E}_1\overline{\boldsymbol{u}}_{\boldsymbol{n},yy}+(\boldsymbol{E}_2+\boldsymbol{E}_2^{\mathrm{T}})\overline{\boldsymbol{u}}_{\boldsymbol{n},yz}$$
$$+(\boldsymbol{E}_3-\boldsymbol{E}_3^{\mathrm{T}})\overline{\boldsymbol{u}}_{\boldsymbol{n},z}+\boldsymbol{E}_4\overline{\boldsymbol{u}}_{\boldsymbol{n},zz}-\boldsymbol{E}_5\overline{\boldsymbol{u}}_{\boldsymbol{n}}-\boldsymbol{M}_0\ddot{\overline{\boldsymbol{u}}}_{\boldsymbol{n}}=0 \tag{6.68}$$

对于沿板中 y-z 平面传播的自由谐波，假设位移分量 $\overline{\boldsymbol{u}}_{\boldsymbol{n}}$ 的形式为

$$\overline{\boldsymbol{u}}_{\boldsymbol{n}}=\mathrm{e}^{i(\omega t-yk\sin\theta-zk\cos\theta)}\widehat{\boldsymbol{u}}_{\boldsymbol{n}} \tag{6.69}$$

式中，k 为传播方向上的波数；ω 为波的圆频率；$\widehat{\boldsymbol{u}}_{\boldsymbol{n}}$ 为复振幅的矢量。因此把位移分量的简谐形式代入到波动方程中，等式（6.68）变成

$$\begin{bmatrix}-ik\sin\theta(\boldsymbol{E}_0-\boldsymbol{E}_0^{\mathrm{T}})-(k\sin\theta)^2\boldsymbol{E}_1-k^2\cos\theta\sin\theta(\boldsymbol{E}_2+\boldsymbol{E}_2^{\mathrm{T}})-\\ ik\cos\theta(\boldsymbol{E}_3-\boldsymbol{E}_3^{\mathrm{T}})-(k\cos\theta)^2\boldsymbol{E}_4-\boldsymbol{E}_5+\omega^2\boldsymbol{M}_0\end{bmatrix}\widehat{\boldsymbol{u}}_{\boldsymbol{n}}=\boldsymbol{0} \tag{6.70}$$

简化式（3-28），

$$[\boldsymbol{K}_1+ik(\boldsymbol{K}_2-\boldsymbol{K}_2^{\mathrm{T}})+k^2\boldsymbol{K}_3-\omega^2\boldsymbol{M}]\widehat{\boldsymbol{u}}_{\boldsymbol{n}}=\boldsymbol{0} \tag{6.71}$$

其中，

$$\begin{aligned}&\boldsymbol{K}_1=\boldsymbol{E}_5,\boldsymbol{K}_2=\boldsymbol{E}_0\sin\theta+\boldsymbol{E}_3\cos\theta,\boldsymbol{M}=\boldsymbol{M}_0\\&\boldsymbol{K}_3=\boldsymbol{E}_1\sin^2\theta+\boldsymbol{E}_4\cos^2\theta+(\boldsymbol{E}_2+\boldsymbol{E}_2^{T})\cos\theta\sin\theta\end{aligned} \tag{6.72}$$

采用与6.2节相同的方法将上述方程（6.71）变换成一个标准特征值问题进行求解。

6.3.3　功能梯度压电压磁板的频散特性

本节研究了由两种材料复合而成的无限大功能梯度板，材料在 x 方向上呈梯度变化。利用等效理论分析模型计算了功能梯度材料的有效性能。这里，有效材料系数矩阵 $\boldsymbol{C}$ 和密度 ρ 给出如下

$$\begin{aligned}&\boldsymbol{C}=\boldsymbol{C}_TV_T+\boldsymbol{C}_BV_B\\&\rho=\rho_TV_T+\rho_BV_B\end{aligned} \tag{6.73}$$

式中，T 代表上表面，B 代表下表面，V_T、V_B 为体积分数。

$$V_T=\left(\frac{x+h/2}{h}\right)^{\lambda},V_B=1-V_T\quad x\subseteq\left[-\frac{h}{2},\frac{h}{2}\right] \tag{6.74}$$

式中，λ 为功能梯度指数。当 $\lambda=0$ 时，功能梯度板便退化为均匀板。本节中，假定功能梯度压电压磁板由两种材料组成，上层材料为 $\mathrm{CoFe_2O_4}$，下层材料为 $\mathrm{BaTiO_3}$。

对于功能梯度压电压磁无穷大板，学者 Wu 等人采用勒让德正交多项式研究了

Lamb 波在其内的传播特性。本章节采用与文献相同参数计算频散特性，厚度 $h=10\text{mm}$，功能梯度指数 $\lambda=1$，压电压磁材料属性见表 6.2，由于坐标轴不一样，表 6.2 所示为表 6.1 经坐标转换后的材料参数。

表 6.2 $BaTiO_3$ 和 $CoFe_2O_4$ 的材料属性

材料属性	C_{11}	C_{12}	C_{13}	C_{22}	C_{23}	C_{33}	C_{44}	C_{55}	C_{66}
$BaTiO_3$	162	78	78	166	77	166	44.6	43	43
$CoFe_2O_4$	269.5	170.5	170.5	286	173	286	56.5	45.3	45.3
材料属性	e_{11}	e_{12}	e_{13}	e_{26}	e_{35}	v_{11}	v_{22}	v_{33}	ρ
$BaTiO_3$	18.6	-4.4	-4.4	11.6	11.6	126	112	112	5.8
$CoFe_2O_4$	0	0	0	0	0	0.93	0.8	0.8	5.3
材料属性	q_{11}	q_{12}	q_{13}	q_{26}	q_{35}	μ_{11}	μ_{22}	μ_{33}	
$BaTiO_3$	0	0	0	0	0	10	5	5	
$CoFe_2O_4$	699.7	580.3	580.3	550	550	157	-590	-590	

单位：$C_{ij}(10^9\text{N/m}^2)$；$\nu_{ij}(10^{-10}\text{F/m}^2)$；$e_{ij}(\text{C/m})$；$\rho(10^3\text{kg/m}^3)$；$\mu_{ij}(10^{-6}\text{Ns}^2/\text{C}^2)$；$q_{ij}(\text{N/Am})$

图 6.12 所示为 Chebyshev 谱元法和文献相速度频散曲线对比，谱元法求解的模态更多（包含类 SH 波和类 Lamb 波，见图 6.12a），其中文献只能求得类 Lamb 波。根据图 6.12b 可知上述两种方法的结果前四阶类 Lamb 波模态具有极好的一致性。但是与文献相比，本文发现了一种新现象：曲线出现了非连续的分叉，如图 6.13 所示。在 Liu 等人在层状磁电弹性空心圆柱体中发现了类似的现象，但是未作详尽解释，这种现象为速度缺失，但这种说法并不是很准确，在本文中考虑把这种现象称作模态缺失更加合理。就数学角度而言，模态缺失可解释为：一种模态的特征值在某些频率上具有两个不同的值。“模态缺失”不同于“频率带隙”，因为前者在均匀介质的频散曲线中也能被观察到，如均匀压磁板（见图 6.16 的数值算例 $\lambda=0$），而后者是典型的周期性介质中才存在的现象。

我们认为模态缺失现象是一种物理现象，而不是数值频散。所谓的数值频散即

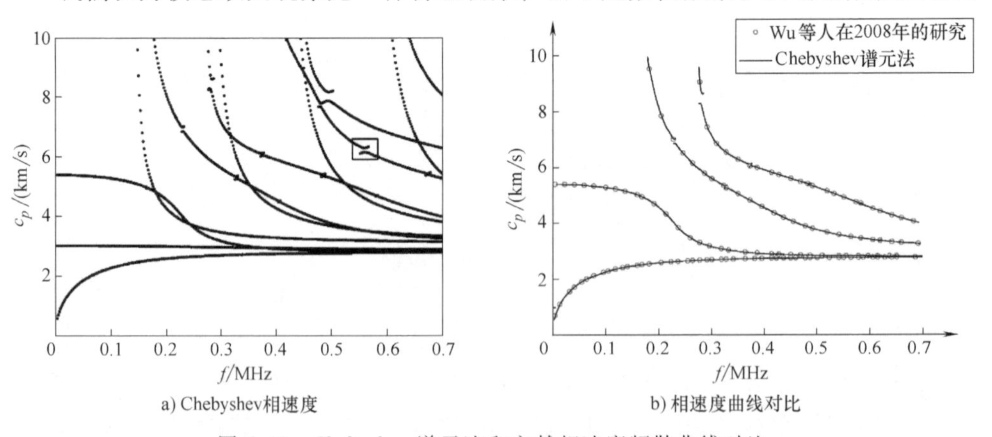

a) Chebyshev相速度　　b) 相速度曲线对比

图 6.12　Chebyshev 谱元法和文献相速度频散曲线对比

在采用有限元对连续介质进行了空间离散时，有限代替无限，形状函数（通常是多项式）不能准确地捕获场的变化，所产生的插值误差将导致频散，因此会引起误差。数值频散没有实际意义，相反可能会影响研究者对真实波现象的理解。数值频散计算的特征根和真实的特征根相差很大，这些特征根并不是真正的物理模态，而是一种伪模态。由于这些模态的数量随着形函数多项式阶数的增加而增加，使高阶有限元方法变得十分不适用。

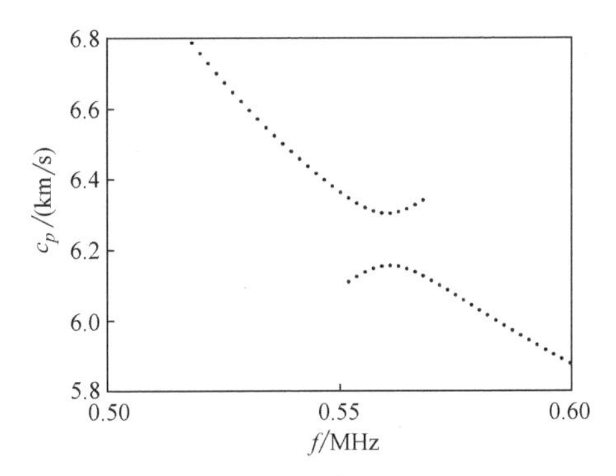

图 6.13 图 6-12a 方框的放大图

为了验证模态缺失非数值频散所导致，本节以纯压磁材料为例，对比分析数值方法中的 Chebyshev 多项式阶数 n（$n=10$、20、30）对频散曲线的影响（见图 6.14）。结果表明：阶数 n 的变化不会对模态缺失现象造成影响，这与数值频散的性质相悖。本文讨论的频散特性与结构的材料和几何性质密切相关，频散具有实用性，是无损检测的理论基础。频散特性与数值频散有着本质区别，为了更好地认识模态缺失的机理，本节研究了压电和压磁效应对频散曲线的影响。以 $CoFe_2O_4$ 材料（见图 6.15a）和纯 $BaTiO_3$ 材料（见图 6.15b），实心点是考虑压电压磁效应的相速度频散曲线。空心点表示不考虑压电压磁效应的相速度频散曲线。对比图 6.15a 和 b 可以发现，压磁材料 $CoFe_2O_4$ 的压磁效应跟模态缺失现象密切相关。材料介电性和磁导率是描述物质电磁性质的基本物理量，决定着波在该压电压磁介质中的传播特性。值得注意的是，$CoFe_2O_4$ 中的介电常数三个方向都为正，但是磁导率在两个方向都是小于零的，因此在结构部分方向实现了负的磁属性。正是由于这个特性，导致某些模态的波可能会出现倒退波的特性。这也是文章所描述的模态缺失现象。为了证实该猜想，将表 6.2 中 $CoFe_2O_4$ 磁导率全部设为正数，其他参数保持厚度 $h=10\text{mm}$，功能梯度指数 $\lambda=1$，频散曲线如下图 6.16 所示，模态缺失的现象消失了。很多学者在研究具有负磁导率的压磁材料时，会把频散曲线所出现模态缺失现象认为是一种数值误差，从而通过修正的方法对其进行处理。通过本章节的分析可知，模态缺失现象是具有实际物理意义的，不可忽略。

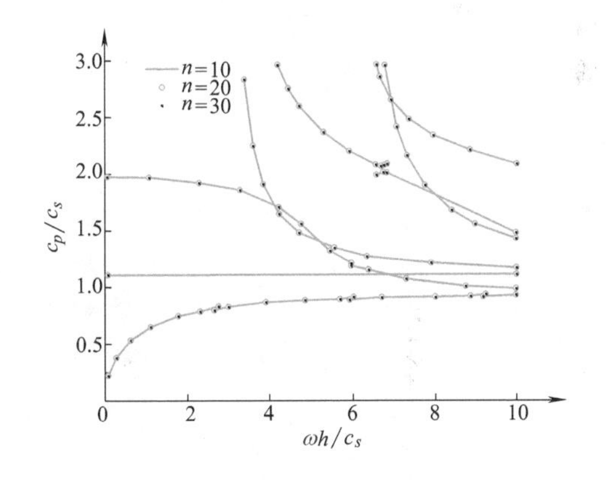

图 6.14 不同阶数 n 相速度频散曲线对比

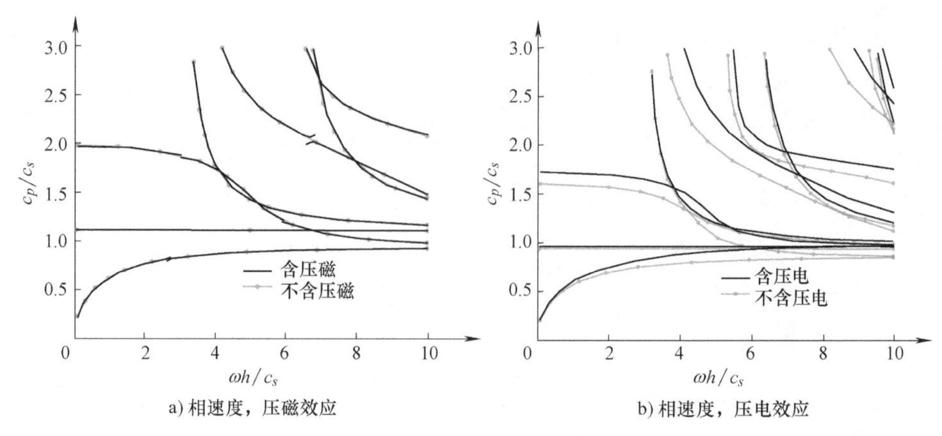

a) 相速度，压磁效应　　b) 相速度，压电效应

图 6.15　无限大平板含/不含压电压磁效应的相速度频散曲线

6.3.4　材料参数梯度变化对频散曲线的影响

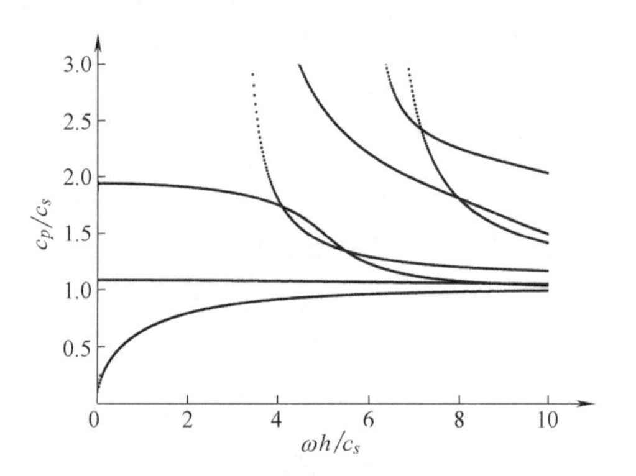

图 6.16　无限大平板的相速度频散曲线（$CoFe_2O_4$ 正磁导率）

图 6.17 为功能梯度压电压磁无限大板的相速度曲线，分析了体积分数指数 λ 对频散曲线的影响。类似于均质板，在功能梯度压电压磁板中，本节中前四阶模态分别称作类 A0、类 S0、类 AH1 和类 A1 波。从图 6.17 观察到功能梯度指数 λ 的变化对导波的传播特性有很大影响。对于模态 A0、类 S0、类 AH1 和类 A1 任意一种模态，相同频率下的相速度随着功能梯度指数 λ 的增加而减小。这是由于功能梯度板在底面上具有 $BaTiO_3$ 压电材料特性，在顶面上具有 $CoFe_2O_4$ 压磁材料特性。λ 越大，$BaTiO_3$ 的体积分数越大，相应的 $CoFe_2O_4$ 的体积分数就会越小。而纯 $BaTiO_3$ 材料的相速度小于纯 $CoFe_2O_4$ 材料的相速度。

由于模态类 A0 中不同体积分数的三条曲线基本重合，由此可以总结 λ 的变化对低阶模态的频散特性影响很小。此外还观察到曲线中的模态缺失现象会随着 λ 的增加逐渐变得不明显。这是由于 $CoFe_2O_4$ 的体积分数愈小，其负磁导率

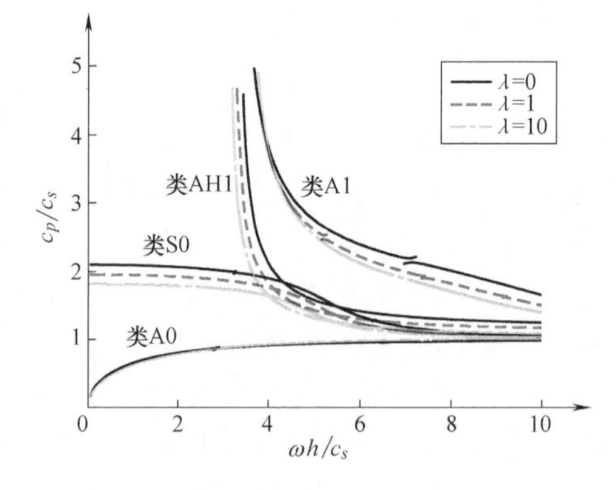

图 6.17　功能梯度压电压磁无限大板相速度曲线（体积分数指数 λ 变化）

特性对整体波传播的影响也就越微弱。

6.3.5　波结构分析

所谓波结构分析是指在导波传播过程中质点振动位移或应力沿板厚方向的分布情况，反映了不同模态的振动位移和能量分布上的差异，利用波结构分析可选择合适模态用以提高检测灵敏度。为了更详细地分析波结构特征，讨论了在给定无量纲频率 $\Omega=1$ 下不同功能梯度体积分数指数的功能梯度压电压磁板的模态波结构（位移分布、电势和磁势分布）。本节中，板厚 $h=2\text{mm}$。图 6.18~图 6.20 分别是类 A0 模态、类 S0 模态在 $\lambda=0$、1、10 下的波结构。

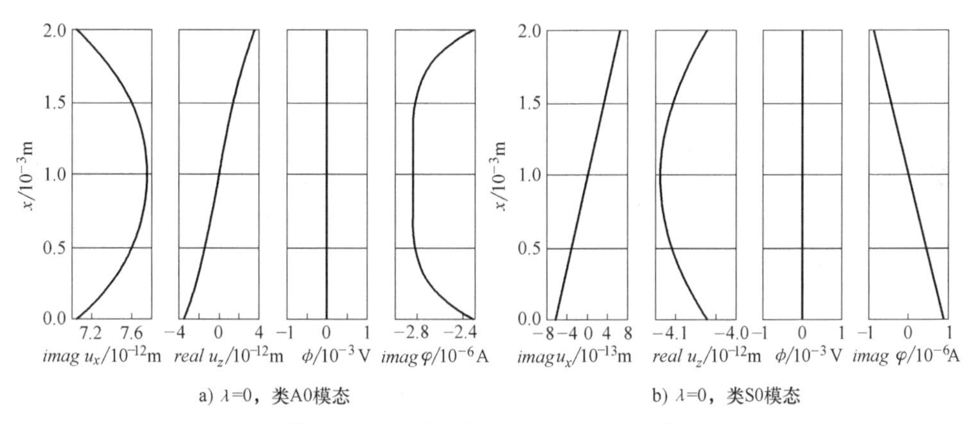

图 6.18　无限大压电压磁板在无量纲频率 $\Omega=1$ 波结构（$\lambda=0$）

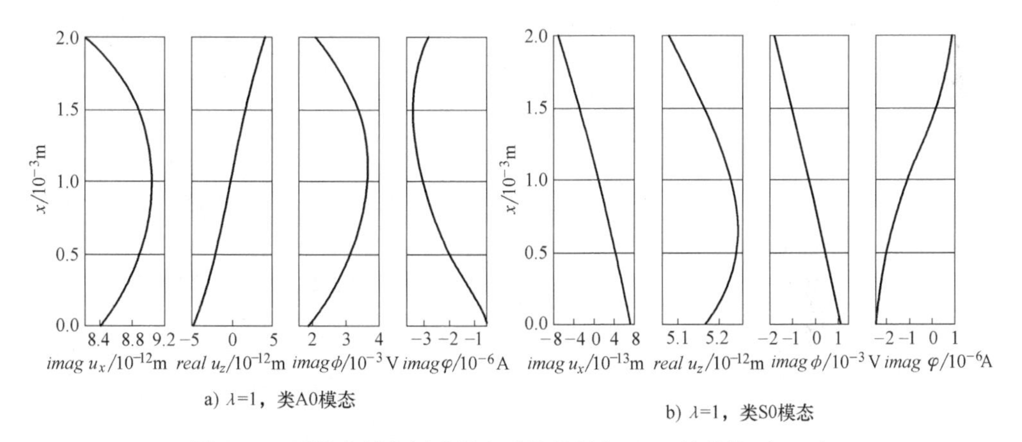

图 6.19　无限大压电压磁板在无量纲频率 $\Omega=1$ 波结构（$\lambda=1$）

如图 6.18 所示，从位移分布来看，u_x 和 u_z 的分布形状呈现出正弦曲线的形态。当 $\lambda=0$ 时，对于类 A0 模态，位移 u_x 相对于板的中心平面是对称的，u_z 是反对称的。而类 S0 模态与类 A0 模态正好相反。故类 A0 模态是对称模态，而类 S0 模态是反对称模态。随着 λ 的增加，位移分布的对称点逐渐向下移动。因为梯度

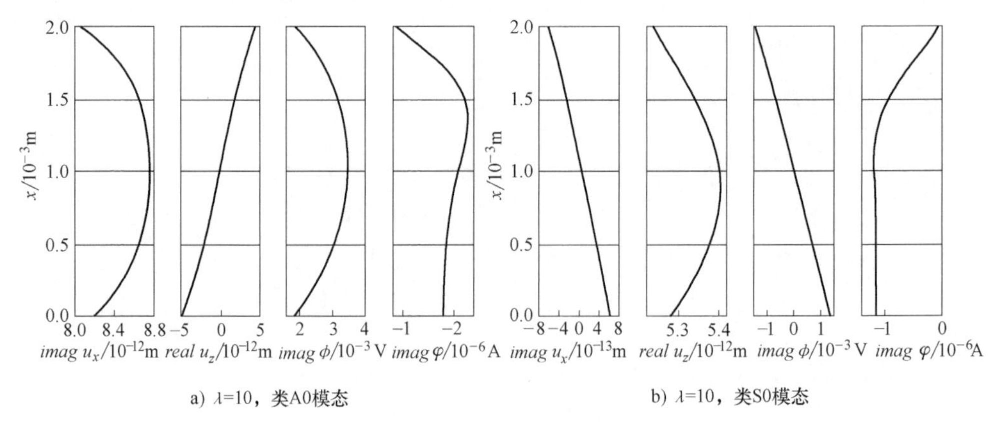

a) λ=10，类A0模态　　b) λ=10，类S0模态

图 6.20　无限大压电压磁板在无量纲频率 $\Omega=1$ 波结构（$\lambda=10$）

板是不均匀，位移分布的对称点不在板的中轴面上，而且这种不对称性随着功能梯度指数的增加而增强。

对于电势和磁势。从图 6.18 中可得知，类 A0 模态与类 S0 模态的电势都等于 0，因为当 $\lambda=0$ 时，该板不包含压电材料 $BaTiO_3$。而随着 λ 的增加，电位和磁势都发生了很大变化，可知压电压磁结构的波结构极为复杂。

第7章

热弹性圆管中的弹性导波

7.1 引言

在无损检测领域中，相比于传统接触式的压电传感器，激光脉冲激发超声导波的技术可以轻易激发出比较宽的频域信号，利于对模态激发的控制。同时，在复杂的热环境中，航空结构、反应堆、管道等工业设备在工作中可能会产生热应力损伤，其功能和寿命都会受到很大的威胁，因此，不管是导波的激发还是设备的检测，都需要考虑热的存在，因此对热弹性导波传播问题的研究非常有必要。

本章基于二维高阶谱单元和假定位移法提出了一种改进的求解轴对称热弹性波导问题的波有限元（WFE）法，并基于GN广义热弹性理论，推导了热弹性导波的频散方程，利用改进的WFE法考虑了无能量耗散的热弹性导波的传播问题，分析了热弹性理论中的材料常数特征值变化时热弹性导波的频散特征变化，最终结果表明出现了新的热弹性导波模态，并且可以通过位移分布和温度分布来判断不同的模态类型。

7.2 GN广义热弹性波动方程

根据无能量耗散的广义热弹性理论（G-N理论），相关的基本方程

$$\sigma_{ij}=c_{ijkl}\varepsilon_{kl}-\beta_{ij}T \tag{7.1}$$

$$\sigma_{ij,j}=\rho\ddot{u}_i \tag{7.2}$$

$$s_{i,i}=\rho\gamma-\rho C_E\dot{T}-T_0\beta_{ij}\dot{\varepsilon}_{ij} \tag{7.3}$$

$$\dot{s}_i=-k_{ij}^{*}T_{,j} \tag{7.4}$$

式中，σ_{ij}为应力分量；c_{ijkl}为弹性常数；ε_{ij}和ε_{kl}为应变分量；β_{ij}为热传导系数；T为环境温度的变化；u_i为位移矢量；s_i为热流动矢量的分量；ρ为材料密度；γ为单位质量的热源；C_E为变形为常数时的材料比热容；T_0为参考温度；k_{ij}^{*}为广

义热弹性理论的材料特征常数。

在考虑热弹性波时，不考虑体力和热源的存在，热弹性波理论（G-N 模型）的变分方程可以根据 Al-Qahtani 和 Datta 的研究内容推导得到

$$\iint\limits_{t\,V}[(\delta\boldsymbol{\varepsilon}^{\mathrm{T}}\sigma)+(\delta\boldsymbol{T}^{\mathrm{T}}\dot{\boldsymbol{s}}')-\delta\boldsymbol{T}'^{\mathrm{T}}k^{*}\boldsymbol{T}'+(\delta\boldsymbol{u}^{\mathrm{T}}\rho\ddot{\boldsymbol{u}})]\mathrm{d}V\mathrm{d}t=0 \tag{7.5}$$

式中，$\boldsymbol{s}'=\nabla\cdot s$；$\boldsymbol{T}'=\nabla\cdot T$；$t$ 为时间；V 为结构的体积；σ 为应力矢量。节点位移 $\boldsymbol{u}$ 和温度 $\boldsymbol{T}$ 假设是和 $e^{-i\omega t}$ 相关的。根据式（7.1）~（7.4），式（7.5）中各项可以表述如下

$$\begin{aligned}\int\limits_V\delta\boldsymbol{\varepsilon}^{\mathrm{T}}\sigma\mathrm{d}V\mathrm{d}t&=\int\limits_V\delta\boldsymbol{\varepsilon}^{\mathrm{T}}(\boldsymbol{C\varepsilon}-\beta T)\mathrm{d}V\\&=\delta\boldsymbol{u}^{\mathrm{T}}\int\limits_V\boldsymbol{B}^{\mathrm{T}}\boldsymbol{CB}\mathrm{d}V\boldsymbol{u}-\delta\boldsymbol{u}^{\mathrm{T}}\int\limits_V\boldsymbol{B}^{\mathrm{T}}\beta\boldsymbol{N}_2\mathrm{d}V\boldsymbol{T}\\&=\delta\boldsymbol{u}^{\mathrm{T}}\boldsymbol{H}_1\boldsymbol{u}-\delta\boldsymbol{u}^{\mathrm{T}}\boldsymbol{H}_2T\end{aligned} \tag{7.6}$$

$$\begin{aligned}\int\limits_V\delta\boldsymbol{T}^{\mathrm{T}}\dot{\boldsymbol{s}}'\mathrm{d}V&=-\int\limits_V\delta\boldsymbol{T}^{\mathrm{T}}(\rho C_E\ddot{T}+T_0\beta\ddot{\varepsilon})\mathrm{d}V\\&=-\delta\boldsymbol{T}^{\mathrm{T}}\int\limits_V\boldsymbol{N}_2^{\mathrm{T}}\rho C_E\boldsymbol{N}_2\mathrm{d}V\ddot{\boldsymbol{T}}-\delta\boldsymbol{T}^{\mathrm{T}}\int\limits_V\boldsymbol{N}_2^{\mathrm{T}}T_0\beta\boldsymbol{B}\mathrm{d}V\ddot{\boldsymbol{u}}\\&=\omega^2\delta\boldsymbol{T}^{\mathrm{T}}\boldsymbol{M}_3\boldsymbol{T}+\omega^2\delta\boldsymbol{T}^{\mathrm{T}}\boldsymbol{M}_2\boldsymbol{u}\end{aligned} \tag{7.7}$$

$$\int\limits_V\delta\boldsymbol{T}'^{\mathrm{T}}k^{*}\boldsymbol{T}'\mathrm{d}V=\delta\boldsymbol{T}^{\mathrm{T}}\int\limits_V\boldsymbol{D}^{\mathrm{T}}\boldsymbol{K}^{*}\boldsymbol{D}\mathrm{d}V\boldsymbol{T}=\delta\boldsymbol{T}^{\mathrm{T}}\boldsymbol{H}_3\boldsymbol{T} \tag{7.8}$$

$$\int\limits_V\delta\boldsymbol{u}^{\mathrm{T}}\rho\ddot{\boldsymbol{u}}\mathrm{d}V=\delta\boldsymbol{u}^{\mathrm{T}}\int\limits_V\boldsymbol{N}^{\mathrm{T}}\rho\boldsymbol{N}\mathrm{d}V\ddot{\boldsymbol{u}}=-\omega^2\delta\boldsymbol{u}^{\mathrm{T}}-\boldsymbol{M}_1\boldsymbol{u} \tag{7.9}$$

式中，$\boldsymbol{\varepsilon}$ 为应变矢量；$\boldsymbol{C}$ 为材料弹性矩阵；$\boldsymbol{B}$ 为应变位移矩阵；$\boldsymbol{N}_2$ 为温度插值形函数矩阵；$\boldsymbol{H}_1$ 为线性刚度矩阵；$\boldsymbol{H}_2$ 为热传导刚度矩阵；$\boldsymbol{M}_1$、$\boldsymbol{M}_3$ 为质量矩阵；$\boldsymbol{M}_2$ 为与热传导相关的质量矩阵；$\boldsymbol{D}$ 为温度梯度矩阵；$\boldsymbol{N}$ 为位移插值形函数矩阵。为不失其一般性，根据傅里叶级数展开，上面提到的节点位移 $\boldsymbol{u}$ 和温度 $\boldsymbol{T}$ 可以调整为 $\boldsymbol{u}_n$ 和 $\boldsymbol{T}_n$。通过有限元离散得到的热弹性波动方程如

$$\delta\boldsymbol{u}_n^{\mathrm{T}}(\boldsymbol{H}_1\boldsymbol{u}_n-\boldsymbol{H}_2\boldsymbol{T}_n-\omega^2\boldsymbol{M}_1\boldsymbol{u}_n)-\delta\boldsymbol{T}_n^{\mathrm{T}}(-\omega^2\boldsymbol{M}_3\boldsymbol{T}_n-\omega^2\boldsymbol{M}_2\boldsymbol{u}_n+\boldsymbol{H}_3\boldsymbol{T}_n)=0 \tag{7.10}$$

无论 $\delta\boldsymbol{u}_n^{\mathrm{T}}$ 和 $\delta\boldsymbol{T}_n^{\mathrm{T}}$ 取何值，上述变分方程恒成立，由此可得

$$\begin{aligned}&(\boldsymbol{H}_1-\omega^2\boldsymbol{M}_1)\boldsymbol{u}_n-\boldsymbol{H}_2\boldsymbol{T}_n=0\\&(-\omega^2\boldsymbol{M}_2)\boldsymbol{u}_n+(\boldsymbol{H}_3-\omega^2\boldsymbol{M}_3)\boldsymbol{T}_n=0\end{aligned} \tag{7.11}$$

即，

$$\boldsymbol{W}_n\begin{Bmatrix}\boldsymbol{u}\\\boldsymbol{T}\end{Bmatrix}_n=0 \tag{7.12}$$

式中，不考虑能量损耗，与热弹性波动方程（7.12）相关的单元矩阵为

$$
\begin{aligned}
\boldsymbol{H}_1^e &= \int_{V_e} \overline{\boldsymbol{B}}\boldsymbol{E}\overline{\boldsymbol{B}}\mathrm{d}V = (\boldsymbol{a}^{\mathrm{T}}\overline{\boldsymbol{h}}_{11}\boldsymbol{a} + \boldsymbol{b}^{\mathrm{T}}\overline{\boldsymbol{h}}_{12}\boldsymbol{b}) \times \pi \\
\boldsymbol{M}_1^e &= \int_{V_e} (\boldsymbol{n}_1\boldsymbol{N})^{\mathrm{T}}\rho(\boldsymbol{n}_1\boldsymbol{N})\mathrm{d}V = \overline{\boldsymbol{m}}_1 \times \pi \\
\boldsymbol{H}_2^e &= \int_{V_e} \overline{\boldsymbol{B}}^{\mathrm{T}}\boldsymbol{E}\overline{\boldsymbol{N}}_t\mathrm{d}V = \overline{\boldsymbol{h}}_2 \times \pi \\
\boldsymbol{M}_2^e &= \int_{V_e} \overline{\boldsymbol{N}}_t^{\mathrm{T}}T_0\beta^{\mathrm{T}}\overline{\boldsymbol{B}}\mathrm{d}V = \overline{\boldsymbol{m}}_2 \times \pi \\
\boldsymbol{H}_3^e &= \int_{V_e} \boldsymbol{D}^{\mathrm{T}}\boldsymbol{K}^*\boldsymbol{D}\mathrm{d}V = \overline{\boldsymbol{h}}_3 \times \pi \\
\boldsymbol{M}_3^e &= \int_{V_e} \overline{\boldsymbol{N}}_t^{\mathrm{T}}\rho C_E\overline{\boldsymbol{N}}_t\mathrm{d}V = \overline{\boldsymbol{m}}_3 \times \pi
\end{aligned}
\tag{7.13}
$$

式中，$\boldsymbol{E}$ 为材料弹性矩阵。

$$
\begin{aligned}
\overline{\boldsymbol{m}}_1 &= \int_{-1}^{1}\int_{-1}^{1} \boldsymbol{N}^{\mathrm{T}}\rho\boldsymbol{N}r\det(\boldsymbol{J})\,\mathrm{d}\xi\mathrm{d}\eta \\
\overline{\boldsymbol{m}}_2 &= \int_{-1}^{1}\int_{-1}^{1} (\beta_{4*1}\boldsymbol{F})^{\mathrm{T}}T_0\overline{\boldsymbol{B}}_A ar\det(\boldsymbol{J})\,\mathrm{d}\xi\mathrm{d}\eta \\
\overline{\boldsymbol{m}}_3 &= \int_{-1}^{1}\int_{-1}^{1} \boldsymbol{F}^{\mathrm{T}}\rho C_E\boldsymbol{F}r\det(\boldsymbol{J})\,\mathrm{d}\xi\mathrm{d}\eta
\end{aligned}
\tag{7.14}
$$

和

$$
\overline{\boldsymbol{h}}_2 = \int_{-1}^{1}\int_{-1}^{1} \overline{\boldsymbol{B}}_A^{\mathrm{T}}\beta_{4*1}\boldsymbol{F}r\det(\boldsymbol{J})\,\mathrm{d}\xi\mathrm{d}\eta
$$

$$
\overline{\boldsymbol{h}}_3 = \int_{-1}^{1}\int_{-1}^{1} \boldsymbol{D}^{\mathrm{T}}\begin{pmatrix} 1 & 0 & 0 \\ 0 & n^2 & 0 \\ 0 & 0 & 1 \end{pmatrix}\boldsymbol{K}^*\boldsymbol{D}r\det(\boldsymbol{J})\,\mathrm{d}\xi\mathrm{d}\eta
$$

$$
\boldsymbol{D} = \begin{pmatrix} \dfrac{\partial N_1}{\partial r} & \dfrac{\partial N_2}{\partial r} & \cdots & \dfrac{\partial N_m}{\partial r} \\ \dfrac{N_1}{r} & \dfrac{N_2}{r} & \cdots & \dfrac{N_m}{r} \\ \dfrac{\partial N_1}{\partial z} & \dfrac{\partial N_2}{\partial z} & \cdots & \dfrac{\partial N_m}{\partial z} \end{pmatrix} \quad \boldsymbol{K}^* = \begin{pmatrix} k^* & 0 & 0 \\ 0 & k^* & 0 \\ 0 & 0 & k^* \end{pmatrix}
\tag{7.15}
$$

$$
\overline{\boldsymbol{N}}_t = \boldsymbol{F}\cos n\theta, \qquad \boldsymbol{F} = (N_1 \quad N_2 \quad \cdots \quad N_m)
$$

$$
\boldsymbol{\beta} = \begin{pmatrix} \beta_{4\times1} \\ \beta_{2\times1} \end{pmatrix} = (\beta_0 \quad \beta_0 \quad \beta_0 \quad 0 \quad 0 \quad 0)^{\mathrm{T}}, \boldsymbol{J} = \begin{pmatrix} \dfrac{\partial r}{\partial \xi} & \dfrac{\partial z}{\partial \xi} \\ \dfrac{\partial r}{\partial \eta} & \dfrac{\partial z}{\partial \eta} \end{pmatrix}
$$

热弹性圆管的波动方程系数矩阵 $\boldsymbol{W}_n$ 为

$$\boldsymbol{W}_n=\begin{pmatrix}\boldsymbol{H}_1-\omega^2\boldsymbol{M}_1 & -\boldsymbol{H}_2\\ -\omega^2\boldsymbol{M}_2 & \boldsymbol{H}_3-\omega^2\boldsymbol{M}_3\end{pmatrix}_n \tag{7.16}$$

通过转换可以求得广义热弹性波动方程：

$$\boldsymbol{R}_n\boldsymbol{q}_n=\boldsymbol{0} \tag{7.17}$$

式中，$\boldsymbol{R}_n$ 为动力刚度矩阵；$\boldsymbol{q}_n$ 为经过优化排序的热弹性波引起的节点自由度，即

$$\boldsymbol{q}_n=(\,u_1\quad v_1\quad w_1\quad T_0\quad \cdots)_n^{\mathrm{T}} \tag{7.18}$$

为求解波导中的热弹性波模态，下面引入改进的波有限元法。

7.3 改进的波有限元法

一般来说，在求解波导的频散问题时，可将波动方程的求解转化为特征值的求解，针对不同频率点求解出每个波模态的波数。这里采用波有限元法研究轴对称结构中的波动问题。假设轴对称结构中弹性波的传播与时间相关，即和 e^{iwt} 有关。根据波有限元法的思想，根据子结构的有限元模型获得相应的质量矩阵和刚度矩阵，进而形成动力刚度矩阵。对动力刚度矩阵进行后处理，即可得到转换矩阵和特征值方程。

本章以圆管为例，建立圆柱坐标系（r，θ，z），其内径为 R，厚度为 h，如图 7.1 所式。

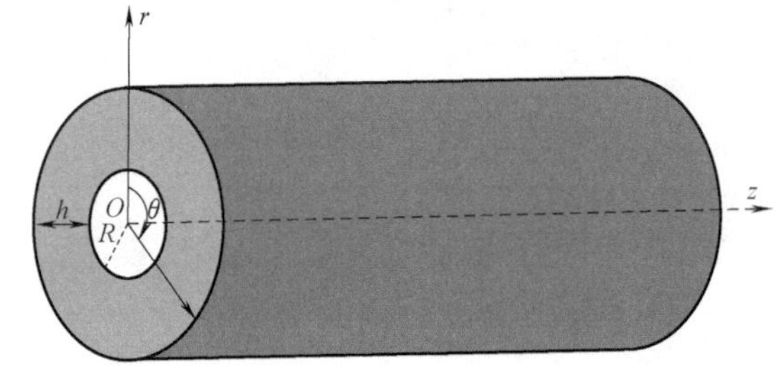

图 7.1　热弹性圆管

7.3.1　二维谱单元

在传统有限单元中，节点坐标的分布在空间上是均匀的，局部坐标系下的形函数可以通过拉格朗日多项式插值得到。对于谱单元，形函数则是基于 Gauss-Legendre-Lobatto（GLL）积分节点的多项式建立的，这些积分节点又是通过不同阶数（决定了谱单元的阶数）的勒让德多项式求解得到的。由于高阶勒让德谱单元中积分节点和插值节点是重合的，使结构的质量矩阵是对角化的，从而大大提高刚度矩阵的稀疏度。同时，采用高阶谱单元可以有效避免龙格现象。因此，为了降低计算过程中内存的占用率，提高计算效率，采用二维高阶谱单元描述沿子结构的环向回转矩形截面，如图 7.2 所示。标准等参元尺寸定义为 [-1, 1]×[-1, 1]，单元内部一点位移的插值函数可以通过两个一维的拉格朗日插值多项式相乘得到。单元内一点的位移可表示为

$$\boldsymbol{u}(r,\theta,z,t)=\boldsymbol{u}(\xi,\eta,t)=\sum_{i=1}^{P_\xi+1}\sum_{j=1}^{P_\eta+1}\widetilde{\boldsymbol{u}}(\xi_i,\eta_j,t)N_i(\xi)N_j(\eta) \tag{7.19}$$

式中，P_ξ 和 P_η 分别为局部坐标系下 ξ 和 η 两个方向上拉格朗日多项式的阶数；$\widetilde{\boldsymbol{u}}$ 为局部坐标（ξ_i，η_j）处的自由度。一维的拉格朗日形函数可表示为

$$N_\alpha(\chi)=\prod_{\beta=1,\beta\neq\alpha}^{p+1}\frac{\chi-\chi_\alpha}{\chi_\beta-\chi_\alpha} \tag{7.20}$$

式中，$\chi=\xi$ 或 η；$\alpha=1$，$2\cdots(p+1)$；$p=P_\xi$ 或 P_η

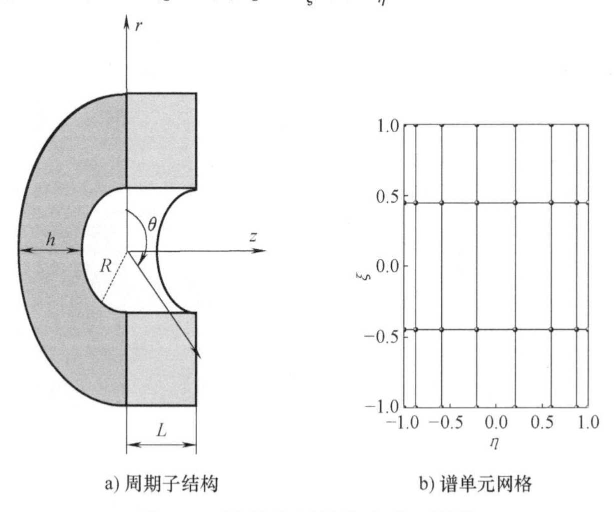

a) 周期子结构　　b) 谱单元网格

图 7.2　圆管的子结构和截面网格

7.3.2　假设位移法

圆管波导可以看作旋转体，其径向（r）、环向（θ）和轴向（θ）位移分别定义为 u、v、w。由于圆管波导的几何结构是轴对称的，当材料参数和载荷也是轴对称的时候，可以将三维几何结构简化为二维的模型。也就是说，圆管所受载荷的分布及材料属性的变化与 θ 无关，可知圆管内部位移和应力也独立于 θ。然而，轴对称波导上所受到的外载荷通常是非对称的，不仅会引起多种位移谐波模态，而且会增加求解的难度。轴对称波导上的载荷可以通过傅里叶级数表示，从而可得任一点处的位移为

$$\begin{Bmatrix}u\\v\\w\end{Bmatrix}=\sum_{n=0}^{\infty}\begin{Bmatrix}\bar{u}_n\cos(n\theta)+\bar{\bar{u}}_n\sin(n\theta)\\\bar{v}_n\sin(n\theta)+\bar{\bar{v}}_n\cos(n\theta)\\\bar{w}_n\cos(n\theta)+\bar{\bar{w}}_n\sin(n\theta)\end{Bmatrix} \tag{7.21}$$

式中，带有单横杠项和双横杠项分别表示一点处关于 $\theta=0$ 平面对称和反对称的位移幅值；n 为谐波数。根据式（7.21）可知，单横杠项表示 $n=0$ 时纵向模态位移分量，双横杠项则表示纯扭转模态位移分量。圆管波导的波动方程可以通过位移场

的假设来建立。有限元模型中局部节点位移可以通过插值求得

$$\begin{Bmatrix} u \\ v \\ w \end{Bmatrix} = \sum_{n=0}^{\infty} \{ \boldsymbol{n}_1 \boldsymbol{N} \{ \bar{\boldsymbol{d}} \}_n + \boldsymbol{n}_2 \boldsymbol{N} \{ \bar{\bar{\boldsymbol{d}}} \}_n \} \tag{7.22}$$

式中，$\{\bar{\boldsymbol{d}}\}_n$ 和 $\{\bar{\bar{\boldsymbol{d}}}\}_n$ 为关于 $\theta=0$ 平面对称和反对称的位移；$\boldsymbol{N}$ 为形函数矩阵；n 是单元内节点数目，同时

$$\boldsymbol{n}_1 = \begin{pmatrix} \cos(n\theta) & 0 & 0 \\ 0 & \sin(n\theta) & 0 \\ 0 & 0 & \cos(n\theta) \end{pmatrix}, \boldsymbol{n}_2 = \begin{pmatrix} \sin(n\theta) & 0 & 0 \\ 0 & -\cos(n\theta) & 0 \\ 0 & 0 & \sin(n\theta) \end{pmatrix} \tag{7.23}$$

$$\{\bar{\boldsymbol{d}}\}_n = \begin{Bmatrix} \bar{u}_1 \\ \bar{v}_1 \\ \bar{w}_1 \\ \vdots \\ \bar{w}_m \end{Bmatrix}_n, \{\bar{\bar{\boldsymbol{d}}}\}_n = \begin{Bmatrix} \bar{\bar{u}}_1 \\ \bar{\bar{v}}_1 \\ \bar{\bar{w}}_1 \\ \vdots \\ \bar{\bar{w}}_m \end{Bmatrix}_n, \boldsymbol{N} = \begin{pmatrix} 0 & 0 & N_1 \\ 0 & N_1 & 0 \\ N_1 & 0 & 0 \\ \vdots & \vdots & \vdots \\ N_m & 0 & 0 \end{pmatrix}^{\mathrm{T}} \tag{7.24}$$

式中，N_m 为单元内第 m 个节点处的形函数。

在圆柱坐标系下，结合式（7.22）可以求得节点处应变，即

$$\boldsymbol{\varepsilon} = \begin{Bmatrix} \varepsilon_r \\ \varepsilon_\theta \\ \varepsilon_z \\ \gamma_{rz} \\ \gamma_{r\theta} \\ \gamma_{\theta z} \end{Bmatrix} = \sum_{n=0}^{\infty} \{ \bar{\boldsymbol{B}}_n \{ \bar{\boldsymbol{d}} \}_n + \bar{\bar{\boldsymbol{B}}}_n \{ \bar{\bar{\boldsymbol{d}}} \}_n \} \tag{7.25}$$

对于第 n 阶谐波模态（$n>0$），首先考虑节点位移中对称项部分，可得相应的应变位移矩阵为

$$\bar{\boldsymbol{B}}_n = \begin{pmatrix} N_{1,r}\cos(n\theta) & 0 & 0 & \cdots \\ N_1\cos(n\theta/r) & nN_1\cos(n\theta/r) & 0 & \cdots \\ 0 & 0 & N_{1,z}\cos(n\theta) & \cdots \\ N_{1,z}\cos(n\theta) & 0 & N_{1,r}\cos(n\theta) & \cdots \\ -nN_1\sin(n\theta/r) & (N_{1,r}-N_1/r)\sin(n\theta) & 0 & \cdots \\ 0 & N_{1,z}\sin(n\theta) & -nN_1\sin(n\theta/r) & \cdots \end{pmatrix} \tag{7.26}$$

从上式中可以发现，三角函数项 $\cos(n\theta)$ 和 $\sin(n\theta)$ 的存在说明，矩阵 $\bar{\boldsymbol{B}}_n$ 与阶数 n 和环向角度 θ 相关。从计算过程的简化来考虑，矩阵 $\bar{\boldsymbol{B}}_n$ 中的 n 和 θ 应该耦合在一起，进而可将其转化为如下两块矩阵，即

$$\overline{\boldsymbol{B}}_n=\begin{pmatrix}\overline{\boldsymbol{A}}_1\\ \overline{\boldsymbol{A}}_2\end{pmatrix},\overline{\boldsymbol{A}}_1=\overline{\boldsymbol{B}}_A\overline{\boldsymbol{B}}_C,\overline{\boldsymbol{A}}_2=\overline{\boldsymbol{B}}_B\overline{\boldsymbol{B}}_D \tag{7.27}$$

式中，

$$\overline{\boldsymbol{B}}_A=\begin{pmatrix}N_{1,r} & 0 & 0 & \cdots\\ N_1/r & N_1/r & 0 & \cdots\\ 0 & 0 & N_{1,z} & \cdots\\ N_{1,z} & 0 & N_{1,r} & \cdots\end{pmatrix},\overline{\boldsymbol{B}}_B=\begin{pmatrix}-N_1/r & N_{1,r}-N_1/r & 0 & \cdots\\ 0 & N_{1,z} & -N_1/r & \cdots\end{pmatrix}$$

$$\overline{\boldsymbol{B}}_D=\boldsymbol{b}\sin(n\theta),\overline{\boldsymbol{B}}_C=\boldsymbol{a}\cos(n\theta) \tag{7.28}$$

$$\boldsymbol{a}=\begin{pmatrix}1 & 0 & 0 & \cdots\\ 0 & n & 0 & \cdots\\ 0 & 0 & 1 & \cdots\\ \vdots & \vdots & \vdots & \ddots\end{pmatrix},\boldsymbol{b}=\begin{pmatrix}n & 0 & 0 & \cdots\\ 0 & 1 & 0 & \cdots\\ 0 & 0 & n & \cdots\\ \vdots & \vdots & \vdots & \ddots\end{pmatrix}$$

同时，对弹性矩阵进行分块如下

$$\boldsymbol{E}=\begin{pmatrix}\boldsymbol{E}_{4\times4} & \boldsymbol{E}_{4\times2}\\ \boldsymbol{E}_{2\times4} & \boldsymbol{E}_{2\times2}\end{pmatrix} \tag{7.29}$$

根据有限单元法的思想，单元刚度矩阵可以表示为

$$\overline{\boldsymbol{K}}_n=\int_{-1}^{-1}\int_{-1}^{1}\int_{-\pi}^{\pi}\overline{\boldsymbol{B}}_n^{\mathrm{T}}\boldsymbol{E}\overline{\boldsymbol{B}}_n r\mathrm{d}\theta\det(\boldsymbol{J})\,\mathrm{d}\xi\mathrm{d}\eta \tag{7.30}$$

式中，

$$\begin{aligned}\overline{\boldsymbol{B}}_n^{\mathrm{T}}\boldsymbol{E}\overline{\boldsymbol{B}}_n&=\begin{pmatrix}\overline{\boldsymbol{B}}_A\overline{\boldsymbol{B}}_C\\ \overline{\boldsymbol{B}}_B\overline{\boldsymbol{B}}_D\end{pmatrix}^{\mathrm{T}}\begin{pmatrix}\boldsymbol{E}_{4\times4} & \boldsymbol{E}_{4\times2}\\ \boldsymbol{E}_{2\times4} & \boldsymbol{E}_{2\times2}\end{pmatrix}\begin{pmatrix}\overline{\boldsymbol{B}}_A\overline{\boldsymbol{B}}_C\\ \overline{\boldsymbol{B}}_B\overline{\boldsymbol{B}}_D\end{pmatrix}\\ &=(\boldsymbol{a}^{\mathrm{T}}\overline{\boldsymbol{B}}_A^{\mathrm{T}}\boldsymbol{E}_{4\times4}\overline{\boldsymbol{B}}_A\boldsymbol{a})\cos^2(n\theta)+(\boldsymbol{b}^{\mathrm{T}}\overline{\boldsymbol{B}}_B^{\mathrm{T}}\boldsymbol{E}_{2\times4}\overline{\boldsymbol{B}}_A b)\sin(n\theta)\cos(n\theta)\\ &\quad+(\boldsymbol{b}^{\mathrm{T}}\overline{\boldsymbol{B}}_A^{\mathrm{T}}\boldsymbol{E}_{4\times2}\overline{\boldsymbol{B}}_B\boldsymbol{b})\sin(n\theta)\cos(n\theta)+(\boldsymbol{b}^{\mathrm{T}}\overline{\boldsymbol{B}}_B^{\mathrm{T}}\boldsymbol{E}_{2\times2}\overline{\boldsymbol{B}}_B b)\sin^2(n\theta)\end{aligned} \tag{7.31}$$

对公式中三角函数项沿着环向积分，式（7.30）可以化简为

$$\overline{\boldsymbol{K}}_n=(\boldsymbol{a}^{\mathrm{T}}\overline{\boldsymbol{h}}_{11}\boldsymbol{a}+\boldsymbol{b}^{\mathrm{T}}\overline{\boldsymbol{h}}_{12}\boldsymbol{b})\times\pi \tag{7.32}$$

式中，

$$\begin{aligned}\overline{\boldsymbol{h}}_{11}&=\int_{-1}^{-1}\int_{-1}^{1}\overline{\boldsymbol{B}}_A^{\mathrm{T}}\boldsymbol{E}_{4\times4}\overline{\boldsymbol{B}}_A r\det(\boldsymbol{J})\,\mathrm{d}\xi\mathrm{d}\eta\\ \overline{\boldsymbol{h}}_{12}&=\int_{-1}^{-1}\int_{-1}^{1}\overline{\boldsymbol{B}}_B^{\mathrm{T}}\boldsymbol{E}_{2\times2}\overline{\boldsymbol{B}}_B r\det(\boldsymbol{J})\,\mathrm{d}\xi\mathrm{d}\eta\end{aligned} \tag{7.33}$$

同理，结合对称性条件可以求得节点位移中反对称部分的刚度矩阵为

$$\overline{\overline{\boldsymbol{K}}}_n=\overline{\boldsymbol{K}}_n,\overline{\overline{\boldsymbol{h}}}_{11}=\overline{\boldsymbol{h}}_{11},\overline{\overline{\boldsymbol{h}}}_{12}=\overline{\boldsymbol{h}}_{12} \tag{7.34}$$

质量矩阵可以表示为

$$\overline{\boldsymbol{M}}_n=\overline{\boldsymbol{m}}_1\times\pi$$
$$\overline{\overline{\boldsymbol{M}}}_n=\overline{\boldsymbol{M}}_n,\overline{\overline{\boldsymbol{m}}}_1=\overline{\boldsymbol{m}}_1 \tag{7.35}$$

式中，$\overline{\boldsymbol{M}}_n$ 和 $\overline{\overline{\boldsymbol{M}}}_n$ 分别为关于 $\theta=0$ 平面对称和反对称位移模态的质量矩阵，

$$\overline{\boldsymbol{m}}_1=\int_{-1}^{-1}\int_{-1}^{-1}\boldsymbol{N}^{\mathrm{T}}\rho\boldsymbol{N}r\mathrm{d}\xi\mathrm{d}\eta \tag{7.36}$$

然而，对于轴对称位移模态（$n=0$，即纵向和扭转波模态），$\cos(n\theta)$ 和 $\sin(n\theta)$ 分别等于 1 和 0。

进而，结合式（7.21）可得节点位移分量和相应的应变—位移矩阵

$$\begin{Bmatrix}u\\v\\w\end{Bmatrix}=\begin{Bmatrix}\overline{u}_0\\-\overline{\overline{v}}_0\\\overline{w}_0\end{Bmatrix},\boldsymbol{B}_0=\begin{pmatrix}\boldsymbol{A}_{01}\\\boldsymbol{A}_{02}\end{pmatrix} \tag{7.37}$$

式中，

$$\boldsymbol{A}_{01}=\begin{pmatrix}N_{1,r}&0&0&\cdots\\N_1/r&0&0&\cdots\\0&0&N_{1,z}&\cdots\\N_{1,z}&0&N_{1,r}&\cdots\end{pmatrix},\boldsymbol{A}_{02}=\begin{pmatrix}0&-(N_{1,r}-N_1/r)&0&\cdots\\0&-N_{1,z}&0&\cdots\end{pmatrix} \tag{7.38}$$

通过观察式（7.27），可轻易发现 $\boldsymbol{A}_{01}=\overline{\boldsymbol{B}}_A\boldsymbol{a}$，$\boldsymbol{A}_{02}=\overline{\boldsymbol{B}}_B\boldsymbol{b}$，故轴对称模态的刚度矩阵求解可得

$$\boldsymbol{K}_0=(\boldsymbol{a}^{\mathrm{T}}\overline{\boldsymbol{h}}_{11}\boldsymbol{a}+\boldsymbol{b}^{\mathrm{T}}\overline{\boldsymbol{h}}_{12}\boldsymbol{b})\times2\pi,(n=0) \tag{7.39}$$

观察式（7.32）和式（7.34），可知矩阵 $\boldsymbol{K}_0$ 是 $\overline{\overline{\boldsymbol{K}}}_n$ 或 $\overline{\boldsymbol{K}}_n$ 的 2 倍。除此之外，由式（7.35）和式（7.37）可得轴对称模态的质量矩阵为

$$\boldsymbol{M}_0=\overline{\boldsymbol{m}}_1\times2\pi,(n=0) \tag{7.40}$$

同理，观察式（7.35）和式（7.40），可知矩阵 $\boldsymbol{M}_0$ 是 $\overline{\overline{\boldsymbol{M}}}_n$ 或 $\overline{\boldsymbol{M}}_n$ 的 2 倍。根据三角级数的特性，得到轴对称圆管的频散方程

$$(\boldsymbol{K}_0-\omega^2\boldsymbol{M}_0)\{\boldsymbol{u}_0\}=0,\text{若 } n=0$$
$$\left[\begin{pmatrix}\overline{\boldsymbol{K}}_n&0\\0&\overline{\overline{\boldsymbol{K}}}_n\end{pmatrix}-\omega^2\begin{pmatrix}\overline{\boldsymbol{M}}_n&0\\0&\overline{\overline{\boldsymbol{M}}}_n\end{pmatrix}\right]\begin{Bmatrix}\overline{\boldsymbol{u}}_n\\\overline{\overline{\boldsymbol{u}}}_n\end{Bmatrix}=0,\text{若 } n>0 \tag{7.41}$$

结合式（7.34）、式（7.35）、式（7.39）及式（7.40），式（7.41）可以调整为

$$(\boldsymbol{K}_n-\omega^2\boldsymbol{M}_n)\{\boldsymbol{u}_n\}=\boldsymbol{0},(\boldsymbol{u}_n=\boldsymbol{u}_0,\overline{\boldsymbol{u}}_n\text{ 或 }\overline{\overline{\boldsymbol{u}}}_n) \tag{7.42}$$

式（7.42）是描述圆管中弹性波传播的广义离散波动方程。对动力刚度矩阵 $\boldsymbol{D}_n=\boldsymbol{K}_n-\omega^2\boldsymbol{M}_n$ 进行分块和缩聚，即可得到第 n 阶谐波模态在周期子结构中传播的平衡方程

$$\begin{pmatrix} \overline{\boldsymbol{D}}_{LL} & \overline{\boldsymbol{D}}_{LR} \\ \overline{\boldsymbol{D}}_{RL} & \overline{\boldsymbol{D}}_{RR} \end{pmatrix}_n \begin{Bmatrix} \boldsymbol{u}_L \\ \boldsymbol{u}_R \end{Bmatrix}_n = \begin{Bmatrix} \boldsymbol{f}_L \\ \boldsymbol{f}_R \end{Bmatrix}_n \tag{7.43}$$

式中，$\boldsymbol{u}_L$、$\boldsymbol{u}_R$、$\boldsymbol{f}_L$、$\boldsymbol{f}_R$ 分别为周期性子结构左右边界上节点的位移矢量和节点力矢量。

$$\begin{aligned} &\overline{\boldsymbol{D}}_{LL}=\boldsymbol{D}_{LL}-\boldsymbol{D}_{LI}\boldsymbol{D}_{II}^{-1}\boldsymbol{D}_{IL},\overline{\boldsymbol{D}}_{LR}=\boldsymbol{D}_{LR}-\boldsymbol{D}_{LI}\boldsymbol{D}_{II}^{-1}\boldsymbol{D}_{IR} \\ &\overline{\boldsymbol{D}}_{RL}=\boldsymbol{D}_{RL}-\boldsymbol{D}_{RI}\boldsymbol{D}_{II}^{-1}\boldsymbol{D}_{IL},\overline{\boldsymbol{D}}_{RR}=\boldsymbol{D}_{RR}-\boldsymbol{D}_{RI}\boldsymbol{D}_{II}^{-1}\boldsymbol{D}_{IR} \end{aligned} \tag{7.44}$$

式中，$\boldsymbol{D}_{II}$、$\boldsymbol{D}_{IR}$、$\boldsymbol{D}_{RL}$、$\boldsymbol{D}_{RI}$、$\boldsymbol{D}_{RR}$、$\boldsymbol{D}_{LI}$、$\boldsymbol{D}_{IL}$、$\boldsymbol{D}_{LR}$ 为动力刚度矩阵 $\boldsymbol{D}_n$ 的分块矩阵。

假设弹性波沿着结构轴向的传播常数为 $\lambda=e^{-ikL}$（k 和 L 分别为沿着波传播方向上的波数和子结构长度），可知子结构左右截面上的节点位移和节点力之间的关系为

$$\boldsymbol{u}_{Rn}=\lambda\boldsymbol{u}_{Ln},\boldsymbol{f}_{Rn}=-\lambda\boldsymbol{f}_{Ln} \tag{7.45}$$

式中，$\boldsymbol{u}_{Ln}$、$\boldsymbol{u}_{Rn}$ 分别为第 n 阶模态传播方向上子结构左右两截面上的节点位移；$\boldsymbol{f}_{Ln}$、$\boldsymbol{f}_{Rn}$ 分别为子结构左右两截面上节点力矢量。将式（7.45）代入式（7.43）可得到第 n 阶传播波模态关于 λ 的特征值方程

$$\boldsymbol{S}_n\begin{pmatrix} \boldsymbol{u}_L \\ \boldsymbol{f}_L \end{pmatrix}_n=\lambda\begin{pmatrix} \boldsymbol{u}_L \\ \boldsymbol{f}_L \end{pmatrix}_n \tag{7.46}$$

其中，

$$\boldsymbol{S}_n=\begin{pmatrix} -\overline{\boldsymbol{D}}_{LR}^{-1}\overline{\boldsymbol{D}}_{LL} & -\overline{\boldsymbol{D}}_{LR}^{-1} \\ \overline{\boldsymbol{D}}_{RL}-\overline{\boldsymbol{D}}_{RR}\overline{\boldsymbol{D}}_{LR}^{-1}\boldsymbol{D}_{LL} & -\overline{\boldsymbol{D}}_{RR}\overline{\boldsymbol{D}}_{LR}^{-1} \end{pmatrix}_n$$

该矩阵是弹性波在子结构左右截面之间传播的转换矩阵。式（7.46）是转换矩阵 $\boldsymbol{S}_n$ 的特征值方程，特征值（λ_i 和 $1/\lambda_i$）是成对出现的且互为倒数关系（$i=1$，…，nd，其中 nd 是截面上节点自由度数量）。λ_i 和 $1/\lambda_i$ 分别表示正向和反向波模态的传播常数，与其相对应的特征矢量描述波传播时波结构的特性

$$\begin{aligned} &\varphi_{in}=\begin{Bmatrix} \varphi_i^u \\ \varphi_i^f \end{Bmatrix}_n \\ &\varphi_{in}^f=(\overline{\boldsymbol{D}}_{LL}+\lambda\overline{\boldsymbol{D}}_{LR})_n\varphi_{in}^u \end{aligned} \tag{7.47}$$

式中，φ_i^u 为节点位移矢量，φ_i^f 为节点内力矢量。

正向传播波可以根据以下公式来定义：

$$\begin{aligned} &|\lambda_i|\leqslant 1 \\ &\mathrm{Re}\{\boldsymbol{f}_L^T\dot{\boldsymbol{u}}_L\}_n=\mathrm{Re}\{i\omega\boldsymbol{f}_L^T\boldsymbol{u}_L\}_n<0 \quad 若|\lambda_i^+|=1 \end{aligned} \tag{7.48}$$

式中，$\boldsymbol{f}_L^T$ 为结构左边界节点力矢量的转置。

根据上式可知，当特征值绝的对值小于 1 时正向传播的弹性波的幅值是递减的，而当特征值的绝对值为 1 时，弹性波传播的幅值不变，即正向单位时间内能量的传播功率不变。

一般来说，根据修改的 WFE 法构建的波动方程，圆管内所有模态（包括纵向、扭转及弯曲波模态）的频散特性都可以求出；同时，仔细观察式（7.41）可知无论 n 为何值，只需要对称情况下的离散波动方程就可求解不同的传播波模态。类似地，圆管中的热弹性波传播方程的离散形式也可以从对称情况求出，且将在后文中提到。

7.4 各向同性热弹性圆管的波动特性

首先考虑弹性和热弹性圆管中的基本模态（$n=0$，1）的频散特性。为不失其一般性，厚度 h 和时间 h/c_s（c_s 是剪切速度）作为基本量对各变量进行无量纲化，可得到无量纲频率、波数和子结构的长度分别为 $\omega h/c_s$、$\omega h/c_s$ 和 L/h。本工作中波导结构径向采用一个高阶单元进行分析计算。

7.4.1 圆管中弹性导波的传播特性

对上述热弹性波动方程（7.17）进行有效的简化很有必要，假定温度不变，可得到式（7.42），即关于弹性圆管的波动方程。因此，首先考虑弹性圆管内的导波传播特性，再对高阶谱单元的精度进行分析。材料为铜，材料属性为：弹性常数 $c_{11}=166\text{GPa}$、$c_{12}=82\text{GPa}$、$c_{13}=82\text{GPa}$、$c_{33}=166\text{GPa}$、$c_{44}=42\text{GPa}$；密度 $\rho=8.96\times10^3\text{kg/m}^3$；热传导系数 $\beta=3.3\times10^3\text{N/(m}^2\text{K)}$；材料比热容 $C_E=9.1\times10^{-2}\text{J/(kgK)}$ 和参考温度 $T_0=4.2\text{K}$。

表 7.1 中给出了当 $T_0=4.2\text{K}$ 和 $\Omega=\omega h/c_s=1$ 时高阶谱单元阶数的变化对导波模态频散特性的影响及计算成本，这里只考虑三条基本模态。通过结构轴对称特性及傅里叶级数扩展可以将三维计算模型转化为二维模型，可知在计算过程中只需要关注单元径向和轴向的插值函数的阶数即可。从表 7.1 中可以看出不同阶数的谱单元计算所得到的结果和经典频散分析软件的结果相差无几（误差低于 0.065%）；然而随着单元阶数的增加，计算模型的自由度数也随之增加。

由表中可以看出，当单元两个方向上插值函数的阶数不同时，例如 3×6 或 3×7，模型自由度分别为 28 和 32，两种情况下的计算结果精度也非常高（误差低于 0.025%）。从计算效率的角度考虑，选择 3×7 这种情况作为后面求解弹性波和热弹性波问题中模型单元的阶数。

表 7.1 当 $L/h=1$ 和 $\Omega=1$ 时不同阶数下谱单元求解得到的无量纲波数

单元阶数	$L(0,1)$	$T(0,1)$	$F(1,1)$	节点数	计算时间/s
3×3	0.740835	1.000002	1.327392	16	0.000150

（续）

单元阶数	$L(0,1)$	$T(0,1)$	$F(1,1)$	节点数	计算时间/s
4×4	0.740951	1.000000	1.328287	25	0.000225
5×5	0.740956	1.000000	1.328308	36	0.000349
6×6	0.740957	1.000000	1.328309	49	0.000430
7×7	0.740957	1.000000	1.328309	64	0.000523
8×8	0.740957	1.000000	1.328309	81	0.000711
3×6	0.740838	1.000000	1.327435	28	0.000149
6×3	0.740955	1.000002	1.328269	28	0.000466
3×7	0.740838	1.000000	1.327435	32	0.000142
7×3	0.740955	1.000002	1.328268	32	0.000567
分散	0.741022	1.000000	1.327448	—	—

表7.2列出了波有限单元法中涉及的沿着弹性波传播方向上子结构长度的选取对计算结果的影响。Legendre高阶谱单元的阶数选择为3×7，不同长度的子结构对特定频率下波数的计算结果影响微乎其微，然而却对求解频率范围起着决定作用，如图7.3所示。图中描述了子结构的长度和计算得到的最大频率之间的关系曲线，随着厚度的增加，最大频率却不断减小，反之最大频率则不断增大，这种现象很明显符合采用有限元方法求解波动问题中的网格划分准则。

表7.2　子结构长度取不同值时求解得到的无量纲波数和最大求解频率

单元阶数	L/h	$L(0,1)$	$T(0,1)$	$F(1,1)$	最大求解频率
3×7	2	0.740838	1.000000	1.327435	1.210000
3×7	1	0.740838	1.000000	1.327435	2.650000
3×7	0.5	0.740838	1.000000	1.327435	5.830000
3×7	0.1	0.740838	1.000000	1.327435	31.200000
3×7	0.05	0.740838	1.000000	1.327435	62.800000
3×7	0.01	0.740838	1.000000	1.327435	314.200000
分散	—	0.741022	1.000000	1.327448	—

图7.4中给出了分别采用WFE法和软件Disperse求解得到的弹性圆管中弹性导波的频散曲线。分析可知，两种方法计算得到的频谱曲线和相速度曲线是相互一致的。由此可知，采用特定阶数的Legendre谱单元的WFE法很适合求解弹性导波的传播特性，且计算结果是可信和可靠的。

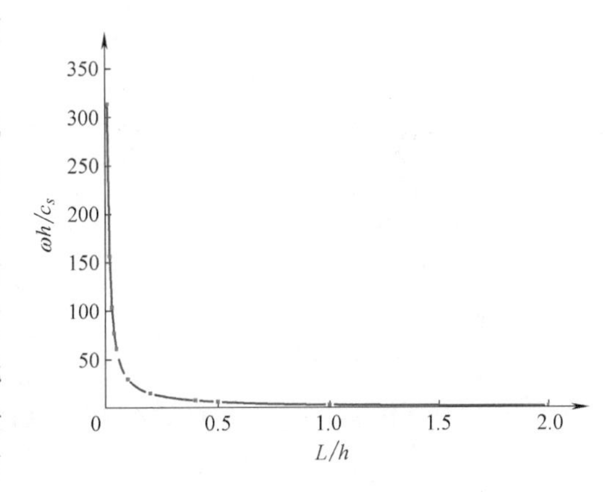

图7.3　不同子结构长度求得的最大频率

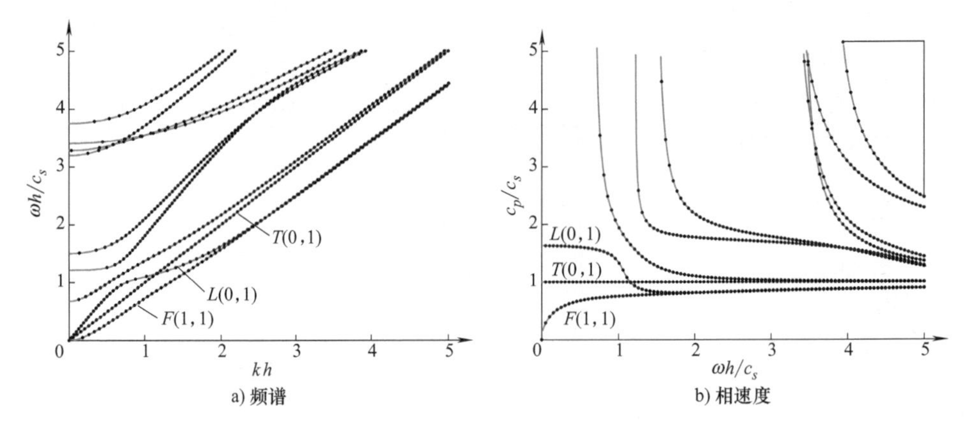

图 7.4　弹性圆管的频散特性计算结果和软件 Disperse 对比（散点：WFE，实线：Disperse）

7.4.2　圆管中热弹性导波的传播特性

本节考虑了无能量损耗的弹性圆管中热弹性导波的传播问题，材料属性和上述一致，在广义热弹性理论（G-N 理论）中材料常数特征值为 k^*，温度波的传播速度为

$$c_T = \sqrt{\frac{k^*}{\rho C_E}} \tag{7.49}$$

温度波波速是一个有限的数值，而非固体热传导经典理论中的无限值。图 7.5、图 7.6 和图 7.7 表示温度波波速 C_T 变化时（$k^* = C_E c_{44}/4$、$C_E c_{44}$ 和 $9C_E c_{44}$）弹性圆管中热弹性导波的频散属性。同时，在不同情况下求解得到的热弹性导波频散特性也与圆管中的弹性导波进行了比较，实线代表弹性导波的频散特性曲线，虚线表示 WFE 法求得的热弹性导波的频散特性曲线，无量纲频率范围为 [0, 5]。从这些图中可以明显观察到，大部分热弹性导波模态的频散曲线类似于弹性圆管中导波的传播特性，这些热弹性导波模态中的热弹性效应很弱，但是相对于弹性导波却出现了新的传播波模态——温度波模态，已经在图中标出。同时，观察发现这些新模态也具有频散特性，都具有截止频率且每条曲线都逐渐相互靠近并聚合成一条扭转形式的热弹性导波模态（频散曲线呈一条直线）。

从图 7.5b、图 7.6b 和图 7.7b 中，可以发现随着热弹性材料常数 k^* 的变化，扭转形式的热弹性导波模态的斜率是正比于 C_T/C_S 的值。事实上，k^* 的值代表不同的含义，第一个值表示弹性导波的传播要快于温度波的传播；第二个值表示温度波和弹性波的传播速度是一致的；第三个值表示温度波的传播比弹性波的传播快。此外，随着热弹性材料常数 k^* 的增大，新模态的数量在减少，且各模态的截止频率也变得越来越大。由此可见，热弹性材料常数的取值对新型热弹性导波模态的产生和传播影响非常大，而对于其他热弹性导波模态（类似于弹性圆管中的导波模态）的影响几乎没影响，因此在工程应用中，用于无损检测过程的导波模态应该选择对热弹性材料常数的取值不敏感的热弹性导波模态。

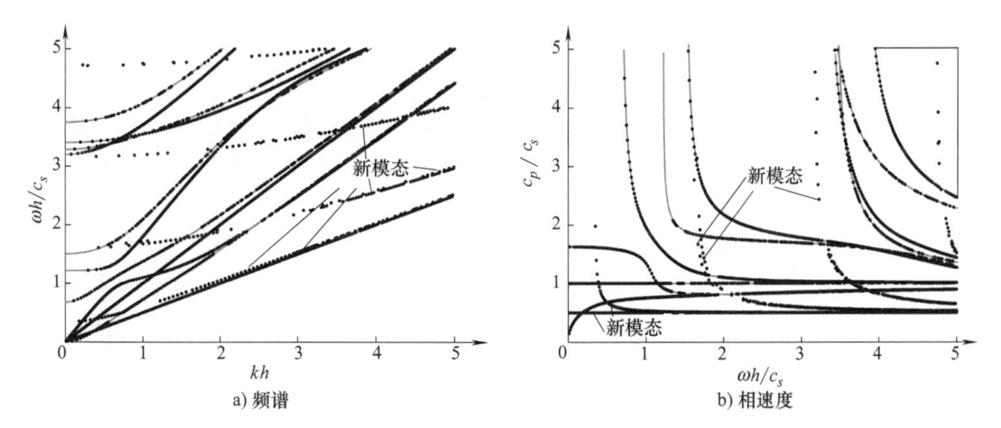

图 7.5　当 $k^{*}=C_{E}c_{44}/4$ 热弹性圆管频散属性计算结果和软件 Disperse 对比

（散点：WFE，实线：Disperse）

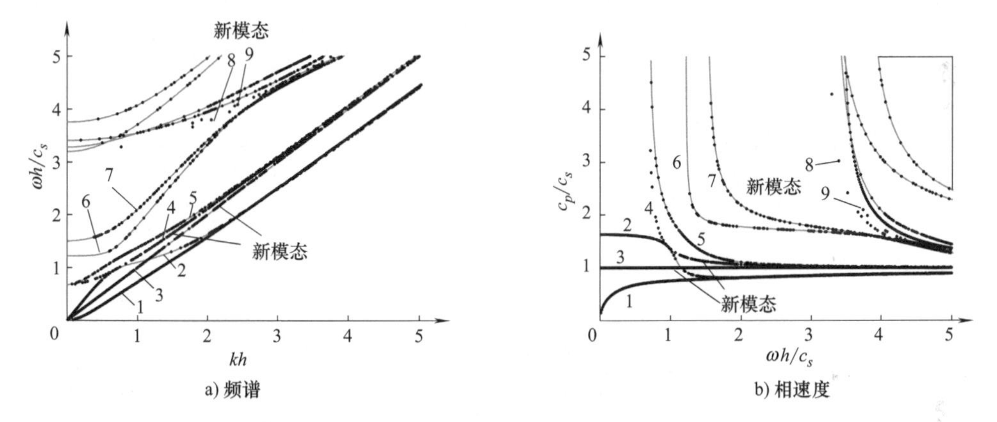

图 7.6　当 $k^{*}=C_{E}c_{44}$ 热弹性圆管频散属性计算结果和软件 Disperse 对比

（散点：WFE，实线：Disperse）

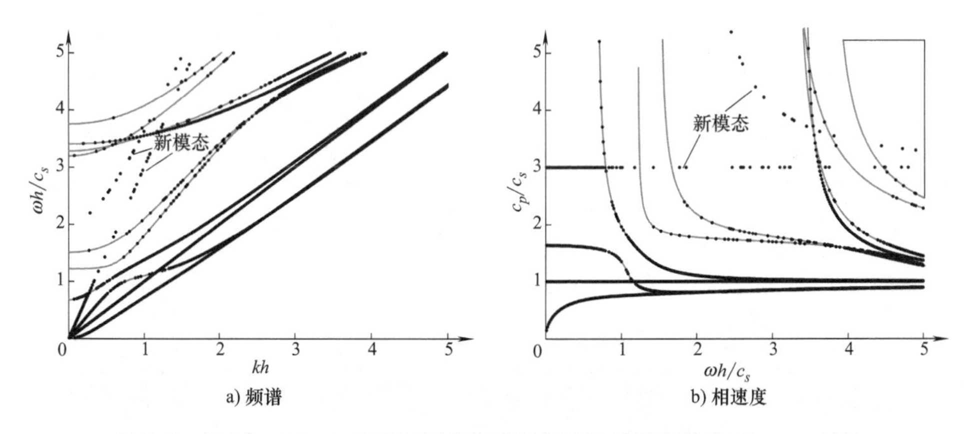

图 7.7　当 $k^{*}=9C_{E}c_{44}$ 热弹性圆管频散属性计算结果和软件 Disperse 对比

（散点：WFE，实线：Disperse）

7.4.3 波结构分析

为了更加充分了解热弹性导波模态的传播特性，这里分析了不同导波模态的波结构，热弹性材料常数。图 7.6 中已经标出部分热弹性导波模态，根据前面的描述可以知道曲线 3 是两条模态的叠加，将其标记为模态 3-1 和模态 3-2。在无量纲频率处，热弹性导波模态 1、2、3-1、3-2 和 4 的节点位移分布和节点处的温度分布如图 7.8 和 7.9 所示。从图 7.8d 和图 7.9d 中可以识别出模态 3-2 是一条新的热弹性导波模态，其对应的节点处的温度分布比模态 3-1 要明显，数量级大，而节点位移的分布却小于模态 3-1，因此，模态 3-1 类似于弹性导波模态。此外，根据图 7.6，模态 4 也是一条新的热弹性导波模态，通过观察图 7.8e 和图 7.9e，可以清楚地发现模态 4 也是一条纵向拉伸或者压缩形式的导波模态。此外，温度的变化对其他两种热弹性导波模态没有太大影响。

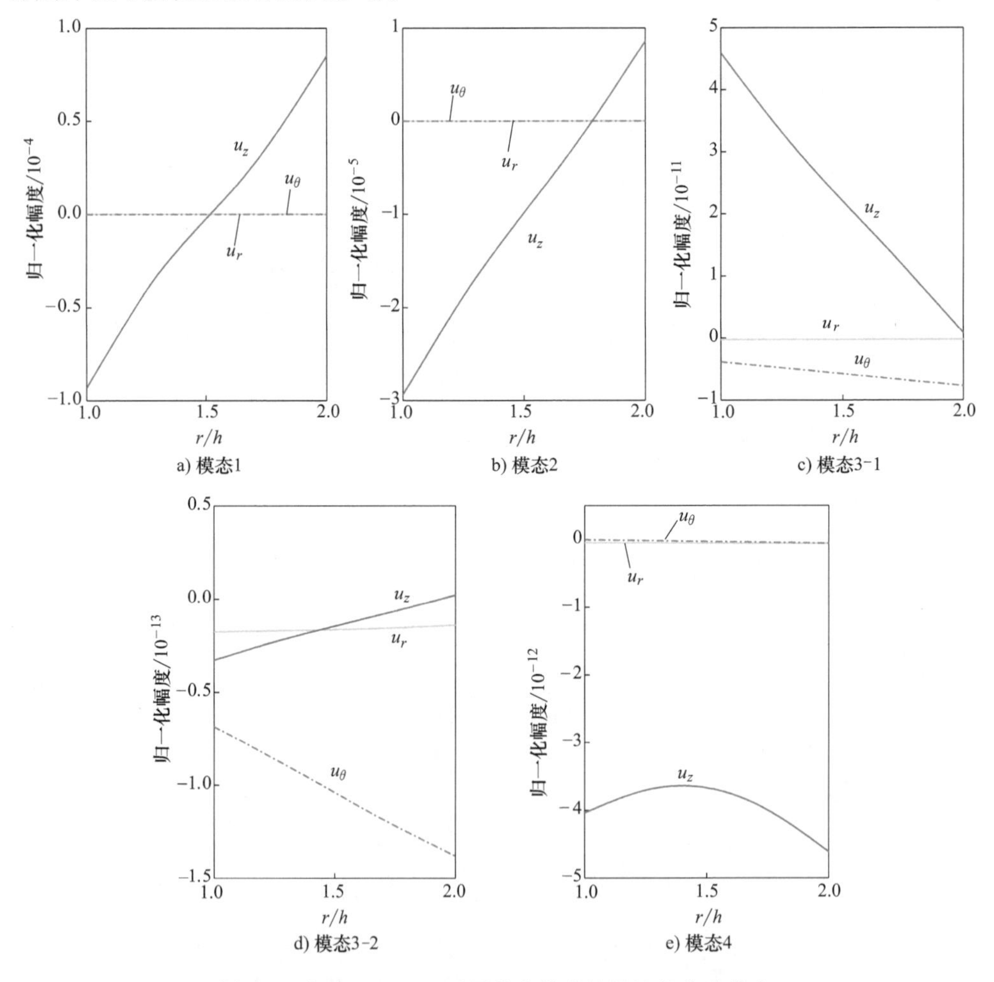

图 7.8 频率 Ω= 1.25 时圆管内热弹性导波的位移分布

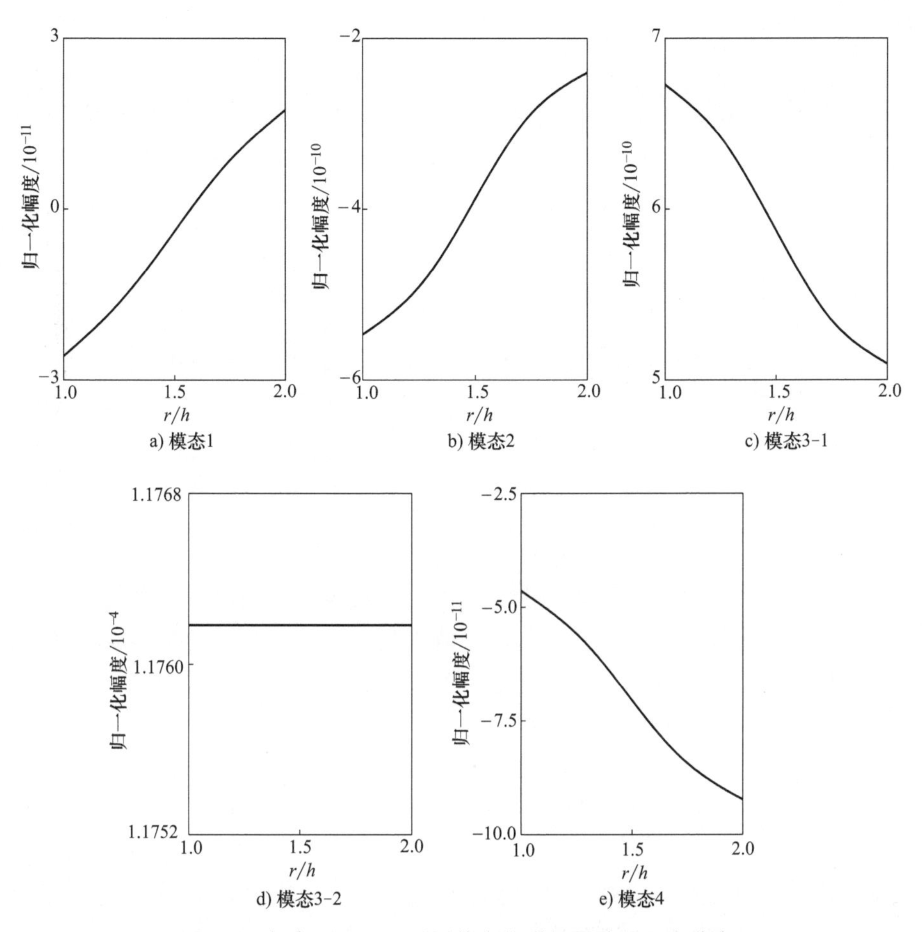

图 7.9　频率 Ω= 1.25 时圆管内热弹性导波的温度分布

第 8 章

8

周期结构中的弹性导波

8.1 引言

材料的发展推动着人类社会的进步，人们对材料的宏微观性能研究与理解逐渐加深，造就了诸多领域的飞速发展。随着科学技术的更深层次发展，新型材料设计理念逐渐推陈出新，尤其是人工周期结构的设计，通过对微结构关键参数的调节与拓扑设计，使周期结构具备了自然界中并不存在的超常力学、声学等性能的多功能复合材料。这些周期结构常见于航空航天、船舶车辆、通信等工程领域，如梁板类结构、格栅结构、折纸结构、声子晶体等，在减振降噪、弹性波调控等方面发挥着重要作用。

本章基于一阶剪切变形板理论和 Bloch 定理，结合高阶 Legendre 多项式，提出了适用于周期结构波动特性求解的半解析周期谱元法（Per-SFE），研究了石墨烯—纤维增强复合材料声子晶体板的频散特性和带隙特性，揭示了石墨烯薄片含量、分布形式、尺寸参数及玻璃纤维的分布形式等关键参数对弹性波的传播、衰减及带隙等特性的影响规律。

8.2 周期边界条件

对于一维周期波导问题，周期结构边界条件的描述如图 8.1 所示，在对周期结构进行研究时，可以取其重复性的子结构作为研究对象，图 8.1 中 Γ_L、Γ_R、Γ_{Ext} 分别为子结构左边界、右边界和外边界，L 为子结构长度，即晶格长度。当弹性波在结构中传播时，其子结构左右截面上的边界条件满足

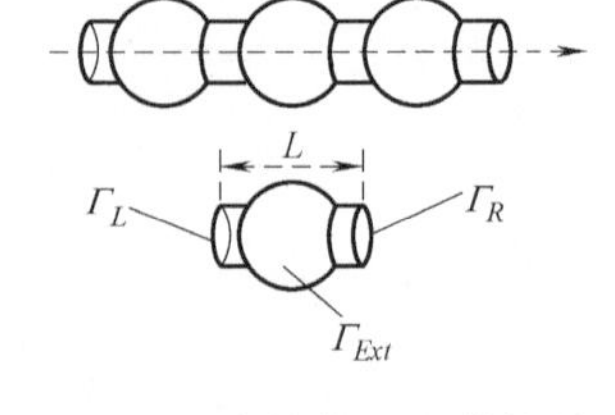

图 8.1　周期结构和子结构单元

外边界 Γ_{Ext}

$$\overline{\boldsymbol{\sigma}} \cdot \overline{\boldsymbol{n}} = 0 \text{或} \overline{\boldsymbol{u}} = 0 \tag{8.1}$$

左右边界 Γ_L 和 Γ_R

$$\begin{aligned} \overline{\boldsymbol{\sigma}} \cdot \overline{\boldsymbol{n}} \big|_{\Gamma_R} &= -\lambda \overline{\boldsymbol{\sigma}} \cdot \overline{\boldsymbol{n}} \big|_{\Gamma_L} \\ \overline{\boldsymbol{u}} \big|_{\Gamma_R} &= \lambda \overline{\boldsymbol{u}} \big|_{\Gamma_L} \end{aligned} \tag{8.2}$$

式中，$\overline{\boldsymbol{\sigma}}$ 为应力张量；$\overline{\boldsymbol{u}}$ 为位移矢量；$\overline{\boldsymbol{n}}$ 为外边界上法向单位向量，$\lambda = \mathrm{e}^{-ikL}$ 是根据 Bloch 原理定义的针对周期结构中弹性波传播的比例系数，即当导波在无限长周期结构中传播，外表面不受外力作用时，子结构节点的位移与相邻子结构节点位移的比值。

加速度 $\overline{\boldsymbol{a}}$ 和位移 $\overline{\boldsymbol{u}}$ 之间的关系

$$\overline{\boldsymbol{a}} \big|_{\Gamma_L} = \frac{\partial^2 \overline{\boldsymbol{u}} \big|_{\Gamma_L}}{\partial t^2}, \overline{\boldsymbol{a}} \big|_{\Gamma_R} = \frac{\partial^2 \overline{\boldsymbol{u}} \big|_{\Gamma_R}}{\partial t^2} \tag{8.3}$$

由此可知，左右边界上加速度之间的关系

$$\overline{\boldsymbol{a}} \big|_{\Gamma_R} = -\lambda \overline{\boldsymbol{a}} \big|_{\Gamma_L} = -\mathrm{e}^{ikL} \overline{\boldsymbol{a}} \big|_{\Gamma_L} \tag{8.4}$$

对于二维周期波导问题，在有限元模型中，周期子结构模型节点位移如图 8.2 所示，图中沿逆时针方向边界节点位移和内部节点位移组合成子结构的结点位移矢量，即

$$\boldsymbol{u}_e = (v_l \quad v_1 \quad v_b \quad v_2 \quad v_r \quad v_3 \quad v_t \quad v_4 \quad v_i)^{\mathrm{T}} \tag{8.5}$$

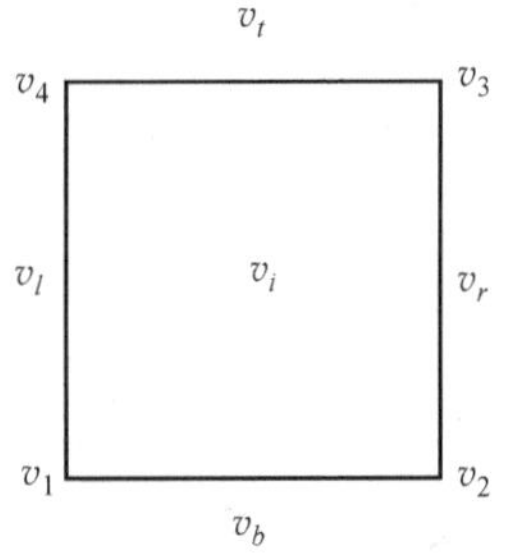

v_t v_4 v_3 v_l v_i v_r v_1 v_2 v_b

图 8.2　子结构模型节点位移

根据 Bloch 定理，弹性波在结构中传播时，周期子结构上、下、左、右边界节点位移之间满足一定的比例关系，结点位移矢量与左、下边界及内部节点位移矢量之间的关系满足如下关系

$$\boldsymbol{u}_e = H \hat{\boldsymbol{u}}_e \tag{8.6}$$

其中，位移矢量为

$$\boldsymbol{H}(k_x, k_y) = \begin{pmatrix} \boldsymbol{E}_{eny} & 0 & 0 & 0 \\ 0 & 1 & 0 & 0 \\ 0 & 0 & \boldsymbol{E}_{enx} & 0 \\ 0 & \lambda_x & 0 & 0 \\ \lambda_x \boldsymbol{E}_{eny} & 0 & 0 & 0 \\ 0 & \lambda_x \lambda_y & 0 & 0 \\ 0 & 0 & \lambda_y \boldsymbol{E}_{enx} & 0 \\ 0 & \lambda_x & 0 & 0 \\ 0 & 0 & 0 & \boldsymbol{E}_{enxy} \end{pmatrix} \tag{8.7}$$

式中，$enx = (n_x - 2) \times 3$；$eny = (ny - 2) \times 3$；$enxy = (n_x - 2)(n_y - 2) \times 3$；$\lambda_x = \mathrm{e}^{ik_x l_1}$；$\lambda_y =$

$e^{ik_y l_2}$；E_{eny} 和 E_{enx} 为单元矩阵；n_x 和 n_y 为子结构下边界和左边界上的节点数；l_1 和 l_2 分别为二维周期结构在两个方向上的晶格长度，可根据周期结构是一维还是二维结构来确定 l_1 和 l_2 的取值。

8.3 复合声子晶体板的波动特性

8.3.1 多尺度力学模型

如图 8.3 所示，本章所考虑的石墨烯—纤维增强复合材料声子晶体板由板 A 和板 B 两部分组成，板 A 是为三相复合材料层合结构，层数为 N，基底材料为环氧树脂，增强材料为石墨烯及玻璃纤维，沿着波动方向的结构长度为 a_1，三相复合材料结构每一层的材料属性受到基体材料参数、石墨烯含量、石墨烯分布形式（UD、FG-X、FG-V）、纤维增强材料的体积分数及纤维方向等决定；板 B 的材料为高聚物聚二甲基硅氧烷（PDMS），沿着波动方向的结构长度为 a_2。石墨烯—纤维增强复合材料声子晶体板各组分的材料属性见表 8.1。声子晶体晶格长度为 $l=a_1+a_2$，声子晶体板的厚度为 h，宽度为 b。在制备过程中，石墨烯增强材料和环氧树脂首先组成纳米增强高聚物复合材料，石墨烯薄片按照一定的规律分布于环氧树脂中，纳米增强复合材料的材料属性采用 Halpin-Tsai 微力学模型和混合率来预测和评估，并已经广泛应用于石墨烯增强材料结构的力学响应分析中。其次，根据文献所述的微力学模型，将前述石墨烯增强材料作为基体，进一步求得三相纤维增强环氧树脂复合材料的材料属性。下面具体介绍该三相复合材料材料属性的计算过程。

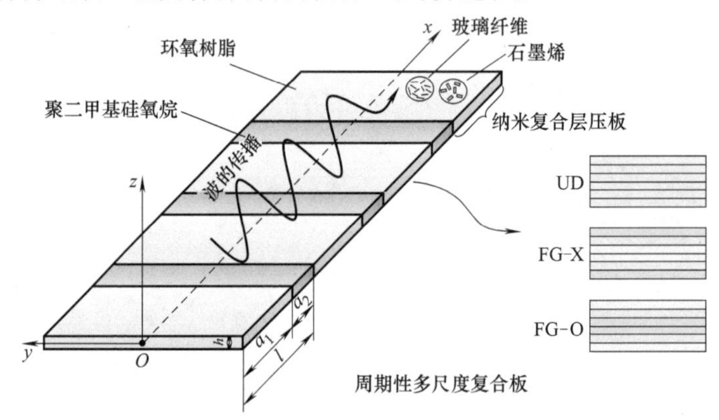

图 8.3　纤维增强复合材料声子晶体板

表 8.1　石墨烯 GPLs、环氧树脂 Epoxy、纤维 fibres 和聚二甲基硅氧烷 PDMS 的材料属性

材料	E_1/GPa	E_2/GPa	G_{12}/GPa	ν_{12}	ρ/(kg/m^3)
GPLs	1010	1010	425.801	0.186	1060
Epoxy	3	3	1.119	0.34	1200

（续）

材料	E_1/GPa	E_2/GPa	G_{12}/GPa	ν_{12}	ρ/(kg/m^3)
Glass(玻璃)fibers	72.4	72.4	30.167	0.20	2400
Carbon(碳)fibers	263	19	27.6	0.20	1750
PDMS	0.868×10^{-3}	0.868×10^{-3}	0.3×10^{-3}	0.4	952

根据修正的 Halpin-Tsai 微力学模型，石墨烯增强环氧树脂基体材料的弹性模量可描述为

$$E_{GM}^{n}=\frac{3}{8}\frac{1+\xi_L\eta_L V_{GPL}^{n}}{1-\eta_L V_{GPL}^{n}}E_M+\frac{5}{8}\frac{1+\xi_T\eta_T V_{GPL}^{n}}{1-\eta_T V_{GPL}^{n}}E_M \tag{8.8}$$

和

$$\eta_L=\frac{\dfrac{E_G}{E_M}-1}{\dfrac{E_G}{E_M}+\xi_L},\eta_T=\frac{\dfrac{E_G}{E_M}-1}{\dfrac{E_G}{E_M}+\xi_T}$$

式中，E_{GM}^{n}；E_G和E_M 为每层纳米板的基体、石墨烯和环氧树脂的杨氏模量；V_{GPL}^{n} 为第 $n(n=1, 2, \cdots, N_L)$ 层中石墨烯的体积，ξ_L 与 ξ_T 为石墨烯薄片的尺寸参数。第 n 层的石墨烯体积分数可表示为

$$V_{GPL}^{n}=\begin{cases}V_{GPL}^{*} & \text{UD}\\ 2V_{GPL}^{*}(|2n-N_L-1|/N_L) & \text{FG-X}\\ 2V_{GPL}^{*}(1-|2n-N_L-1|/N_L) & \text{FG-O}\end{cases} \tag{8.9}$$

式中，n 为第 n 层石墨烯。

层合纳米复合结构中石墨烯体积分数 V_{GPL}^{*} 可以由质量分数 w_{GPL} 计算得到

$$V_{GPL}^{*}=\frac{w_{GPL}}{w_{GPL}+(\rho_{GPL}/\rho_m)(1-w_{GPL})} \tag{8.10}$$

式中，N_L 为层合结构的层数；ρ_{GPL} 和 ρ_m 分别为石墨烯和环氧树脂基的密度。石墨烯增强纳米复合基体第 n 层材料等效泊松比为 ν_{GM}^{n}，剪切模量为 G_{GM}^{m} 和等效密度为 ρ_{GM}^{n}

$$\nu_{GM}^{n}=\nu_{GPL}V_{GPL}^{n}+\nu_M(1-\nu_{GPL}^{n}) \tag{8.11}$$

$$G_{GM}^{n}=\frac{E_{GM}^{n}}{2(1+\nu_{GM}^{n})} \tag{8.12}$$

$$\rho_{GM}^{n}=\rho_{GPL}V_{GPL}^{n}+\rho_M(1-V_{GPL}^{n}) \tag{8.13}$$

式中，ν_{GPL} 和 ρ_{GPL} 分别为石墨烯的泊松比和密度；E_{GM}^{n} 为纳米复合材料基体的弹性模量；ν_M 和 ρ_M 为环氧树脂基的泊松比和密度。

上述公式说明了层合结构 PA 的纳米复合基体的构造方式，即石墨烯增强环氧树脂复合材料。该石墨烯增强环氧树脂复合材料的可看作纤维增强复合材料的基体，可知纤维—石墨烯增强复合材料层合结构的每一层的等效材料属性可以表示为

$$E_1^n = E_{F1}^n V_F + E_{GM}^n (1 - V_F^n) \tag{8.14}$$

$$E_2^n = E_{GM}^n \left(\frac{E_{F2}^n + E_{GM}^n + (E_{F2}^n - E_{GM}^n) V_F^n}{E_{F2}^n + E_{GM}^n + (E_{F2}^n - E_{GM}^n) V_F^n} \right) \tag{8.15}$$

$$G_{12}^n = G_{13}^n = E_{GM}^n \left(\frac{G_{F2}^n + G_{GM}^n + (G_{F2}^n - G_{GM}^n) V_F^n}{G_{F2}^n + G_{GM}^n + (G_{F2}^n - G_{GM}^n) V_F^n} \right) \tag{8.16}$$

$$G_{23}^n = \frac{E_2^n}{2(1 + \nu_{23}^n)} \tag{8.17}$$

$$\nu_{12}^n = \nu_{F12}^n V_F^n + \nu_{GM}^n (1 - V_F^n) \tag{8.18}$$

$$\nu_{23}^n = \nu_{F12}^n V_F + \nu_{GM}^n (1 - V_F^n) \left(\frac{1 + \nu_{GM}^n - \nu_{12}^n E_{GM}^n / E_{11}^n}{1 - {\nu_{GM}^n}^2 + \nu_{12}^n \nu_{GM}^n E_{GM}^n / E_{11}^n} \right) \tag{8.19}$$

$$\rho^n = \rho_F^n V_F^n + \rho_{GM}^n (1 - V_F^n) \tag{8.20}$$

式中，下标 F 与 GM 分别为纤维和石墨烯增强复合材料基体；V_F^n 与 ρ_F^n 为第 n 层复合材料的纤维提及含量和密度。

8.3.2 材料本构关系

采用一节剪切变形板理论描述周期多尺度复合材料板的运动关系，基于复合材料板的中性面，周期多尺度复合材料板内任一点的平移位移为 $u_0(x,y,z,t)$、$v_0(x,y,z,t)$、$w_0(x,y,z,t)$、$a_x(x,y,t)$、$a_y(x,y,t)$ 分别表示垂直于板中性面的法线围绕着 x 和 y 轴的弯曲旋转角度。复合材料板上表面和下表面遵循拉伸自由边界条件。多尺度复合材料板中任一点处沿着三个坐标轴正向的位移形式可表示为

$$\begin{aligned} u(x,y,z,t) &= u_0(x,y,t) + z\alpha_x(x,y,t) \\ v(x,y,z,t) &= v_0(x,y,t) + z\alpha_y(x,y,t) \\ w(x,y,z,t) &= w_0(x,y,t) \end{aligned} \tag{8.21}$$

任一点的应变分量定义为

$$\begin{aligned} &\varepsilon_{xx} = \frac{\partial u}{\partial x}, \varepsilon_{yy} = \frac{\partial v}{\partial y}, \varepsilon_{zz} = \frac{\partial w}{\partial z} \\ &\varepsilon_{xy} = \frac{\partial v}{\partial x} + \frac{\partial u}{\partial y}, \varepsilon_{yz} = \frac{\partial w}{\partial y} + \frac{\partial v}{\partial z}, \varepsilon_{xz} = \frac{\partial w}{\partial x} + \frac{\partial u}{\partial z} \end{aligned} \tag{8.22}$$

结合式（8.21）和式（8.22），可得到剪切变形理论框架下板的应变场

$$\boldsymbol{\varepsilon}' = \boldsymbol{\varepsilon} + z\boldsymbol{\kappa}, \quad \varepsilon_{zz} = 0, \quad \boldsymbol{\gamma}' = \boldsymbol{\gamma} \tag{8.23}$$

$$\boldsymbol{\varepsilon} = (\varepsilon_{xx}^0 \quad \varepsilon_{yy}^0 \quad \varepsilon_{xy}^0)^{\mathrm{T}}, \boldsymbol{\kappa} = (\kappa_{xx} \quad \kappa_{yy} \quad \kappa_{xy})^{\mathrm{T}}, \boldsymbol{\gamma} = (\gamma_{yz}^0 \quad \gamma_{xz}^0)^{\mathrm{T}} \tag{8.24}$$

式中，z 为任意一点相对于参考平面的距离；u_0、v_0 和 w_0 分别表示中性面上一点的位移分量；$\boldsymbol{\varepsilon}$、$\boldsymbol{\gamma}$、$\boldsymbol{\kappa}$ 分别为面内薄膜应变、面内弯曲曲率和面外剪切应变。由此可知板内的位移场为

$$\boldsymbol{u}=\begin{pmatrix} u_0 & v_0 & w_0 & \alpha_x & \alpha_y \end{pmatrix}^{\mathrm{T}} \tag{8.25}$$

当弹性波沿着周期复合材料板传播的时候，假设板内任一点的位移可表示为与 $\mathrm{e}^{-i(wt-kx)}$ 相关的形式，考虑薄膜效应、弯曲效应和剪切效应，应变矢量可表示为

面内薄膜应变

$$\boldsymbol{\varepsilon}=\begin{pmatrix} \dfrac{\partial u_0}{\partial x} \\ \dfrac{\partial v_0}{\partial y} \\ \dfrac{\partial v_0}{\partial x}+\dfrac{\partial u_0}{\partial y} \end{pmatrix}=\begin{pmatrix} 0 & 0 & 0 & 0 & 0 \\ 0 & \dfrac{\partial}{\partial y} & 0 & 0 & 0 \\ \dfrac{\partial}{\partial y} & 0 & 0 & 0 & 0 \end{pmatrix}\boldsymbol{u}+ik\begin{pmatrix} 1 & 0 & 0 & 0 & 0 \\ 0 & 0 & 0 & 0 & 0 \\ 0 & 1 & 0 & 0 & 0 \end{pmatrix}\boldsymbol{u} \tag{8.26}$$

面内弯曲曲率

$$\boldsymbol{\kappa}=\begin{pmatrix} \dfrac{\partial \alpha_x}{\partial x} \\ \dfrac{\partial \alpha_y}{\partial y} \\ \dfrac{\partial \alpha_y}{\partial x}+\dfrac{\partial \alpha_x}{\partial y} \end{pmatrix}=\begin{pmatrix} 0 & 0 & 0 & 0 & 0 \\ 0 & 0 & 0 & 0 & \dfrac{\partial}{\partial y} \\ 0 & 0 & 0 & \dfrac{\partial}{\partial y} & 0 \end{pmatrix}\boldsymbol{u}+ik\begin{pmatrix} 0 & 0 & 0 & 1 & 0 \\ 0 & 0 & 0 & 0 & 0 \\ 0 & 0 & 0 & 0 & 1 \end{pmatrix}\boldsymbol{u} \tag{8.27}$$

面外剪切应变

$$\boldsymbol{\gamma}=\begin{pmatrix} \dfrac{\partial w_0}{\partial y}+\alpha_y \\ \dfrac{\partial w_0}{\partial x}+\alpha_x \end{pmatrix}=\begin{pmatrix} 0 & 0 & \dfrac{\partial}{\partial y} & 0 & 1 \\ 0 & 0 & 0 & 1 & 0 \end{pmatrix}\boldsymbol{u}+ik\begin{pmatrix} 0 & 0 & 0 & 0 & 0 \\ 0 & 0 & 1 & 0 & 0 \end{pmatrix}\boldsymbol{u} \tag{8.28}$$

对于纳米复合材料的每一子层，都有一个与纳米复合材料板 PA 中性面平行的面。纤维方向沿着 x 轴向，第 n 层正交复合材料的本构关系表示为

$$\begin{Bmatrix} \sigma_{xx} \\ \sigma_{yy} \\ \sigma_{zz} \\ \tau_{yz} \\ \tau_{xz} \\ \tau_{xy} \end{Bmatrix}_{(n)}=\begin{pmatrix} C_{11} & C_{12} & C_{13} & 0 & 0 & 0 \\ C_{21} & C_{22} & C_{23} & 0 & 0 & 0 \\ C_{31} & C_{32} & C_{33} & 0 & 0 & 0 \\ 0 & 0 & 0 & C_{44} & 0 & 0 \\ 0 & 0 & 0 & 0 & C_{55} & 0 \\ 0 & 0 & 0 & 0 & 0 & C_{66} \end{pmatrix}_{(n)}\begin{Bmatrix} \varepsilon_{xx} \\ \varepsilon_{yy} \\ \varepsilon_{zz} \\ \gamma_{yz} \\ \gamma_{xz} \\ \gamma_{xy} \end{Bmatrix}_{(n)} \tag{8.29}$$

式中，C_{ij} 为弹性矩阵中元素第 i 行 j 列位置，其中 i、j=1、2、3、4、5、6。

根据层合板理论，纳米复合材料单层的横向厚度小于复合板的面内方向尺寸，

可知横向主应力是可以忽略的，即

$$\sigma_{zz}=C_{31}\varepsilon_{xx}+C_{32}\varepsilon_{yy}+C_{33}\varepsilon_{zz}=0 \tag{8.30}$$

和

$$\varepsilon_{zz}=\frac{-C_{31}\varepsilon_{xx}-C_{32}\varepsilon_{yy}}{C_{33}} \tag{8.31}$$

每一单层的应力应变关系可表示为

$$\overline{\boldsymbol{\sigma}}_{(n)}=\overline{\boldsymbol{Q}}_{(n)}\overline{\boldsymbol{\varepsilon}}_{(n)} \tag{8.32}$$

式中，$\overline{\boldsymbol{\sigma}}=(\sigma_{xx}\sigma_{yy}\tau_{xy}\tau_{yz}\tau_{xz})^{\mathrm{T}}$、$\overline{\boldsymbol{\varepsilon}}=(\varepsilon_{xx}\varepsilon_{yy}\gamma_{xy}\gamma_{yz}\gamma_{xz})^{\mathrm{T}}$ 和 $\overline{\boldsymbol{Q}}$ 是应力张量、应变张量和弹性矩阵

$$\overline{\boldsymbol{Q}}_{(k)}=\begin{pmatrix}\overline{\boldsymbol{Q}}_1 & \boldsymbol{0}\\ \boldsymbol{0} & \overline{\boldsymbol{Q}}_2\end{pmatrix}_{(n)} \tag{8.33}$$

$$\overline{\boldsymbol{Q}}_{1(n)}=\begin{pmatrix}\overline{Q}_{11} & \overline{Q}_{12} & 0\\ \overline{Q}_{21} & \overline{Q}_{22} & 0\\ 0 & 0 & \overline{Q}_{66}\end{pmatrix}_{(n)},\overline{\boldsymbol{Q}}_{2(n)}=\begin{pmatrix}\overline{Q}_{44} & 0\\ 0 & \overline{Q}_{55}\end{pmatrix}_{(n)} \tag{8.34}$$

由式（8.29）中的弹性常数缩减可得到单层复合材料的刚度系数

$$\begin{aligned}&\overline{Q}_{11}^{(n)}=C_{11}^{(n)}-\frac{C_{13}^{(n)}C_{31}^{(n)}}{Q_{33}^{(n)}},\overline{Q}_{12}^{(n)}=C_{12}^{(n)}-\frac{C_{13}^{(n)}C_{32}^{(n)}}{Q_{33}^{(n)}}\\&\overline{Q}_{21}^{(n)}=C_{21}^{(n)}-\frac{C_{23}^{(n)}C_{31}^{(n)}}{C_{33}^{(n)}},\overline{Q}_{22}^{(n)}=C_{22}^{(n)}-\frac{C_{23}^{(n)}C_{32}^{(n)}}{Q_{33}^{(n)}}\\&\overline{Q}_{66}^{(n)}=C_{66}^{(n)},\overline{Q}_{44}^{(n)}=C_{44}^{(n)},\overline{Q}_{55}^{(n)}=C_{55}^{(n)}\end{aligned} \tag{8.35}$$

和

$$\begin{aligned}&C_{11}^{(n)}=\frac{E_1^{(n)}}{1-\nu_{12}\nu_{21}},C_{12}^{(n)}=\frac{\nu_{12}E_2^{(n)}}{1-\nu_{12}^{(n)}\nu_{21}^{(n)}}\\&C_{22}^{(n)}=\frac{E_2^{(n)}}{1-\nu_{12}^{(n)}\nu_{21}^{(n)}}\\&C_{66}^{(n)}=G_{12}^{(n)},C_{44}=G_{23}^{(n)},C_{55}^{(n)}=G_{13}^{(n)}\end{aligned} \tag{8.36}$$

式中，$E_1^{(n)}$ 和 $E_2^{(n)}$ 为纵向和横向模量；$\nu_{12}^{(n)}$ 和 $\nu_{21}^{(n)}$ 为泊松比；$G_{12}^{(n)}$、$G_{23}^{(n)}$ 与 $G_{13}^{(n)}$ 为第 n 子层的剪切模量。事实上，每一层都有自己的纤维方向，也就是第 n 层的纤维方向相对于材料主轴的变化采用纤维角 $\theta_{(n)}$ 表示。复合材料单层的转换刚度矩阵可表示为

$$\hat{\boldsymbol{Q}}_{(n)}=\begin{pmatrix}\hat{\boldsymbol{Q}}_1 & \boldsymbol{0}\\ \boldsymbol{0} & \hat{\boldsymbol{Q}}_2\end{pmatrix}_{(n)} \tag{8.37}$$

$$\hat{\boldsymbol{Q}}_{1(n)}=\begin{pmatrix}\hat{Q}_{11} & \hat{Q}_{12} & \hat{Q}_{16}\\ \hat{Q}_{21} & \hat{Q}_{22} & \hat{Q}_{26}\\ \hat{Q}_{16} & \hat{Q}_{26} & \hat{Q}_{66}\end{pmatrix}_{(n)},\hat{\boldsymbol{Q}}_{2(n)}=\begin{pmatrix}\hat{Q}_{44} & \hat{Q}_{45}\\ \hat{Q}_{45} & \hat{Q}_{55}\end{pmatrix}_{(n)} \tag{8.38}$$

考虑纤维方向的一般性，反映复合材料单层应力应变关系的弹性系数为

$$\begin{aligned}
&\hat{Q}_{11}^{(n)}=c^4\overline{Q}_{11}^{(n)}+2c^2s^2\overline{Q}_{12}^{(n)}+s^4\overline{Q}_{22}^{(n)}+4c^2s^2\overline{Q}_{66}^{(n)}\\
&\hat{Q}_{22}^{(n)}=s^4\overline{Q}_{11}^{(n)}+2c^2s^2\overline{Q}_{12}^{(n)}+c^4\overline{Q}_{22}^{(n)}+4c^2s^2\overline{Q}_{66}^{(n)}\\
&\hat{Q}_{12}^{(n)}=c^2s^2\overline{Q}_{11}^{(n)}+(c^4+s^4)\overline{Q}_{12}^{(n)}+c^2s^2\overline{Q}_{22}^{(n)}-4c^2s^2\overline{Q}_{66}^{(n)}\\
&\hat{Q}_{66}^{(n)}=c^2s^2\overline{Q}_{11}^{(n)}-2c^2s^2\overline{Q}_{12}^{(n)}+c^2s^2\overline{Q}_{22}^{(n)}+(c^2-s^2)^2\overline{Q}_{66}^{(n)}\\
&\hat{Q}_{16}^{(n)}=c^3s\overline{Q}_{11}^{(n)}+(cs^3-c^3s)\overline{Q}_{12}^{(n)}-cs^3\overline{Q}_{22}^{(n)}-2cs(c^2-s^2)\overline{Q}_{66}^{(n)}\\
&\hat{Q}_{26}^{(n)}=cs^3\overline{Q}_{11}^{(n)}+(c^3s-cs^3)\overline{Q}_{12}^{(n)}-c^3s\overline{Q}_{22}^{(n)}+2cs(c^2-s^2)\overline{Q}_{66}\\
&\hat{Q}_{44}^{(n)}=c^2\overline{Q}_{44}^{(n)}+s^2\overline{Q}_{55}^{(n)}\\
&\hat{Q}_{55}^{(n)}=s^2\overline{Q}_{44}^{(n)}+c^2\overline{Q}_{55}^{(n)}\\
&\hat{Q}_{45}^{(n)}=-cs\overline{Q}_{44}^{(n)}+cs\overline{Q}_{55}^{(n)}
\end{aligned} \tag{8.39}$$

式中，$c=\cos[\theta_{(n)}]$，$s=\sin[\theta_{(n)}]$ [$\theta_{(n)}$是第 n 层单层的纤维角]。

对于周期复合材料板，板的合力和合力矩可分为面内合力、面内合力矩和横向剪切力合力，这些合力可沿着复合材料板的厚度方向对每一层的合力进行积分求得，即

$$\boldsymbol{N}_m=\int_{-h/2}^{h/2}\begin{Bmatrix}\sigma_{xx}\\ \sigma_{yy}\\ \sigma_{xy}\end{Bmatrix}\mathrm{d}z=\boldsymbol{A\varepsilon}+\boldsymbol{B\kappa} \tag{8.40}$$

$$\boldsymbol{M}_b=\int_{-h/2}^{h/2}\begin{Bmatrix}\sigma_{xx}\\ \sigma_{yy}\\ \sigma_{xy}\end{Bmatrix}z\mathrm{d}z=\boldsymbol{B\varepsilon}+\boldsymbol{D\kappa} \tag{8.41}$$

$$\boldsymbol{T}_s=K_s\int_{-h/2}^{h/2}\begin{Bmatrix}\tau_{yz}\\ \tau_{xz}\end{Bmatrix}\mathrm{d}z=\boldsymbol{F\gamma} \tag{8.42}$$

式中，面内合力 $\boldsymbol{N}_m=(N_x\quad N_y\quad N_{xy})^{\mathrm{T}}$，弯曲和扭转合力矩 $\boldsymbol{M}_b=(M_x\quad M_y\quad M_{xy})^{\mathrm{T}}$，剪切合力 $\boldsymbol{T}_s=(T_{yz}\quad T_{xz})^{\mathrm{T}}$，$K_s$ 表示沿着厚度方向横向剪切应力分布的剪切修正系数，取值为 5/6。相关的系数矩阵为

$$(\boldsymbol{A},\boldsymbol{B},\boldsymbol{D},\boldsymbol{F})=\int_{-h/2}^{h/2}(\hat{\boldsymbol{Q}}_{1(k)},z\hat{\boldsymbol{Q}}_{1(k)},z^2\hat{\boldsymbol{Q}}_{1(k)},K_s\hat{\boldsymbol{Q}}_{2(k)})\,\mathrm{d}z \tag{8.43}$$

由式（8.37）和式（8.40）~（8.43），周期复合材料板的广义本构方程可表示为

$$\boldsymbol{P}=\boldsymbol{\Theta\Sigma} \tag{8.44}$$

$$\boldsymbol{P}=(\boldsymbol{N}_m \quad \boldsymbol{M}_b \quad \boldsymbol{T}_s)^{\mathrm{T}},\boldsymbol{\Sigma}=(\boldsymbol{\varepsilon} \quad \boldsymbol{\kappa} \quad \boldsymbol{\gamma})^{\mathrm{T}}$$

$$\boldsymbol{\Theta}=\begin{pmatrix}\boldsymbol{A} & \boldsymbol{B} & 0\\ \boldsymbol{B} & \boldsymbol{D} & 0\\ 0 & 0 & \boldsymbol{F}\end{pmatrix}$$

式中，$\boldsymbol{P}$ 为周期复合材料板的广义合力矢量；$\boldsymbol{\Sigma}$ 为广义应变矢量；$\boldsymbol{\Theta}$ 为系数矩阵。

8.3.3 周期谱元法

周期复合材料板单胞的中性面可以分解为一系列非叠加的子域，子域采用基于 n 阶勒让德形函数的二维谱单元进行离散建模。形函数由拉格朗日插值多项式在 $(p+1)\times(p+1)$ 个节点处插值构造而成，母单元范围定义为 $[-1,\ 1]\times[-1,\ 1]$，通过等参变换可实现参数空间向物理空间的映射。这里选用高斯—勒让德—罗伯特（GLL）点作为插值节点和积分点，GLL 点可由 p 阶多项式方程计算得到

$$(1-\chi^2)f_p'(\chi)=0 \tag{8.45}$$

式中，$f_p'(\chi)$ 为勒让德多项式的一阶导数。其相对应的拉格朗日形函数可定义为

$$R_\alpha(\chi)=\prod_{\beta=1,\beta\neq\alpha}^{p+1}\frac{\chi-\chi\alpha}{\chi\beta-\chi\alpha} \tag{8.46}$$

$$\chi=\xi \text{ 或 } \eta\in[-1,1],$$

$$\alpha=1,2,\cdots,(p+1)$$

式中，ξ 和 η 分别为母单元两个方向上的插值坐标；α 为插值节点的序号。

在谱单元上的广义位移场采用多项式近似描述为

$$\boldsymbol{u}^e(x,y,t)=\sum_{i=1}^{p+1}\sum_{j=1}^{p+1}\tilde{\boldsymbol{u}}^e(\xi_i,\eta_j,t)R_i(\xi)R_j(\eta) \tag{8.47}$$

式中，$\boldsymbol{u}^e(x,y,t)$ 为插值节点位移矢量；$\tilde{\boldsymbol{u}}^e(\xi_i,\eta_j,t)$ 为参数空间内母单元局部节点位移 $(\xi_i,\ \eta_j)$。

假设周期多尺度复合材料板是无限长周期弹性介质，根据空间周期和对称性，结合 Bloch 定理，选取复合材料板的周期单胞作为研究对象考虑波动问题，单胞的波动位移场可以表示为与时间相关的指数形式，如

$$\boldsymbol{u}(\boldsymbol{r},t)=\hat{\boldsymbol{u}}(\boldsymbol{r})\mathrm{e}^{-i\omega t} \tag{8.48}$$

位移变分为

$$\delta\boldsymbol{u}(\boldsymbol{r},t)=\delta\hat{\boldsymbol{u}}(\boldsymbol{r})\mathrm{e}^{-i\omega t} \tag{8.49}$$

式中，$\boldsymbol{u}(\boldsymbol{r},t)$、$\hat{\boldsymbol{u}}(\boldsymbol{r})$ 与 $\boldsymbol{r}$ 分别为任意一点的位移矢量、与空间位置 $\boldsymbol{r}$ 相关的位移矢量和位置矢量；ω 和 t 为圆频率和时间。沿着波传播方向单胞内的位移场可以表示为傅里叶级数形式，即

$$\hat{\boldsymbol{u}}(\boldsymbol{r})=\boldsymbol{U}(\boldsymbol{r})\mathrm{e}^{ikr} \tag{8.50}$$

式中，$\boldsymbol{k}$ 为波矢；$\boldsymbol{U}$ 为位移幅值矢量。根据 Bloch 理论，周期复合材料板沿着 x 轴方向具有平移不变性特征，位移幅值矢量满足下述关系

$$\boldsymbol{U}(\boldsymbol{r}+\boldsymbol{R})=\boldsymbol{U}(\boldsymbol{r}) \tag{8.51}$$

由此可知，单胞边界上的节点位移矢量关系

$$\hat{\boldsymbol{u}}(\boldsymbol{r}+\boldsymbol{R})=\hat{\boldsymbol{u}}(\boldsymbol{r})\mathrm{e}^{ik\boldsymbol{R}} \tag{8.52}$$

式中，$\boldsymbol{R}$ 为晶格矢量。本节所考虑的多尺度复合材料板可以看作沿着 x 方向的一维声子晶体板，式（8.52）可简化为

$$\hat{\boldsymbol{u}}(x+l)=\hat{\boldsymbol{u}}(x)\mathrm{e}^{ikl} \tag{8.53}$$

多尺度复合材料结构的总势能可表示为

$$\Pi_{pot}=\int_{\Gamma}\boldsymbol{P}^{\mathrm{T}}\boldsymbol{\Sigma}\mathrm{d}\Gamma=\int_{\Gamma}\boldsymbol{\Sigma}^{\mathrm{T}}\boldsymbol{\Theta}\boldsymbol{\Sigma}\mathrm{d}\Gamma \tag{8.54}$$

同时，平移运动和转动所引起的动能为

$$\Pi_{kin}=\frac{1}{2}\int_{V}(\boldsymbol{I}_0\dot{\boldsymbol{u}}^2+\boldsymbol{I}_1\dot{\boldsymbol{u}}\dot{\boldsymbol{\alpha}}+\boldsymbol{I}_2\dot{\boldsymbol{\alpha}}^2)\mathrm{d}V \tag{8.55}$$

$$\boldsymbol{I}_0=\mathbf{diag}(I_0,I_0,I_0),\boldsymbol{I}_1=\mathbf{diag}(I_1,I_1),\boldsymbol{I}_2=\mathbf{diag}(I_2,I_2)$$

$$I_0=\int_{-h/2}^{h/2}\rho(z)\mathrm{d}z,I_1=\int_{-h/2}^{h/2}\rho(z)z\mathrm{d}z,I_2=\int_{-h/2}^{h/2}\rho(z)z^2\mathrm{d}z$$

$$\boldsymbol{u}=(u_0\quad v_0\quad w_0)^{\mathrm{T}},\boldsymbol{\alpha}=(\alpha_x\quad \alpha_y)^{\mathrm{T}}$$

根据式（8.52）和式（8.53）可知，周期多尺度复合材料平板在波传播方向上可以看作是一个均匀的无限平板，通过沿 x 轴方向的空间傅里叶变换，可实现应变场由纵坐标 x 到波数 k 的映射。反映单元格周期的弹性应变—位移场可表示为

$$\boldsymbol{\Sigma}=(\boldsymbol{L}_x+\boldsymbol{L}_y+\boldsymbol{L}_z)\hat{\boldsymbol{u}}=\boldsymbol{H}\boldsymbol{U}(x)\mathrm{e}^{ikx} \tag{8.56}$$

$$\boldsymbol{H}=(\boldsymbol{L}_x+\boldsymbol{L}_y+\boldsymbol{L}_z)+ik\boldsymbol{L}_x=\boldsymbol{L}_1+ik\boldsymbol{L}_2 \tag{8.57}$$

式中，$\boldsymbol{L}_x$、$\boldsymbol{L}_y$、$\boldsymbol{L}_z$ 为三个方向的微分算子矩阵。

$$\boldsymbol{L}_1=(\boldsymbol{L}_\varepsilon^1\quad \boldsymbol{L}_\kappa^1\quad \boldsymbol{L}_\gamma^1)^{\mathrm{T}}\quad \boldsymbol{L}_2=(\boldsymbol{L}_\varepsilon^2\quad \boldsymbol{L}_\kappa^2\quad \boldsymbol{L}_\gamma^2)^{\mathrm{T}} \tag{8.58}$$

其中，微分矩阵如下

$$\boldsymbol{L}_\varepsilon^1=\begin{pmatrix}\frac{\partial}{\partial x} & 0 & 0 & 0 & 0\\ 0 & \frac{\partial}{\partial y} & 0 & 0 & 0\\ \frac{\partial}{\partial y} & \frac{\partial}{\partial x} & 0 & 0 & 0\end{pmatrix}\quad \boldsymbol{L}_\kappa^1=\begin{pmatrix}0 & 0 & 0 & \frac{\partial}{\partial x} & 0\\ 0 & 0 & 0 & 0 & \frac{\partial}{\partial y}\\ 0 & 0 & 0 & \frac{\partial}{\partial y} & \frac{\partial}{\partial x}\end{pmatrix}\quad \boldsymbol{L}_\gamma^1=\begin{pmatrix}0 & 0 & \frac{\partial}{\partial y} & 0 & 1\\ 0 & 0 & \frac{\partial}{\partial x} & 1 & 0\end{pmatrix}$$

$$L_{\varepsilon}^{2}=\begin{pmatrix}1&0&0&0&0\\0&0&0&0&0\\0&1&0&0&0\end{pmatrix}\quad L_{\kappa}^{2}=\begin{pmatrix}0&0&0&1&0\\0&0&0&0&0\\0&0&0&0&1\end{pmatrix}\quad L_{\gamma}^{2}=\begin{pmatrix}0&0&0&0&0\\0&0&1&0&0\end{pmatrix}$$

因此，上述周期多尺度复合材料板模型可转化为基于单胞结构的准二维波动问题，沿复合材料板厚度方向进行解析积分，该问题进一步简化为复合材料薄曲面单胞模型。进而，利用高阶谱单元对复合材料薄曲面单胞模型进行离散化，由此提出了适用于周期多尺度复合材料结构频散行为分析的计算模型。

当系统处于平衡时，根据哈密顿原理，能量泛函的变化为零，即

$$\delta\Pi=\delta\Pi_{kin}-\delta\Pi_{pot}=0 \tag{8.59}$$

式中，Π_{kin} 为动能；Π_{pot} 为势能。

$$\begin{aligned}\delta\Pi &= \frac{1}{2}\int_V(\boldsymbol{I}_0\dot{\boldsymbol{u}}^2+\boldsymbol{I}_1\dot{\boldsymbol{u}}\dot{\boldsymbol{\alpha}}+\boldsymbol{I}_2\dot{\boldsymbol{\alpha}}^2)\mathrm{d}V-\int_V\boldsymbol{\Sigma}^{\mathrm{T}}\boldsymbol{\Theta}\boldsymbol{\Sigma}\mathrm{d}V\\ &=\omega^2\delta\overline{\boldsymbol{U}}^{\mathrm{T}}\int_V\boldsymbol{R}^{\mathrm{T}}\boldsymbol{I}^{\mathrm{T}}\boldsymbol{R}\mathrm{d}V\overline{\boldsymbol{U}}-\delta\overline{\boldsymbol{U}}^{\mathrm{T}}\int_V(\boldsymbol{B}_1+ik\boldsymbol{B}_2)^{\mathrm{T}}\overline{\boldsymbol{\Theta}}^{\mathrm{T}}(\boldsymbol{B}_1+ik\boldsymbol{B}_2)\mathrm{d}V\overline{\boldsymbol{U}}\\ &=\delta\overline{\boldsymbol{U}}^{\mathrm{T}}[\boldsymbol{K}_1+\mathcal{I}k(\boldsymbol{K}_2-\boldsymbol{K}_2^{\mathrm{T}})+k^2\boldsymbol{K}_3-\omega^2\boldsymbol{M}]\overline{\boldsymbol{U}}\end{aligned} \tag{8.60}$$

式中，$\boldsymbol{K}_1$、$\boldsymbol{K}_2$、$\boldsymbol{K}_3$ 为与 x、y、z 方向位移相关的刚度矩阵；$\mathcal{I}$ 为虚数单位；$\boldsymbol{M}$ 为质量矩阵。$\boldsymbol{K}_1$ 与 x、y 方向位移相关；$\boldsymbol{K}_2$ 与 x、y、z 方向位移相关；$\boldsymbol{K}_3$ 与 z 方向位移相关。其中，应变位移矩阵和单元矩阵为

$$\boldsymbol{B}_1=\boldsymbol{L}_1\boldsymbol{R},\boldsymbol{B}_2=\boldsymbol{L}_2\boldsymbol{R},\boldsymbol{I}=\begin{pmatrix}\boldsymbol{I}_0&\boldsymbol{I}_{12}&\boldsymbol{0}\\\boldsymbol{I}_{12}^{\mathrm{T}}&\boldsymbol{I}_2&\boldsymbol{0}\\\boldsymbol{0}&\boldsymbol{0}&\boldsymbol{0}\end{pmatrix},\boldsymbol{I}_{12}=\begin{pmatrix}\boldsymbol{I}_0&\boldsymbol{0}\\\boldsymbol{0}&\boldsymbol{I}_1\\\boldsymbol{0}&\boldsymbol{0}\end{pmatrix}$$

$$\boldsymbol{K}_1^e=\int_{\Omega_e}\boldsymbol{R}^{\mathrm{T}}\boldsymbol{L}_1^{\mathrm{T}}\boldsymbol{\Theta}\boldsymbol{L}_1\boldsymbol{R}|J|\mathrm{d}\xi\mathrm{d}\eta,\quad \boldsymbol{K}_2^e=\int_{\Omega_e}\boldsymbol{R}^{\mathrm{T}}\boldsymbol{L}_1^{\mathrm{T}}\boldsymbol{\Theta}\boldsymbol{L}_2\boldsymbol{R}|J|\mathrm{d}\xi\mathrm{d}\eta$$

$$\boldsymbol{K}_3^e=\int_{\Omega_e}\boldsymbol{R}^{\mathrm{T}}\boldsymbol{L}_2^{\mathrm{T}}\boldsymbol{\Theta}\boldsymbol{L}_2\boldsymbol{R}|J|\mathrm{d}\xi\mathrm{d}\eta,\quad \boldsymbol{M}^e=\int_{\Omega_e}\boldsymbol{R}^{\mathrm{T}}\boldsymbol{I}\boldsymbol{R}|J|\mathrm{d}\xi\mathrm{d}\eta$$

$$\boldsymbol{R}=\begin{pmatrix}R_1&0&0&0&0&\cdots&0\\0&R_1&0&0&0&\cdots&0\\0&0&R_1&0&0&\cdots&0\\0&0&0&R_1&0&\cdots&0\\0&0&0&0&R_1&\cdots&R_{5N}\end{pmatrix}_{5\times5N}$$

式中，$\boldsymbol{R}$、J、N 为谱单元形函数矩阵，雅克比行列式和单元内的节点数；单胞的左边界、内边界和右边界上的节点位移矢量分别为 $\overline{\boldsymbol{U}}=(\overline{\boldsymbol{U}}_L\overline{\boldsymbol{U}}_I\overline{\boldsymbol{U}}_R)^{\mathrm{T}}$。

由于 $\delta\boldsymbol{U}^{\mathrm{T}}$ 取值具有任意性，由式（8.60）得到波动方程的离散形式

$$[\boldsymbol{K}_1+\mathcal{I}k(\boldsymbol{K}_2-\boldsymbol{K}_2^{\mathrm{T}})+k^2\boldsymbol{K}_3-\omega^2\boldsymbol{M}_0]\overline{\boldsymbol{U}}=0 \tag{8.61}$$

该式即是周期复合材料结构的波动方程，通过将空间域向波数域的傅里叶变换，复合材料结构的几何维度可以有效降低。进而可将上述方程转化为一个二维特征值问题，为了求解周期复合材料板的带隙特性，需要将周期多尺度复合材料板单胞的周期边界条件反映在本征值方程中。周期复合材料板的单元胞结构示意图如图 8.4 所示。单元格的节点位移向量 $\overline{U}=(U_L \quad U_I \quad U_R)$ 通过转换关系得到单元格左边界和内边界上的节点位移向量 $\overline{\overline{U}}=(U_L \quad U_I)$，使单元格的位移场沿波传播方向周期变化。关系定义如下

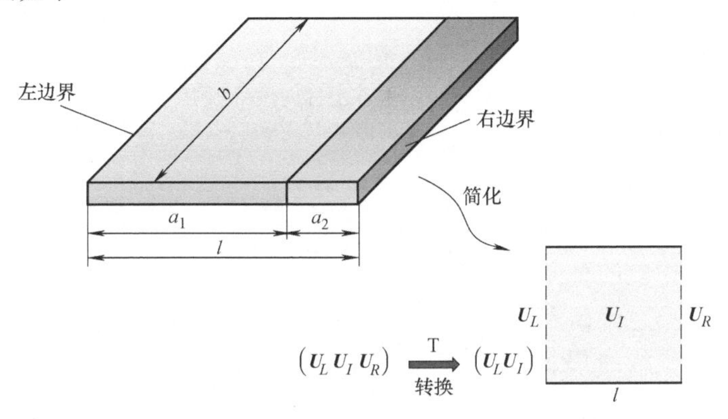

图 8.4　单胞和位移转换关系

$$\overline{U}=T\overline{\overline{U}} \tag{8.62}$$

用转换矩阵和缩减位移矢量为

$$T=\begin{pmatrix} e_L & 0 \\ 0 & e_I \\ 0 & e^{ikl}e_L \end{pmatrix},\overline{\overline{U}}=\begin{pmatrix} U_L \\ U_I \end{pmatrix}$$

式中，e_L 和 e_I 为单位矩阵，其阶数与左右节点位移矢量 $\overline{U}_L$ 和 $\overline{U}_I$ 的长度一致。通过经典矩阵转换方法将式（8.61）转化为一阶广义特征值公式为

$$(S-kZ)U_t=0 \tag{8.63}$$

$$S=\begin{pmatrix} 0 & E_1-\omega^2 M \\ E_1-\omega^2 M & iE_2 \end{pmatrix},Z=\begin{pmatrix} E_1-\omega^2 M & 0 \\ 0 & E_3 \end{pmatrix} \quad U_t=\begin{pmatrix} \overline{U} \\ k\overline{U} \end{pmatrix}$$

$$E_1=T^{\mathrm{T}}K_1T,\quad E_2=T^{\mathrm{T}}(K_2-K_2^{\mathrm{T}})T,\quad E_3=T^{\mathrm{T}}K_3T,\quad M=T^{\mathrm{T}}M_0T$$

这就是基于缩减板理论的求解多尺度声子晶体板波动特性的半解析周期谱元（Per-SFE）方法。对于波在周期复合材料板中的传播，波数随角频率的变化曲线显示了周期石墨烯—纤维增强复合材料板中导波模态的频散特性。波数在任意角频率 ω 处成对出现，分别表示正向传播和负向传播的导波模式，相应的特征向量显示了当前周期多尺度复合材料板的导波波形和单胞的位移分布。

8.3.4 多尺度声子晶体板的波动特性

采用前述周期谱元法对周期多尺度复合板的波动问题开展了系统性研究。周期子结构的晶格长度 $l=0.02\text{m}$，宽度 $b=0.001\text{m}$，宽度作为无量纲参数对导波模态的频率和波数进行无量纲化，得到无量纲频率 $\Omega=\omega b/c_s$ 和无量纲波数 $k=kb$。表 8.2 所示为周期多尺度复合板在无量纲频率 $\Omega=0.5$ 处的前三条导波模态的波数。石墨烯含量为 $w_{GPL}=1\%$，考虑三种石墨烯分布形式，纤维的体积分数 $V_F=0\%$。由表 8.2 可知，本节针对周期复合材料声子晶体板，分析了三种石墨烯分布模式和层数对层合板频散特性的影响。可以看出，均匀分布模式 UD 对频散特性的影响不受层数变化干扰。对于 FG-X 和 FG-O 分布模式，石墨烯沿层合板厚度方向的非均匀分布对平面外导波模式的传播特性有显著影响。一般来说，PA 层合板的层数越大，频散结果越准确。当层数 $N_L=1000$ 时，可将数值结果作为参考。根据分析结果，计算结果呈单调变化，逐渐接近参考值。研究表明，当层数 $N_L\geqslant 8$ 时，周期复合材料声子晶体板中前四种导波模态频散结果的相对误差小于 1%，并随着层数的增加进一步收敛。通过提高层数 N_L 可以有效地提高计算精度，当 $N_L=8$ 时，对于石墨烯增强层合板结构的频散特性求解已经具备足够的精度。

表 8.2 无量纲频率为 $\Omega=0.5$ 时，三种石墨烯分布模式和体积分数为 1% 条件下不同导波模态的频散特性收敛性

N_L	UD				FG-X				FG-O			
	1	2	3	4	1	2	3	4	1	2	3	4
4	0.0606	0.1666	0.7829	0.8592	0.0606	0.1662	0.7680	0.8593	0.0606	0.1673	0.8107	0.8592
6	0.0606	0.1666	0.7829	0.8592	0.0606	0.1661	0.7660	0.8593	0.0606	0.1677	0.8189	0.8592
8	0.0606	0.1666	0.7829	0.8592	0.0606	0.1660	0.7653	0.8593	0.0606	0.1679	0.8221	0.8592
10	0.0606	0.1666	0.7829	0.8592	0.0606	0.1660	0.7650	0.8593	0.0606	0.1680	0.8237	0.8592
20	0.0606	0.1666	0.7829	0.8592	0.0606	0.1659	0.7646	0.8593	0.0606	0.1684	0.8259	0.8592
50	0.0606	0.1666	0.7829	0.8592	0.0606	0.1659	0.7645	0.8593	0.0606	0.1686	0.8265	0.8592
1000	0.0606	0.1666	0.7829	0.8592	0.0606	0.1658	0.7644	0.8593	0.0606	0.1687	0.8266	0.8592

图 8.5 所示为 GPLs 分布模式对多尺度周期复合材料板波动特性的影响。总体而言，与均匀分布模式 UD 和无 GPLs 的情况相比，GPLs 的非均匀分布对波动特性有一定的影响；FG-X 和 FG-O 两种模式在相同频率或相同波数下表现出相反的影响；在低频率和波数 kl/π 附近，两种基本导波模态对 GPLs 沿 PA 板厚度方向的各种分布都非常敏感。

此外，图 8.6 所示为当 GPLs 质量分数 $w_{GPL}=1\%$ 和纤维体积 $V_F=0\%$ 时的周期复合材料声子晶体板的能带特性。GPLs 沿纳米复合材料层合板 PA 厚度方向呈 UD 模式分布，PA 板层数 $N_L=8$。将图 8.6a 中的所有导波模态根据节点位移分布可分为两类，即面内模态和面外模态，分别用实线和虚线曲线描述。两类导波模态沿频率轴正向依次标记为 $P_1\sim P_4$ 和 $F_1\sim F_8$。从图中可以清楚地发现，复合声子晶体板具有明显的完全带隙 $CBG1$、$CBG2$ 和 $CBG3$，完全带隙频域内所有导波模态的传播和能量传输被禁止，这些带隙分别存在于导波模态 $F_5 \sim F_6$、$F_6 \sim P_4$ 和 $P_4 \sim F_7$ 之间；带隙中心频率分别为 12.75、14.22 和 16.70，相应的带隙频域为［12.57，12.85］、［13.29，15.03］和［15.62，17.85］。图 8.6a、c 分别显示面内和面外导波模态的能带结构。结果表明，两种导波模态均存在极化现象，即面内极化带隙 $PBG1$ 和面外极化带隙 $FBG1/FBG2$。图 8.6a 表明声子晶体板的面内导波模在频域［10.93，15.16］范围内无法传播，上下边界模态为 P_3 和 P_4；在频域范围［5.66，8.04］和［13.40，17.76］内面外弯曲导波模态的传播被禁止，其边界模态为 $F_3 \sim F_4$ 和 $F_6 \sim F_7$。

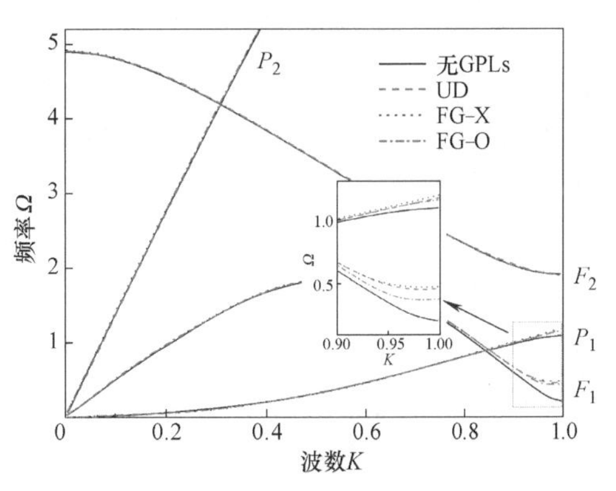

图 8.5　GPLs 分布模式对多尺度周期复合材料板波动特性的影响

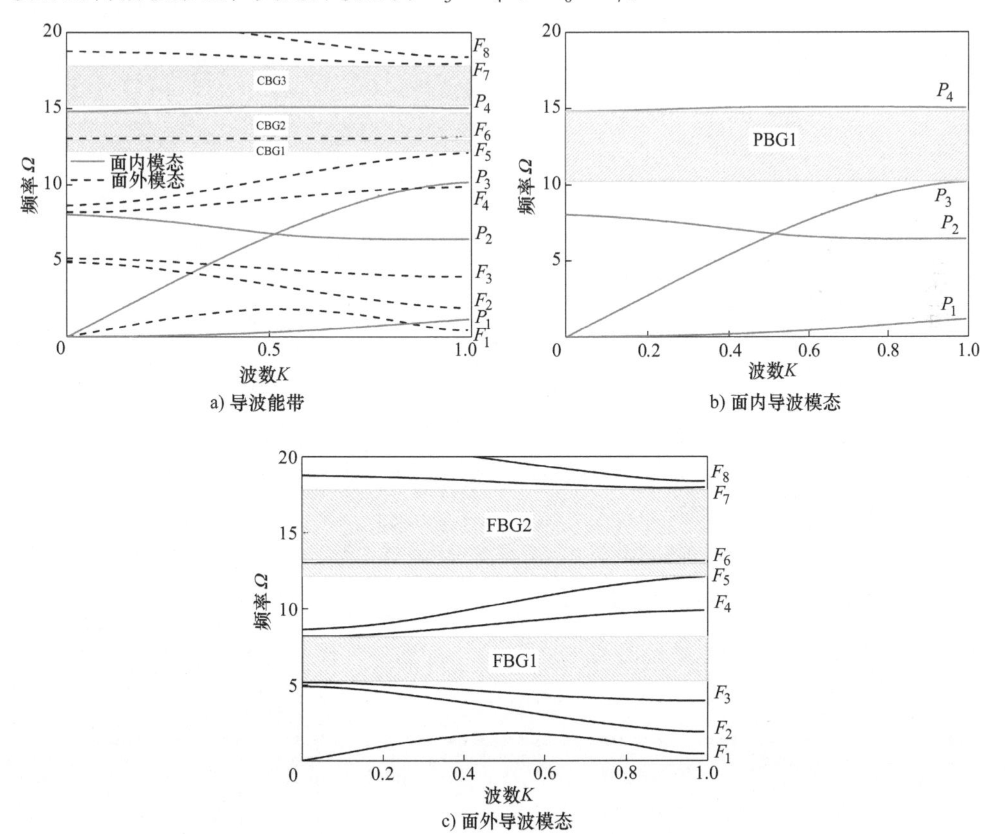

图 8.6　$w_{GPL}=1\%$周期复合材料声子晶体板的频散图及两种导波模态

图 8.7 所示为 GPLs 质量分数 $w_{GPL}=1\%$在分布模式 FG-X 下周期复合材料声子晶体板中导波传播的频散行为和带隙特征的影响。玻璃纤维体积分数 $V_F=1\%$，纤维方向沿 x 轴方向。从图 8.7 可以看出，不同 GPLs 含量对导波模态和带隙有不同程度的影响。尤其明显的是，全带隙 *CBG*2 随 GPLs 质量分数的变化而变化。随着石墨烯含量的增加，禁带频率范围增大，但下边界模态 F_6 不敏感，而上边界模态 P_4 变化明显。对于面内极化带隙 *PBG*1，当无量纲频率较高时，波数偏移较大，中心频率逐渐增大，但带隙宽度基本不变；对于面外导波模态，极化带隙中心频率 *FBG*1 逐渐升高，带隙频域宽度略微增加。石墨烯含量的增加对下边界模态 F_3 的频散特性有显著影响，而上边界模态 F_4 在高频下的频散特性比在低频下有显著变化。

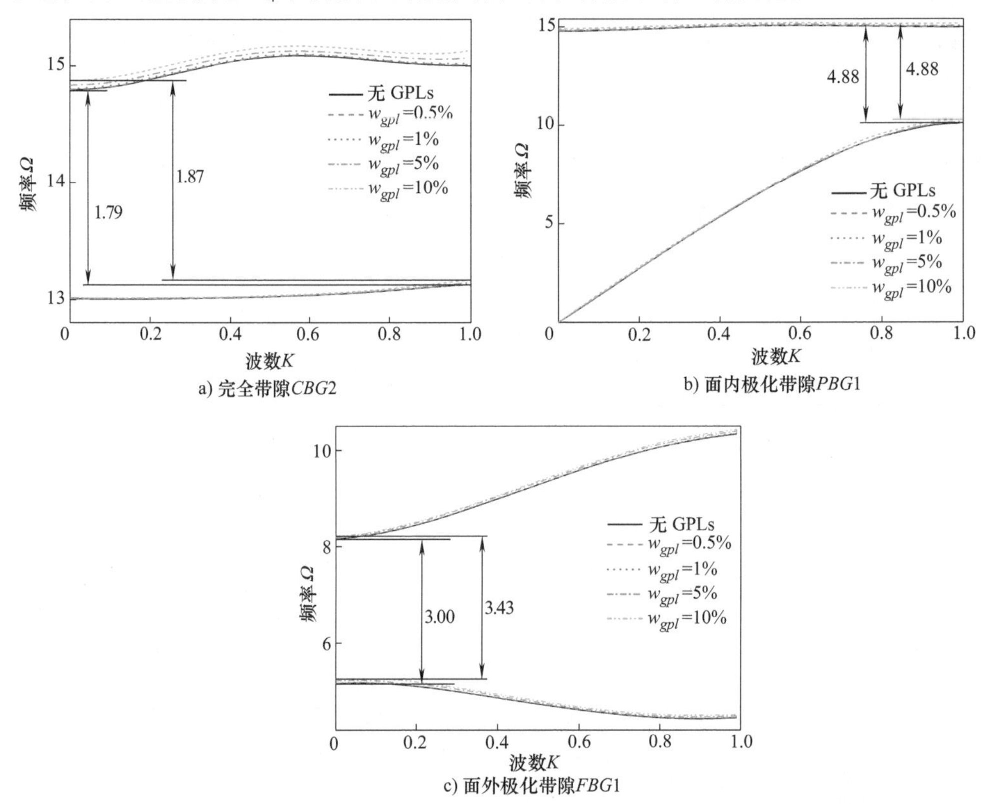

图 8.7 $w_{GPL}=1\%$周期复合材料声子晶体板的能带图、导波模态变化及极化带隙

此外，纳米复合材料层合板中的增强纤维对弹性波在周期复合材料板中的传播和能带特性也有一定的影响。如图 8.8 所示，分别考虑体积分数为 20%玻璃纤维和碳纤维增强层合板的波动特性。这两种纤维复合材料版中的导波频散特性在低频区域差异较小，但对中高频区域导波模态的频散行为有显著影响。与玻璃纤维相比，碳纤维造成了部分导波模态截止频率沿坐标轴正向的延迟和周期复合材料板频谱整体的向上移动。完全带隙 *CBG*1 和 *CBG*3 的禁带宽度减小，完全带隙 *CBG*2 的禁带宽度和中心频率显著增大。有趣的是，非面内模态 F_6 不受任何增强材料变化的影

响。事实上，微尺度增强材料作为一种设计变量在复合材料中起着至关重要的作用。图 8.9 给出了纤维含量对波传播和带隙特性的影响。GPLs 的质量分数为 0.1%，在纳米复合材料层合板中的分布遵循 FG-X 模式。选取第 2 条完全带隙 $CBG2$、第 1 条面内极化带隙 $PBG1$ 和第 1 条面外带隙 $FBG1$ 作为研究 Bloch 导波模态的代表，研究周期复合材料板的导波频散和能带变化。从图 8.9 可以看出，玻璃纤维体积分数的变化对周期板的带隙特性有显著影响。随着体积分数的增加，完全带隙逐渐缩小。上边界模态 P_4 明显向低频移动，而下边界模态 F_6 则略有下降。面内极化带隙 $PBG1$ 的中心频率和两边界模态 P_3 和 P_4 减小而宽度增大；对于面外带隙 $FBG1$，导波模态 F_4 在高频段变化明显，而在低频段基本不变。下边界导波模态 F_3 整体沿负向移动。由以上可知，纤维含量的变化对周期复合材料声子晶体板中传播波模态的带隙特性和色散行为有很大影响，同时，截止频率降低会引起带隙提前出现。

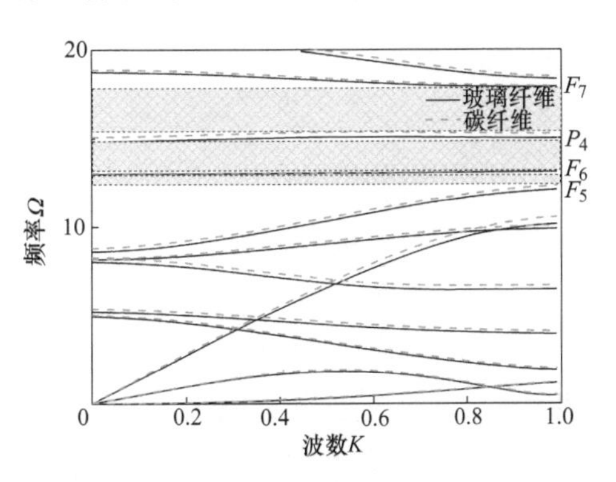

图 8.8　含玻璃纤维和碳纤维的周期多尺度复合声子板的频散曲线

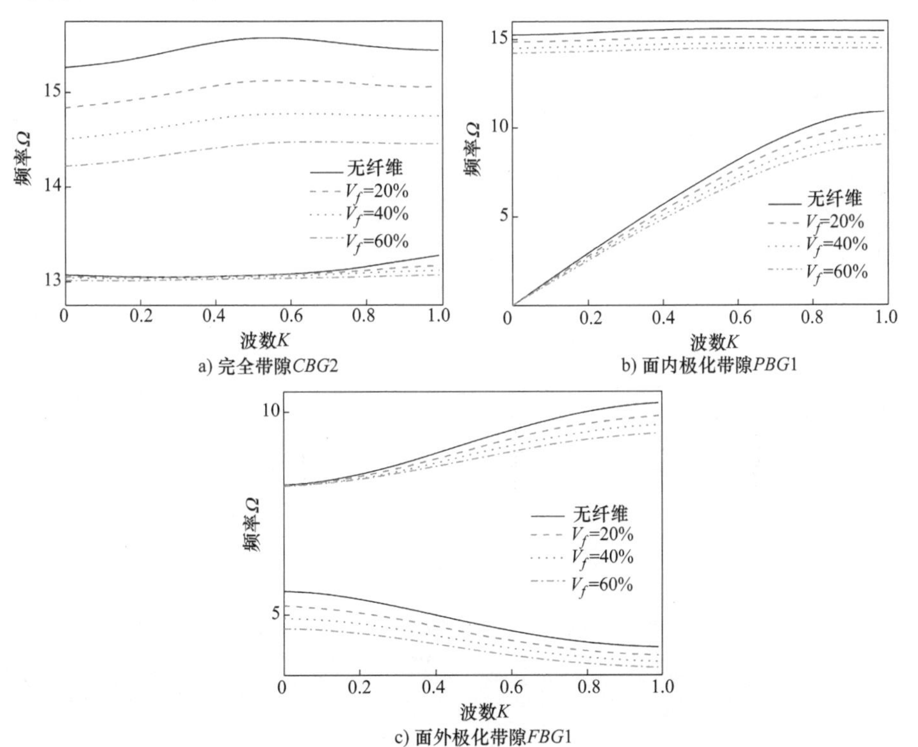

图 8.9　不同纤维体积分数条件下周期复合材料声子晶体板中导波频谱

最后，周期多尺度复合材料板的带隙特性对单元胞几何参数的变化也非常敏感。图 8.10 展示了晶格参数 $a^* = a_1/l$（纳米复合材料层合板的长度，见图 8.4）对复合材料板基本完全带隙的影响。a^* 在（0，1）范围内变化，晶格长度 l 保持不变。从图中可以看出，完全带隙 *BG*-1 在整个范围内是不连续的。当参数 a^* 小于 0.3 时，第一条完全带隙缓慢向低频移动，宽度逐渐减小。在参数 $a^* = 0.41$ 处，带隙变窄并趋于消失。第二条带隙 *BG*-2 出现在 $a^* = 0.3$ 处，并逐渐向小频率移动。带隙宽度缓慢增加，在 0.62 处达到最大值，然后逐渐减小，在 0.77 处消失。第三条带隙 *BG*-3 只存在于一个很小的参数范围［0.8，0.95］内，并且带宽在第一次增加后也有减小的趋势。本节所考虑的周期多尺度复合材料板的波动问题为先进功能材料的设计与开发提供了一种新的思路，在波动控制和导波无损检测方面具有潜在的应用前景。

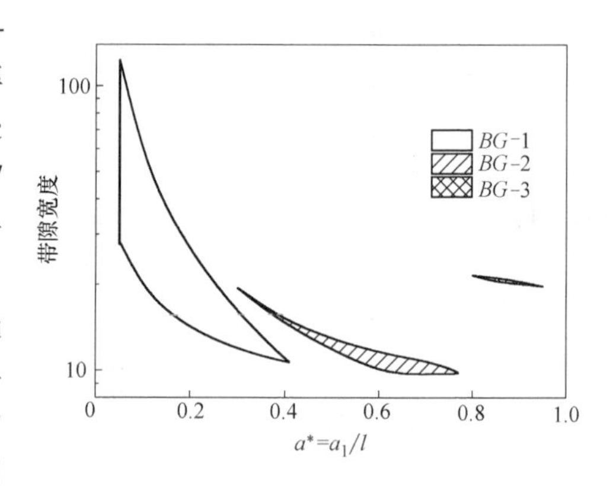

图 8.10　晶格参数对周期多尺度复合材料板带隙特性的影响

8.4　折纸超材料的波动特性

8.4.1　折纸结构及波动建模

图 8.11 所示为本节研究的折纸超材料的几何结构。其中，图 8.11a、b 所示分别为折纸超材料的三维图和俯视图。为了简单起见，选择其中一个单胞来详细描述几何参数。这里定义了四个独立的特征参数，如图 8.11c、d 所示：a、b、α 和 γ 分别表示每个平行四边形壳面两条边的边长和扇形角，以及折纸模型的二面角。将几何参数 x 和 y 方向上的晶格常数 D 和 L、非独立变量 H、U 和折叠角 β 的几何耦合特性关系表示为式（8.64）~式（8.68）

$$H = a\sin\beta\sin\alpha \tag{8.64}$$

$$D = 2b\frac{\cos\beta\tan\alpha}{(1+\cos^2\beta\tan^2\alpha)^{1/2}} \tag{8.65}$$

$$L = 2a(1-\sin^2\beta\sin^2\alpha)^{1/2} \tag{8.66}$$

$$U = \frac{2ab\cos\alpha}{L} \tag{8.67}$$

$$\sin\left(\frac{\gamma}{2}\right) = \frac{\cos\beta}{\cos\alpha(1+\cos^2\beta\tan^2\alpha)^{1/2}} \tag{8.68}$$

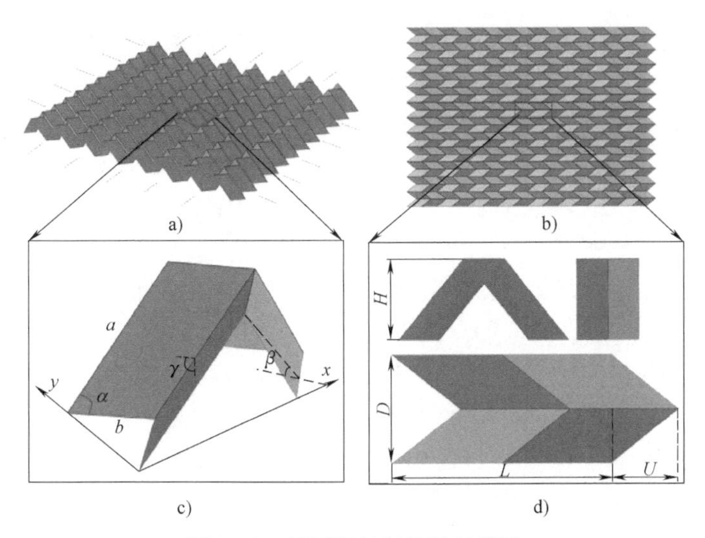

图 8.11　折纸超材料的几何模型

首先，根据 Bloch 定理，周期矢量函数 $\boldsymbol{\Phi}_{\boldsymbol{k}}(\boldsymbol{r})$ 满足周期平移算子，因此本征函数可以表示为

$$\boldsymbol{\Phi}_{\boldsymbol{k}}(\boldsymbol{r})=\boldsymbol{\Phi}_{\boldsymbol{k}}(\boldsymbol{r}+\boldsymbol{R})\quad \boldsymbol{\Phi}(\boldsymbol{r})=\boldsymbol{\Phi}_{\boldsymbol{k}}(\boldsymbol{r})\mathrm{e}^{i\boldsymbol{kr}} \tag{8.69}$$

式中，$\boldsymbol{\Phi}(\boldsymbol{r})$ 为 Bloch 函数；$\boldsymbol{k}$、$\boldsymbol{R}$ 分别为波矢量和晶格矢量。因此对于弹性波在周期结构中的传播来说，不同周期单胞的位移场可以表示为

$$\begin{aligned}\boldsymbol{u}(\boldsymbol{x}_n,\boldsymbol{t})&=\boldsymbol{U}(\boldsymbol{x}_n)\mathrm{e}^{-i\omega t}\\ \boldsymbol{U}(\boldsymbol{x}_n)&=\boldsymbol{U}(\boldsymbol{x}_n+\boldsymbol{I}_n)\mathrm{e}^{-ik\boldsymbol{n}_j\boldsymbol{I}_j}\end{aligned} \tag{8.70}$$

式中，$\boldsymbol{U}$ 为位移幅值；$\boldsymbol{I}_j$ 为波传播方向上的晶格长度；ω、t 和 $\boldsymbol{U}(\boldsymbol{x}_n)$ 分别为等效点上的圆频率、时间和位移矢量；$\boldsymbol{x}_n$、$\boldsymbol{I}_n$、$\boldsymbol{n}_j$ 分别为位置矢量、在周期单胞中连接等效点的矢量和波传播的方向余弦。一般来说，固体力学中很少有处理复位移的标准有限元程序，因此可以将位移场分解为实部和虚部，分别表示为

$$\boldsymbol{U}(\boldsymbol{x}_n)=\boldsymbol{U}^{\mathrm{Re}}(\boldsymbol{x}_n)+i\boldsymbol{U}^{\mathrm{Im}}(\boldsymbol{x}_n) \tag{8.71}$$

式中，上标 Re 和 Im 分别表示位移的实部和虚部。将式（8.71）代入式（8.70），得到 x、y 方向的 Bloch-Floquet 周期边界条件

$$\begin{aligned}\boldsymbol{U}_l^{\mathrm{Re}}(\boldsymbol{x})&=\boldsymbol{U}_r^{\mathrm{Re}}(\boldsymbol{x})\cos(\boldsymbol{k}l_x)+\boldsymbol{U}_r^{\mathrm{Im}}(\boldsymbol{x})\sin(\boldsymbol{k}l_x)\\ \boldsymbol{U}_l^{\mathrm{Im}}(\boldsymbol{x})&=\boldsymbol{U}_r^{\mathrm{Im}}(\boldsymbol{x})\cos(\boldsymbol{k}l_x)-\boldsymbol{U}_r^{\mathrm{Re}}(\boldsymbol{x})\sin(\boldsymbol{k}l_x)\end{aligned} \tag{8.72}$$

$$\begin{aligned}\boldsymbol{U}_d^{\mathrm{Re}}(\boldsymbol{x})&=\boldsymbol{U}_t^{\mathrm{Re}}(\boldsymbol{x})\cos(\boldsymbol{k}l_y)+\boldsymbol{U}_t^{\mathrm{Im}}(\boldsymbol{x})\sin(\boldsymbol{k}l_y)\\ \boldsymbol{U}_d^{\mathrm{Im}}(\boldsymbol{x})&=\boldsymbol{U}_t^{\mathrm{Im}}(\boldsymbol{x})\cos(\boldsymbol{k}l_y)-\boldsymbol{U}_t^{\mathrm{Re}}(\boldsymbol{x})\sin(\boldsymbol{k}l_y)\end{aligned} \tag{8.73}$$

式中，下标 l、r、d、t 分别为左、右、下、上边界。l_x、l_y 分别为 x 和 y 方向上的晶格常数。

ABAQUS 是一款成熟的商用有限元软件，在工程实践中得到了广泛的应用。使用商业软件的优点是可以控制复杂的几何模型和设置高精度的网格。此外，在图形用户界面（GUI）中访问各种分析数据（位移、应力、应变等）非常方便。因此，ABAQUS 的二次开发将有助于计算周期结构的能带结构和分析相应的本征模态。在此基础上，在 ABAQUS 中建立如图 8-12a 所示的两个相同的单胞（网格和形状）模型，并通过图 8-12b 所示的多点耦合边界条件（MPC）在 x 和 y 方向分别应用式（8.72）和式（8.73），得到以 Bloch-Floquet 周期边界条件来表征的无限结构。此外，如图 8-12c 所示，利用二维平面模型进一步说明了 MPC 在 ABAQUS 中的原理和应用过程。因此，通过 ABAQUS 的二次开发，可以求解周期结构的色散关系，并通过波有限元法（WFE）验证了折纸超材料能带结构计算的准确性和有效性。特别需要注意的是，三维壳单元的连接处会出现奇异问题，在折痕处应尽量避免边界条件的应用。因此，需要对单胞进行截断处理。一维和二维周期折纸超材料的截断单胞如图 8-13a 和 8-13b 所示，晶格常数保持不变。

a) ABAQUS中的实部和虚部模型(两个相同的单元，包括形状和网格)

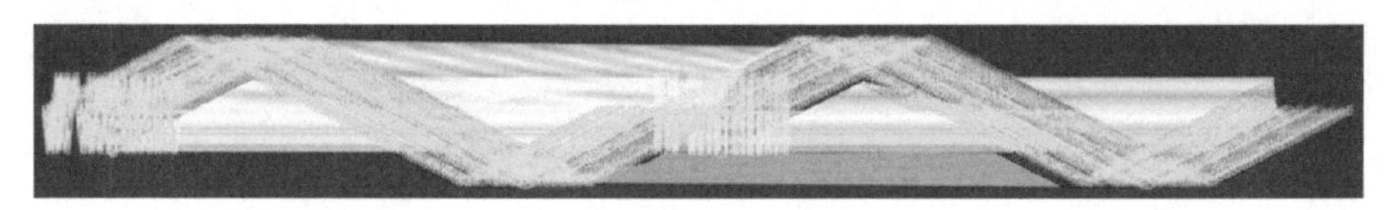

b) ABAQUS中通过多点耦合(MPC)在x和y方向上应用Bloch Floquet周期边界条件

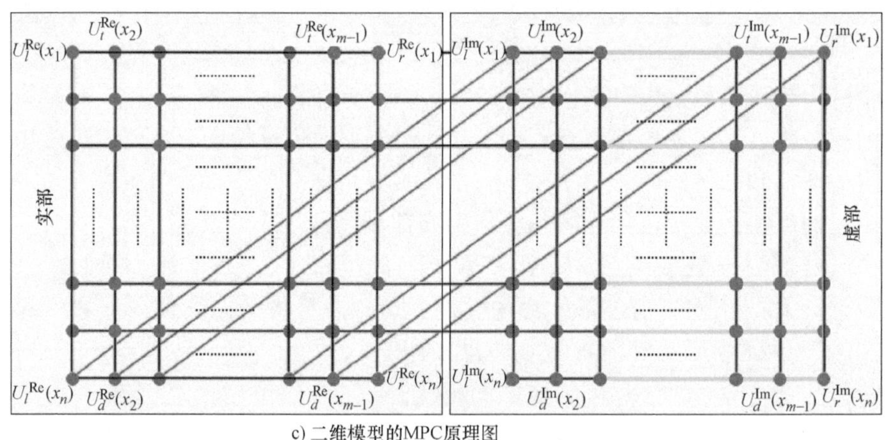

c) 二维模型的MPC原理图

图 8.12　ABAQUS 中计算模型的建立

最后，由 10 个相同单胞组成的超单胞模型如图 8-13d 所示，同样对边界进行截断处理，以避免表面共振现象的发生。此外，对一维和二维周期结构超单胞的 y 方向上分别采用自由边界条件和 Bloch-Floquet 周期边界条件，同时在左侧红线处激发正弦载荷。透射谱的计算公式为

a) 一维周期截断单胞　b) 二维周期截断单胞　c) 第一布里渊区

d) 透射谱计算的超单胞模型

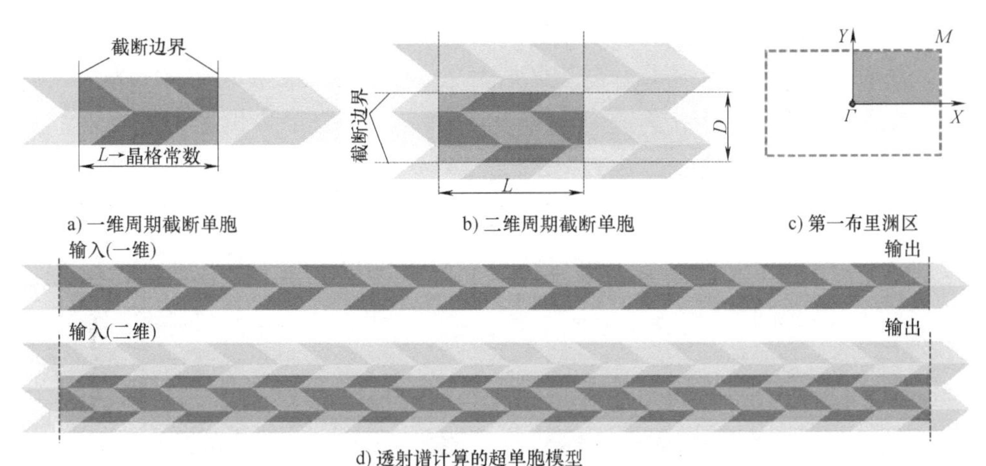

图 8.13　折纸超材料的计算原理图

$$T = 20\lg\left(\frac{U_O}{U_I}\right) \tag{8.74}$$

式中，U 为总位移的平均均方根；下标 O 和 I 分别为图 8-13d 所示超单胞模型的输出端和输入端。

为了提高计算效率，减少有限元计算的存储空间，引入三维薄壳单元来描述折叠结构的连续模型，并以此分析折纸超材料中弹性波的传播特性。通过 WFE 方法计算折纸超材料的能带结构，并与 ABAQUS 二次开发的计算结果进行对比，以验证本节方法的准确性。在此基础上，研究了弹性波在一维和二维折纸超材料中的极化、极化带隙和传输特性。此外，作为一种具有高度可调的各向异性结构，研究了折纸超材料在不同传播方向上的极化态及在不同周期方向上的极化跃迁现象。折纸超材料的几何参数和材料参数见表 8.3。

表 8.3　折纸超材料的几何参数和材料参数

几何参数	数　值	描　　述
a	20mm	平行四边形的一条边
b	10mm	平行四边形的一条边
α	30°	扇形角
γ	60°	二面角
L	17.89mm	x 方向上的晶格常数
D	5mm	y 方向上的晶格常数
E	70GPa	弹性模量
μ	0.346	泊松比
ρ	2697kg/m^3	材料密度

8.4.2　一维折纸超材料能带特性的极化与波动传输

图 8.14a 所示为一维折纸超材料的能带结构。实线为有限元软件计算结果，空

心圆为 WFE 计算结果。显然，利用商业有限元软件 ABAQUS 二次开发计算能带结构是可靠的。同时带隙范围以深阴影区域表示，相应透射谱如图 8.14b 所示。

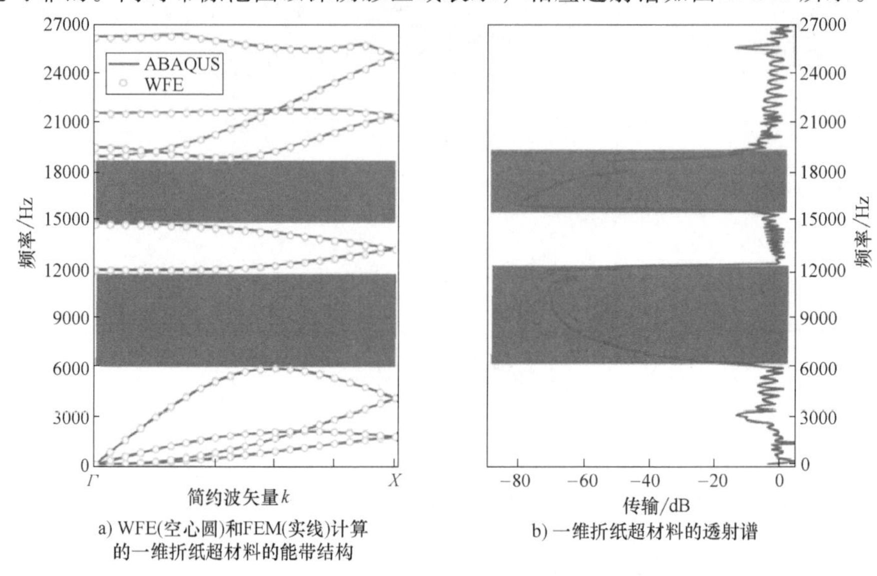

a) WFE(空心圆)和FEM(实线)计算的一维折纸超材料的能带结构

b) 一维折纸超材料的透射谱

图 8.14 一维折纸超材料能带及透射谱

根据振动理论，能带结构中任意点的本征值都有其对应的本征模且相互正交。因此，特定本征模的激发取决于激励函数的选择。激励函数与本征模越相似，本征模激发的概率和强度就越大。换句话说，当激励函数与本征模正交时，本征模完全不能被激发。

为了探究折纸超材料的极化现象，揭示能带结构的极化分布，采用不同的激励对折纸超材料中弹性波传播特性进行了深入研究。首先，施加 x 方向的均匀载荷激发类纵波极化模，相应透射谱如图 8.15b 所示。与图 8.14b 所示的透射谱相比，还有两个透射系数比较低的区域用浅阴影标记。可以清楚地观察到，透射谱中浅阴影区域的频率范围与图 8.15a 中的四种模式（S_1、S_2、S_3、S_4）一致。随后，沿 z 方向施加正弦激励得到类弯曲极化模，图 8.15c 所示的透射谱类似于类纵波极化模，浅阴影区域标记的透射系数的频率范围与四种模式（S_1、S_2、S_3、S_4）相同。最后，沿 y 方向施加均匀载荷来激发类剪切波极化模，其透射谱如图 8.15d 所示。可以看出，低透射的虚线区域位于 F_1 和 F_2 模式所在 2017.7~5860.3Hz 的频率范围。因此，为了清晰地揭示能带结构的极化分布，进一步研究极化带隙产生的潜在机制，图 8.16 所示为相应模态的本征位移场。对于 S_1、S_2、S_3、S_4 模态，u 和 w 的位移分量几乎没有分布，只有 v 的位移分量在弹性波传播方向上近似均匀分布。这意味着这四种模式以类剪切波极化模式为主。而 x、z 方向激励产生的类纵波极化波和类弯曲波极化波不能完全在相应的频率范围内传播。相反，另两种模态 F_1 和 F_2 的 u 和 w 位移分量分布较为均匀，而 v 的位移分量占比很少，即这些模态是类纵极化模和类弯曲波极化模的耦合。因此，在 y 方向激励下，这两种模态很少被激发，能量很少在这个频率范围内传播。此外，可以明显观察到两个 F 模在较低频段的 u 和 w 的变形沿波传播方向均匀分布。而对于更高频率范围的 4 个 S 模，虽然 v 的整体变形大致可以看作是剪切波极化模，但能量主要集中在折纸单元格的薄片上。这主要是因为在较低频率范围内，类弯曲波极化波的波长远大于单胞晶格尺寸，结构与类弯极化波之间的耦合效应可以忽略，这与波在均匀介质中的传播类似。频率越高，波长越短，随着频率的增加，结构对波传播的影响越来越明显。而且，脊线处的刚度明显大于板的刚度，因此能量分布会被脊线分开，主要集中在板上。此外，深阴影区域的透射系数比浅阴影和虚线区域更低。这是因为图 8.15b、c、d 中的深阴影区域是完整的带隙，任何形式的波都不能传播。而浅阴影和虚线区域的频率范围为极化带隙，还存在一些其他形式的极化波。

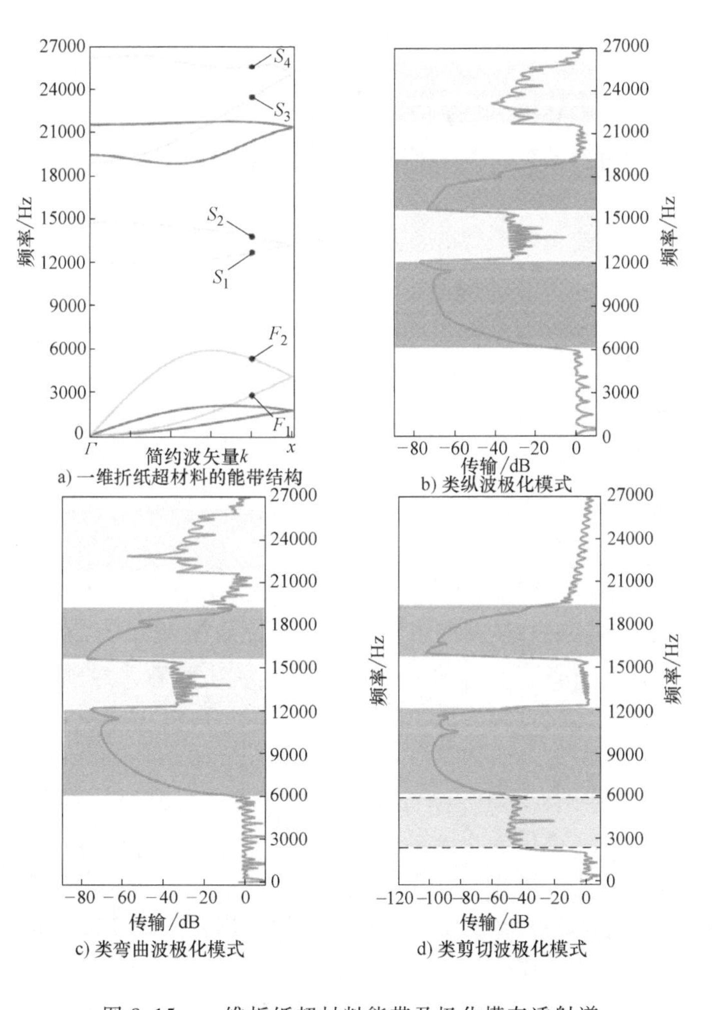

图 8.15 一维折纸超材料能带及极化模态透射谱

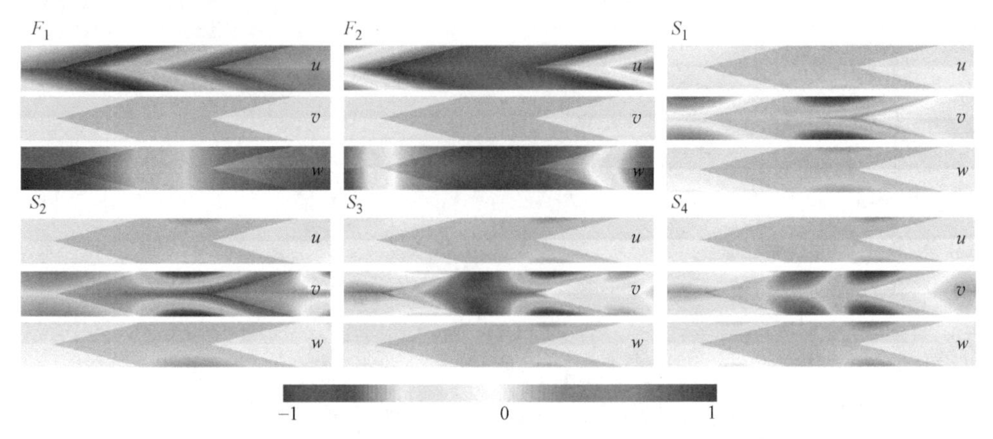

图 8.16　一维折纸超材料相应六个模态的本征位移场

8.4.3　二维折纸超材料能带特性的极化与波动传输

与电磁波和声波不同，弹性波具有更丰富的极化特性。根据 8.4.2 节的分析，一维折纸超材料有两种主要的极化形式：剪切极化模和类纵波—类弯曲波耦合极化模。在本节中，将探讨弹性波在二维周期结构中的传播特性和极化态。二维周期折纸超材料在第一不可约布里渊带沿高对称方向计算的能带结构如图 8.17a 所示。为了进一步证明每个导波模式的准确性，主要考虑图 8.17a 中虚线区域所示 Γ-X 方向的带结构，图 8.17b 所示为十个点对应的单胞本征模如图 8.18 所示。在虚线中标注的 F_1、F_2、F_3、F_4 四个模态中，u 和 w 的位移分量分布均匀，而 v 的位移分量在四个模态中几乎不存在。反之，实线中标记的 $S_1 \sim S_6$ 的另外 6 个模态 v 的位移分量分布均匀，而 u 和 w 的位移分量占总位移的比例很小，且振动方向与波的传播方向垂直。因此，二维折纸超材料沿 Γ-X 方向的极化态主要有两种形式，即类剪切极化模和类纵波—类弯曲波耦合极化模，与一维周期结构相一致。此外，对于较低频率范围的前两个 S 模，v 的位移分量沿波传播方向均匀分布。随着频率的增加，虽然振动方向与波的传播方向大致垂直，但位移场主要集中在折纸壳上，而很少存在于刚度较大的脊线上。主要原因是类剪切极化模的波长随频率的增加而减小，结构与类剪切极化模之间的耦合效应逐渐突出。而对于四种 F 模态，u 和 w 的位移分量仍然随频率的增加而均匀分布，这与波在均匀介质中的传播始终相似。由于 Γ-X 方向上的法向刚度和弯曲刚度大于剪切刚度，导致其类纵波极化模和类弯曲波极化模比类剪切波极化模的传播速度快，使类纵波极化模和类弯曲波极化模的波长长于类弯曲波波长。因此，随着频率的增加，类纵波—类弯曲波极化模的波长仍然大于单晶胞的晶格尺寸，结构与波传播之间的耦合效应可以忽略。

为了验证极化态的正确性，通过谐响应分析得到了类纵波极化模、类弯曲波极化模、类剪切波极化模的透射谱，如图 8.19 所示。首先，分别施加 x 和 z 方向的

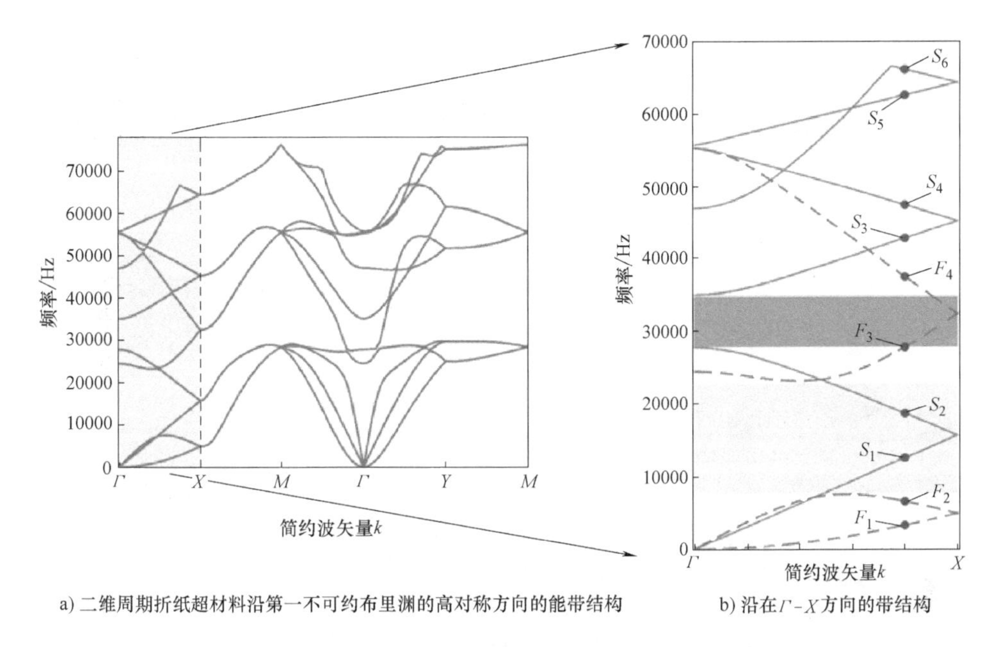

a) 二维周期折纸超材料沿第一不可约布里渊的高对称方向的能带结构　　b) 沿在 Γ-X 方向的带结构

图 8.17　二维折纸超材料能带结构

均匀载荷，相应类纵极化模和类弯极化模的透射谱分别如图 8.19a、b 所示。在由浅阴影标记的频率范围 7.5~23.4kHz 与图 8.17b 所示的类纵极化和类弯极化带隙一致，且有明显的低透射率出现。同样，施加 y 方向的均匀载荷来激发类剪切极化模，其透射如图 8.19c 所示。同样，透射比较低的区域用深阴影标记，与图 8.17b 中 27.9~35.1KHz 类剪切极化带隙的频率范围一致。因此，可以准确地计算出不同激励下的极化带隙，且上述结果可以为单向抑制波传播提供参考。

8.4.4　折纸结构的各向异性

如前所述，结构的各向异性是折纸超材料最重要的特征之一，可以通过人为控制折叠程度来控制结构的各向异性。本节将系统地讨论折纸超材料的各向异性特性。一方面，图 8.20a 中绘制了 Γ-X 和 Γ-Y 方向的能带结构，其几何参数与表 8.3 中保持一致。可以清楚地看到，折纸超材料的能带结构和极化分布在不同方向上有相当大的差异。例如，Γ-X 方向的第一组和第二组群速度分别约为 4.9km/s 和 15.7km/s。当弹性波沿 Γ-Y 方向传播时，在 0~20kHz 范围内，前两个波段的群速度分别为 83.3km/s 和 30km/s，远高于沿 Γ-X 方向的群速度。也就是说，弹性波在 Γ-X 方向上的能量传播速度大于比 Γ-Y 方向上的能量传播速。另一方面，二维折纸超材料的第一个和第二个带的三维能带结构表面和对应的等频曲线如图 8.20b、c 所示。可以发现，第一个和第二个带的三维表面都是平面锥而不是各向同性结构的圆锥，等频轮廓是椭圆或近似矩形而不是圆形。这些都直观地展示了折纸超材料

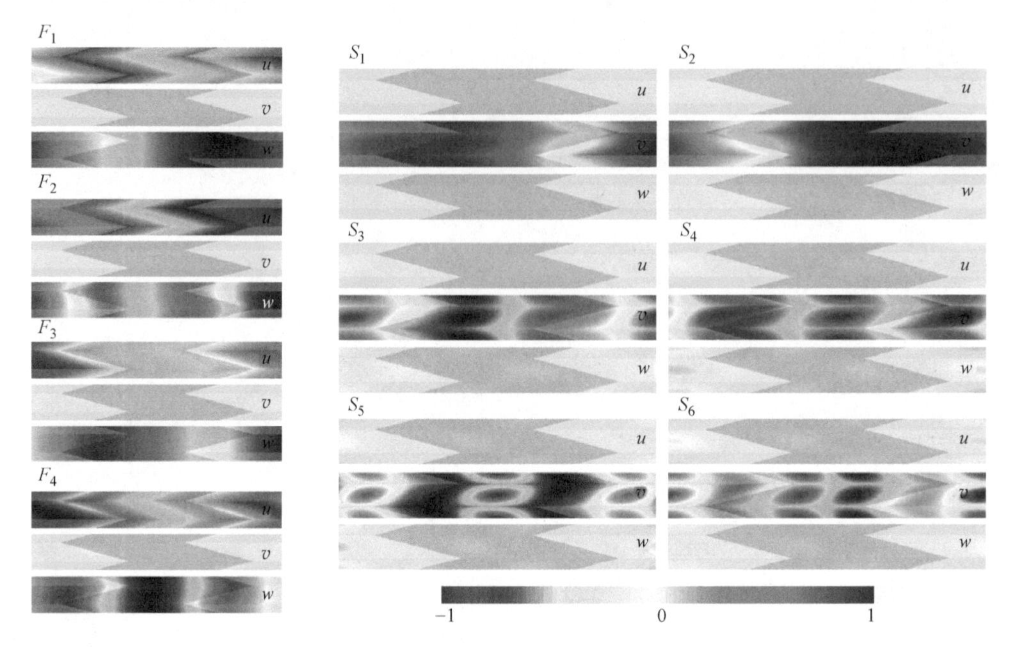

图 8.18　一维折纸超材料相应十个模态的本征位移场

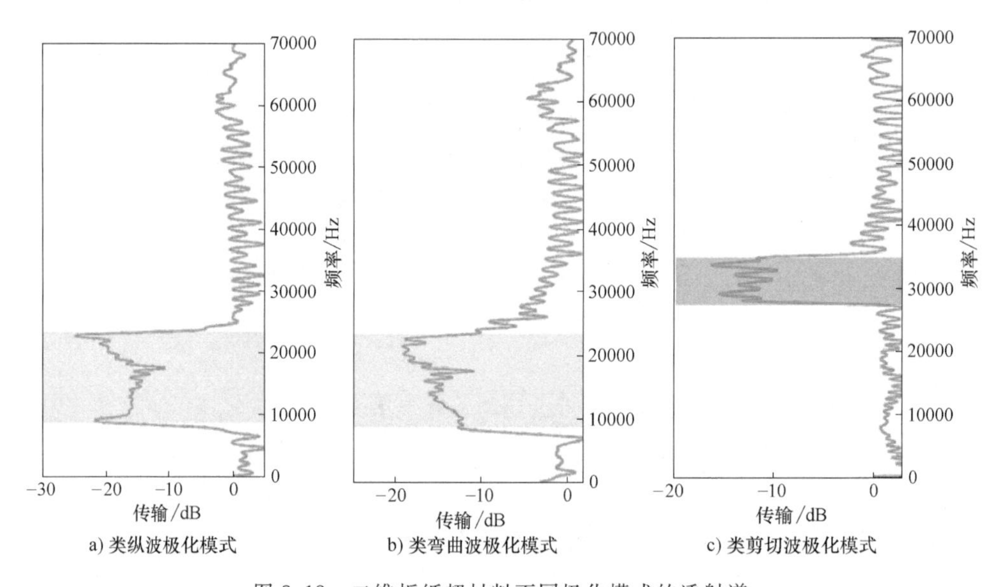

图 8.19　二维折纸超材料不同极化模式的透射谱

的各向异性特性。

8.4.5　极化模态的转换

对于在固体介质中传播的平面波，物理性质完全不同的纵向模态和横向模态分别由体积变化和形状变化引起，也就是说，可以通过调节控制纵向模态的法向刚度

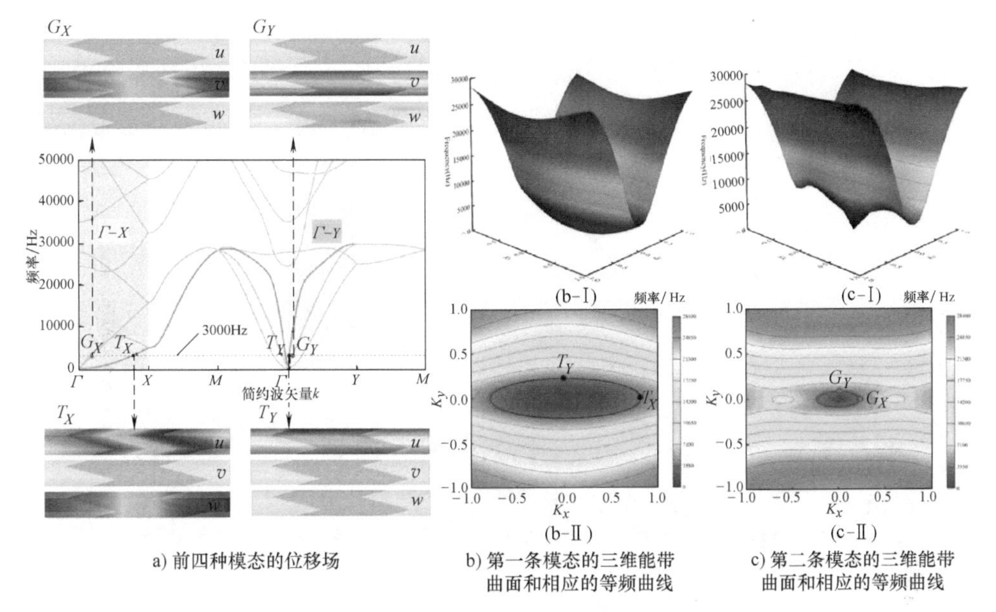

a) 前四种模态的位移场　　b) 第一条模态的三维能带曲面和相应的等频曲线　　c) 第二条模态的三维能带曲面和相应的等频曲线

图 8.20　二维折纸超材料的能带结构和位移场

和控制剪切模态的剪切刚度来控制结构的相对频散特性。因此，纵波在任何给定方向上的速度并不总是比横波快。在各向异性介质中，如横向各向同性或正交对称的固体，会出现从纵向极化模式到剪切极化模式的异常极化跃迁。

本节研究的折纸超材料在不同周期方向（波传播方向）的刚度存在较大差异，因此弹性波在不同传播方向会表现出明显不同的极化状态，极化跃迁会沿等频线发生。为了解释极化特性，选取一条 3000Hz 频率的黑色虚线与前两个带相交。图 8.20a 中显示了 Γ-X 和 Γ-Y 方向中对应的四个点的本征模。具体来说，$\boldsymbol{T_X}$ 和 $\boldsymbol{T_Y}$ 分别是沿 Γ-X 和 Γ-Y 方向的两种模态，并在图 8.20（b-Ⅱ）所示的第一条带的等频曲线中表现出来。对于模态 $\boldsymbol{T_X}$、u 和 w 的位移分量沿弹性波的传播方向（Γ-X）均匀分布，而 v 的位移分量很少存在。而模态 $\boldsymbol{T_Y}$ 呈现完全相反的位移场分布。u 的位移分量分布均匀，v 和 w 的位移分量占总位移的比例很小，振动方向垂直于波的传播（Γ-Y）。因此，模态 $\boldsymbol{T_X}$ 和 $\boldsymbol{T_Y}$ 分别是类纵极化模、类弯极化模和类剪极化模的耦合模。对第二条带，模态 $\boldsymbol{G_X}$ 和 $\boldsymbol{G_Y}$ 通过位移场分布分析表明为类剪切极化模和类纵极化模。由此可以清楚地看到，从类纵极化模态到类剪切极化模态的转变会沿等频线发生。

另外，实现极化跃变的关键条件是在一个方向上有效法向刚度低于有效剪切刚度，而在另一个方向上保持有效法向刚度大于有效剪切刚度。采用时间瞬态模拟来检测波的传播过程，在红线突出的边激发中心频率 3000Hz 的正弦载荷。首先，对 X 方向的类纵极化波和类剪切极化波分别施加力矢量 $\boldsymbol{F_x}$ 和 $\boldsymbol{F_y}$；当 t=0.5ms 时，力向量激发的位移分量 u 和力向量激发的位移分量 v 如图 8.21a 所示。结果表明：折纸超材料纵向波的传播速度要快于横向波的传播速度，即 X 方向上的法向刚度大于剪切刚度。而对于另一个方向（Y），如图 8.21b 所示，类纵波的传播速度明显慢于类剪波，即 Y 方向法向刚度小于剪切刚度。最后，上述观测证实极化跃迁出现在各向异性折纸超材料中。

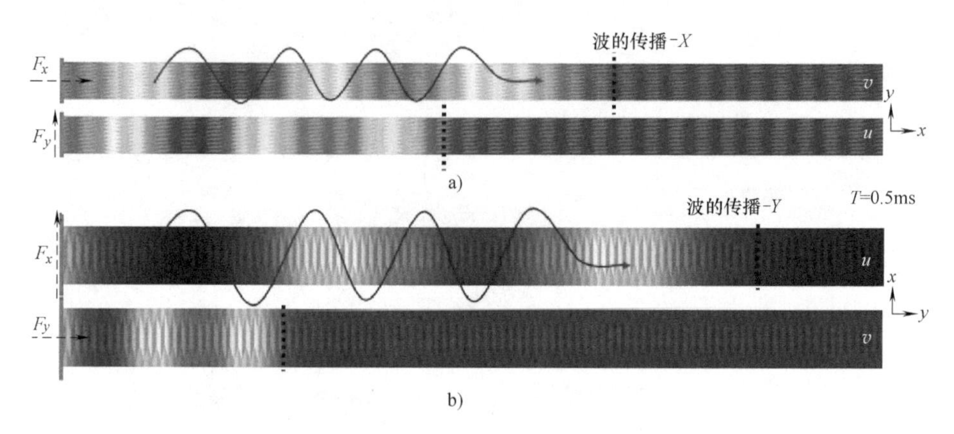

图 8.21 折纸超材料中波传播的瞬态模拟

8.4.6 极化带隙的关键几何参数化调控

如前所述，折纸超材料最重要的特征之一是在折叠过程中晶格尺寸和类型发生很大的变化，从而产生大量的折叠构型和折叠诱导的重构行为，这对弹性波在折纸结构中的极化和传播有明显的影响。由图 8.11 所示的折纸超材料模型可知，极化带隙的调控主要取决于二面角和扇形角这两个重要参数的变化。因此，为了系统全面地说明折纸超材料的极化带隙的可调谐性，本节将进行参数研究。

1. 二面角对极化带隙的影响

首先，研究了不同二面角的影响。选取 $\gamma=30°$、$60°$、$90°$、$120°$、$150°$分析二维折纸超材料极化禁带的调节，其他参数与表 8.3 相同。为不失一般性，选择了三个不同的扇形角 $\alpha=30°$、$50°$、$70°$，这三组极化带隙的变化分别用不同标识表示，如图 8.22 所示。对于类剪切极化模式，从图 8.22a 中可以明显看出，当二面角增大时，三种不同扇形角的极化带隙中心频率和带宽均呈现非单调变化。以 $\alpha=30°$ 为例，当二面角在小范围内变化时，中心频率和带宽随二面角的增大而增大。而对于 $\gamma>120°$，随着二面角的增加，中心频率和带宽开始减小。直到二面角大于 $140°$，类剪切极化模的带隙几乎是闭合。但如图 8.22b 所示，在三种不同扇形角下，类纵极化和类弯极化耦合模的中心频率和带隙带宽均随二面角的增大而减小。

为进一步探究极化带隙随二面角的变化规律，图 8.23 显示了 $\alpha=30°$的剪切极化模的能带结构和相应的透射谱。对比 $\gamma=60°$、$90°$、$120°$、$150°$四组类剪切极化模，可以看出极化带隙主要是由第 2 类和第 3 类剪切极化分支之间的排斥效应引起

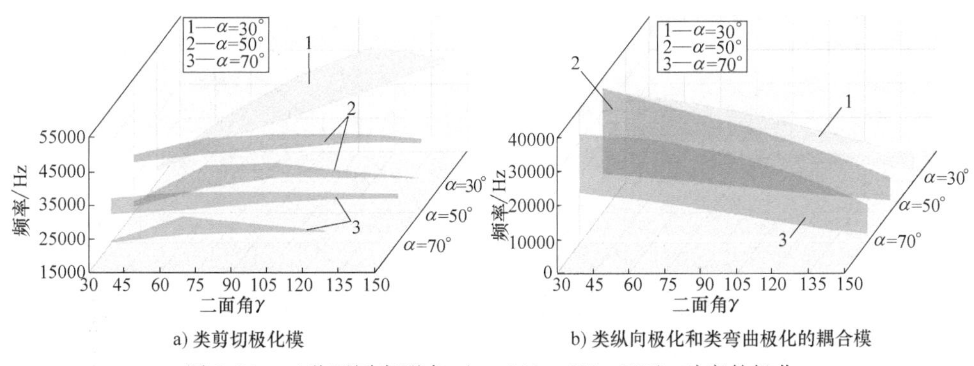

a) 类剪切极化模 b) 类纵向极化和类弯曲极化的耦合模

图 8.22 三种不同扇形角（$\alpha=30°$、50°、70°）对应的极化带隙随二面角的变化

的。对于 $\gamma<120°$，随着二面角的增加，第 1 和第 2 支的群速度增加，这导致极化禁带的下截止频率增加。此外，由于第 3 支出现明显的正频移，极化带隙的上截止频率增加，进而导致中心频率和带宽增加。当二面角大于 120°时，第 1 支和第 2 支的群速度继续增大。而第 3 支的群速度逐渐减小直至接近于零，同时出现负频移，导致极化带隙的带宽迅速减小，几乎闭合。同样，图 8.24 给出了类纵极化和类弯极化耦合模的极化带隙和相应的透射谱。可以清楚地看到极化带隙在第 2 支和第 3 支之间被打开。随着二面角的增大，第 1 和第 2 耦合支的群速度缓慢减小，导致极化带隙的下截止频率缓慢下降。同时，第 3 支出现快速的负频移，导致上截止频率迅速降低。最终，类纵极化和类弯极化耦合模的极化带隙的中心频率和带宽随二面角的增大而减小。

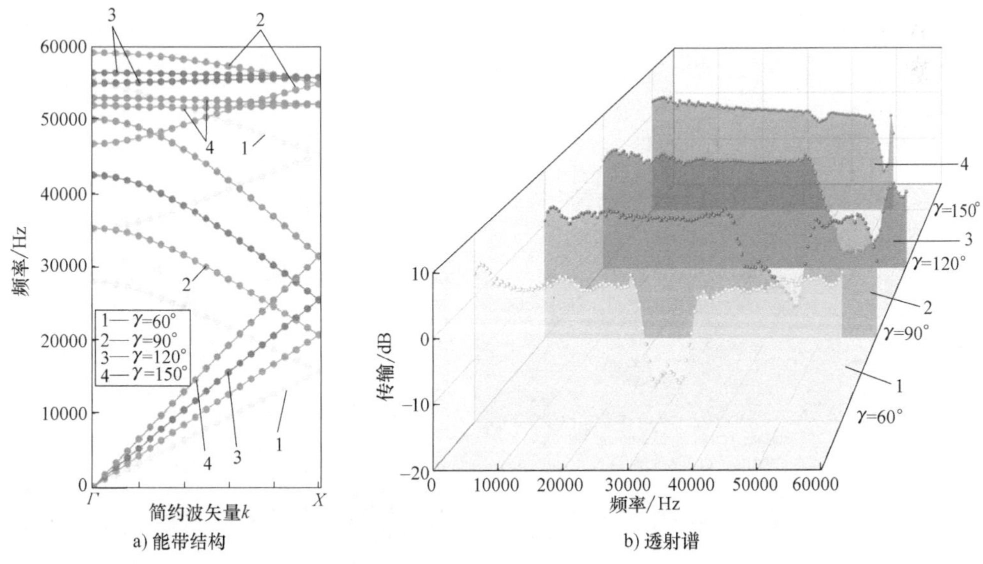

a) 能带结构 b) 透射谱

图 8.23 当 $\alpha=30°$时，不同二面角（60°、90°、120°、150°）的类剪切波极化模的能带结构和相应的透射谱

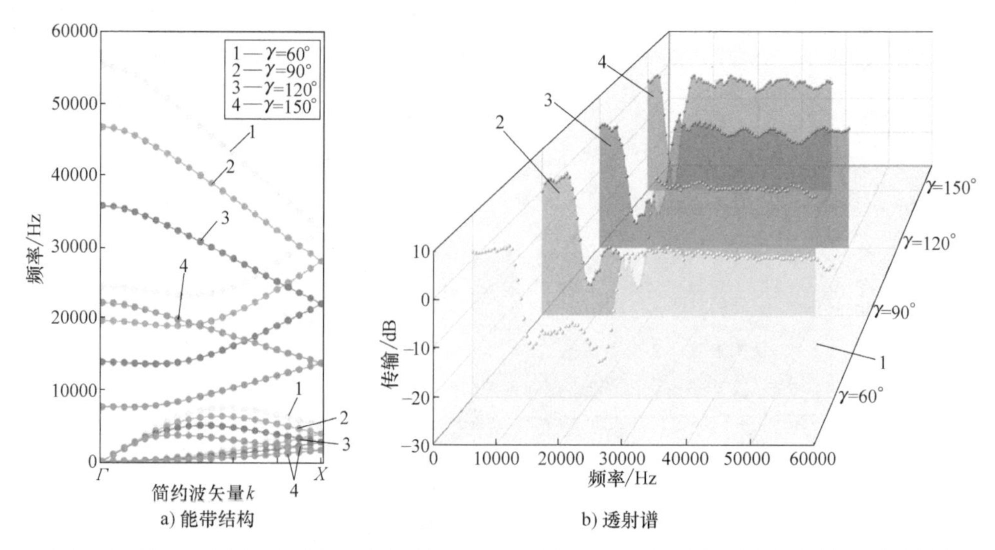

图 8.24　当 $\alpha=30°$时，不同二面角（60°、90°、120°、150°）的类纵极化和类弯极化耦合模的能带结构及其透射谱

2. 扇形角对极化带隙的影响

扇形角是用来调控极化带隙的另一个重要参数。选择 $\alpha=10°$、20°、30°、40°、50°、60°、70°来探究二维折纸超材料极化带隙的，其他参数与表 8.3 保持一致。选取三个不同的二面角 $\gamma=60°$、90°、120°，并在图 8.25 中分别用不同标识表示三组极化带隙的变化。如图 8.25a 所示，扇形角在小范围内变化时，类剪切模极化带隙中心频率随扇形角的增大而减小。当扇形角增大到 40°时，类剪切极化模的第 2 条极化带隙被打开，而中心频率随着扇形角的增大继续减小。如图 8.25b 所示，在 3 个不同的二面角中，类纵极化和类弯极化耦合模的极化带隙中心频率随扇形角的增大而单调增大。

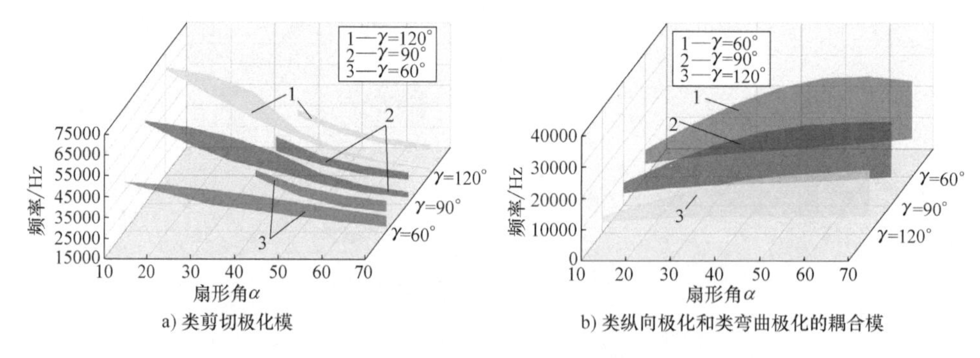

图 8.25　三种不同二面角（$\gamma=60°$、90°、120°）对应的极化带隙随扇形角的变化

图 8.26 所示为当 $\gamma=120°$时，类剪切极化模的能带结构和相应的透射谱。利用该图，以研究极化带隙随扇形角的变化机制。对比 $\alpha=20°$、30°、50°、70°四组类

剪切极化模，第 1 个极化带隙是由于第 2 个和第 3 个类剪切极化支之间的排斥作用而打开的。随着扇形角的增大，第 1 个分支的群速度略有减小，而第 2 个分支的群速度迅速减小，这导致极化带隙的下截止频率减小。同时，第 3、4 支群速度逐渐减小直至趋近于零，同时出现较大的负频移，导致极化带隙的上截止频率减小。因此，随着扇形角的增大，第 1 个类剪切极化带隙的中心频率减小。另一个有趣的特征是，如图 8.26a 所示，当扇形角大于 40°时，第 2 个类剪切极化带隙被打开。这主要是由于随着扇形角的增大，类剪切极化模所在的频率范围迅速减小，在较低的频率范围出现了第 5 条和第 6 条类剪切极化分支。此外，对 $\alpha=50°$、70°，图 8.26a 中 $\alpha=50°$、70°的区域比图 8.26b 中显示的其他传输区域的振幅更低。类似地，在图 8.27 中显示了类纵极化和类弯极化耦合模的能带结构和对应的透射谱。可以看到，极化带隙出现在第 2 个和第 3 个耦合支路之间，其变化高度依赖于扇形角。随着扇形角的增大，第 1 和第 2 耦合支路的群速度增大，从而导致下截止频率的增大。第 3 个耦合支路的群速度随扇形角的增大由正减小到负，同时出现正向频率漂移，导致上截止频率增大。最终，随着扇形角的增大，极化带隙中心频率增大而带宽呈非单调变化。与类剪切极化模式类似，图 8.27a 中 $\alpha=50°$、70°标记的透射率比图 8.27b 中其他透射区域的幅值更低。值得注意的是，无论是剪切极化模式，还是纵向极化和弯曲极化耦合模，都具有相同频率范围的低透射率。主要原因是图 8.26 和图 8.27 中特殊的频率范围是完全带隙，即任何形式的波都不能传播。然而，对于极化带隙而言，虽然所占比例较小，但仍存在其他形式的模态，因此极化带隙的透射率相对较低。综上所述，折纸超材料可以实现自定义的宽频域极化带隙特性，在滤波、极化控制、定向传输等领域具有广阔的应用前景。

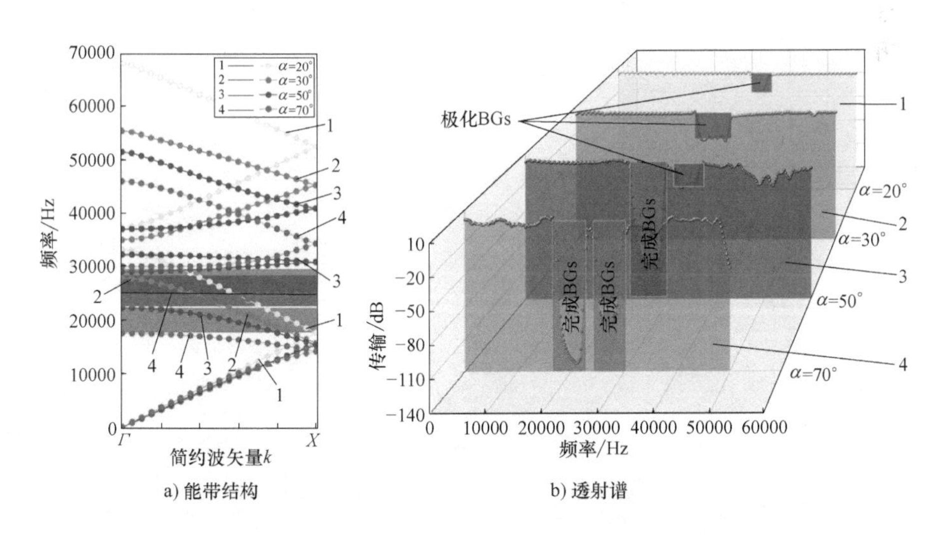

图 8.26　$\gamma=120°$时，不同扇形角（20°、30°、50°、70°）的类剪切极化的能带结构及其透射谱

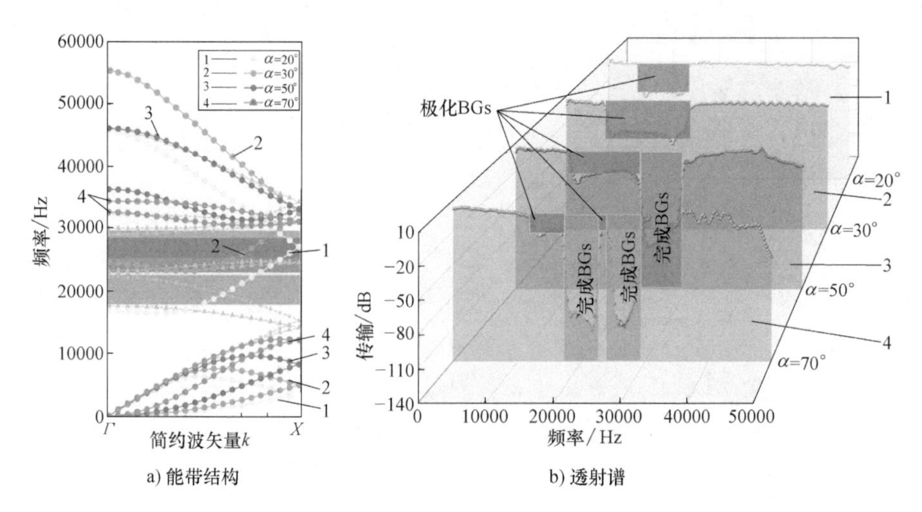

图 8.27　当 $\gamma=30°$时，不同扇形角（20°、30°、50°、70°）的类纵波—类弯曲极化模的能带结构及其透射谱

参考文献

[1] 罗斯 J L. 固体中的超声波［M］. 何存富，吴斌，王秀彦，译. 北京：科学出版社，2004.

[2] 何存富，郑明方，吕炎，等. 超声导波检测技术的发展、应用与挑战［J］. 仪器仪表学报，2016，37（8）：1713-1735.

[3] GRAFF K F. Wave motion in elastic solids［M］. Chicago：Courier Corporation，2012.

[4] LAMB H. On Waves in an elastic plate［J］. Proceedings of the Royal Society A，1917，93（648）：114-128.

[5] STONELEY R. Elastic waves at the surface of separation of two solids［J］. Proceedings of the Royal Society of London，1924，106（738）：416-428.

[6] GAZIS D C. Three dimensional investigation of the propagation of waves in hollow circular cylinders. I. analytical foundation［J］. Acoustical Society of America Journal，2005，31（5）：573-578.

[7] ZEMANEK J J. An experimental and theoretical investigation of elastic wave propagation in a cylinder［J］. Journal of the Acoustical Society of America，1972，51（1B）：265-283.

[8] DITRI J J，ROSE J L. Excitation of guided elastic wave modes in hollow cylinders by applied surface tractions［J］. Journal of Applied Physics，1992，72（7）：2589-2597.

[9] AULD B A. Acoustic fields and waves in solids［M］. New Fersy：John Wiley and Sons，1973.

[10] ACHENBACH J D，THAU S A. Wave Propagation In Elastic Solids［M］. Amsterdam：North-Holland，1980.

[11] ROSE J L，NAGY P B. Ultrasonic Waves in Solid Media［J］. Journal of the Acoustical Society of America，2004，107（4）：1807-1808.

[12] WHITE R M. Generation of elastic waves by transient surface heating［J］. Journal of Applied Physics，1964，34（12）：3559- 3567.

[13] DAIMARUYA M，NAITOH M. Dispersion and energy dissipation of thermoelastic waves in a plate［J］. Journal of Sound and Vibration，1987，117（3）：511-518.

[14] VERMA K L，HASEBE N. Wave propagation in plates of general anisotropic media in generalized thermoelasticity［J］. Inter national Journal of Engineering Science，2001，39（15）：1739-1763.

[15] KUMAR R，KANSAL T. Propagation of lamb waves in transversely isotropic thermoelastic diffusive plate［J］. International Journal of Solids and Structures，2008，45（22）：5890-5913.

[16] JIANGONG Y，BIN W，CUNFU H. Circumferential thermoelastic waves in orthotropic cylindrical curved plates without energy dissipation［J］. Ultrasonics，2010，50（3）：416-423.

[17] Al-QAHTANI H，DATTA S K. Thermoelastic waves in an anisotropic infinite plate［J］. Journal of Applied Physics，2004，96（7）：3645-3658.

[18] BIOT M A. The influence of initial stress on elastic waves［J］. Journal of Applied Physics，1940，11（8）：522-530.

[19] HAYES M. Wave propagation and uniqueness in prestressed elastic solids［J］. Proceedings of

the Royal Society A, 1963, 274 (1359): 500-506.

[20] ATABEK H B, LEW H S. Wave propagation through a viscous incompressible fluid contained in an initially stressed elastic tube [J]. Biophysical Journal, 1966, 6 (4): 481-503.

[21] CHEN W T, WRIGHT T W. Frequency equations for wave propagation in an initially stressed circular cylinder [J]. Journal of the Acoustical Society of America, 1966, 39 (5A): 847-848.

[22] WILLIAMS R A, MALVERN L E. Harmonic dispersion analysis of incremental waves in uniaxially prestressed plastic and viscoplastic bars, plates, and unbounded media [J]. Journal of Applied Mechanics, 1969, 36 (1): 59-64.

[23] COOK L P, HOLMES M. Waves and dispersion relations for hydroelastic systems [J]. SIAM Journal on Applied Mathematics, 1981, 41 (2): 271-287.

[24] BHASKAR A. Waveguide modes in elastic rods [J]. Proceedings of the Royal Society of London. Series A: Mathematical, Physical and Engineering Sciences, 2003, 459 (2029): 175-194.

[25] DEY S, DUTTA D. Torsional wave propagation in an initially stressed cylinder [J]. Proceedings-indian National Science Academy Part A, 1992, 58 (5): 425-425.

[26] CAVIGLIA G, MORRO A. Energy flux and dissipation in pre-stressed solids [J]. Acta Mechanica, 1998, 128 (3): 209-216.

[27] CHEN F, WILCOX P D. The effect of load on guided wave propagation [J]. Ultrasonics, 2007, 47 (1-4): 111-122.

[28] DEGTYAR A D, HUANG W, ROKHLIN S I. Wave propagation in stressed composites [J]. Journal of the Acoustical Society of America, 1998, 104 (4): 2192-2199.

[29] AKBAROV S D. Dynamics of pre-strained bi-material elastic systems: Linearized three-dimensional approach [M]. Berlin: Springer, 2015.

[30] AKBAROV S D, GULIEV M S. The influence of the finite initial strains on the axisymmetric wave dispersion in a circular cylinder embedded in a compressible elastic medium [J]. International Journal of Mechanical Sciences, 2010, 52 (1): 89- 95.

[31] KAYESTHA P, WIJEYEWICKREMA A C, KISHIMOTO K. Time-harmonic wave propagation in a pre-stressed compressible elastic bi-material laminate [J]. European Journal of Mechanics - A/Solids, 2010, 29 (2): 143-151.

[32] LEUNGVICHCHAROEN S, WIJEYEWICKREMA A C. Dispersion effects of extensional waves in pre-stressed imperfectly bonded incompressible elastic layered composites [J]. Wave Motion, 2003, 38 (4): 311-325.

[33] SHEARER T, ABRAHAMS I D, PARNELL W J, et al. Torsional wave propagation in a pre-stressed hyperelastic annular circular cylinder [J]. Quarterly Journal of Mechanics and Applied Mathematics, 2013, 66 (4): 465-487.

[34] GAVRIC L. Computation of propagative waves in free rail using a finite element technique [J]. Journal of Sound and Vibration, 1995, 185 (3): 531-543.

[35] TAWEEL H, DONG S B, KAZIC M. Wave reflection from the free end of a cylinder with an ar-

bitrary cross-section [J]. International Journal of Solids and Structures, 2000, 37 (12): 1701-1726.

[36] HAYASHI T, SONG W J, ROSE J L. Guided wave dispersion curves for a bar with an arbitrary cross-section, a rod and rail example [J]. Ultrasonics, 2003, 41 (3): 175-183.

[37] MUKDADI O M, DATTA S K. Transient ultrasonic guided waves in layered plates with rectangular cross section [J]. Journal of Applied Physics, 2003, 93 (11): 9360-9370.

[38] BARTOLI I, MARZANI A, SCALEA F L D, et al. Modeling wave propagation in damped waveguides of arbitrary cross-section [J]. Journal of Sound and Vibration, 2006, 295 (3-5): 685-707.

[39] LOVEDAY P W. Semi-analytical finite element analysis of elastic waveguides subjected to axial loads [J]. Ultrasonics, 2009, 49 (3): 298-300.

[40] MAZZOTTI M, MARZANI A, BARTOLI I, et al. Guided waves dispersion analysis for prestressed viscoelastic waveguides by means of the SAFE method [J]. International Journal of Solids and Structures, 2012, 49 (18): 2359-2372.

[41] MAZZOTTI M, BARTOLI I, MARZANI A, et al. A coupled SAFE-2.5D BEM approach for the dispersion analysis of damped leaky guided waves in embedded waveguides of arbitrary cross-section [J]. Ultrasonics, 2013, 53 (7): 1227-1241.

[42] MAZZOTTI M, MARZANI A, BARTOLI I. Dispersion analysis of leaky guided waves in fluid-loaded waveguides of generic shape [J]. Ultrasonics, 2014, 54 (1): 408-418.

[43] TREYSSÈDE F. Numerical investigation of elastic modes of propagation in helical waveguides [J]. Journal of the Acoustical Society of America, 2007, 121 (6): 3398-3408.

[44] TREYSSÈDE F, LAGUERRE L. Investigation of elastic modes propagating in multi-wire helical waveguides [J]. Journal of Sound and Vibration, 2010, 329 (10): 1702-1716.

[45] TREYSSÈDE F, FRIKHA A, CARTRAUD P. Mechanical modeling of helical structures accounting for translational invariance. Part 2: Guided wave propagation under axial loads [J]. International Journal of Solids and Structures, 2013, 50 (9): 1383-1393.

[46] NGUYEN K L, TREYSSEDE F. Numerical investigation of leaky modes in helical structural waveguides embedded into a solid medium [J]. Ultrasonics, 2015, 57: 125-134.

[47] TREYSSEDE F. Three-dimensional modeling of elastic guided waves excited by arbitrary sources in viscoelastic multilayered plates [J]. Wave Motion, 2015, 52: 33-53.

[48] GRAVENKAMP H, BIRK C, VAN J. Modeling ultrasonic waves in elastic waveguides of arbitrary cross-section embedded in infinite solid medium [J]. Computers and Structures, 2015, 149: 61-71.

[49] GRAVENKAMP H, MAN H, SONG C, et al. The computation of dispersion relations for three-dimensional elastic waveguides using the scaled boundary finite element method [J]. Journal of Sound and Vibration, 2013, 332 (15): 3756-3771.

[50] GRAVENKAMP H, SONG C, PRAGER J. A numerical approach for the computation of dispersion relations for plate structures using the Scaled Boundary Finite Element Method [J]. Journal of Sound and Vibration, 2012, 331 (11): 2543-2557.

[51] ORRIS R M, PETYT M. A finite element study of harmonic wave propagation in periodic structures [J]. Journal of Sound and Vibration, 1974, 33 (2): 223-236.

[52] ABDEL-RAHMAN A Y A. Matrix analysis of wave propagation in periodic systems [D]. Southampton: University of Southampton, 1979.

[53] GRY L, GONTIER C. Dynamic modelling of railway track: a periodic model based on a generalized beam formulation [J]. Journal of sound and vibration, 1997, 199 (4): 531-558.

[54] THOMPSON D J. Wheel-rail noise generation, part I: introduction and interaction model [J]. Journal of sound and vibration, 1993, 161 (3): 387-400.

[55] MEAD D M. Wave propagation in continuous periodic structures: research contributions from southampton, 1964-1995 [J]. Journal of Sound and Vibration, 1996, 190 (3): 495-524.

[56] ZHONG W X, WILLIAMS F W. On the direct solution of wave propagation for repetitive structures [J]. Journal of Sound and Vibration, 1995, 181 (3): 485-501.

[57] MACE B R, DUHAMEL D, BRENNAN M J, et al. Finite element prediction of wave motion in structural waveguides [J]. Journal of the Acoustical Society of America, 2005, 117 (5): 2835-2843.

[58] ICHCHOU M N, AKROUT S, MENCIK J M. Guided waves group and energy velocities via finite elements [J]. Journal of Sound and Vibration, 2007, 305 (4-5): 931-944.

[59] LANGLEY R S. Wave evolution, reflection, and transmission along inhomogeneous waveguides [J]. Journal of Sound and Vibration, 1999, 227 (1): 131-158.

[60] MANCONI E, MACE B R. Wave characterization of cylindrical and curved panels using a finite element method [J]. Journal of the Acoustical Society of America, 2009, 125 (1): 154-163.

[61] MENCIK J M, ICHCHOU M N. Multi-mode propagation and diffusion in structures through finite elements [J]. European Journal of Mechanics - A/Solids, 2005, 24 (5): 877-898.

[62] ZHOU W J, ICHCHOU M N, MENCIK J M. Analysis of wave propagation in cylindrical pipes with local inhomogeneities [J]. Journal of Sound and Vibration, 2009, 319 (1-2): 335-354.

[63] ZHOU W J, ICHCHOU M N. Wave propagation in mechanical waveguide with curved members using wave finite element solution [J]. Computer Methods in Applied Mechanics and Engineering, 2010, 199 (33): 2099-2109.

[64] DUHAMEL D, MACE B R, BRENNAN M J. Finite element analysis of the vibrations of waveguides and periodic structures [J]. Journal of Sound and Vibration, 2006, 294 (1-2): 205-220.

[65] RENNO J M, MACE B R. Calculating the forced response of two-dimensional homogeneous media using the wave and finite element method [J]. Journal of Sound and Vibration, 2011, 330 (24): 5913-5927.

[66] WAKI Y, MACE B R, BRENNAN M J. Free and forced vibrations of a tyre using a wave/finite element approach [J]. Journal of Sound and Vibration, 2009, 323 (3-5): 737-756.

[67] HUANG T L, ICHCHOU M N, BAREILLE O A, et al. Multi-modal wave propagation in smart structures with shunted piezoelectric patches [J]. Computational Mechanics, 2013, 52 (3):

721-739.

[68] SERRA Q, ICHCHOU M N, DEÜJ F. Wave properties in poroelastic media using a Wave Finite Element Method [J]. Journal of Sound and Vibration, 2015, 335: 125-146.

[69] ZHOU C W, LAINÉJ P, ICHCHOU M N, et al. Multi-scale modelling for two-dimensional periodic structures using a combined mode/wave based approach [J]. Computers and Structures, 2015, 154: 145-162.

[70] ICHCHOU M N, BOUCHOUCHA F, SOUF M A B, et al. Stochastic wave finite element for random periodic media through firstorder perturbation [J]. Computer Methods in Applied Mechanics and Engineering, 2011, 200 (41-44): 2805-2813.

[71] HUGHES T J R, COTTRELL J A, BAZILEVS Y. Isogeometric analysis: CAD, finite elements, NURBS, exact geometry and mesh refinement [J]. Computer methods in applied mechanics and engineering, 2005, 194 (39-41): 4135-4195.

[72] BAZILEVS Y, GOHEAN J R, HUGHES T J R, et al. Patient-specific isogeometric fluid-structure interaction analysis of thoracic aortic blood flow due to implantation of the Jarvik 2000 left ventricular assist device [J]. Computer Methods in Applied Mechanics and Engineering, 2009, 198 (45-46): 3534-3550.

[73] COTTRELL J A, REALI A, BAZILEVS Y, et al. Isogeometric analysis of structural vibrations [J]. Computer Methods in Applied Mechanics and Engineering, 2006, 195 (41): 5257-5296.

[74] KIENDL J, BLETZINGER K U, LINHARD J, et al. Isogeometric shell analysis with Kirchhoff-Love elements [J]. Computer methods in applied mechanics and engineering, 2009, 198 (49-52): 3902-3914.

[75] BENSON D J, BAZILEVS Y, HSU M C, et al. A large deformation, rotation-free, isogeometric shell [J]. Computer Methods in Applied Mechanics and Engineering, 2011, 200 (13-16): 1367-1378.

[76] DE L L, TEMIZER I, WRIGGERS P, et al. A large deformation frictional contact formulation using NURBS based isogeometric analysis [J]. International Journal for Numerical Methods in Engineering, 2011, 87 (13): 1278-1300.

[77] COTTRELL J A, HUGHES T J R, BAZILEVS Y. Isogeometric analysis: toward integration of CAD and FEA [M]. New York: John Wiley and Sons, 2009.

[78] COHEN E, MARTIN T, KIRBY R M, et al. Analysis-aware modeling: Understanding quality considerations in modeling for isogeometric analysis [J]. Computer Methods in Applied Mechanics and Engineering, 2010, 199 (5-8): 334-356.

[79] SEDERBERG T W, CARDON D L, FINNIGAN G T, et al. T-spline simplification and local refinement [J]. Acm Transactions on Graphics, 2004, 23 (3): 276-283.

[80] MEAD D J. A general theory of harmonic wave propagation in linear periodic systems with multiple coupling [J]. Journal of Sound and Vibration, 1973, 27 (2): 235-260.

[81] PAVLAKOVIC B N, LOWE M J S. Disperse: A system for generating dispersion curves [J]. User's Manual, 2003, 133: 170-190.

[82] MOSER F, JACOBS L J, QU J. Modeling elastic wave propagation in waveguides with the finite element method [J]. Ndt and E International, 1999, 32 (4): 225-234.

[83] PAVLAKOVIC B N. Leaky guided ultrasonic waves in NDT [D]. London: University of London, 1998.

[84] LEE U. Spectral element method in structural dynamics [M]. Singapore: John Wiley and Sons (Asia), 2009.

[85] DEHGHAN M, SABOURI M. A spectral element method for solving the Pennes bioheat transfer equation by using triangular and quadrilateral elements [J]. Applied Mathematical Modelling, 2012, 36 (12): 6031-6049.

[86] KOPRIVA D A. Implementing Spectral Methods for Partial Differential Equations [M]. Berlin: Springer Netherlands, 2009.

[87] POZRIKIDIS C. Introduction to finite and spectral element methods using MATLAB [M]. Boca Raton: Chapman and Hall/CRC, 2005.

[88] MALKUS, DAVID S. Concepts and applications of finite element analysis [M]. New York: John Wiley and Sons, 1989.

[89] ROYCHOUDHURI S K, DUTTA P S. Thermo-elastic interaction without energy dissipation in an infinite solid with distributed periodically varying heat sources [J]. International Journal of Solids and Structures, 2005, 42 (14): 4192-4203.

[90] GALÁN J M, ABASCAL R. Numerical simulation of Lamb wave scattering in semi-infinite plates [J]. International Journal for Numerical Methods in Engineering, 2002, 53 (5): 1145-1173.

[91] SHARMA J N, PATHANIA V. Generalized thermoelastic waves in anisotropic plates sandwiched between liquid layers [J]. Journal of Sound and Vibration, 2004, 278 (1-2): 383-411.

[92] BATHE K J. Finite element procedures. Englewood Cliffs [M]. Englewood Cliffs, NJ: Prentice-Hall, 2006.

[93] JOHNSON K L. Contact mechanics [M]. London: Cambridge university press, 1987.

[94] TIMOSHENKO S P, GOODIER J N, ABRAMSON H N. Theory of Elasticity (3rd ed.) [J]. Journal of Applied Mechanics, 1970, 37 (3): 888.

[95] PERKINS N C, MOTE JR C D. Comments on curve veering in eigenvalue problems [J]. Journal of Sound and Vibration, 1986, 106 (3): 451-463.

[96] AURIAULT J L. Body wave propagation in rotating elastic media [J]. Mechanics Research Communications, 2004, 31 (1): 21-27.

[97] BONET J, WOOD R D. Nonlinear continuum mechanics for finite element analysis [M]. London: Cambridge university press, 1997.

[98] NEJAD M Z, RASTGOO A, HADI A. Exact elasto-plastic analysis of rotating disks made of functionally graded materials [J]. International Journal of Engineering Science, 2014, 85: 47-57.

[99] PENG X L, LI X F. Elastic analysis of rotating functionally graded polar orthotropic disks [J]. International Journal of Mechanical Sciences, 2012, 60 (1): 84-91.

[100] LIU Y, HAN Q, HUANG H, et al. Computation of dispersion relations of functionally graded rectangular bars [J]. Composite Structures, 2015, 133 (98): 31-38.

[101] YU J G, YANG X D, LEFEBVRE J E, et al. Wave propagation in graded rings with rectangular cross-sections [J]. Wave Motion, 2015, 52: 160-170.

[102] MACE B R, MANCONI E. Wave motion and dispersion phenomena: Veering, locking and strong coupling effects [J]. Journal of the Acoustical Society of America, 2012, 131 (2): 1015-1028.

[103] CHANG Y C, HO B. The poynting theorem of acoustic wave propagation in an inhomogeneous moving medium [J]. Journal of sound and vibration, 1995, 184 (5): 942-945.

[104] MINDLIN R D, YANG J. An introduction to the mathematical theory of vibrations of elastic plates [M]. New Jersey: World Scientific, 1965.

[105] MEITZLER A H. Backward-wave transmission of stress pulses in elastic cylinders and plates [J]. The Journal of the Acoustical Society of America, 1965, 38 (5): 835-842.

[106] NAGY P B , SIMONETTI F , INSTANES G. Corrosion and erosion monitoring in plates and pipes using constant group velocity Lamb wave inspection [J]. Ultrasonics, 2014, 54 (7): 1832-1841.

[107] ALLEYNE D N, CAWLEY P. Optimization of lamb wave inspection techniques [J]. Ndt and E International, 1992, 25 (1): 11-22.

[108] KWUN H, HANLEY J J, BARTELS K A. Recent developments in nondestructive evaluation of steel strands and cables using magnetostrictive sensors [C] //OCEANS 96 MTS/IEEE Conference Proceedings. The Coastal Ocean-Prospects for the 21st Century. IEEE, 1996, 1: 144-148.

[109] ROSE J L , ZHAO X. Flexural Mode Tuning for Pipe Elbow Testing [J]. Materials Evaluation, 2001, 59 (5): 621-624.

[110] SIQUEIRA M H, GATTS C E, DA S R, et al. The use of ultrasonic guided waves and wavelets analysis in pipe inspection [J]. Ultrasonics, 2004, 41 (10): 785-797.

[111] TIERSTEN H F. Thickness vibrations of piezoelectric plates [J]. The Journal of the Acoustical Society of America, 1963, 35 (1): 53-58.

[112] PAUL H S, VENKATESAN M. Vibrations of a hollow circular cylinder of piezoelectric ceramics [J]. The Journal of the Acoustical Society of America, 1987, 82 (3): 952-956.

[113] STEWART J T, YONG Y K. Exact analysis of the propagation of acoustic waves in multilayeredanisotropic piezoelectric plates [J]. IEEE Transactions on Ultrasonics Ferroelectrics & Frequency Control, 1993, 41 (3): 476-501.

[114] WANG Q. Wave propagation in a piezoelectric coupled cylindrical membrane shell [J]. International journal of solids and structures, 2001, 38 (46-47): 8207-8218.

[115] HAN X, LIU G R, OHYOSHI T. Dispersion and characteristic surfaces of waves in hybrid multilayered piezoelectric circular cylinders [J]. Computational Mechanics, 2004, 33 (5): 334-344.

[116] CHEN J, PAN E, CHEN H. Wave propagation in magneto-electro-elastic multilayered plates

[J]. International journal of Solids and Structures, 2007, 44 (3-4): 1073-1085.

[117] YU J, LEFEBVRE J E, GUO Y Q. Free-ultrasonic waves in multilayered piezoelectric plates: An improvement of the Legendre polynomial approach for multilayered structures with very dissimilar materials [J]. Composites Part B Engineering, 2013, 51: 260-269.

[118] FRIKHA A, CARTRAUD P, TREYSSÈDE F. Mechanical modeling of helical structures accounting for translational invariance. Part 1: Static behavior [J]. International Journal of Solids and Structures, 2013, 50 (9): 1373-1382.

[119] ONIPEDE J O, DONG S B. Propagating waves and end modes in pretwisted beams [J]. Journal of Sound and Vibration, 1996, 195 (2): 313-330.

[120] BARTOLI I, MARZANI A, SCALEA F L D, et al. Modeling wave propagation in damped waveguides of arbitrary cross-section [J]. Journal of Sound and Vibration, 2006, 295 (3-5): 685-707.

[121] BARTOLI I, MARZANI A, DI SCALEA F L, et al. Safe modeling of waves for the structural health monitoring of prestressing tendons [C] //Health Monitoring of Structural and Biological Systems 2007. SPIE, 2007, 6532: 120-131.

[122] FRIKHA A, TREYSSÈDE F, CARTRAUD P. Effect of axial load on the propagation of elastic waves in helical beams [J]. Wave Motion, 2011, 48 (1): 83-92.

[123] TREYSSEDE F, FRIKHA A. A semi-analytical finite element method for elastic guided waves propagating in helical structures [C] //Acoustics' 8. 2008: 5.

[124] HAYASHI T, TAMAYAMA C, MURASE M. Wave structure analysis of guided waves in a bar with an arbitrary cross-section [J]. Ultrasonics, 2006, 44 (1): 17-24.

[125] CORTES D H, DATTA S K, MUKDADI O M. Dispersion of elastic guided waves in piezoelectric infinite plates with inversion layers [J]. International Journal of Solids and Structures, 2008, 45 (18-19): 5088-5102.

[126] CORTES D H, DATTA S K, MUKDADI O M. Elastic guided wave propagation in a periodic array of multi-layered piezoelectric plates with finite cross-sections [J]. Ultrasonics, 2010, 50 (3): 347-356.

[127] MAN C. Hartig's law and linear elasticity with initial stress [J]. Inverse Problems, 1998, 14 (2): 313-319.

[128] ROSE J L, NAGY P B. Ultrasonic Waves in Solid Media [J]. The Journal of the Acoustical Society of America, 2000, 107 (4): 1807-1808.

[129] MARZANI A, VIOLA E, BARTOLI I, et al. A semi-analytical finite element formulation for modeling stress wave propagation in axisymmetric damped waveguides [J]. Journal of Sound and Vibration, 2008, 318 (3): 488-505.

[130] BOYD J P. Chebyshev and Fourier spectral methods [M]. New York: Courier Corporation, 2001.

[131] SPRAGUE M A, GEERS T L. Legendre spectral finite elements for structural dynamics analysis [J]. Communications in Numerical Methods in Engineering, 2007, 24 (12): 1953-1965.

[132] GRAVENKAMP H, SONG C, PRAGER J. A numerical approach for the computation of dis-

persion relations for plate structures using the Scaled Boundary Finite Element Method [J]. Journal of Sound and Vibration, 2012, 331 (11): 2543-2557.

[133] GRAVENKAMP H, MAN H, SONG C, et al. The computation of dispersion relations for three-dimensional elastic waveguides using the Scaled Boundary Finite Element Method [J]. Journal of Sound and Vibration, 2013, 332 (15): 3756-3771.

[134] GRAVENKAMP H, BIRK C, SONG C. The computation of dispersion relations for axisymmetric waveguides using the Scaled Boundary Finite Element Method [J]. Ultrasonics, 2014, 54 (5): 1373-1385.

[135] MACE B R, DUHAMEL D, BRENNAN M J, et al. Finite element prediction of wave motion in structural waveguides [J]. The Journal of the Acoustical Society of America, 2005, 117 (5): 2835-2843.

[136] MACE B R, MANCONI E. Modelling wave propagation in two-dimensional structures using finite element analysis [J]. Journal of Sound and Vibration, 2008, 318 (4-5): 884-902.

[137] WAKI Y, MACE B R, BRENNAN M J. Numerical issues concerning the wave and finite element method for free and forced vibrations of waveguides [J]. Journal of Sound and Vibration, 2009, 327 (1-2): 92-108.

[138] RENNO J M, MACE B R. Calculation of reflection and transmission coefficients of joints using a hybrid finite element/wave and finite element approach [J]. Journal of Sound and Vibration, 2013, 332 (9): 2149-2164.

[139] HAN X, LIU G R, OHYOSHI T. Dispersion and characteristic surfaces of waves in hybrid multilayered piezoelectric circular cylinders [J]. Computational Mechanics, 2004, 33 (5): 334-344.

[140] YU J G, LEFEBVRE J E. Guided waves in multilayered hollow cylinders: the improved Legendre polynomial method [J]. Composite Structures, 2013, 95: 419-429.

[141] VERSPRILLE K J. Computer-aided design applications of the rational b-spline approximation form [M]. Syracuse: Syracuse University, 1975.

[142] TILLER W. Rational B-Splines for Curve and Surface Representation [J]. IEEE Computer Graphics and Applications, 1983, 3 (6): 61-69.

[143] COTTRELL J A, HUGHES T J R, BAZILEVS Y. Isogeometric analysis: toward integration of CAD and FEA [M]. New York: John Wiley and Sons, 2009.

[144] DE LORENZIS L, WRIGGERS P, ZAVARISE G. A mortar formulation for 3D large deformation contact using NURBS-based isogeometric analysis and the augmented Lagrangian method [J]. Computational Mechanics, 2012, 49 (1): 1-20.

[145] MARZANI A. Time-transient response for ultrasonic guided waves propagating in damped cylinders [J]. International Journal of Solids and Structures, 2008, 45 (25-26): 6347-6368.

[146] RUSHBROOKE G S . PadéApproximants and Their Applications [J]. Physics Bulletin, 1973 (24): 681

[147] BOU MATAR O, GASMI N, ZHOU H, et al. Legendre and Laguerre polynomial approach for modeling of wave propagation in layered magneto-electro-elastic media [J]. The Journal of the

Acoustical Society of America, 2013, 133 (3): 1415-1424.

[148] TREYSSÈDE F, LAGUERRE L. Numerical and analytical calculation of modal excitability for elastic wave generation in lossy waveguides [J]. The Journal of the Acoustical Society of America, 2013, 133 (6): 3827-3837.

[149] CHEN X, KAREEM A. Curve veering of eigenvalue loci of bridges with aeroelastic effects [J]. Journal of engineering mechanics, 2003, 129 (2): 146-159.

[150] MACE B R, MANCONI E. Wave motion and dispersion phenomena: Veering, locking and strong coupling effects [J]. The Journal of the Acoustical Society of America, 2012, 131 (2): 1015-1028.

[151] BELYTSCHKO T, LIU W K, MORAN B, et al. Nonlinear finite elements for continua and structures [M]. New York: John wiley and sons, 2014.

[152] NAN C W, BICHURIN M I, DONG S, et al. Multiferroic magnetoelectric composites: Historical perspective, status, and future directions [J]. Journal of applied physics, 2008, 103 (3): 1.

[153] DONG S, CHENG J, LI J F, et al. Enhanced magnetoelectric effects in laminate composites of Terfenol-D/Pb (Zr, Ti) O_3 under resonant drive [J]. Applied Physics Letters, 2003, 83 (23): 4812-4814.

[154] 仲政，吴林志，陈伟球. 功能梯度材料与结构的若干力学问题研究进展 [J]. 力学进展，2010，40 (5): 528-541.

[155] CHEN W Q, WANG H M, BAO R H. On calculating dispersion curves of waves in a functionally graded elastic plate [J]. Composite Structures, 2007, 81 (2): 233-242.

[156] LIU G R, HAN X, LAM K Y. Stress waves in functionally gradient materials and its use for material characterization [J]. Composites Part B: Engineering, 1999, 30 (4): 383-394.

[157] CAO X, JIN F, JEON I. Calculation of propagation properties of Lamb waves in a functionally graded material (FGM) plate by power series technique [J]. NDT and E International, 2011, 44 (1): 84-92.

[158] HAN X, LIU G R. Elastic waves in a functionally graded piezoelectric cylinder [J]. Smart Materials and Structures, 2003, 12 (6): 962.

[159] JIANGONG Y U, BIN W U. Circumferential wave in magneto-electro-elastic functionally graded cylindrical curved plates [J]. European Journal of Mechanics-A/solids, 2009, 28 (3): 560-568.

[160] QIAN Z, JIN F, WANG Z, et al. Transverse surface waves on a piezoelectric material carrying a functionally graded layer of finite thickness [J]. International Journal of Engineering Science, 2007, 45 (2): 455-466.

[161] ZHANG B, YU J G, ZHANG X M. Guided wave propagation in cylindrical structures with sector cross-sections [J]. Archive of Applied Mechanics, 2017, 87 (2): 1-12.

[162] PAN E, HAN F. Exact solution for functionally graded and layered magneto-electro-elastic plates [J]. International Journal of Engineering Science, 2005, 43 (3): 321-339.

[163] WU B, YU J, HE C. Wave propagation in non-homogeneous magneto-electro-elastic plates

[J]. Journal of Sound and Vibration, 2008, 317 (1): 250-264.

[164] YU J G, ZHANG C, LEFEBVRE J. Wave propagation in layered piezoelectric rectangular bar: an extended orthogonal polynomial approach [J]. Ultrasonics, 2014, 54 (6): 1677-1684.

[165] YU J G, DING J C, MA Z J. On dispersion relations of waves in multilayered magneto-electro-elastic plates [J]. Applied Mathematical Modelling, 2012, 36 (12): 5780-5791.

[166] LIU J X, FANG D N, WEI W Y, et al. Love waves in layered piezoelectric/piezomagnetic structures [J]. Journal of Sound and Vibration, 2008, 315 (1-2): 146-156.

[167] PANG Y, LIU J X, WANG Y S, et al. Propagation of Rayleigh-type surface waves in a transversely isotropic piezoelectric layer on a piezomagnetic half-space [J]. Journal of Applied Physics, 2008, 103 (7): 074901.

[168] SHEN J, TANG T, WANG L L. Spectral methods: algorithms, analysis and applications [M]. Singapore: Springer Science and Business Media, 2011.

[169] KIM Y, HA S, CHANG F K. Time-domain spectral element method for built-in piezoelectric-actuator-induced lamb wave propagation analysis [J]. AIAA journal, 2008, 46 (3): 591-600.

[170] TREYSSÈDE F, LAGUERRE L. Investigation of elastic modes propagating in multi-wire helical waveguides [J]. Journal of Sound and Vibration, 2010, 329 (10): 1702-1716.

[171] LEFEBVRE J E, ZHANG V, GAZALET J, et al. Legendre polynomial approach for modeling free-ultrasonic waves in multilayered plates [J]. Journal of Applied Physics, 1999, 85 (7): 3419-3427.

[172] YU J G, WU B, HE G F. Characteristics of guided waves in graded spherical curved plates [J]. International Journal of solids and Structures, 2007, 44 (11-12): 3627-3637.

[173] ICHCHOU M N, AKROUT S, MENCIK J M. Guided waves group and energy velocities via finite elements [J]. Journal of Sound and Vibration, 2007, 305 (4): 931-944.

[174] LI C L, HAN Q, LIU Y J, et al. Investigation of wave propagation in double cylindrical rods considering the effect of prestress [J]. Journal of Sound and Vibration, 2015, 353 (1): 164-180.

[175] LI C L, HAN Q, LIU Y J. Simplified elastic wave modeling in seven-wire prestressed parallel strands [J]. Acta Mechanica, 2017, 228 (9): 3251-3263.

[176] JIANG T, LI C, HAN Q. Tunable polarization bandgaps and elastic wave transmission in anisotropic origami metamaterials [J]. Waves in Random and Complex Media, 2022: 1-23.

[177] LI C, JIANG T, LIU S, et al. Dispersion and band gaps of elastic guided waves in the multi-scale periodic composite plates [J]. Aerospace Science and Technology, 2022, 124: 107513.

[178] LI C, HAN Q. Semi-analytical wave characteristics analysis of graphene-reinforced piezoelectric polymer nanocomposite cylindrical shells [J]. International Journal of Mechanical Sciences, 2020, 186: 105890.

[179] LI C, HAN Q, WANG Z, et al. Analysis of wave propagation in functionally graded piezoe-

lectric composite plates reinforced with graphene platelets [J]. Applied Mathematical Modelling, 2020, 81: 487-505.

[180] WU B,YU J G, HE C F. Wave propagation in non-homogeneous magneto-electro-elastic plates [J]. Journal of Sound and Vibration, 2008, 317 (1-2): 250-264.

[181] LIU Y, HAN Q, LI C, et al. Guided wave propagation and mode differentiation in the layered magneto-electro-elastic hollow cylinder [J]. Composite Structures, 2015, 132: 558-566.

[182] XIAO D, HAN Q, JIANG T. Guided wave propagation in a multilayered magneto-electro-elastic curved panel by Chebyshev spectral elements method [J]. Composite Structures, 2019, 207: 701-710.

[183] SERIANI G, OLIVEIRA S P. Dispersion analysis of spectral element methods for elastic wave propagation [J]. Wave Motion, 2008, 45 (6): 729-744.

[184] SCOTT W R. Numerical dispersion in the finite element method [C] //Proceedings of IEEE Antennas and Propagation Society International Symposium and URSI National Radio Science Meeting. IEEE, 1994, 3: 2080-2083.

[185] LI C L, HAN Q, LIU Y J. Simplified elastic wave modeling in seven-wire prestressed parallel strands [J]. Acta Mechanica, 2017, 228 (9): 3251-3263.

[186] SANDERSON R M, HUTCHINS D A, BILLSON D R, et al. The investigation of guided wave propagation around a pipe bend using an analytical modeling approach [J]. The journal of the acoustical society of america, 2013, 133 (3): 1404-1414.

[187] LIU Y J, HAN Q, LIANG YJ, et al. Numerical investigation of dispersive behaviors for helical thread waveguides using the semi-analytical isogeometric analysis method [J]. Ultrasonics, 2018, 83: 126-136.

[188] LIANG Y J, LI Y Y, LIU Y J, et al. Investigation of wave propagation in piezoelectric helical waveguides with the spectral finite element method [J]. Composites Part B: Engineering, 2019, 160: 205-216.

[189] LIU Y J, HAN Q, LI C L, et al. Numerical investigation of dispersion relations for helical waveguides using the Scaled Boundary Finite Element method [J], Journal of Sound and Vibration, 2014, 333: 1991-2002.

[190] JIANG T J, LI C L, HAN Q. Tunable polarization bandgaps and elastic wave transmission in anisotropic origami metamaterials [J]. Waves in Random and Complex Media, 2022: 1-23.

[191] XIAO D L, HAN Q, LIU Y J, et al. Guided wave propagation in an infinite functionally graded magneto-electro-elastic plate by the Chebyshev spectral element method [J]. Composite Structures, 2016, 153: 704-711.